计算机基础课程系列教材

SQL Server教程
从基础到应用

郑阿奇 主编

机械工业出版社
China Machine Press

图书在版编目（CIP）数据

SQL Server 教程：从基础到应用 / 郑阿奇主编．—北京：机械工业出版社，2015.3
（计算机基础课程系列教材）

ISBN 978-7-111-49601-4

I. S… II. 郑… III. 关系数据库系统－高等学校－教材 IV. TP311.138

中国版本图书馆 CIP 数据核字（2015）第 047571 号

本书以 Microsoft SQL Server 2012 中文版为平台，系统地介绍数据库基础、SQL Server 的主要功能和综合应用等内容。SQL Server 教程部分主要包括数据库创建、表的创建和操作、数据库的查询和视图、游标、T-SQL、索引、数据完整性、存储过程和触发器、备份与恢复、系统安全管理、SQL Server 其他功能等。实验部分训练 SQL Server 基本操作和基本命令。实习部分通过创建学生成绩管理系统，介绍使用目前流行的开发平台（包括 PHP 5、Java EE、ASP.NET 4.5、VB 6.0）操作 SQL Server 2012 数据库。

本书可作为大学本科、高职高专数据库课程教材和社会培训教材，也可供广大数据库应用开发人员参考阅读。

出版发行：机械工业出版社（北京市西城区百万庄大街 22 号 邮政编码：100037）

责任编辑：佘 洁	责任校对：殷 虹
印　　刷：北京诚信伟业印刷有限公司	版　　次：2015 年 3 月第 1 版第 1 次印刷
开　　本：185mm×260mm 1/16	印　　张：23
书　　号：ISBN 978-7-111-49601-4	定　　价：45.00 元

凡购本书，如有缺页、倒页、脱页，由本社发行部调换

客服热线：(010) 88378991 88361066　　投稿热线：(010) 88379604

购书热线：(010) 68326294 88379649 68995259　　读者信箱：hzjsj@hzbook.com

前 言

20世纪80年代后期，Microsoft、Sybase和Ashton-Tate三家公司共同开发了最初的SQL Server。1988年，该产品被移植到OS/2上；1992年，SQL Server被移植到Windows NT平台上。1993年，SQL Server 4.2面世，它是桌面数据库系统，虽然其功能相对有限，但是采用Windows GUI为用户提供了易于使用的界面。Microsoft公司专注于Windows NT平台上的SQL Server开发，并于1995年发布了SQL Server 6.05，该版本提供了廉价的可以满足众多小型商业应用的数据库方案。后来SQL Server不断更新，先后推出6.5版、7.0版、2000版、2005版、2008版、2012版和2014版。目前SQL Server已经是市场上最流行的大中型关系数据库管理系统。

为了适应市场的需要，我国高校的许多专业都开设了SQL Server数据库管理系统课程。本书以Microsoft SQL Server 2012为平台，结合作者近年来教学与应用开发的实践，在简单介绍数据库基础后，系统介绍SQL Server，然后介绍SQL Server综合应用。

SQL Server教程部分包括数据库创建、表的创建和操作、数据库查询和视图、游标、T-SQL、索引、数据完整性、存储过程和触发器、备份与恢复、系统安全管理等内容。这部分内容的介绍不再强调命令的格式，而是突出主要功能和配套举例，详细格式和功能说明可参考有关文档。

实验部分训练SQL Server基本操作和基本命令，其数据库自成系统。

实习部分以当前流行的数据库应用开发工具（包括PHP 5、Java EE、ASP.NET 4.5和VB 6.0等）为平台，开发具有相同功能的同一个数据库应用系统。选用的实例既典型又小而精，教和学都非常方便。

本书配有教学课件、配套的客户端/SQL Server 2012应用系统数据库和所有源程序文件。有需要的教师可从华章网站（www.hzbook.com）免费下载。

本书由南京师范大学郑阿奇主编，参加本套书编写的还有顾韵华、梁敬东、丁有和、徐文胜、彭作民、崔海源、徐卫军、王燕平、汤玫、周怡明、刘博宇、郑进、陶卫冬、严大牛、周怡君、吴明祥、时跃华、赵青松等。此外，还有许多同志对本书提供了很多帮助，在此表示感谢！

由于编者水平有限，书中错误在所难免，敬请广大读者批评指正。

作者邮箱：easybooks@163.com。

编　者

目 录

第二部分 数据库管理系统实验

第三部分 数据库应用实习

第 0 章

数据库基础

为了更好地学习 SQL Server，首先需要介绍数据库的基本概念，如果已掌握数据库原理，那么本章的数据库原理部分仅仅作为参考。

0.1 数据库基本概念

0.1.1 数据库与数据库管理系统

1. 数据库

数据库（DB）是存放数据的仓库，而且这些数据存在一定的关联，并按一定的格式存放在计算机上。从广义上讲，数据不仅包含数字，还包括文本、图像、音频、视频等。

例如，把一个学校的学生、课程、学生成绩等数据有序地组织并存放在计算机内，就可以构成一个数据库。因此，数据库由一些持久的相互关联的数据的集合组成，并以一定的组织形式存放在计算机的存储介质中。

2. 数据库管理系统

数据库管理系统（DBMS）是管理数据库的系统，它按一定的数据模型组织数据。DBMS 应提供如下功能。

1）数据定义功能：可定义数据库中的数据对象。

2）数据操纵功能：可对数据库表进行基本操作，如插入、删除、修改、查询等。

3）数据的完整性检查功能：保证用户输入的数据满足相应的约束条件。

4）数据库的安全保护功能：保证只有具有权限的用户才能访问数据库中的数据。

5）数据库的并发控制功能：使多个应用程序可在同一时刻并发地访问数据库的数据。

6）数据库系统的故障恢复功能：当数据库出现运行故障时可进行数据库恢复，以保证数据库可靠运行。

7）在网络环境下访问数据库的功能。

8）它是方便、有效地存取数据库信息的接口和工具。编程人员通过程序开发工具与数据库的接口编写数据库应用程序。数据库系统管理员（DataBase Administrator，DBA）通过提供的工具对数据库进行管理。

数据库管理系统是一个系统软件。目前，比较流行的DBMS有：SQL Server、Oracle、MySQL、Sybase、DB2、Access、Visual FoxPro等。其中，SQL Server是目前最流行的大中型关系数据库管理系统之一，被广泛应用于各种数据库应用场合。本书介绍的是SQL Server 2012版。

3. 数据库系统

数据、数据库、数据库管理系统与操作数据库的应用程序，加上支撑它们的硬件平台、软件平台和与数据库有关的人员一起构成了一个完整的数据库系统。图0-1描述了数据库系统的构成。

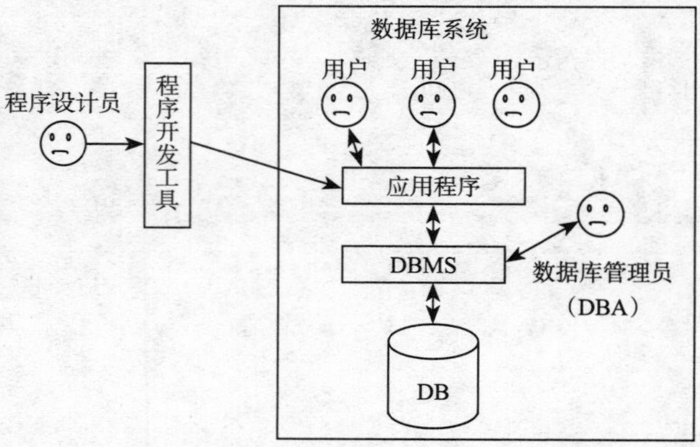

图0-1　数据库系统的构成

0.1.2　数据模型

数据库管理系统根据数据模型对数据进行存储和管理，数据库管理系统采用的数据模型主要有层次模型、网状模型和关系模型。

1. 层次模型

层次模型将数据组织成一对多关系的结构，采用关键字来访问其中每一个层次的每一部分。它存取方便且速度快；结构清晰，容易理解；数据修改和数据库扩展容易实现；检索关键属性十分方便。但结构不够灵活；同一属性数据要存储多次，数据冗余大；不适合于拓扑空间数据的组织。

图0-2为某学校按层次模型组织的数据示例。

2. 网状模型

网状模型具有多对多类型的数据组织方式。它能明确而方便地表示数据间的复杂关系；数据冗余小。但网状结构复杂，增加了用户查询和定位的困难；需要存储数据间联系的指针，这使得数据量增大；数据的修改不方便。

图0-3为按网状模型组织的数据示例。

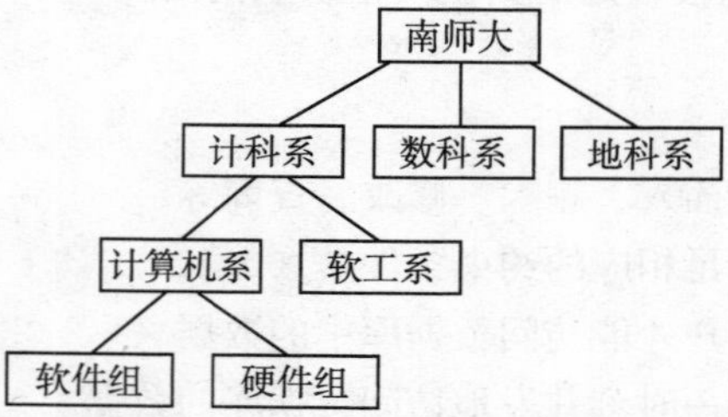

图0-2　按层次模型组织的数据示例

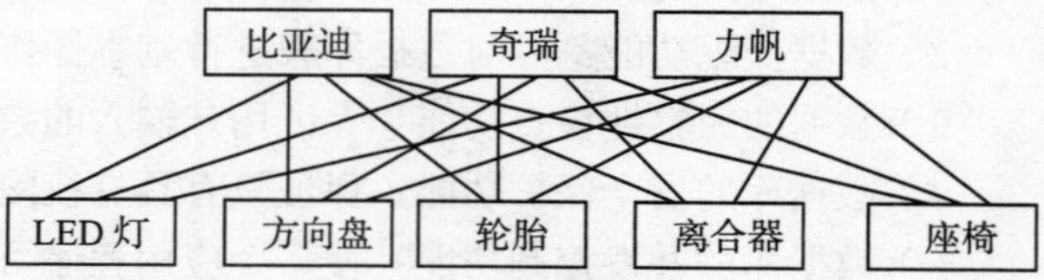

图0-3　按网状模型组织的数据示例

3. 关系模型

关系模型以记录组或二维数据表的形式组织数据，以便于利用各种实体与属性之间的关系进行存储和变换，既不分层，也无指针，是建立空间数据和属性数据之间关系的一种非常有效的数据组织方法。它结构特别灵活，概念单一，满足所有布尔逻辑运算和数学运算规则形成的查询要求；能搜索、组合和比较不同类型的数据；增加和删除数据非常方便；具有更高的数据独立性和更好的安全保密性。但数据库较大时，查找满足特定关系的数据费时，而且无法表达空间关系。

例如，在学生成绩管理系统涉及的“学生”、“课程”和“成绩”3个表中，“学生”表涉及的主要信息有：学号、姓名、性别、出生时间、专业、总学分、备注；“课程”表涉及的主要信息有：课程号、课程名、开课学期、学时和学分；“成绩”表涉及的主要信息有：学号、课程号和成绩。表0-1～表0-3分别描述了学生成绩管理系统中“学生”、“课程”和“成绩”3个表的部分数据。

表0-1 “学生”表

学号	姓名	性别	出生时间	专业	总学分	备注
191301	王林	男	1995-02-10	计算机	50	
191303	王燕	女	1994-10-06	计算机	50	
191308	林一帆	男	1994-08-05	计算机	52	已提前修完一门课
221302	王林	男	1994-01-29	通信工程	40	有一门课不及格，待补考
221304	马琳琳	女	1995-02-10	通信工程	42	

表0-2 “课程”表

课程号	课程名	开课学期	学时	学分
0101	计算机基础	1	80	5
0102	程序设计与语言	2	68	4
0206	离散数学	4	68	4

表0-3 “成绩”表

学号	课程号	成绩	学号	课程号	成绩
191301	101	80	191308	101	85
191301	102	78	191308	102	64
191301	206	76	191308	206	87
191303	101	62	221302	101	65
191303	102	70	221304	101	91

表格中的一行称为一个记录，一列称为一个字段，每列的标题称为字段名。如果给每个关系表取一个名称，则有 *n* 个字段的关系表的结构可表示为：关系表名（字段名1，…，字段名 *n*），通常把关系表的结构称为关系模式。

在关系表中，如果一个字段或几个字段组合的值可唯一标识其对应记录，则称该字段或字段组合为码。

例如，表0-1中的“学号”可唯一标识每一个学生，表0-2中的“课程号”可唯一标识每一门课。表0-3中的“学号”和“课程号”可唯一标识每一个学生的一门课程的成绩。

有时一个表可能有多个码，比如，在表0-1中，若姓名不允许重名，则“学号”、“姓名”均是“学生”表的码。对于每一个关系表，通常可指定一个码为“主码”，在关系模式中，一般用下横线标出主码。

设表0-1的名称为xsb，关系模式可分别表示为：

xsb（<u>学号</u>，姓名，性别，出生时间，专业，总学分，备注）

设表0-2的名称为kcb，关系模式可分别表示为：

kcb（课程号，课程名，开课学期，学时，学分）

设表 0-3 的名称为 cjb，关系模式可分别表示为：

cjb（学号，课程号，成绩，学分）

通过上面的分析可以看出，关系模型更适合组织数据，所以使用最广泛。目前，主流的关系型数据库管理系统（RDBMS）包括 Oracle、SQL Server、MySQL、Access 和 Visual FoxPro 等。

0.1.3 关系型数据库语言

结构化查询语言（Structured Query Language，SQL）是用于查询关系数据库的结构化语言。SQL 的功能包括数据查询、数据操纵、数据定义和数据控制 4 部分。

0.2 数据库设计

数据模型按不同的应用层次分成 3 种类型：分别是概念数据模型、逻辑数据模型、物理数据模型。

0.2.1 概念数据模型

概念数据模型（conceptual data model，简称概念模型）是面向数据库用户的实现世界的模型，主要用来描述世界的概念化结构，它使数据库设计人员在设计的初始阶段，摆脱计算机系统及 DBMS 的具体技术问题，集中精力分析数据以及数据之间的联系等，与具体的数据管理系统无关。概念数据模型只有转换成逻辑数据模型，才能在 DBMS 中实现。

概念模型用于信息世界的建模，一方面它应该具有较强的语义表达能力，能够方便直接地表达应用中的各种语义知识，另一方面它应该简单、清晰、易于用户理解。在概念数据模型中，最常用的是 E-R 模型、扩充的 E-R 模型、面向对象模型及谓词模型。

通常，E-R 模型把每一类数据对象的个体称为“实体”，而每一类对象个体的集合称为“实体集”。例如，学生成绩管理系统主要涉及“学生”和“课程”两个实体集。其他非主要的实体可以很多，如班级、班长、任课教师、辅导员等实体。

把每个实体集涉及的信息项称为属性。例如，“学生”实体集的属性有：学号、姓名、性别、出生时间、专业、总学分和备注。“课程”实体集的属性有：课程号、课程名、开课学期、学时和学分。

实体集中的实体彼此是可区别的。如果实体集中的属性或最小属性组合的值能唯一标识其对应实体，则将该属性或属性组合称为码。码可能有多个，对于每一个实体集，可指定一个码为主码。

如果用矩形框表示实体集，用带圆角的矩形框表示属性，用线段连接实体集与属性；当一个属性或属性组合指定为主码时，在实体集与属性的连接线上标记一条斜线，则可以用如图 0-4 所示形式描述学生成绩管理系统中的实体集及每个实体集涉及的属性。

实体集 A 和实体集 B 之间存在各种关系，通常把这些关系称为“联系”。通常将实体集及实体集联系的图示称为实体（entity）– 联系（relationship）模型，即 E-R 模型。

E-R 图就是 E-R 模型的描述方法，即实体 – 联系图。通常，关系数据库的设计者使用 E-R 图来对信息世界建模。在 E-R 图中，使用矩形表示实体型，使用椭圆表示属性，使用菱形表示联系。从分析用户项目涉及的数据对象及数据对象之间的联系出发，到获取 E-R 图的这一过程称为概念结构设计。

两个实体集 A 和 B 之间的联系可能是以下 3 种情况之一。

1. 一对一的联系（1:1）

一对一的联系是指 A 中的一个实体至多与 B 中的一个实体相联系，B 中的一个实体也至多与 A 中的一个实体相联系。例如，“班级”与“班长”这两个实体集之间的联系是一对一的联系，因为一个班级只有一个班长，反过来，一个班长只属于一个班级。“班级”与“班长”两个实体集的 E-R 模型如图 0-5 所示。

2. 一对多的联系（1:*n*）

一对多的联系是指 A 中的一个实体可以与 B 中的多个实体相联系，而 B 中的一个实体至多与 A 中的一个实体相联系。例如，“班级”与“学生”这两个实体集之间的联系是一对多的联系，因为一个班级可有若干学生，反过来，一个学生只能属于一个班级。“班级”与“学生”两个实体集的 E-R 模型如图 0-6 所示。

3. 多对多的联系（*m*:*n*）

多对多的联系是指 A 中的一个实体可以与 B 中的多个实体相联系，B 中的一个实体也可与 A 中的多个实体相联系。例如，“学生”与“课程”这两个实体集之间的联系是多对多的联系，因为一个学生可选多门课程，反过来，一门课程可被多个学生选修。“学生”与“课程”两个实体集的 E-R 模型如图 0-7 所示。

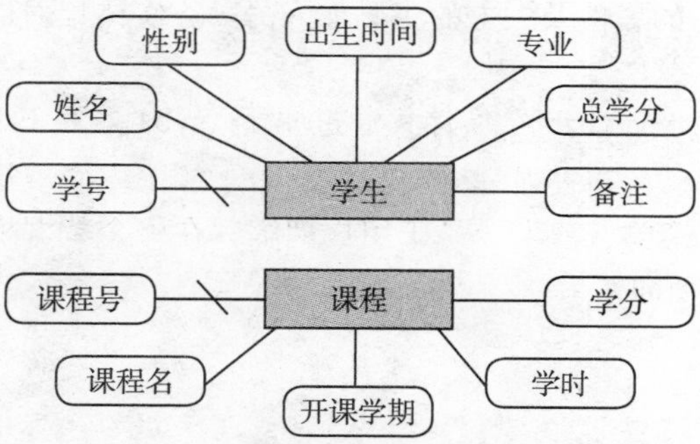

图 0-4　学生和课程实体集属性的描述

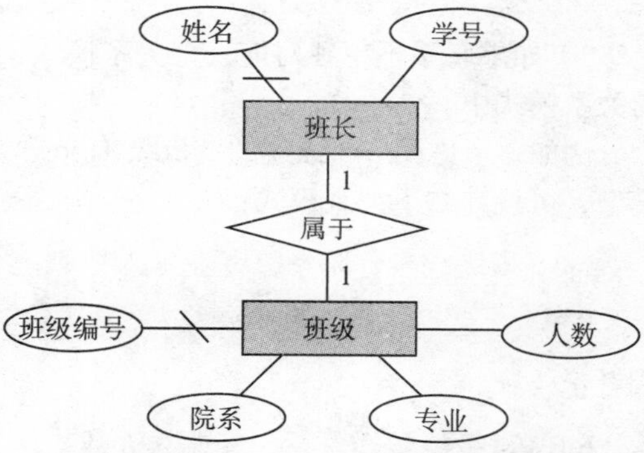

图 0-5　“班级”与“班长”实体集的 E-R 模型

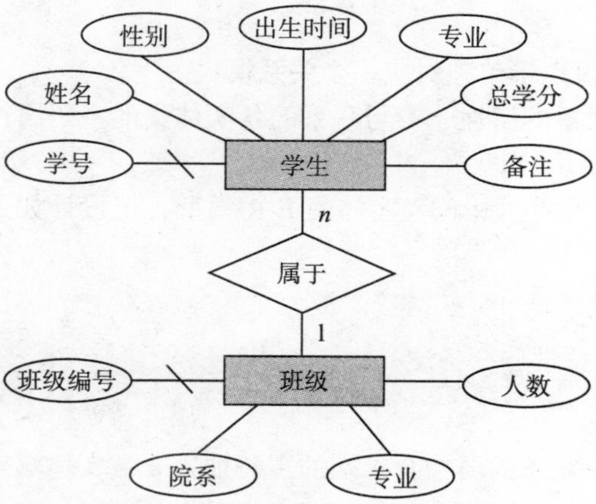

图 0-6　“学生”与“班级”两个实体集的 E-R 模型

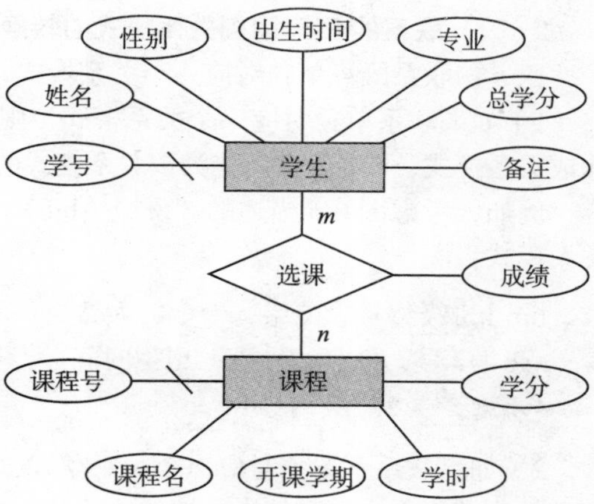

图 0-7　“学生”与“课程”实体集的 E-R 模型

0.2.2 逻辑数据模型

逻辑数据模型（logical data model，简称逻辑模型）是用户从数据库看到的模型，是具体的 DBMS 所支持的数据模型。此模型既要面向用户，又要面向系统，主要用于数据库管理系统（DBMS）的实现。

前面用 E-R 图描述学生成绩管理系统中实体集与实体集之间的联系，为了设计关系型的学生成绩管理数据库，需要确定包含哪些表，每个表的结构是怎样的。

前面已经介绍了实体集之间的联系，下面介绍根据 3 种联系从 E-R 图获得关系模式的方法。

1. 1:1 联系的 E-R 图到关系模式的转换

1 : 1 的联系既可单独对应一个关系模式，也可以不单独对应一个关系模式。

1）如果联系单独对应一个关系模式，则由联系属性、参与联系的各实体集的主码属性构成关系模式，其主码可选参与联系的实体集的任一方的主码。

例如，考虑图 0-5 描述的“班级（bjb）”与“班长（bzb）”实体集通过属于（syb）联系 E-R 模型，可设计如下关系模式（下划线表示该字段为主码）：

bjb（<u>班级编号</u>，院系，专业，人数）
bzb（<u>学号</u>，姓名）
syb（<u>学号</u>，班级编号）

2）如果联系不单独对应一个关系模式，联系的属性及一方的主码加入另一方实体集对应的关系模式中。

例如，考虑图 0-5 描述的“班级（bjb）”与“班长（bzb）”实体集通过属于（syb）联系 E-R 模型，可设计如下关系模式：

bjb（<u>班级编号</u>，院系，专业，人数）
bzb（<u>学号</u>，姓名，班级编号）

或者：

bjb（<u>班级编号</u>，院系，专业，人数，学号）
bzb（<u>学号</u>，姓名）

2. 1 : *n* 联系的 E-R 图到关系模式的转换

1 : *n* 的联系既可单独对应一个关系模式，也可以不单独对应一个关系模式。

1）如果联系单独对应一个关系模式，则由联系的属性、参与联系的各实体集的主码属性构成关系模式，*n* 端的主码作为该关系模式的主码。

例如，考虑图 0-6 描述的“班级（bjb）”与“学生（xsb）”实体集 E-R 模型，可设计如下关系模式：

bjb（<u>班级编号</u>，院系，专业，人数）
xsb（<u>学号</u>，姓名，性别，出生时间，专业，总学分，备注）
syb（<u>学号</u>，班级编号）

2）如果联系不单独对应一个关系模式，则将联系的属性及 1 端的主码加入 *n* 端实体集对应的关系模式中，主码仍为 *n* 端的主码。

例如，图 0-6 描述的“班级（bjb）”与“学生（xsb）”实体集 E-R 模型可设计如下关系模式：

bjb（班级编号，院系，专业，人数）
xsb（学号，姓名，性别，出生时间，专业，总学分，备注，班级编号）

3. m : n 联系的 E-R 图到关系模式的转换

m : n 的联系单独对应一个关系模式，该关系模式包括联系的属性、参与联系的各实体集的主码属性，该关系模式的主码由各实体集的主码属性共同组成。

例如，图 0-7 描述的“学生（xsb）”与“课程（kcb）”实体集之间的联系可设计如下关系模式：

xsb（学号，姓名，性别，出生时间，专业，总学分，备注）
kcb（课程号，课程名称，开课学期，学时，学分）
cjb（学号，课程号，成绩）

关系模式 cjb 的主码是由“学号”和“课程号”两个属性组合起来构成的一个主码，一个关系模式只能有一个主码。

至此介绍了根据 E-R 图设计关系模式的方法，通常这一设计过程称为逻辑结构设计。

设计好一个项目的关系模式后，就可以在数据库管理系统环境下创建数据库、关系表及其他数据库对象，输入相应数据，并根据需要对数据库中的数据进行各种操作。

0.2.3　物理数据模型

物理数据模型（physical data model，简称物理模型）是面向计算机物理表示的模型，描述了数据在存储介质上的组织结构，它不但与具体的 DBMS 有关，而且与操作系统和硬件有关。每一种逻辑数据模型在实现时都有其对应的物理数据模型。DBMS 为了保证其独立性与可移植性，大部分物理数据模型的实现工作都由系统自动完成，而设计者只设计索引、聚集等特殊结构。

0.3　数据库应用系统

0.3.1　应用系统的数据接口

客户端应用程序或应用服务器向数据库服务器请求服务时，首先必须和数据库建立连接。虽然现有 DBMS 几乎都遵循 SQL 标准，但不同厂家开发的 DBMS 有差异，存在适应性和可移植性等方面的问题，为此，人们研究和开发了连接不同 DBMS 的通用方法、技术和软件接口。

1. ODBC 数据库接口

开放式数据库互连（Open DataBase Connectivity，ODBC）是微软公司推出的一种实现应用程序和关系数据库之间通信的接口标准。符合该标准的数据库可以通过用 SQL 语句编写的程序对数据库进行操作，但只针对关系数据库。目前所有的关系数据库都符合该标准。ODBC 的本质是一组数据库访问 API（应用程序编程接口），由一组函数调用组成，其核心是 SQL 语句。

在具体操作时，必须先用 ODBC 管理器注册一个数据源，管理器根据数据源提供的数据库位置、数据库类型及 ODBC 驱动程序等信息，建立 ODBC 与具体数据库的联系。这样，只要应用程序将数据源名提供给 ODBC，ODBC 就能建立与相应数据库的连接。

2. ADO 数据库接口

ADO（ActiveX Data Object）是微软公司开发的基于 COM 的数据库应用程序接口，通过 ADO 连接数据库，可以灵活地操作数据库中的数据。使用 ADO 访问关系数据库有两种途径：一种是通过 ODBC 驱动程序，另一种是通过数据库专用的 OLE DB Provider，后者有更高的访问效率。

随着网络技术的发展，网络数据库及相关的操作技术也越来越多地应用到实际中，而数据库操作技术也在不断地发展完善。ADO 对象模型进一步发展成了 ADO.NET。ADO.NET 是 .NET Framework SDK 中用于操作数据库的类库总称，ADO.NET 相对于 ADO 的最大优势在于对数据的更新修改可在与数据源完全断开连接的情况下进行，然后把数据更新的结果和状态传回到数据源，这样大大减少了由于连接过多对数据库服务器资源的占用。

3. ADO.NET 数据库接口

ADO.NET 数据模型从 ADO 发展而来，但它不只是对 ADO 的改进，而是采用了一种全新的技术，主要体现在以下几个方面：

1）ADO.NET 不是采用 ActiveX 技术，而是与 .NET 框架紧密结合的产物。

2）ADO.NET 包含对 XML 标准的完全支持，这对于跨平台交换数据具有重要意义。

3）ADO.NET 既能在与数据源连接的环境下工作，又能在断开与数据源连接的条件下工作。特别是后者，非常适合于网络应用的需要，因为在网络环境下，始终做到与数据源保持连接，不符合网站的要求，不仅效率低，代价高，而且常会引发由于多个用户同时访问带来的冲突。因此，ADO.NET 系统集中主要精力解决在断开与数据源连接的条件下的数据处理问题。

ADO.NET 提供了面向对象的数据库视图，并且在其对象中封装了许多数据库属性和关系。最重要的是，它通过多种方式封装和隐藏了很多数据库访问的细节。可以完全不知道对象在与 ADO.NET 对象交互，也不用担心数据移动到另外一个数据库或者从另一个数据库获得数据等细节问题。通过 ADO.NET 访问数据库的接口模型如图 0-8 所示。

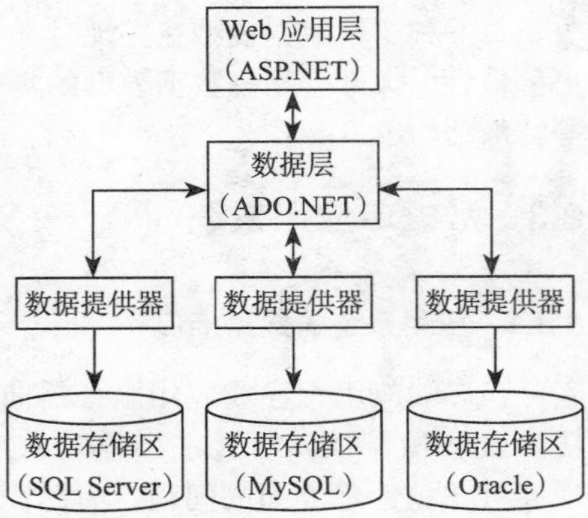

图 0-8 通过 ADO.NET 访问数据库的接口模型

数据层是实现 ADO.NET 断开式连接的核心，从数据源读取的数据先缓存到数据集中，然后被程序或控件调用。数据源可以是数据库或 XML 数据。

数据提供器用于建立数据源与数据集之间的联系，它能连接各种类型的数据源，并能按要求将数据源中的数据提供给数据集，或者从数据集向数据源返回编辑后的数据。

4. JDBC 数据库接口

JDBC（Java DataBase Connectivity）是 JavaSoft（原来 Sun 公司的业务部门）开发的，用 Java 语言编写的用于连接和操作数据库的类和接口，可为多种关系数据库提供统一的访问方式。通过 JDBC 访问数据库包括 4 个主要组件：Java 应用程序、JDBC 驱动器管理器、驱动器和数据源。

在 JDBC API 中有两层接口：应用程序层和驱动程序层，前者使开发人员可以通过 SQL

调用数据库和取得结果，后者处理与具体数据库驱动程序的所有通信。

使用 JDBC 接口操作数据库有如下优点：

1）JDBC API 与 ODBC 十分相似，有利于用户理解。

2）使编程人员从复杂的驱动器调用命令和函数中解脱出来，从而致力于应用程序功能的实现。

3）JDBC 支持不同的关系数据库，增强了程序的可移植性。

使用 JDBC 的主要缺点有：访问数据记录的速度会受到一定影响，此外，由于 JDBC 结构中包含了不同厂家的产品，这给数据源的更改带来了较大麻烦。

5. 数据库连接池技术

对于网络环境下的数据库应用，由于用户众多，使用传统的 JDBC 方式连接数据库，系统资源开销过大成为制约大型企业级应用效率的瓶颈，采用数据库连接池技术对数据库连接进行管理，可以大大提高系统的效率和稳定性。

0.3.2　C/S 架构的应用系统

DBMS 通过命令和适合专业人员的界面操作数据库。对于一般的数据库应用系统，除了 DBMS 外，还需要设计适合普通人员操作数据库的界面。目前，流行的开发数据库界面的工具主要有 Visual Basic、Visual C++、Visual C# 等。应用程序与数据库、数据库管理系统之间的关系如图 0-9 所示。

从图 0-9 中可看出，当应用程序需要处理数据库中的数据时，首先向数据库管理系统发送一个数据请求，数据库管理系统接收到这一请求后，对其进行分析，然后执行数据库操作，并把处理结果返回给应用程序。由于应用程序直接与用户交互，而数据库管理系统不直接与用户打交道，所以应用程序被称为“前台”，而数据库管理系统被称为“后台”。由于应用程序是向数据库管理系统提出服务请求，通常称其为客户程序（client），而数据库管理系统是为应用程序提供服务，通常称其为服务器程序（server），所以又将这一操作数据库的模式称为 C/S（客户 / 服务器）架构。

应用程序和数据库管理系统可以运行在同一台计算机上（单机方式），也可以运行在网络环境中。在网络环境下，数据库管理系统在网络中的一台主机上运行，应用程序可以在网络上的多台主机上运行，即一对多的方式。例如，用 Visual Basic 开发的 C/S 架构的学生成绩管理系统的学生信息输入界面如图 0-10 所示。

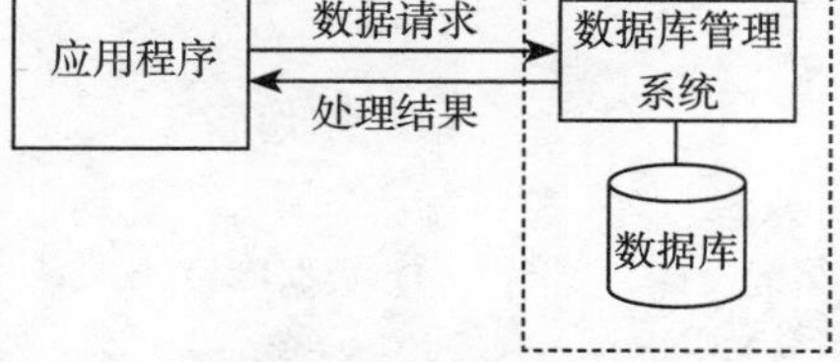

图 0-9　应用程序、数据库、数据库管理系统之间的关系

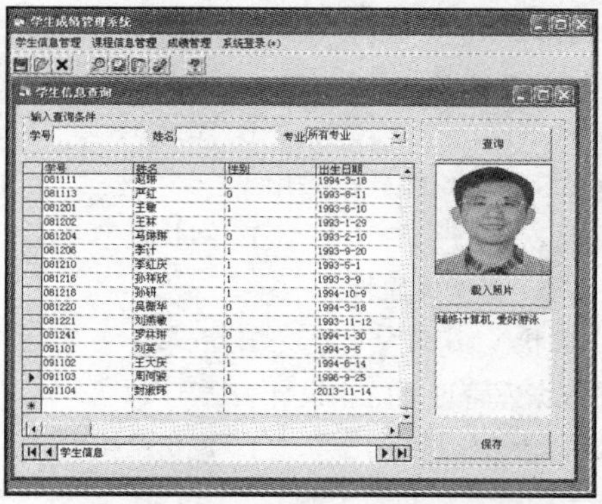

图 0-10　C/S 架构的学生成绩管理系统界面

0.3.3 B/S 架构的应用系统

基于 Web 的数据库应用采用三层（浏览器 /Web 服务器 / 数据库服务器）模式，也称为 B/S 架构，如图 0-11 所示。其中，浏览器（browser）是用户输入数据和显示结果的交互界面，用户在浏览器表单中输入数据，然后将表单中的数据提交并发送到 Web 服务器，Web 服务器接收并处理用户的数据，通过数据库服务器，从数据库中查询需要的数据（或把数据录入数据库），并将结果回送 Web 服务器，Web 服务器把返回的结果插入 HTML 页面，传送给客户端，在浏览器中显示出来。

图 0-11 三层 B/S 架构

目前，开发数据库 Web 界面的流行工具主要有 ASP.NET（C#）、PHP、Java EE 等。例如，用 ASP.NET 开发的 B/S 架构的学生成绩管理系统的学生信息录入页面如图 0-12 所示。

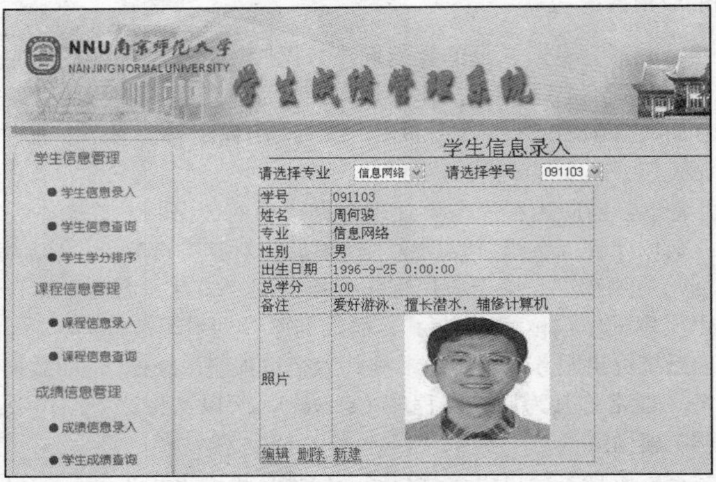

图 0-12 B/S 架构的学生成绩管理系统页面

习题

一、选择题

1. SQL Server 是（ ）。

   A. 数据库　B. DBA　C. DBMS　D. 数据库系统

2. SQL Server 组织数据采用（ ）。

   A. 层次模型　B. 网状模型　C. 关系模型　D. 数据模型

3. （ ）是实体属性。

   A. 形状　B. 汽车　C. 盘子　D. 高铁

4. 在数据库管理系统中设计表属于（ ）。

   A. 概念结构设计　B. 逻辑结构设计　C. 物理结构设计　D. 数据库设计

5. 图书与读者之间是（ ）。

   A. 一对一关系　B. 多对一关系　C. 多对多关系　D. 一对多关系

6．SQL Server 用户通过（　　）操作数据库对象。

A. DBMS　　B. SQL　　C. T-SQL　　D. 应用程序

7．用（　　）平台开发的程序是 C/S 程序。

A. JavaEE　　B. PHP　　C. Visual C#　　D. ASP.NET

8．下列说法错误的是（　　）。

A. 数据库通过文件存放在计算机中

B. 数据库中的数据具有一定的关系

C. 浏览器中的脚本可操作数据库

D. 浏览器中运行的文件存放在服务器中

二、说明题

1．什么是数据、数据库、数据库管理系统、数据库管理员、数据库系统？

2．关系数据模型的主要特征？当前流行的关系数据库管理系统有哪些？

3．采用什么方式操作关系数据库？

4．某高校中有若干个系部，每个系部都有若干个年级和教研室，每个教研室有若干个教师，其中，有的教授和副教授每人带若干个研究生，每个年级有若干个学生，每个学生选修若干门课程，每门课可由若干个学生选修，试用 E-R 图描述此学校的关系概念模型。

5．解释以下术语：实体，属性，码，E-R 图。

6．试列举一个关系模型，并用 E-R 图来描述。

7．试描述 SQL 语言的特点。

第一部分

数据库管理系统

第 1 章

SQL Server 2012 简介和安装

1.1 SQL Server 简介

SQL Server 从 20 世纪 80 年代后期开始开发，并于 1995 年发布了 SQL Server 6.05，该版本提供了廉价的可以满足众多小型商业应用的数据库方案，此后，SQL Server 迅速发展，并且推出了多种版本。

1. SQL Server 7.0

SQL Server 6.0 版是第一个完全由微软公司开发的版本。1996 年，微软公司推出了 SQL Server 6.5 版本，由于受到旧有结构的限制，微软再次重写 SQL Server 的核心数据库引擎，并于 1998 年发布 SQL Server 7.0，该版本在数据存储和数据库引擎方面发生了根本性的变化，支持中、小型商业应用数据库功能，为了适应技术的发展，还包括了一些 Web 功能。此外，微软的开发工具 Visual Studio 6 也对其提供了非常不错的支持。SQL Server 7.0 是该家族第一个得到广泛应用的成员。

2. SQL Server 2000

SQL Server 2000 继承了 SQL Server 7.0 版本的优点，同时又比它增加了许多更先进的功能。具有使用方便、可伸缩性好、与相关软件集成程度高等优点，可跨越从运行 Windows 98 的膝上型计算机到运行 Windows 2000 的大型多处理器服务器等多种平台使用。

3. SQL Server 2005

SQL Server 2005 是一个全面的数据库平台，使用集成的商业智能（BI）工具，提供了企业级数据管理。SQL Server 2005 数据库引擎为关系型数据和结构化数据提供了更安全可靠的存储功能，使用户可以构建和管理用于业务的高可用和高性能数据的应用程序。它不仅可以有效地执行大规模联机事务处理，而且可以完成数据仓库和电子商务应用等许多具有挑战性的工作。

SQL Server 2005 结合了分析报表、集成和通知功能。这使用户的企业可以构建和部署经济有效的 BI 触屏方案，帮助用户团队通过记分卡、Dashboard、Web Services 和移动设备将数据应用推向业务的各个领域。与 Visual Studio、Microsoft office System 以及新的开发工具包（包括 Business Intelligence Development Studio）的紧密集成使 SQL Server 2005 与众不同。

无论是开发人员、数据库管理员、信息工作者，还是决策者，它都可以提供创新的触屏方案，帮助用户从数据中更多地获益。

4. SQL Server 2008

SQL Server 2008 是一个重大的产品版本，它推出了许多新的特性和关键的改进，满足数据爆炸和下一代数据驱动应用程序的需求，支持数据平台愿景：关键任务企业数据平台、动态开发、关系数据和商业智能。

5. SQL Server 2012

SQL Server 2012 是微软公司最新开发的关系型数据库管理系统，于 2012 年 3 月 7 日发布。支持 SQL Server 2012 的操作系统平台包括 Windows 桌面和服务器操作系统。

SQL Server 2012 在之前版本的基础上新增了许多功能，使其功能进一步加强，是目前最新、功能最为强大的 SQL Server 版本，是一个能用于大型联机事务处理、数据仓库和电子商务等方面应用的数据库平台，也是一个能用于数据集成、数据分析和报表解决方案的商业智能平台。SQL Server 2012 扩展了性能、可靠性、可用性、可编程性和易用性等各个方面的功能，为系统管理员和普通用户带来了强大的、集成的、便于使用的工具，使系统管理员与普通用户能更方便、更快捷地管理数据库或设计开发应用程序。

1.1.1　SQL Server 2012 服务器组件、管理工具和联机丛书

除了基本功能外，SQL Server 2012 还配置了许多服务器组件和管理工具，通过 SQL Server 联机丛书提供 SQL Server 的核心文档。

1. 服务器组件

SQL Server 2012 服务器组件用于基于数据库的其他扩展功能，使用 SQL Server 安装向导的“功能选择”页面可选择安装 SQL Server 时需要安装的组件。默认情况下，未选中任何功能，下面介绍 SQL Server 2012 服务器组件。

（1）SQL Server 数据库引擎

SQL Server 数据库引擎包括数据库引擎（用于存储、处理和保护数据的核心服务）、复制、全文搜索、管理关系数据和 XML 数据的工具，以及 Data Quality Services（DQS）服务器。

（2）Analysis Services

Analysis Services 包括用于创建和管理联机分析处理（OLAP）以及数据挖掘应用程序的工具。

（3）Reporting Services

Reporting Services 包括用于创建、管理和部署表格报表、矩阵报表、图形报表以及自由格式报表的服务器和客户端组件。Reporting Services 还是一个可用于开发报表应用程序的可扩展平台。

（4）Integration Services

Integration Services 是一组图形工具和可编程对象，用于移动、复制和转换数据。它还包括 Integration Services 的 Data Quality Services（DQS）组件。

（5）Master Data Services

Master Data Services（MDS）是针对主数据管理的 SQL Server 解决方案，可以配置 MDS 来管理任何领域（产品、客户、帐户）；MDS 中可包括层次结构、各种级别的安全性、事务、

数据版本控制和业务规则，以及可用于管理数据和用于 Excel 的外接程序。

2. 管理工具

（1）SQL Server Management Studio

SQL Server Management Studio 是用于访问、配置、管理和开发 SQL Server 组件的集成环境。Management Studio 使各种技术水平的开发人员和管理员都能使用 SQL Server。Management Studio 的安装需要 Internet Explorer 6 SP1 或更高版本。

（2）SQL Server 配置管理器

SQL Server 配置管理器为 SQL Server 服务、服务器协议、客户端协议和客户端别名提供基本配置管理。

（3）SQL Server Profiler

SQL Server Profiler 提供了一个图形用户界面，用于监视数据库引擎实例或 Analysis Services 实例。

（4）数据库引擎优化顾问

数据库引擎优化顾问可以协助创建索引、索引视图和分区的最佳组合。

（5）数据质量客户端

数据质量客户端提供了一个非常简单和直观的图形用户界面，用于连接到 DQS 数据库并执行数据清理操作。它还允许用户集中监视在数据清理操作过程中执行的各项活动。数据质量客户端的安装需要 Internet Explorer 6 SP1 或更高版本。

（6）SQL Server 数据工具（SSDT）

它提供 IDE 以便为 Analysis Services、Reporting Services 和 Integration Services 商业智能组件生成解决方案。SSDT 还包含“数据库项目”，为数据库开发人员提供集成环境，以便在 Visual Studio 内为任何 SQL Server 平台执行其所有数据库设计工作。数据库开发人员可以使用 Visual Studio 中功能增强的服务器资源管理器，轻松创建、编辑和查询数据库对象和数据。SQL Server 数据工具安装需要 Internet Explorer 6 SP1 或更高版本。

（7）连接组件

连接组件即安装用于客户端和服务器之间通信的组件，以及 DB-Library、ODBC 和 OLE DB 的网络库。

1.1.2 SQL Server 2012 的不同版本及支持功能

1. SQL Server 2012 的版本

SQL Server 2012 分为主要版、专业版和扩展版三类及 6 个版本，根据应用程序的需要，安装要求会有所不同。不同版本的 SQL Server 能够满足单位和个人独特的性能、运行时以及价格要求。安装哪些 SQL Server 组件还取决于用户的具体需要。下面分别介绍这 6 个版本，其中前面 3 个为主要版本，第 4 个为专业版本，后面两个为扩展版本。

（1）SQL Server 2012 Enterprise（企业版）

SQL Server 2012 Enterprise 版提供了全面的高端数据中心功能，性能极为快捷，虚拟化不受限制，还具有端到端的商业智能：可为关键任务工作负荷提供较高服务级别，支持最终用户访问深层数据。

（2）SQL Server 2012 Business Intelligence（商业智能版）

SQL Server 2012 Business Intelligence 版提供了综合性平台，可支持组织构建和部署安全、可扩展且易于管理的 BI 解决方案。它提供基于浏览器的数据浏览与可见性等卓越功能、功能强大的数据集成功能以及增强的集成管理。

（3）SQL Server 2012 Standard（标准版）

SQL Server 2012 Standard 版提供了基本数据管理和商业智能数据库，使部门和小型组织能够顺利运行其应用程序，并支持将常用开发工具用于内部部署和云部署：有助于以最少的 IT 资源获得高效的数据库管理。

（4）SQL Server 2012 Web（专业版）

SQL Server 2012 Web 版对于为从小规模至大规模 Web 资产提供可伸缩性、经济性和可管理性功能的 Web 宿主和 Web VAP 来说，是一项总拥有成本较低的选择。

（5）SQL Server 2012 Developer（开发版）

SQL Server 2012 Developer 版支持开发人员基于 SQL Server 构建任意类型的应用程序。它包括 Enterprise 版的所有功能，但有许可限制，只能用作开发和测试系统，而不能用作生产服务器，是构建和测试应用程序人员的理想之选。

（6）SQL Server 2012 Express（精简版）

SQL Server 2012 Express 是入门级的免费数据库，是学习和构建桌面及小型服务器数据驱动应用程序的理想选择。它是独立软件供应商、开发人员和热衷于构建客户端应用程序人员的最佳选择。如果用户需要使用更高级的数据库功能，则可以无缝升级到其他更高端的 SQL Server 版本。SQL Server 2012 中新增了 SQL Server Express LocalDB，该版本具备所有可编程性功能，但在用户模式下运行，具有快速的零配置安装和要求较少的必备组件。

2. 不同版本支持的功能

不同版本 SQL Server 2012 支持的功能的主要信息如表 1-1 所示。

表 1-1 不同版本 SQL Server 2012 支持的功能

功能 \ 版本	企业版	商业智能版	标准版	专业版	Express（A）	Express（T）	Express
单个实例使用的最大计算能力（数据库引擎）	操作系统最大值	4 个插槽或 16 核取较小值	4 个插槽或 16 核取较小值	4 个插槽或 16 核取较小值	1 个插槽或 4 核取较小值	1 个插槽或 4 核，取二者中的较小值	1 个插槽或 4 核取较小值
Analysis Services、Reporting Services	操作系统支持的最大值	操作系统支持的最大值	同上	同上	同上	同上	同上
利用的最大内存（SQL Server 数据库引擎）	操作系统支持的最大值	64 GB	64 GB	64 GB	1 GB	1 GB	1 GB
利用的最大内存（Analysis Services）	操作系统支持的最大值	操作系统支持的最大值	64 GB	不适用	不适用	不适用	不适用
利用的最大内存（Reporting Services）	操作系统支持的最大值	操作系统支持的最大值	64 GB	64 GB	4 GB	不适用	不适用
最大关系数据库大小	524 PB	524 PB	524 PB	524 PB	10 GB	10 GB	10 GB

注：Express（A）为 Express with Advanced Services，Express（T）为 Express with Tools。

此外，在高可用性、伸缩性和性能、安全性、复制、管理工具、RDBMS 可管理性、开发工具、可编程性、Integration Services、Master Data Services、数据仓库、Analysis Services、BI 语义模型、PowerPivot for SharePoint、数据挖掘、Reporting Services、商业智能客户端、空间和位置服务、其他数据库服务、其他组件等方面各版本的支持都不相同。

1.2 SQL Server 2012 的安装和运行

1.2.1 SQL Server 2012 安装环境

1. 支持操作系统

虽然开发版本支持 Windows Vista、Windows 7 等桌面操作系统，但 Web、Enterprise 和 BI 版本支持的操作系统版本只有 Windows Server 2008 和 Windows Server 2008 R2。其中 32 位软件可安装在 32 位和 64 位 Windows Server 上。由于 Windows 8 和 Windows Server 2012 发布时间晚于 SQL Server 2012，所以其是否得到支持尚不明确。

2. 应用于 Internet 服务器

在 Internet 服务器（如运行 Internet Information Services（IIS）的服务器）上通常都会安装 SQL Server 客户端工具。客户端工具包括连接到 SQL Server 实例的应用程序所使用的客户端连接组件。

尽管可以在运行 IIS 的计算机上安装 SQL Server 实例，但这种做法通常只用于仅包含一台服务器的小型网站。大多数网站都将其中间层 IIS 系统安装在一台服务器上或服务器群集中，将数据库安装在另外一个服务器或服务器联合体上。

3. 应用于 C/S 应用程序

在运行直接连接到 SQL Server 实例的客户端 / 服务器应用程序的计算机上，只能安装 SQL Server 客户端组件。如果要在数据库服务器上管理 SQL Server 实例，或者打算开发 SQL Server 应用程序，则可选择安装客户端组件。

客户端工具可选择安装向后兼容组件、SQL Server 数据工具、连接组件、管理工具、软件开发包和 SQL Server 联机丛书组件。

4. .NET Framework

在选择数据库引擎、Reporting Services、Master Data Services、Data Quality Services、复制或 SQL Server Management Studio 时，需要 .NET 3.5 SP1 和 .NET 4.0，它由 SQL Server 安装程序自动安装。如果安装 SQL Server Express 版本，则需要从网上下载并安装 .NET 4.0 程序。

5. 网络软件和网络协议

独立安装的命名实例和默认实例支持的网络协议包括：共享内存、命名管道、TCP/IP 和 VIA。SQL Server Data Tools（SSDT）、Reporting Services 的报表设计器组件等需要 Internet Explorer 7 以上版本。

6. 虚拟化

Windows Server 2008 和 2012 有关版本中以 Hyper-V 角色运行的虚拟机环境中支持 SQL Server 2012。

7. 硬件条件

显示器：Super-VGA（800 × 600）以上分辨率。

DVD 驱动器：如果从光盘进行安装。

最小内存：Express 版本（512MB）；其他版本（1GB）。

处理器速度：x86 处理器（1.0GHz）；X64 处理器（1.4GHz）

8. 硬盘空间

在安装 SQL Server 2012 的过程中，Windows Installer 会在系统驱动器中创建临时文件，至少 6 GB 的可用磁盘空间用来存储这些文件。实际硬盘空间需求取决于系统配置和用户决定安装的功能。SQL Server 2012 组件的磁盘空间要求如表 1-2 所示。

表 1-2　SQL Server 2012 组件的磁盘空间

功能	磁盘空间
数据库引擎和数据文件、复制、全文搜索以及 Data Quality Services	811 MB
Analysis Services 和数据文件	345 MB
Reporting Services 和报表管理器	304 MB
Integration Services	591 MB
Master Data Services	243 MB
客户端组件（除 SQL Server 联机丛书组件和 Integration Services 工具之外）	1823 MB
用于查看和管理帮助内容的 SQL Server 联机丛书组件	375 KB

1.2.2　SQL Server 2012 的安装

为了教学，用户可在网上下载 SQL Server 2012 映像文件（如 SQLServer2012SP1-FullSlipstream-x86-CHS），用解压工具解压，生成的目录中包含的文件如图 1-1 所示。

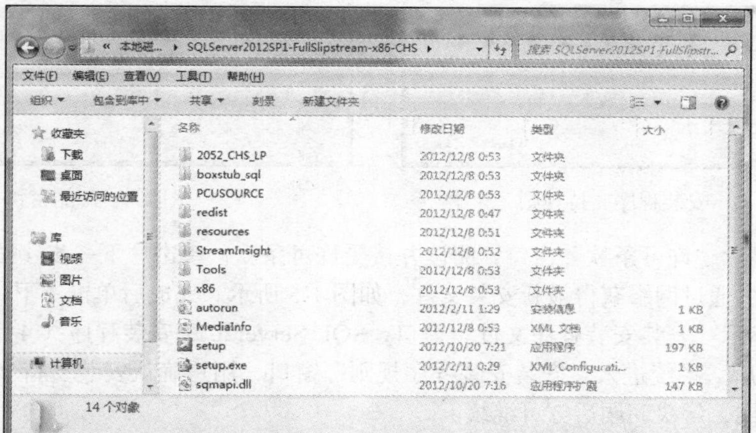

图 1-1　包含的文件

安装步骤：

1）运行“setup.exe”文件。系统显示“SQL Server 安装中心”，左边是大类，右边是对应该类的内容。系统首先显示“计划”类，如图 1-2 所示。

2）选择“安装”类，系统检查安装基本条件，进入“安装程序支持规则”窗口。如果有检查未通过的规则，则必须更正，否则安装将无法继续。如果全部通过，系统显示如图 1-3

所示。单击“确定”按钮进入下一步。

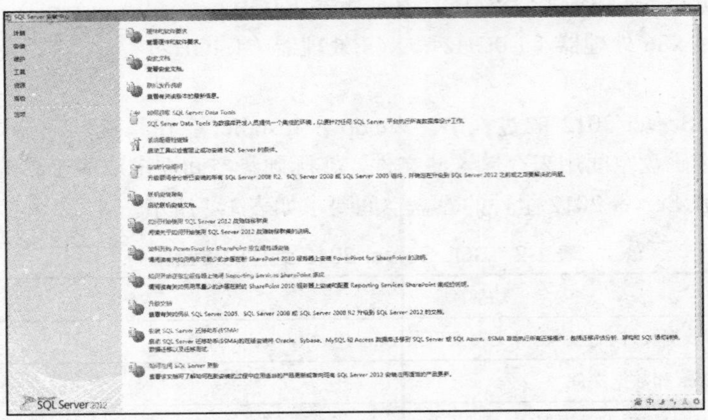

图 1-2　安装计划

3）系统显示“产品密钥”窗口，选择“输入产品密钥”，输入 SQL Server 对应版本的产品密钥，如图 1-4 所示。完成后单击“下一步”按钮。

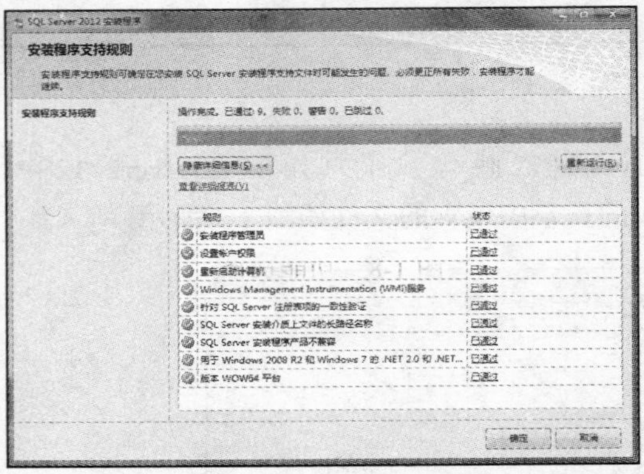

图 1-3　安装程序支持规则

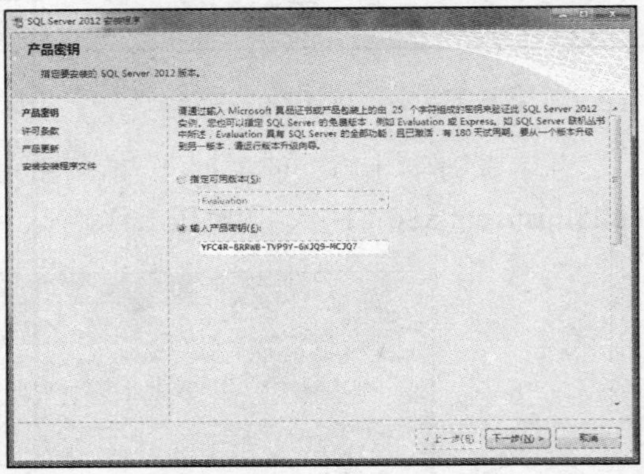

图 1-4　产品密钥

4）系统显示“许可条款”窗口，阅读并接受许可条款，单击“下一步”按钮。进入“产品更新”窗口，通过网络获得最新安装文件，如图 1-5 所示。完成后单击“下一步”按钮。

5）系统显示“安装安装程序文件”窗口，SQL Server2012 安装程序共 4 个，如图 1-6 所示。安装完成后，系统进入“安装安装程序规则”窗口，用户确认安装支持文件时是否发现问题。如有问题，解决问题后方可继续。

6）系统显示“设置角色”窗口，如图 1-7 所示。如果选择“ SQL Server 功能安装”，则安装用户的所有功能。如果选择“具有默认值的所有功能”，则安装用户的指定功能，单击“下一步”按钮以确定。

7）系统显示“功能选择”窗口，如图 1-8 所示。在“功能”区域中选择要安装的功能组件，如果仅仅需要基本功能，则选择“数据库引擎服务”。如不能确认要安装哪些功能，则单击“全选”按钮安装全部组件。单击“下一步”按钮以确定。此后系统进入“安装规则”窗口，用户确认安装支持文件时是否发现问题。如有问题，解决问题后方可继续。单击“下一步”按钮。

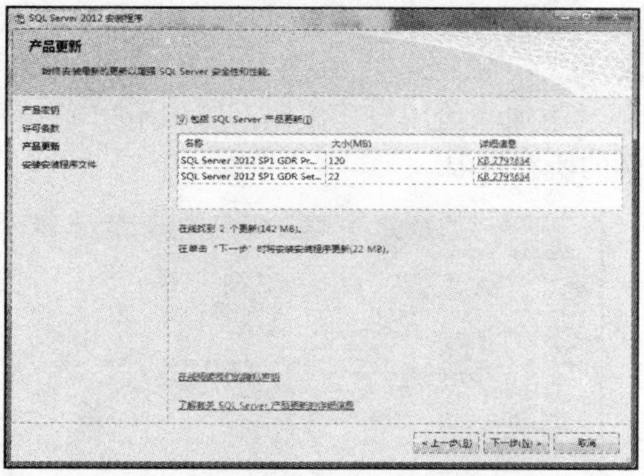

图 1-5 产品更新

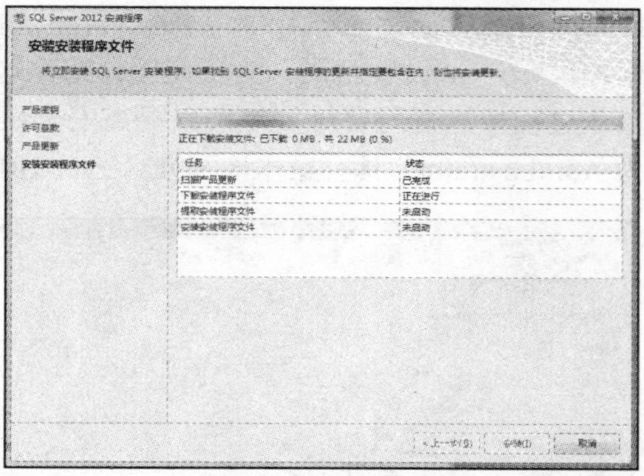

图 1-6 安装程序

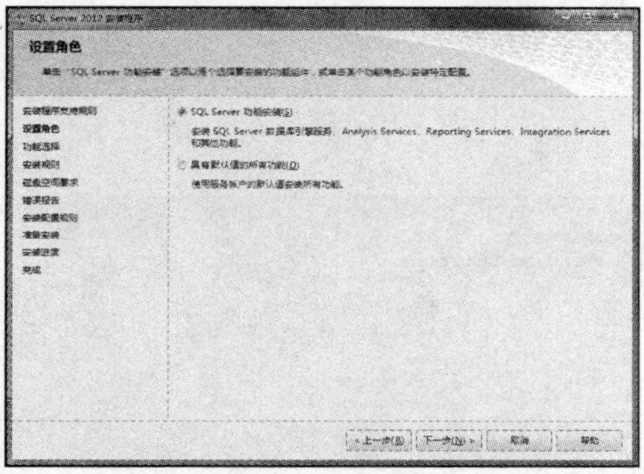

图 1-7 设置角色

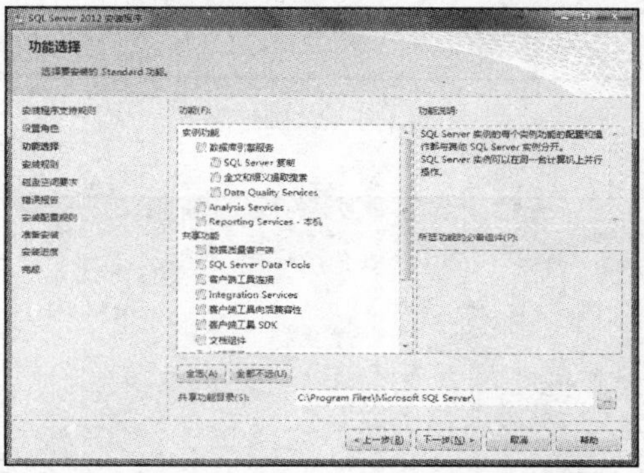

图 1-8 功能选择

8）系统显示“实例配置”窗口，如图 1-9 所示。如果是第一次安装，则既可以使用默认实例，也可以自行指定实例名称。如果当前服务器上已经安装了一个默认的实例，则再次安装时必须指定一个实例名称。系统允许在一台计算机上安装 SQL Server 的不同版本，或者同一版本的多个 SQL Server，把 SQL Server 看成是一个 DBMS 类，采用这个实例名称区分不同的 SQL Server。

如果选择“默认实例”，则实例名称默认为 MSSQLSERVER。如果选择“命名实例”，则在后面的文本框中输入用户自定义的实例名称，如图 1-9 所示。单击“下一步”按钮。

9）系统显示“磁盘空间要求”窗口，如图 1-10 所示。窗口中显示根据用户选择 SQL Server 2012 安装内容所需要的磁盘容量。单击“下一步”按钮。

10）系统显示“服务器配置”窗口。在“服务帐户”选项卡中为每个 SQL Server 服务单独配置用户名、密码及启动类型。“帐户名”可以在下拉框中选择，也可以单击“对所有 SQL Server 服务器使用相同的帐户”按钮，为所有的服务分配一个相同的登录帐户。配置完成后的界面如图 1-11 所示，单击“下一步”按钮。

11）系统显示“数据库引擎配置”窗口，包含 3 个选项卡。

在“服务器配置”选项卡中选择身份验证模式。身份验证模式是一种安全模式，用于验证客户端与服务器的连接，它有两个选项：Windows 身份验证模式和混合模式。在 Windows 身份验证模式中，用户通过 Windows 帐户连接时，使用 Windows 操作系统用户帐户名和密码；混合模式允许用户使用 SQL Server 身份验证或 Windows 身份验证。而建立连接后，系统的安全机制对于两种连接是一样的。这里选择身份验证模式为“混合模式”，并为内置的系统管理员帐户 sa 设置密码，为了便于介绍，这里密码设为“123456”，如图 1-12 所示。在实际操作过程中，密码要尽量复杂以提高安全性。选择“添加当前用户”按钮，使该用户（这里为 Administrator）具有操作该 SQL Server 2012 实例的所有权限。

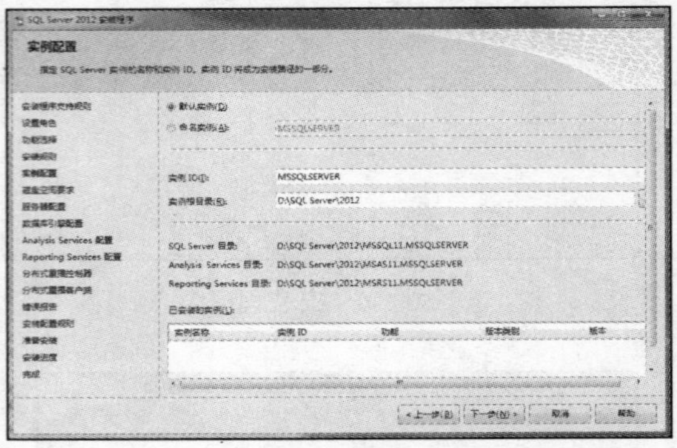

图 1-9　实例配置

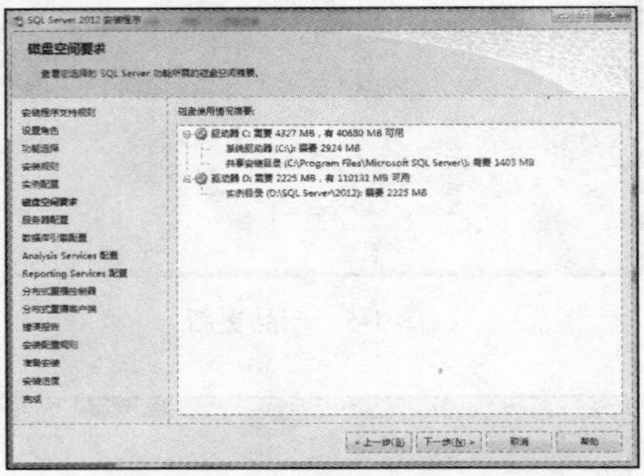

图 1-10　磁盘空间要求

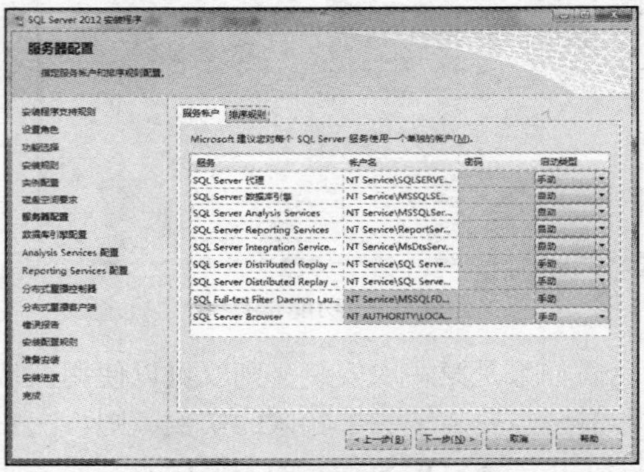

图 1-11　服务器配置

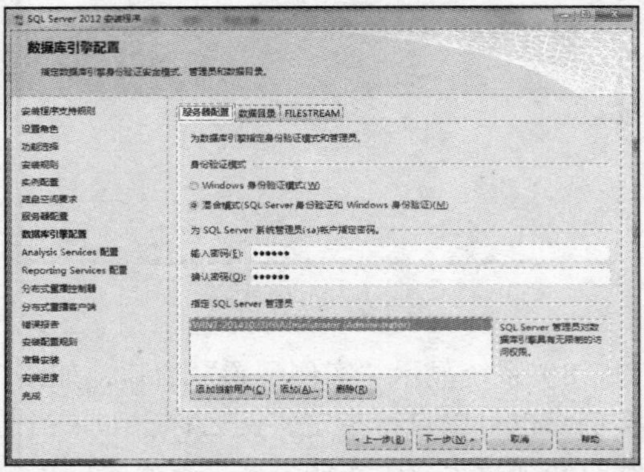

图 1-12　数据库引擎配置

在“数据目录”选项卡中指定数据库文件存放的位置，这里指定为“d:\SQL Server\2012\”，系统把不同类型的数据文件安装在该目录对应的子目录下，如图 1-13 所示。

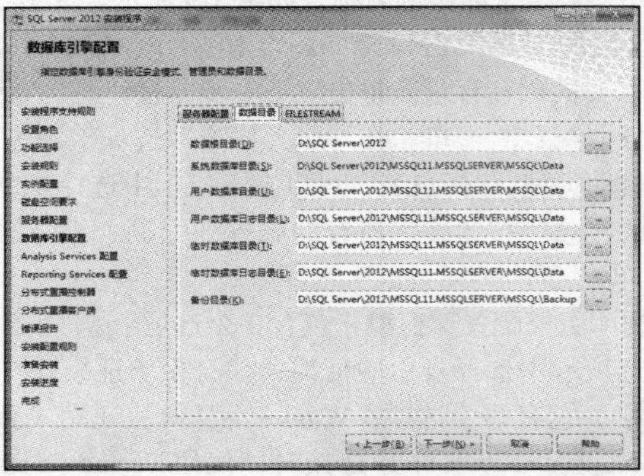

图 1-13　数据目录

在“FILESTREAM”选项卡中指定数据库中 T-SQL、文件 I/O 和允许远程用户访问 FILESTREAM，如图 1-14 所示。

单击“下一步”按钮，进入下一个窗口。

如果用户选择“Analysis Services”、“Reporting Services”和“分布式重播”，则系统分别进入这些窗口进行配置。

12）系统进入“完成”窗口，显示为了安装 SQL Server 2012 目前已经安装的程序的状态，如图 1-15 所示。单击“关闭”按钮，显示“错误报告”窗口，如图 1-16 所示。

13）系统进入“安装配置规则”窗口，用户确认安装支持文件时是否发现问题。如有问题，解决问题后方可继续。单击“下一步”按钮。

14）系统进入“准备安装”窗口，显示“已准备好安装”的内容，其中有的已经安装，如图 1-17 所示。

选择“安装”，系统开始安装。安装结束，系统将重新启动计算机。

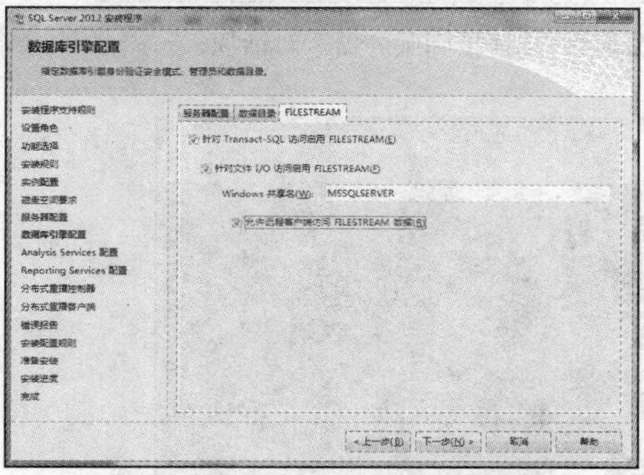

图 1-14　FILESTREAM

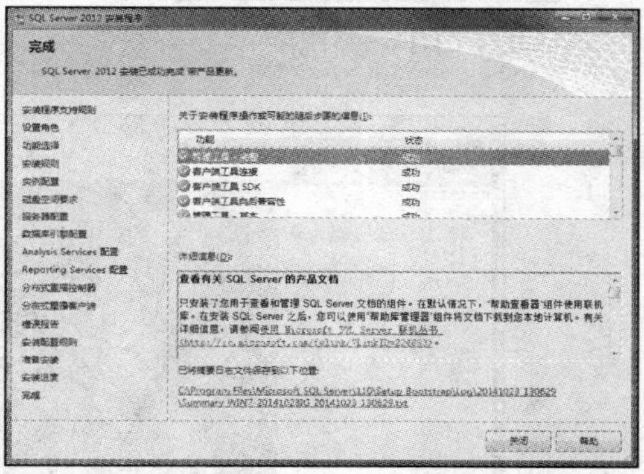

图 1-15　完成

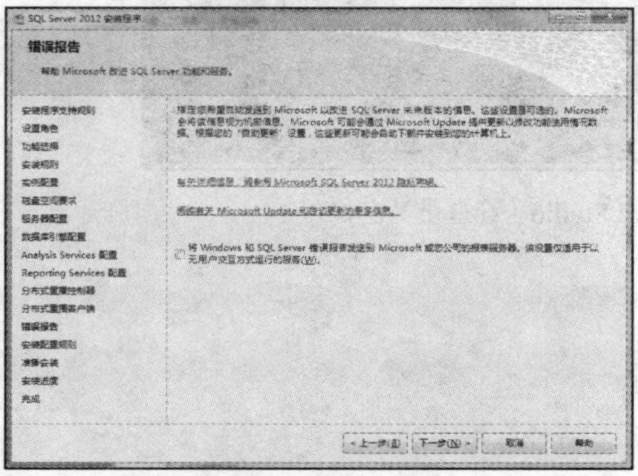

图 1-16　错误报告

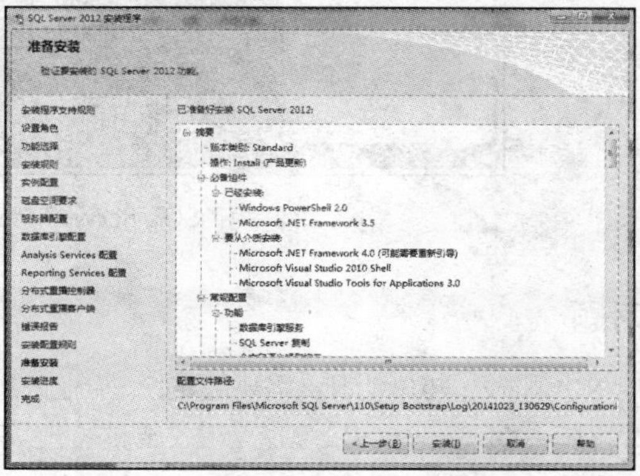

图 1-17　准备安装

1.2.3　SQL Server 2012 的运行

SQL Server 2012 安装结束后，系统重新启动计算机，在系统的程序菜单中增加了“Microsoft SQL Server 2008”、“Microsoft SQL Server 2012”和“Microsoft Visual Studio 2010”3 个主菜单，每个菜单下包含若干菜单项，如图 1-18 所示。

选择“Microsoft SQL Server 2012”下的“SQL Server Management Studio”菜单项，系统显示“连接到服务器”对话框，如图 1-19 所示。根据安装时的选择，可直接单击“连接”按钮，系统进入“SQL Server Management Studio（管理员）”窗口，如图 1-20 所示。

图 1-18　系统菜单

图 1-19　“连接到服务器”对话框

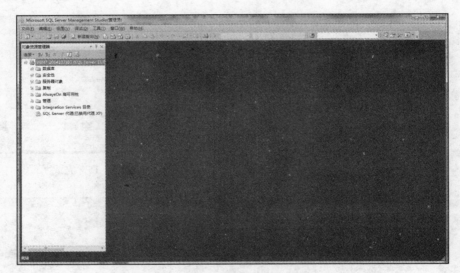

图 1-20　SQL Server Management Studio（管理员）窗口

习题

1．SQL Server 2012 为什么需要主要版、专业版和扩展版？
2．对于 SQL Server 2012 基于学习安装和基于实际应用安装有什么不同？
3．若一台计算机安装多个 SQL Server，如何区分它们？
4．如何指定 SQL Server 的登录方式？
5．如何指定用户数据库文件存放位置？

第 2 章

数据库创建

在实际应用中，数据库一般通过数据库管理系统（DBMS）创建。在 SQL Server 2012 下，可通过界面和命令两种方式创建数据库，在创建数据库前，先介绍数据库管理系统对数据库的管理方法。

2.1　数据库及其数据库对象

1. 数据库实例

在一台计算机上可以安装一个或者多个 SQL Server（不同版本或者同一版本），其中的一个称为一个数据库实例。一般安装的第一个 SQL Server 采用默认实例（在安装时指定），通过实例名称来区分不同的 SQL Server。

2. 数据库对象

数据库是一个容器，里面包含数据库对象。下面先简单介绍 SQL Server 2012 中包含的常用数据库对象。

（1）表

表是最主要的数据库对象。表由行和列组成，因此也称为二维表。表是存放数据及表示关系的主要形式。

例如，对于学生成绩管理系统，学生信息、课程信息和成绩信息分别存放在学生表、课程表和成绩表中。

（2）视图

视图是从一个或多个基本表中引用表。由于视图本身并不存储实际数据，因此也可以称为虚表。当基本表中的数据发生变化时，从视图中查询出来的数据也随之改变。

例如，因为成绩中包含学号和课程号，通过成绩表不能直接看出学生姓名、课程名称这些比较直观的信息。所以，可以定义一个学生课程成绩视图，将学生表、课程表与成绩表关联起来，生成一个包含学号、姓名、课程号、课程名和成绩的虚表，打开这个表就能看到这些字段。

同时，视图一经定义，就可以像基本表一样被查询、修改、删除和更新。修改、删除和更新的内容会反映到基本表中。

（3）索引

表中的记录通常按其输入的时间顺序存放，这种顺序称为记录的物理顺序。为了对表记录进行快速查询，可以将表的记录按某个或某些字段或它们的组合（称为索引表达式）进行排序，这种顺序称为逻辑顺序。通过逻辑顺序搜索索引表达式的值，可以实现对该类数据记录的快速访问。

例如，在学生表中，对学号字段进行索引，这样按学号查找对应学生信息记录时就可以很快定位。将学号字段指定为“主键”，在学生表就不可能存放相同学号的学生记录。

（4）约束

约束用于保障数据的一致性与完整性。具有代表性的约束就是主键和外键。主键约束当前表记录的主键字段值唯一性，外键约束当前表记录与其他表的关系。

例如，在成绩表中，学号作为外键与学生表中的学号（主键）建立关联，以使成绩对应相应的学生。

（5）存储过程

存储过程是一组为了完成特定功能的 SQL 语句集合。这个语句集合经过编译后存储在数据库中，存储过程具有接收（输入）参数、输出参数、返回单个或多个值的功能。存储过程独立于表存在。

例如，在学生数据库中，编写若干条 T-SQL 语句计算总学分作为存储过程，可以汇总成绩表相应学生的总学分，然后放到学生表相应的学生“总学分”字段中。学号作为输入参数，计算指定学生的总学分；如果输入参数为空，则计算所有学生的总学分。

（6）触发器

触发器与表紧密关联。它可以实现更加复杂的数据操作，更加有效地保障数据库系统中数据的完整性和一致性。触发器基于一个表创建，但可以对多个表进行操作。

例如，当学生表没有学生时，成绩表的成绩不能输入。

（7）默认值

默认值是在用户没有给出具体数据时，系统自动生成的数值。它是 SQL Server 2012 系统确保数据一致性和完整性的方法。

例如，在学生表中，学号默认值设置为初始学号，这样增加记录时系统预置了一个初始学号，用户只要修改后面两位，而不需要输入所有号。又例如，设置性别默认值为男，这样增加记录时，只需要为女生修改“性别”字段内容。

（8）用户和角色

用户是指对数据库有存取权限的使用者；角色是指一组数据库用户的集合。

（9）规则

规则用来限制表字段的数据范围。

例如，在学生表中，“出生时间”字段采用规则设置为当前日期的前 16 年到 65 年之间。

（10）类型

用户可以根据需要在给定的系统类型之上定义自己的数据类型。

例如，可以定义系统的逻辑类型为“性别”类型，这样处理性别数据就可以采用“性别”类型。

（11）函数

用户可以根据需要将系统的若干语句或者系统函数进行组合实现特定功能，定义成自己的函数，然后在需要该功能处调用该函数。

3. 数据库中的架构

简单地说，架构的作用是将数据库中的所有对象分成不同的集合，每一个集合就称为一个架构。数据库中的每一个用户都会有自己的默认架构。这个默认架构可以在创建数据库用户时由创建者设定，若不设定，则系统默认架构为 dbo。数据库用户只能对属于自己架构中的数据库对象执行相应的数据操作。至于操作的权限，则由数据库角色决定。

4. SQL Server 系统数据库

在 SQL Server 安装后，下列系统数据库就生成了，它们用于 SQL Server 系统内部。

（1）master 数据库

它记录 SQL Server 系统的所有系统级信息，包括实例范围的元数据（如登录帐户）、端点、链接服务器和系统配置设置。此外，master 数据库还记录了所有其他数据库的存在、数据库文件的位置以及 SQL Server 的初始化信息。因此，如果 master 数据库不可用，则 SQL Server 无法启动。

（2）model 数据库

它用作在 SQL Server 实例上创建的所有数据库的模板。当发出 CREATE DATABASE 语句时，通过复制 model 数据库中的内容来创建数据库的第一部分，然后用空页填充新数据库的剩余部分。如果修改 model 数据库，之后创建的所有数据库都将继承这些修改。例如，可以设置权限、数据库选项和添加对象，如表、函数和存储过程。

如果用特定于用户的模板信息修改 model 数据库，建议备份 model。

（3）tempdb 数据库

tempdb 系统数据库是一个全局资源，可供连接到 SQL Server 实例的所有用户使用。tempdb 中的操作是最小日志记录操作。这将使事务产生回滚。每次启动 SQL Server 时都会重新创建 tempdb，从而在系统启动时总是保持一个干净的数据库副本。在断开连接时会自动删除临时表和存储过程，并且在系统关闭后没有活动连接。因此 tempdb 中不会有什么内容从一个 SQL Server 会话保存到另一个会话。不允许对 tempdb 进行备份和还原操作。

（4）msdb 数据库

SQL Server 代理使用 msdb 数据库来计划警报和作业，SQL Server Management Studio、Service Broker 和数据库邮件等其他功能也使用该数据库。在进行任何更新 msdb 的操作后，如备份或还原任何数据库后，建议备份 msdb。

（5）Resource 数据库

它为只读数据库，包含了 SQL Server 中的所有系统对象。SQL Server 系统对象在物理上保留在 Resource 数据库中，但在逻辑上显示在每个数据库的 sys 架构中。Resource 数据库不包含用户数据或用户元数据。

Resource 数据库支持更为轻松快捷地升级到新的 SQL Server 版本。在早期版本的 SQL Server 中，进行升级需要删除和创建系统对象。由于 Resource 数据库文件包含所有系统对象，因此，现在仅通过将单个 Resource 数据库文件复制到本地服务器便可完成升级。

5. 文件和文件组

操作系统只能管理文件，当然数据库及其数据库对象存放在文件中，按照文件组方式组织。文件组是一个逻辑名，可以包含若干物理文件。

从系统管理的需求出发，采用多个数据文件存储数据，可以避免数据文件过大，同时，数据文件存放在不同的硬盘上，可以提高处理速度。

6. FILESTREAM

借助 FILESTREAM，基于 SQL Server 的应用程序可以将非结构化的数据（如文档和图像）存储在文件系统中。应用程序在利用丰富的流式 API 和文件系统性能的同时，还可保持非结构化数据和对应结构化数据之间的事务一致性。

2.2 以界面方式创建数据库

创建数据库是对该数据库进行操作的前提，SQL Server 2012 界面创建数据库主要通过"SQL Server Management Studio"（简称 SSMS）窗口提供的图形化向导进行。

2.2.1 数据库的创建

首先要明确，能够创建数据库的用户必须是系统管理员，或是被授权使用 CREATE DATABASE 语句的用户。

数据库中存放的数据记录可能会越来越多。在 SQL Server 中，数据文件和日志文件可以指定初始大小、增长方式、最大容量。当数据库内容超过初始大小存放不下时，会按照增长方式增加文件大小，但不能超过最大容量。

创建数据库必须确定数据库名、所有者（即创建数据库的用户）、数据库大小（初始大小、最大的大小、是否允许增长及增长方式）和存储数据库的文件。

对于新创建的数据库，数据文件的默认值为：初始文件大小为 5MB ；最大容量不受限制（仅受硬盘空间的限制）；允许数据库自动增长，增量为 1 MB。

日志文件的默认值为：文件初始大小为 1 MB；最大容量不受限制（仅受硬盘空间的限制）；允许日志文件自动增长，增长方式为按 10% 比例增长。

下面以创建学生成绩管理系统的数据库（pxscj）为例，说明使用"SSMS"窗口图形化向导创建数据库的过程。

【例 2-1】 创建数据库 pxscj，数据文件和日志文件的属性按默认值设置。

创建该数据库的过程如下：

第 1 步 以系统管理员身份登录计算机，在桌面上单击"开始"→"所有程序"→"Microsoft SQL Server 2012"，选择并启动 SQL Server Management Studio，如图 2-1 所示，使用默认的系统配置连接到数据库服务器。

图 2-1 连接到服务器

说明：

1）服务器类型可选择为数据库引擎、Analysis Services（分析服务）、Reporting Services（报表服务）、Integration Services（集成服务），默认选择为数据库引擎类型。

2）服务器名称的格式为“计算机名 / 实例名”，因为在安装时使用的是默认实例，所以使用计算机名作为服务器名称。当然，使用计算机的 IP 地址也可以。

单击“连接”按钮，系统进入 SQL Server Management Studio 窗口，并且默认打开对象资源管理器。

第 2 步 在“对象资源管理器”中选择“数据库”，右击鼠标，在弹出的快捷菜单中选择“新建数据库”菜单项，打开“新建数据库”窗口。

第 3 步 “新建数据库”窗口的左上方共有 3 个选择页：“常规”、“选项”和“文件组”，这里只配置“常规”选择页，其他选择页使用系统默认设置。

在“新建数据库”窗口的左上方选择“常规”选择页，在“数据库名称”文本框中填写要创建的数据库名称 pxscj，也可以在“所有者”文本框中指定数据库的所有者，如 sa。这里使用默认值，其他属性也按默认值设置，如图 2-2 所示。

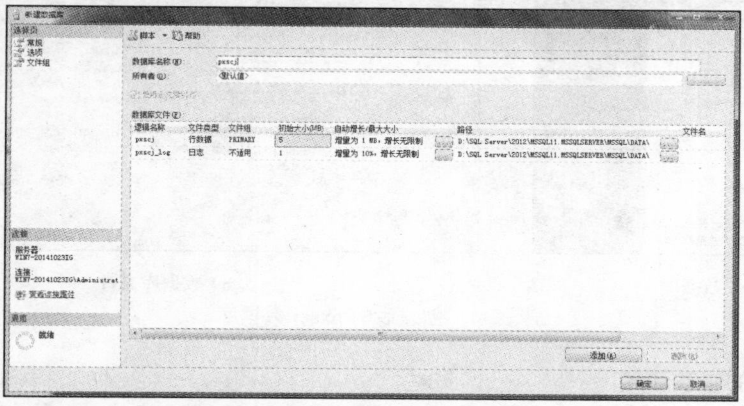

图 2-2 “新建数据库”窗口

说明：

1）单击“路径”标签栏右面的[...]按钮，自定义路径，默认路径为“d:\ SQL Server\2012\MSSQL11.MSSQLSERVER\MSSQL\DATA”，因为安装 SQL Server 时指定的数据文件路径为“d:\ SQL Server\2012\”。

2）文件组。在 SQL Server 中，数据库存放在数据文件和日志文件中，日志文件记录操作数据库的过程。用户配置这些文件的文件名及其存放路径（位置），以文件组方式组织。

在默认情况下，数据库包括一个“行数据”类型文件和一个日志类型文件，分别对应“PRIMARY”和“不适用”文件组。第一个行数据类型文件存放定义数据库的信息和数据，对应的文件扩展名是“.mdf”，日志文件的文件扩展名是“.ldf”。第 2 个行数据类型文件称为辅助数据文件，对应的文件扩展名是“.ndf”。日志文件也可以包括多个文件，扩展名相同。

3）在“文件名”文本框中输入用户自定义的数据库文件，系统默认的文件名与逻辑名称相同，这里为“pxscj.mdf”和“pxscj_log.ldf”。

4）初始大小：系统默认为 5MB，用户可以修改。当数据库的存储空间大于初始大小时，数据库文件会自动增长。可以采用下列方法设置自动增长方式。

5）单击“自动增长”标签栏右面的...按钮，弹出如图 2-3 所示的对话框，在该对话框中可以设置数据库是否自动增长、增长方式、最大文件大小。日志文件的自动增长设置对话框与数据文件的类似。这里，数据库文件大小、增长方式和路径都使用默认值，然后单击“确定”按钮。

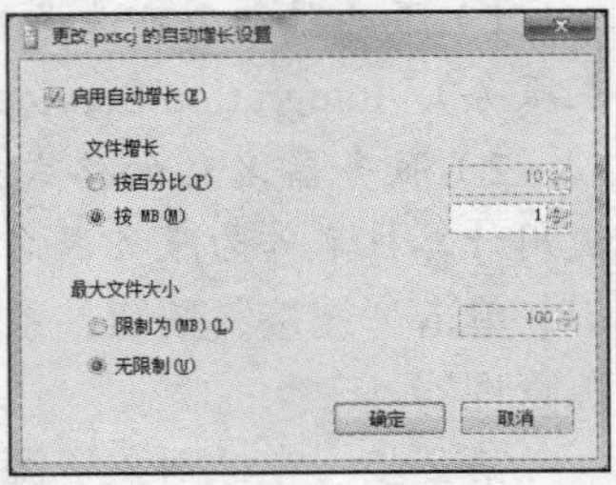

图 2-3　设置自动增长

至此，数据库 pxscj 创建完成了。此时，可以在“对象资源管理器”窗口的“数据库”下找到 pxscj 数据库，在“d:\SQL Server\2012\MSSQL11.MSSQLSERVER\MSSQL\DATA”目录下找到对应的两个文件，如图 2-4 所示。

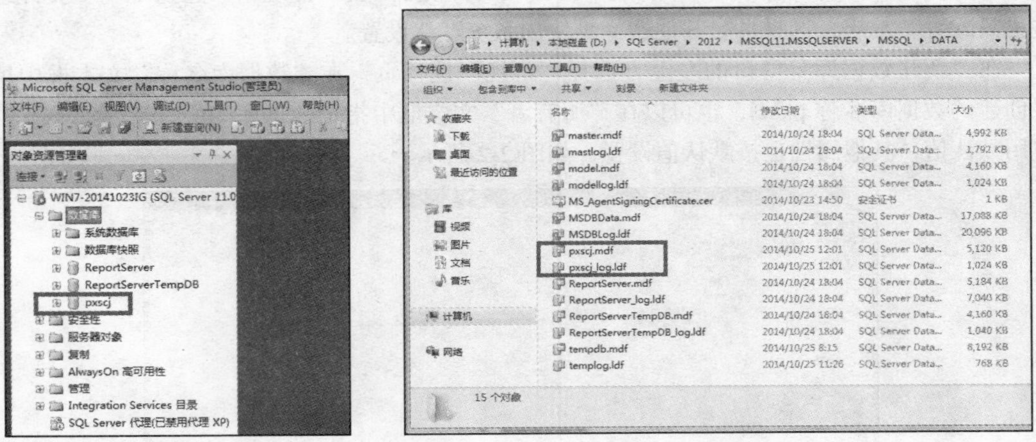

a）数据库　　　　b）数据库文件

图 2-4　创建后的 pxscj 数据库

2.2.2　数据库的修改和删除

1. 数据库的修改

在数据库成功创建后，数据文件名和日志文件名就不能改变了。对于已存在的数据库可以修改以下几项。

- 增加或删除数据文件。
- 改变数据文件的大小和增长方式。
- 改变日志文件的大小和增长方式。
- 增加或删除日志文件。
- 增加或删除文件组。
- 重命名数据库。

操作步骤：在 SSMS 下选择需要修改的数据库（如 pxscj），右击鼠标，在出现的快捷菜单中选择“属性”菜单项，系统显示如图 2-5 所示的“数据库属性 -pxscj”窗口。“选择页”列表中包括 9 个选项。选择这些选项，可以查看数据库系统的各种属性和状态。

下面详细介绍如何对已经存在的数据库进行修改。

（1）改变数据库文件参数

在“数据库属性 -pxscj”窗口中的“选择页”列表中选择“文件”，在右边的“初始大小”列中输入要修改的数据，也可修改增长方式。修改方法与创建数据库相同。

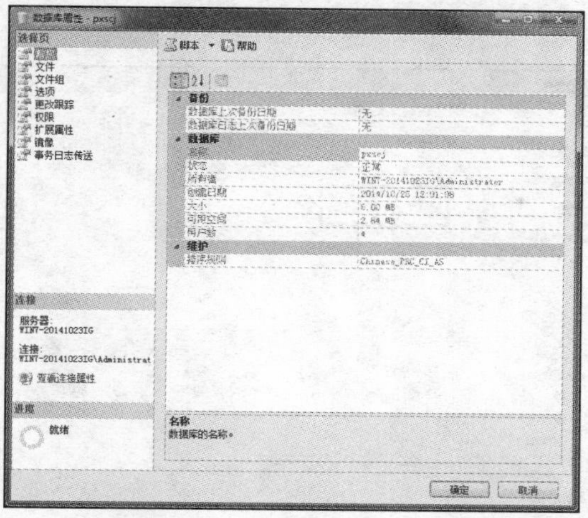

图 2-5 “数据库属性 -pxscj” 窗口

（2）增加或删除辅助数据文件

当原有数据库的存储空间不够大时，除了可以采用扩大原有数据文件存储容量外，还可以增加新的数据文件（称为辅助数据文件）。

【例 2-2】 在 pxscj 数据库中增加数据文件 pxscj_2，其属性均取系统默认值。

操作方法如下：

打开“数据库属性 -pxscj”窗口，在“选择页”列表中选择“文件”选项，单击右下角的“添加”按钮，在数据库文件下方会增加一行文件项，如图 2-6 所示。

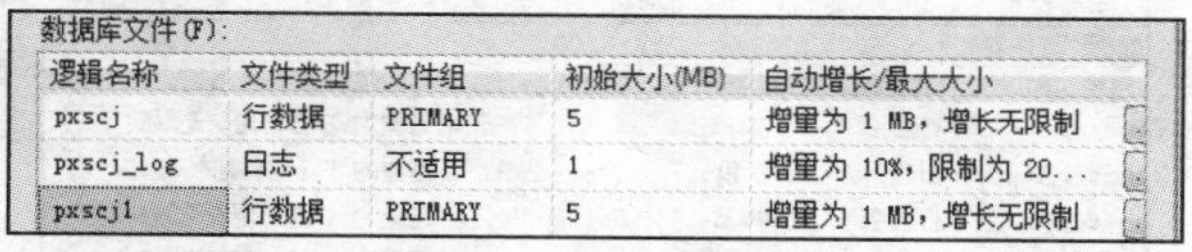

数据库文件(F):

逻辑名称	文件类型	文件组	初始大小(MB)	自动增长/最大大小
pxscj	行数据	PRIMARY	5	增量为 1 MB，增长无限制
pxscj_log	日志	不适用	1	增量为 10%，限制为 20...
pxscj1	行数据	PRIMARY	5	增量为 1 MB，增长无限制

图 2-6 增加数据文件

在“逻辑名称”列中输入数据文件名“ pxscj1”，并设置文件的初始大小和增长属性，单击“添加”按钮，完成数据文件的添加。

当数据库中的某些辅助数据文件不再需要时，应及时将其删除。操作方法为：选中需删除的辅助数据文件 pxscj1，单击对话框右下角的“删除”按钮，再单击“确定”按钮即可删除。

注意

主数据文件不能删除，因为主数据文件存放数据库的主要信息和启动信息，若将其删除，数据库将无法启动。

（3）增加或删除文件组

数据库管理员（DBA）从系统管理策略角度出发，有时可能需要增加或删除文件组。下面以示例说明其操作方法。

【例 2-3】 设要在数据库 pxscj 中增加一个名为 FGroup 的文件组。

操作方法如下：

打开“数据库属性”窗口，选择“文件组”选项。单击右下角的“添加”按钮，在 PRIMARY 行的下面会出现新的一行。在该行的“名称”列中输入 MyFGroup，单击“确定”

按钮，如图 2-7 所示。

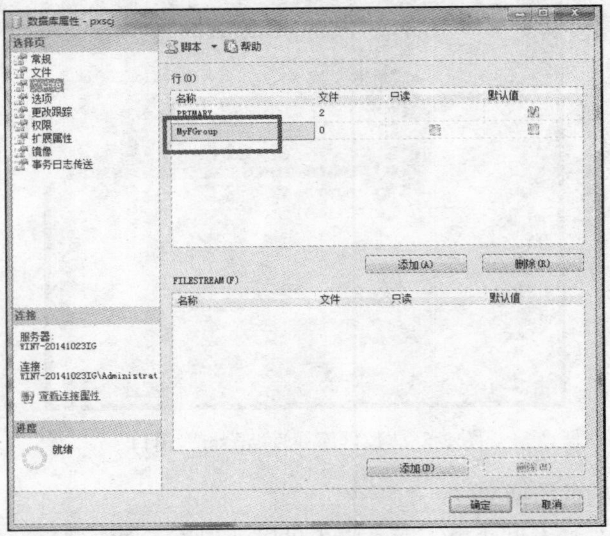

图 2-7 新增文件组

添加文件组后，可以在新增文件组中加入数据文件。

例如，在 pxscj 数据库新增的文件组 MyFGroup 中增加数据文件 pxscj2。

操作方法为：选择“文件”选项，按增加数据文件的操作方法添加数据文件。在“文件组”下拉框中选择 MyFGroup，如图 2-8 所示，单击“确定”按钮。

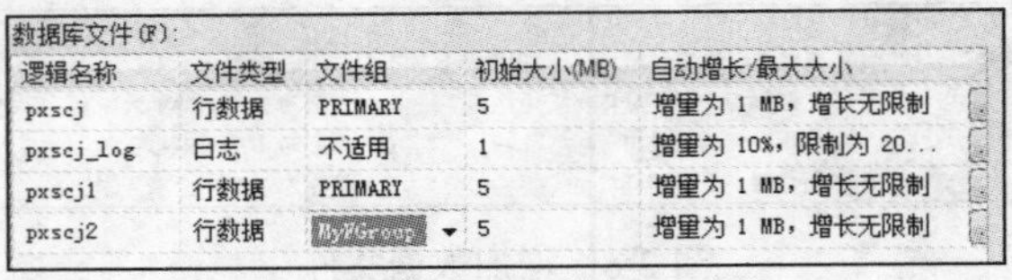

数据库文件(F):

逻辑名称	文件类型	文件组	初始大小(MB)	自动增长/最大大小
pxscj	行数据	PRIMARY	5	增量为 1 MB，增长无限制
pxscj_log	日志	不适用	1	增量为 10%，限制为 20...
pxscj1	行数据	PRIMARY	5	增量为 1 MB，增长无限制
pxscj2	行数据	MyFGroup	5	增量为 1 MB，增长无限制

图 2-8 将数据文件添加到新增的文件组中

选中需删除的文件组，单击对话框右下角的“删除”按钮，再单击“确定”按钮，即可删除文件组。

注意

可以删除用户定义的文件组，但不能删除主文件组（PRIMARY）。删除用户定义的文件组后，该文件组中的所有文件都将被删除。

（4）重命名数据库

在“对象资源管理器”窗口中展开“数据库”，选择要重命名的数据库，右击，在弹出的快捷菜单中选择“重命名”菜单项，输入新的数据库名称，即可更改数据库的名称。一般情况下，不建议用户更改已经创建好的数据库名称，因为许多应用程序可能已经使用了该名称，更改数据库名称之后，还需要修改相应的应用程序。

2. 数据库的删除

数据库系统在长时间使用之后，系统的资源消耗加剧，导致运行效率下降，因此 DBA 需要适时地对数据库系统进行一定的调整。通常的做法是把不需要的数据库删除，以释放被其占用的系统空间和消耗。用户可以利用图形向导方式轻松地完成数据库的删除工作。

【例 2-4】 删除 pxscj 数据库。

在“对象资源管理器”中选择要删除的数据库 pxscj，右击鼠标，在弹出的快捷菜单中选择“删除”菜单项，打开如图 2-9 所示的“删除对象”窗口，单击右下角的“确定”按钮，即可删除数据库 pxscj。

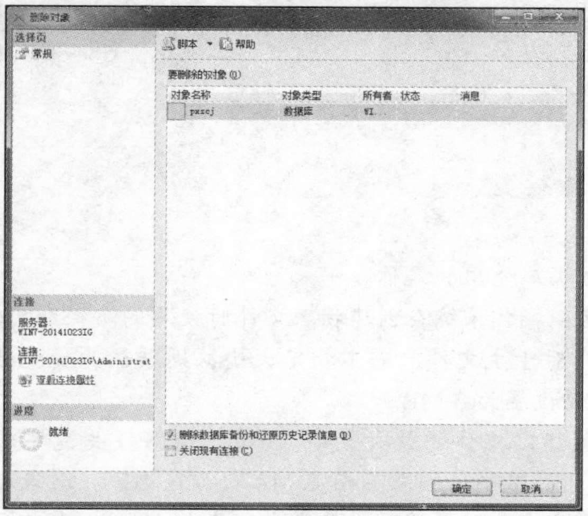

图 2-9 删除数据库

注意

删除数据库后，该数据库的所有对象均被删除，将不能再对该数据库做任何操作，因此删除时应十分慎重。由于本书前后所使用的示例数据库“学生成绩管理系统”命名为 pxscj，所以这里并不删除 pxscj 数据库，以后数据库对象的操作演示都将在该数据库上进行。

2.3 以命令方式创建数据库

除了可以通过 SQL Server Management Studio 的图形界面方式创建数据库外，还可以使用 T-SQL 命令（称为命令方式）来创建数据库。与通过界面方式创建数据库相比，命令方式更为常用，使用也更为灵活。

2.3.1 创建数据库

以命令方式创建数据库使用 CREATE DATABASE 命令，创建前要确保用户具有创建数据库的权限。

CREATE DATABASE 命令的主要格式如下：

```
CREATE DATABASE 数据库名
[ON
    [PRIMARY]
    [<数据文件选项>…
    [, <数据文件组选项> …]
    [LOG ON { <日志文件选项> … }] ]
    [COLLATE 排序名 ]
```

```
    …
]
```

1. 文件选项

<数据文件选项>:

```
{  (
     NAME =逻辑文件名,
     FILENAME = { '操作系统文件名' | '存储路径' }
     [, SIZE =文件初始容量]
     [, MAXSIZE = { 文件最大容量 | UNLIMITED }]
     [, FILEGROWTH = 文件增量 [容量 | %]]
   )
}
```

说明:

1）逻辑文件名：数据库使用的名称。

2）操作系统文件名：操作系统在创建物理文件时使用的路径和文件名。

3）文件初始容量：对于主文件，若不指定大小，则默认为 model 数据库主文件的大小。对于辅助数据文件，自动设置为 3 MB。

4）文件最大容量：指定文件的最大大小。UNLIMITED 关键字表示文件大小不受限制，但实际上受磁盘可用空间的限制。如果不指定 MAXSIZE 选项，则文件将增长到磁盘空间满。

5）文件增量：有百分比和容量值两种格式，前者如 10%，即每次在原来空间大小的基础上增长 10%；后者如 5 MB，即每次增长 5 MB，而不管原来空间大小是多少。

注意

没有说明的部分参考联机文档，后面不再特别说明。

2. 文件组选项

<数据文件组选项>:

```
{
     FILEGROUP 文件组名 [DEFAULT]
     <文件选项> …
}
```

1）DEFAULT 关键字：指定命名文件组为数据库中的默认文件组。

2）<文件选项>：用于指定属于该文件组的文件的属性，其格式描述和数据文件的属性描述相同。

另外，COLLATE 排序名：指定数据库的默认排序规则。“排序名”既可以是 Windows 排序规则名称，也可以是数据库排序规则名称（默认）。

【例 2-5】 创建一个名为 test1 的数据库，其初始大小为 5 MB，最大为 50 MB，允许数据库自动增长，增长方式是按 10% 比例增长。日志文件初始为 2 MB，最大可增长到 5 MB，按 1 MB 增长。数据文件和日志文件的存放位置为“'d:\SQL Server\2012\data”。假设 SQL Server 服务已启动，并以系统管理员身份登录计算机。

在 SQL Server Management Studio 窗口中单击“新建查询”按钮新建一个查询窗口，在“查询分析器”窗口中输入如下 T-SQL 语句：

```
CREATE DATABASE  test1
    ON
```

```
    (
        NAME= "test1_data",
        FILENAME="D:\SQL Server\2012\test1.mdf",
        SIZE=5MB,
        MAXSIZE=50MB,
        FILEGROWTH=10%
    )
    LOG ON
    (
        NAME="test1_log",
        FILENAME="D:\SQL Server\2012\test1.ldf",
        SIZE=2MB,
        MAXSIZE=5MB,
        FILEGROWTH=1MB
);
```

输入完毕后，单击 SSMS 面板上的“执行”按钮，如图 2-10 所示。结果窗口将显示命令执行情况。如果“消息框”中显示错误信息，则需要查找原因，然后更正后执行。也可以通过调试查找原因。

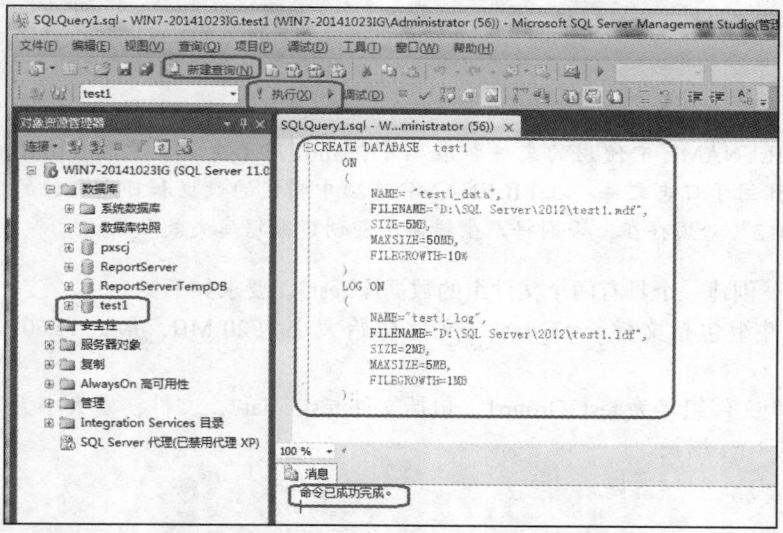

图 2-10　在查询分析器中执行创建数据库命令

当命令成功执行后，在“对象资源管理器”中展开“数据库”，可以看到，新建的数据库 test1 就显示于其中。如果没有看到 test1，则选择“数据库”，右击鼠标，在弹出的快捷菜单中选择“刷新”菜单项即可。

通过“数据库属性”对话框，可以看到新建的 test1 数据库的各项属性完全符合预定要求。

【例 2-6】 创建一个名为 test2 的数据库，它有两个数据文件，其中主数据文件为 20 MB，最大不限，按 10% 增长。1 个辅助数据文件为 20 MB，最大不限，按 10% 增长；有 1 个日志文件，为 50 MB，最大为 100 MB，按 10 MB 增长。

在“查询分析器”中输入如下 T-SQL 语句并执行：

```
CREATE DATABASE  test2
    ON
    PRIMARY
```

```
    (
        NAME = 'test2_data1',
        FILENAME = 'd:\SQL Server\2012\test2_data1.mdf',
        SIZE = 20 MB,
        MAXSIZE = UNLIMITED,
        FILEGROWTH = 10%
    ),
    (
        NAME = 'test_data2',
        FILENAME = ' d:\SQL Server\2012\test2_data2.ndf',
        SIZE = 20 MB,
        MAXSIZE = UNLIMITED,
        FILEGROWTH = 10%
    )
    LOG ON
    (
        NAME = 'test2_log1',
        FILENAME = ' d:\SQL Server\2012\test2_log1.ldf',
        SIZE = 50 MB,
        MAXSIZE = 100 MB,
        FILEGROWTH = 10 MB
    );
```

注意

在 FILENAME 中使用的文件扩展名中，.mdf 用于主数据文件，.ndf 用于辅助数据文件，.ldf 用于日志文件。在 FILENAME 选项中指定的数据和日志文件的目录“d:\SQL Server\2012”必须存在，否则将产生错误，即创建数据库失败。

【例 2-7】 创建一个具有两个文件组的数据库 test3。要求如下：

1）主文件组包括文件 test3_dat1，文件初始大小为 20 MB，最大为 60 MB，按 5 MB 增长。

2）有 1 个文件组名为 test3Group1，包括文件 test3_dat2，文件初始大小为 10 MB，最大为 30 MB，按 10% 增长。

```
CREATE DATABASE  test3
    ON
    PRIMARY
    (
        NAME ='test3_dat1',
        FILENAME = 'd:\SQL Server\2012\test3_dat1.mdf',
        SIZE = 20MB,
        MAXSIZE = 60MB,
        FILEGROWTH = 5MB
    ),
    FILEGROUP  test3Group1
    (
        NAME ='test3_dat2',
        FILENAME = 'd:\SQL Server\2012\test3_dat2.ndf',
        SIZE = 10MB,
        MAXSIZE = 30MB,
        FILEGROWTH = 10%
    )
```

2.3.2　修改数据库

使用 ALTER DATABASE 命令可对数据库进行修改，语法格式如下：

```
ALTER DATABASE 数据库名
{   ADD FILE <文件选项>… [TO FILEGROUP 文件组名] /*在文件组中增加数据文件*/
    | ADD LOG FILE <文件选项>…                    /*增加日志文件*/
    | REMOVE FILE 逻辑文件名                      /*删除数据文件*/
    | ADD FILEGROUP 文件组名 […]                  /*增加文件组*/
    | REMOVE FILEGROUP 文件组名                   /*删除文件组*/
    | MODIFY FILE <文件选项>                      /*更改文件属性*/
    | MODIFY NAME = 新数据库名                    /*数据库更名*/
    | MODIFY FILEGROUP 文件组名
    {     <文件组可更新选项>
        | DEFAULT
        | NAME = 新文件组名
    }                                             /*更改文件组属性*/
    | SET <属性选项>… [WITH <终止>]               /*设置数据库属性*/
    | COLLATE 排序名                              /*指定数据库排序规则*/
}
```

1. 命令主体

ALTER DATABASE 命令主体结构说明如下。

1）ADD FILE 子句：向数据库添加数据文件，<文件选项>给出文件的属性，其构成参见 CREATE DATABASE 语法说明。关键字 TO FILEGROUP 指出了添加的数据文件所在的文件组名，若缺省，则为主文件组。

2）ADD LOG FILE 子句：向数据库添加日志文件，<文件选项>给出日志文件的属性。

3）REMOVE FILE 子句：从数据库中删除数据文件，被删除的数据文件由其中的参数"逻辑文件名"给出。当删除一个数据文件时，逻辑文件与物理文件全部被删除。

4）ADD FILEGROUP 子句：向数据库中添加文件组，被添加的文件组名由参数"文件组名"给出。

5）REMOVE FILEGROUP 子句：删除文件组，被删除的文件组名由参数"文件组名"给出。

6）MODIFY FILE 子句：修改数据文件的属性，被修改文件的逻辑名由<文件选项>的 NAME 选项给出，可以修改的文件选项包括 FILENAME、SIZE、MAXSIZE 和 FILEGROWTH，但要注意，一次只能修改其中的一个选项。修改文件大小时，修改后的大小不能小于当前文件的大小。

7）MODIFY NAME 子句：更改数据库名，新的数据库名由参数"新数据库名"给出。

8）MODIFY FILEGROUP 子句：用于修改文件组的属性。"文件组名"为要修改的文件组名称。其中：

- <文件组可更新选项>：设置文件组读写权限。
- DEFAULT 选项：表示将默认数据库文件组改为指定文件组。
- NAME 选项：用于将文件组名称改为新文件组名。

9）SET 子句：用于设置数据库的属性，<属性选项>中指定了要修改的属性。例如，设为 READ_ONLY 时，用户可以从数据库读取数据，但不能修改数据库。其他属性请参考 SQL Server 联机丛书。

2. 文件组可更新选项

<文件组可更新选项>:

```
{
    { READONLY | READWRITE }
    | { READ_ONLY | READ_WRITE }
}
```

1）READONLY 和 READ_ONLY 选项：用于将文件组设为只读。

2）READWRITE 和 READ_WRITE 选项：将文件组设为读 / 写模式。

【例 2-8】 假设已经创建了数据库 test1，它只有一个主数据文件，其逻辑文件名为 test1_data，大小为 5 MB，最大为 50 MB，增长方式为按 10% 增长。

要求：修改数据库 test1 现有数据文件 test1_data 的属性，将主数据文件的最大容量改为 100 MB，增长方式改为按每次 5 MB 增长。

在“查询分析器”窗口中输入如下 T-SQL 语句：

```
ALTER DATABASE test1
    MODIFY FILE
    (
        NAME =' test1_data',
        MAXSIZE =100 MB,                    /* 将主数据文件的最大改为 100 MB*/
        FILEGROWTH = 5 MB                   /* 将主数据文件的增长方式改为按 5 MB 增长 */
    )
GO
```

单击“执行”按钮执行输入的 T_SQL 语句，右击“对象资源管理器”中的“数据库”，选择“刷新”菜单项后，右击数据库 test1 的图标，选择“属性”菜单项，在“文件”页上查看修改后的数据文件。

注意

GO 命令不是 T-SQL 语句，但它是 SSMS 代码编辑器识别的命令。SQL Server 实用工具将 GO 命令解释为应该向 SQL Server 实例发送当前批 T-SQL 语句的信号。当前批语句由上一个 GO 命令后输入的所有语句组成，如果是第一条 GO 命令，则由会话或脚本开始后输入的所有语句组成。

GO 命令和 T-SQL 语句不能在同一行中，否则运行时会发生错误。

【例 2-9】 先为数据库 test1 增加数据文件 test1bak，然后删除该数据文件。

```
ALTER DATABASE test1
    ADD FILE
    (
        NAME = 'test1bak',
        FILENAME = 'd:\SQL Server\2012\test1bak.ndf',
        SIZE = 10 MB,
        MAXSIZE = 50 MB,
        FILEGROWTH = 5%
    )
```

通过查看“数据库属性”窗口中的文件属性来观察数据库 test1 是否增加数据文件 test1bak。

删除数据文件 test1bak 的命令如下：

```
ALTER DATABASE test1
    REMOVE FILE test1bak
GO
```

【例 2-10】 为数据库 test1 添加文件组 fgroup，并为此文件组添加两个大小均为 10 MB 的数据文件。

在“查询分析器”中输入如下 T-SQL 语句并执行：

```
ALTER DATABASE test1
    ADD FILEGROUP fgroup
GO
ALTER DATABASE test1
    ADD FILE
    (
        NAME = 'test1_data2',
        FILENAME = 'd:\SQL Server\2012\test1_data2.ndf',
        SIZE = 10 MB
    ),
    (
        NAME = 'test1_data3',
        FILENAME = 'd:\SQL Server\2012\test1_data3.ndf',
        SIZE = 10 MB
    )
    TO FILEGROUP fgroup
GO
```

【例 2-11】 从数据库中删除文件组，将添加到 test1 数据库中的文件组 fgroup 删除。

注意

被删除的文件组中的数据文件必须先删除，且不能删除主文件组。

在“查询分析器”中输入如下 T-SQL 语句并执行：

```
ALTER DATABASE  test1
    REMOVE FILE  test1_data2
GO
ALTER DATABASE  test1
    REMOVE FILE  test1_data3
GO
ALTER DATABASE  test1
    REMOVE FILEGROUP fgroup
GO
```

【例 2-12】 为数据库 test1 添加一个日志文件。

在“查询分析器”中输入如下 T-SQL 语句并执行：

```
ALTER DATABASE  test1
    ADD LOG FILE
    (
        NAME = ' test1_log2',
        FILENAME = ' d:\SQL Server\2012\test1_log2.ldf',
        SIZE = 5 MB,
        MAXSIZE =10 MB,
        FILEGROWTH = 1 MB
    )
GO
```

【例 2-13】 从数据库 TEST1 中删除一个日志文件，将日志文件 TEST1_LOG2 删除。

将数据库 test1 的名称改为 just_test。进行此操作时，必须保证该数据库此时没有被其他任何用户使用。

在“查询分析器”中输入如下 T-SQL 语句并执行：

```
ALTER DATABASE TEST1
    REMOVE FILE TEST1_LOG2
GO
ALTER DATABASE test3
    MODIFY NAME = just_test3
GO
```

注意

不能删除主日志文件。

2.3.3 删除数据库

删除数据库使用 DROP DATABASE 命令。

语法格式：

```
DROP DATABASE 数据库名…
```

其中，“数据库名”是要删除的数据库名。例如，要删除数据库 test2，使用如下命令：

```
DROP DATABASE test2
GO
```

注意

使用 DROP DATABASE 语句不会出现确认信息，所以要小心使用。另外，不能删除系统数据库，否则将导致服务器无法使用。

2.3.4 数据库快照

数据库快照就是指数据库在某一指定时刻的情况，数据库快照提供了源数据库在创建快照时刻的只读、静态视图。虽然数据库在不断变化，但数据库快照一旦创建就不会改变了。多个快照可以位于一个源数据库中，并且可以作为数据库始终驻留在同一服务器实例上。创建快照时，每个数据库快照在事务上与源数据库一致。在被数据库所有者显式删除之前，快照始终存在。

快照可用于报表。另外，如果源数据库出现用户错误，则还可将源数据库恢复到创建快照时的状态。丢失的数据仅限于创建快照后数据库更新的数据。

创建数据库快照也使用 CREATE DATABASE 命令。其语法格式如下：

```
CREATE DATABASE 数据库快照名
    ON(
        NAME = 逻辑文件名,
        FILENAME = '操作系统文件名'
    ) [, …]
    AS SNAPSHOT OF 源数据库名
```

说明：

1）数据库快照名：数据库快照的名称，这个名称在 SQL Server 实例中必须唯一，且符合标识符规则。

2）ON 子句：若要创建数据库快照，则要在源数据库中指定文件列表。若要使快照工作，则必须分别指定所有数据文件。其中，NAME 是逻辑文件名，FILENAME 是操作系统文件名（包含路径）。日志文件不允许用于数据库快照。

3）AS SNAPSHOT OF 子句：指定要创建的快照为“源数据库名”指定的数据库的快照。数据库快照必须与源数据库处于同一实例中。

注意

创建数据库快照之后，快照的源数据库会存在一些限制，如不能删除、分离和还原数据库；源数据库性能会受到影响；不能从源数据库或其他快照上删除文件；源数据库必须处于在线状态。

【例 2-14】 创建 test1 数据库的快照 test1_s1。

```
CREATE DATABASE test1_s1
    ON
    (
        NAME=test1,
        FILENAME='d:\SQL Server\2012\test1_s1.mdf'
    )
    AS SNAPSHOT OF test1
GO
```

命令执行成功之后，在“对象资源管理器”窗口中刷新“数据库”菜单栏，在“数据库”中展开“数据库快照”，就可以看见刚刚创建的数据库快照 test1_s1 了。

注意

由于 SQL Server 2012 标准版不支持数据库快照，所以运行该命令会显示错误信息，如图 2-11 所示。

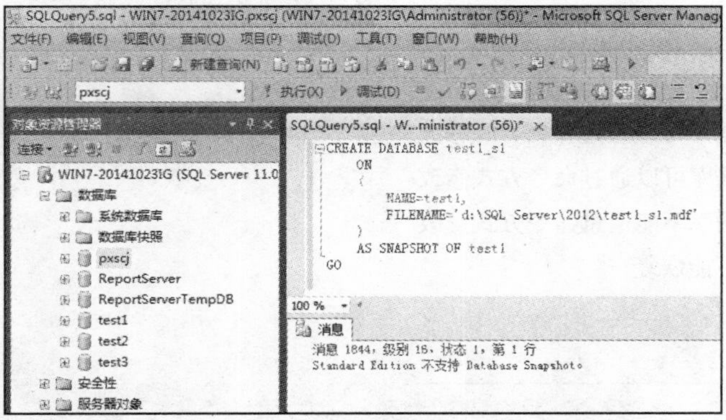

图 2-11　错误信息

删除数据库快照的方法和删除数据库的方法完全相同，可以使用界面方式删除，也可以使用命令方式删除，例如：

```
DROP DATABASE test1_s1;
```

习题

一、选择题

1．下列说法错误的是（　　）。

A. 用户操作逻辑数据库

B. DBMS 操作物理数据库

C. 操作物理数据库最终需要通过操作系统实现

D. 物理数据库中包含数据库对象

2．数据存放在（　　）中。

A. 数据库　　B. 索引　　C. 表　　D. 视图

3．在 SQL Server 2012 中，（　　）不是必需的。

A. 主数据文件　　B. 辅助数据文件　　C. 日志文件　　D. 文件组

4．下列说法错误的是（　　）。

A. 数据库文件默认的位置是在安装 SQL Server 时确定的

B. 数据库文件位置是在创建数据库时确定的

C. 数据库成功创建后，数据文件名和日志文件名可以改变

D. 界面创建的数据库可以通过命令方式修改

5．下列说法错误的是（　　）。

A. 数据库逻辑文件名是 SQL Server 2012 管理的

B. 数据库逻辑文件名是操作系统管理的

C. 数据库物理文件名是操作系统管理的

D. 数据库采用多个文件比单一大文件要好

6．系统数据库（　　）最重要。

A. master　　B. model　　C. msdb　　D. tempdb

7．命令格式记不清，采用（　　）方法。

A. 百度搜索　　B. 查找 SQL Server 模板

C. 界面方式操作　　D. SQL Server 帮助

8．下列说法错误的是（　　）。

A. 命令创建的数据库可以通过界面方式修改

B. 界面创建的数据库可以通过命令方式修改

C. 界面创建的数据库不能通过命令方式修改

D. 数据库删除后不能恢复

二、填空题

1．文件组用于______________________。

2．系统数据库的作用______________________。

3．数据库的最大容量受______________________限制。

4．对象资源管理器采用______________________结构组织数据库对象。

5．列举几个数据库属性：______________________。

三、操作题

1．写出创建产品销售数据库 cpxs 的 T-SQL 语句：数据库初始大小为 10 MB，最大为 100 MB，数据库

自动增长，增长方式是按 10% 比例增长；日志文件初始为 2 MB，最大可增长到 5 MB（默认为不限制），按 1 MB 增长（默认是按 10% 比例增长）；其余参数自定。

2．将创建的 cpxs 数据库的增长方式改为按 5 MB 增长。

3．创建 cpxs 数据库的数据库快照。

四、问答题

1．简述 SQL Server 2012 的数据库对象和数据类型。

2．数据库为什么采用初始大小、增长方式和最大大小？

3．简述日志文件的作用，并说明什么情况下可以删除。

4．简述数据库快照的作用。

5．命令方式操作数据库有什么好处？

第 3 章

表的创建和操作

在创建数据库之后，下一步就需要建立数据库表。表是数据库中最基本的数据对象，用于存放数据库中的数据。对表中数据的操作包括添加、修改、删除、查询等。

3.1 表结构和数据类型

3.1.1 表和表结构

每个数据库都包含了若干表。表是 SQL Server 中最主要的数据库对象，它是用来存储数据的一种逻辑结构。表由行和列组成，因此也称为二维表。表是在日常工作和生活中经常使用的一种表示数据及其关系的形式。例如，表 3-1 所示的用来表示学生情况的“学生”表。

表 3-1 “学生”表

学号	姓名	性别	出生时间	专业	总学分	备注
191301	王林	男	1995-2-10	计算机	50	
191302	程明	男	1996-2-1	计算机	50	
191303	王燕	女	1994-10-6	计算机	50	
191304	韦严平	男	1995-8-26	计算机	50	
191306	李方方	男	1995-11-20	计算机	50	
191307	李明	男	1995-5-1	计算机	54	提前修完“数据结构”
191308	林一帆	男	1994-8-5	计算机	52	班长
……						

每个表都有一个名称，以标识该表。表 3-1 的名称是“学生”，它共有 7 列，每一列也都有一个名称称为列名（一般用标题作为列名），描述了学生某一方面的属性。每个表由若干行组成，表的第一行为各列标题，其余各行都是数据。

下面简单介绍与表有关的几个概念。

1）表结构。组成表的各列的名称及数据类型，统称为表结构。

2）记录。每个表包含了若干行数据，它们是表的“值”，表中的一行称为一个记录。因此，表是记录的有限集合。

3）字段。每个记录由若干数据项构成，将构成记录的每个数据项称为字段。例如，表 3-1 中的表结构为（学号，姓名，性别，出生时间，专业，总学分，备注），包含 7 个字段，由 5 个记录组成。

4）空值。空值（NULL）通常表示未知、不可用或将在以后添加的数据。若一个列允许为空值，则向表中输入记录值时可不给出该列的具体值；而一个列若不允许为空值，则在输入时必须给出具体值。

5）关键字。若表中记录的某一字段或字段组合能唯一标识记录，则称该字段或字段组合为候选关键字（candidate key）。若一个表有多个候选关键字，则选定其中一个为主关键字（primary key），也称为主键。当一个表仅有唯一的一个候选关键字时，该候选关键字就是主关键字。这里的主关键字与第 1 章中的主码所起的作用相同，都用来唯一标识记录行。

例如，在“学生”表中，两个及其以上记录的“姓名”、“性别”、“出生时间”、“专业”、“总学分”和“备注”这 6 个字段的值有可能相同，但是“学号”字段的值对表中所有记录来说一定不同，即通过“学号”字段可以将表中的不同记录区分开来。因此，“学号”字段是唯一的候选关键字，“学号”就是主关键字。

又例如，“学生成绩”表记录的候选关键字是（学号，课程号）字段组合，它也是唯一的候选关键字。

注意

表的关键字不允许为空值。空值不能与数值数据 0 或字符类型的空字符混为一谈。任意两个空值都不相等。

3.1.2　数据类型

设计数据库表结构，除了表属性外，主要就是设计列属性。在表中创建列时，必须为其指定数据类型，列的数据类型决定了数据的取值、范围和存储格式。

列的数据类型可以是 SQL Server 提供的系统数据类型，也可以是用户定义的数据类型。SQL Server 提供的数据类型如表 3-2 所示。

表 3-2　系统数据类型表

数据类型	符号标识
整数型	bigint、int、smallint、tinyint
精确数值型	decimal、numeric
浮点型	float、real
货币型	money、smallmoney
位型	bit
字符型	char、varchar、varchar（MAX）
Unicode 字符型	nchar、nvarchar、nvarchar（MAX）
文本型	text、ntext
二进制型	binary、varbinary、varbinary（MAX）
日期时间类型	datetime、smalldatetime、date、time、datetime2、datetimeoffset
时间戳型	timestamp
图像型	image
其他	cursor、sql_variant、table、uniqueidentifier、xml、hierarchyid

在讨论数据类型时，使用了精度、小数位数和长度 3 个概念，前两个概念是针对数值型数据的，它们的含义分别如下：

- 精度：指数值数据中存储的十进制数据的总位数。
- 小数位数：指数值数据中小数点右边的数字位数的最大值。例如，数值数据 3890.587 的精度是 7，小数位数是 3。
- 长度：指存储数据使用的字节数。

下面分别说明常用的系统数据类型。

1. 整数型

整数型包括 bigint、int、smallint 和 tinyint，从标识符的含义就可以看出，它们表示的数值范围逐渐缩小。

1）bigint：大整数，数值范围为 $-2^{63} \sim 2^{63}-1$，其精度为 19，小数位数为 0，长度为 8 字节。

2）int：整数，数值范围为 $-2^{31} \sim 2^{31}-1$，其精度为 10，小数位数为 0，长度为 4 字节。

3）smallint：短整数，数值范围为 $-2^{15} \sim 2^{15}-1$，其精度为 5，小数位数为 0，长度为 2 字节。

4）tinyint：微短整数，数值范围为 0 ～ 255，长度为 1 字节，其精度为 3，小数位数为 0，长度为 1 字节。

2. 精确数值型

精确数值型数据由整数部分和小数部分构成，其所有的数字都是有效位，能够以完整的精度存储十进制数。精确数值型包括 decimal 和 numeric 两类。但这两种数据类型在功能上完全等价。

声明精确数值型数据的格式是 numeric | decimal（$p[,s]$），其中 p 为精度，s 为小数位数，s 的默认值为 0。例如，指定某列为精确数值型，精度为 6，小数位数为 3，即 decimal（6,3），那么当向某记录的该列赋值 56.342 689 时，该列实际存储的是 56.343。

decimal 和 numeric 可存储 $-10^{38}+1 \sim 10^{38}-1$ 的固定精度和小数位的数字数据，它们的存储长度随精度变化而变化，最少为 5 字节，最多为 17 字节。

注意

声明精确数值型数据时，其小数位数必须小于精度。在给精确数值型数据赋值时，必须使所赋数据的整数部分位数不大于列的整数部分的长度。

3. 浮点型

浮点型也称为近似数值型。顾名思义，这种类型不能提供精确表示数据的精度，使用这种类型来存储某些数值时，有可能会损失一些精度，所以它可用于处理取值范围非常大，且对精确度要求不太高的数值量，如一些统计量。

有两种近似数值数据类型：float[（n）] 和 real，两者通常都使用科学计数法表示数据，即形为：尾数 E 阶数，如 5.6432E20、−2.98E10、1.287659E-9 等。

1）real：使用 4 字节存储数据，表示的数值范围为 −3.40E + 38 ～ 3.40E + 38，数据精度为 7 位有效数字。

2）float：float 型数据的数值范围为 −1.79E + 308 ～ 1.79E + 308。定义中的 n 取值范围是 1 ～ 53，用于指示其精度和存储大小。当 n 为 1 ～ 24 时，实际上将定义一个 real 型数据，存储长度为 4 字节，精度为 7 位有效数字。

当 n 为 25 ～ 53 时，存储长度为 8 字节，精度为 15 位有效数字。当省略 n 时，代表 n 为 25 ～ 53。

4. 货币型

SQL Server 提供了两个专门用于处理货币的数据类型：money 和 smallmoney，它们用十进制数表示货币值。

1）money：数值范围为 $-2^{63} \sim 2^{63}-1$，其精度为 19，小数位数为 4，长度为 8 字节。money 的数值范围与 bigint 相同，不同的只是 money 型有 4 位小数。实际上，money 就是按照整数进行运算的，只是将小数点固定在末 4 位。

2）smallmoney：数值范围为 $-2^{31} \sim 2^{31}-1$，其精度为 10，小数位数为 4，长度为 4 字节。

可见 smallmoney 与 int 的关系就如同 money 与 bigint 的关系。

当向表中插入 money 或 smallmoney 类型的值时，必须在数据前面加上货币表示符号（$），并且数据中间不能有逗号（,）；若货币值为负数，则需要在符号 $ 的后面加上负号（-）。例如，$15 000.32、$680、$-20 000.9088 都是正确的货币数据表示形式。

5. 位型

SQL Server 的位（bit）型数据相当于其他语言中的逻辑型数据，它只存储 0 和 1，长度为 1 字节。但要注意，SQL Server 对表中 bit 类型列的存储进行了优化：如果一个表中有不多于 8 个的 bit 列，则这些列将作为 1 字节存储；如果表中有 9 ～ 16 个 bit 列，则这些列将作为 2 字节存储，更多列的情况以此类推。

当为 bit 类型数据赋 0 时，其值为 0，而赋非 0（如 100）时，其值为 1。

字符串值 TRUE 和 FALSE 可以转换为以下 bit 值：TRUE 转换为 1，FALSE 转换为 0。

6. 字符型

字符型数据用于存储字符串，字符串中可包括字母、数字和其他特殊符号（如 #、@、& 等）。在输入字符串时，需将串中的符号用单引号或双引号括起来，如 'abc'、"Abc<Cde"。

SQL Server 字符型包括固定长度（char）和可变长度（varchar）字符数据两种类型。

1）char[（n）]：定长字符数据类型，其中 n 定义字符型数据的长度，n 为 1 ～ 8000，默认为 1。当表中的列定义为 char（n）类型时，若实际存储的串长度不足 n，则在串的尾部添加空格以达到长度 n，所以 char（n）的长度为 n。

例如，某列的数据类型为 char（20），而输入的字符串为 "ahjm1922"，则存储的是字符 ahjm1922 和 12 个空格。若输入的字符数超出了 n，则超出的部分被截断。

2）varchar[（n）]：变长字符数据类型，其中，n 的规定与定长字符型 char 中的 n 完全相同，但这里的 n 表示的是字符串可达到的最大长度。

varchar（n）的长度为输入字符串的实际字符数，而不一定是 n。例如，表中某列的数据类型为 varchar（100），而输入的字符串为 "ahjm1922"，则存储的就是字符 ahjm1922，其长度为 8 字节。当列中的字符数据值长度接近一致时，如姓名，此时可使用 char；当列中的数据值长度显著不同时，使用 varchar 较为恰当，可以节省存储空间。

7. Unicode 字符型

Unicode 是“统一字符编码标准”，用于支持国际上非英语语种的字符数据的存储和处理。SQL Server 的 Unicode 字符型可以存储 Unicode 标准字符集定义的各种字符。

Unicode 字符型包括 nchar[（n）] 和 nvarchar[（n）] 两类。nchar 是固定长度 Unicode 数据的数据类型，nvarchar 是可变长度 Unicode 数据的数据类型，二者均使用 Unicode UCS-2 字符集。

1）nchar[（n）]：nchar[（n）]为包含n个字符的固定长度Unicode字符型数据，n的值为1～4000，长度为2n字节。若输入的字符串长度不足n，则以空白字符补足。

2）nvarchar[（n）]：nvarchar[（n）]为最多包含n个字符的可变长度Unicode字符型数据，n的值为1～4000，默认为1。长度是输入字符数的两倍。

实际上，nchar、nvarchar与char、varchar的使用非常相似，只是字符集不同（前者使用Unicode字符集，后者使用ASCII字符集）。

8. 文本型

当需要存储大量的字符数据，如较长的备注、日志信息等时，字符型数据最长8000个字符的限制可能使它们不能满足这种应用需求，此时可使用文本型数据。

文本型包括text和ntext两类，分别对应ASCII字符和Unicode字符。

1）text类型：可以表示的最大长度为$2^{31}-1$个字符，其数据的存储长度为实际字符数字节。

2）ntext类型：可表示最大长度为$2^{30}-1$个Unicode字符，其数据的存储长度是实际字符数的两倍（以字节为单位）。

9. 二进制型

二进制数据类型表示的是位数据流，包括binary（固定长度）和varbinary（可变长度）两种。

1）binary [（n）]：固定长度的n字节二进制数据。n的取值范围为1～8000，默认为1。binary（n）数据的存储长度为n+4字节。若输入的数据长度小于n，则不足部分用0填充；若输入的数据长度大于n，则多余部分被截断。

2）varbinary [（n）]：n字节变长二进制数据。n的取值范围为1～8000，默认为1。varbinary（n）数据的存储长度为实际输入数据长度+4字节。

10. 日期时间类型

日期时间类型数据用于存储日期和时间信息，日期时间数据类型包括date、time、datetime2和datetimeoffset。

（1）datetime

datetime类型可表示的日期范围为1753年1月1日至9999年12月31日，精确度为0.03s（3.33ms或0.00333s）。例如，1～3ms的值都表示为0ms，4～6ms的值都表示为4ms。

datetime类型数据长度为8字节，日期和时间分别使用4字节存储。前4字节用于存储datetime类型数据中距1900年1月1日的天数。为正数表示日期在1900年1月1日之后，为负数表示日期在1900年1月1日之前。后4字节用于存储datetime类型数据中距12:00（24小时制）的毫秒数。

用户以字符串形式输入datetime类型数据，系统也以字符串形式输出datetime类型数据。通常将用户输入系统以及系统输出的datetime类型数据的字符串形式称为datetime类型数据的"外部形式"，而将datetime在系统内的存储形式称为"内部形式"。SQL Server负责datetime类型数据的两种表现形式之间的转换，包括合法性检查。

用户给出datetime类型数据值时，日期部分和时间部分分别给出。

日期部分常用的格式如下：

年 月 日	2001 Jan 20、2001 January 20
年 日 月	2001 20 Jan
月 日 [,] 年	Jan 20 2001、Jan 20,2001、Jan 20,01

月 年 日	Jan 2001 20
日 月 [,] 年	20 Jan 2001、20 Jan,2001
日 年 月	20 2001 Jan
年（4 位数）	2001 表示 2001 年 1 月 1 日
年月日	20010120、010120
月 / 日 / 年	01/20/01、1/20/01、01/20/2001、1/20/2001
月 - 日 - 年	01-20-01、1-20-01、01-20-2001、1-20-2001
月 . 日 . 年	01.20.01、1.20.01、01.20.2001、1.20.2001

说明： 年可用 4 位或 2 位表示，月和日可用 1 位或 2 位表示。

时间部分常用的表示格式如下：

时 : 分	10:20、08:05
时 : 分 : 秒	20:15:18、20:15:18.2
时 : 分 : 秒 : 毫秒	20:15:18:200
时 : 分 AM|PM	10:10AM、10:10PM

（2）smalldatetime

smalldatetime 类型数据可表示 1900 年 1 月 1 日至 2079 年 6 月 6 日的日期和时间，数据精确到分钟。即 29.998 s 或更低的值向下舍入为最接近的分钟，29.999 s 或更高的值向上舍入为最接近的分钟。

smalldatetime 类型数据的存储长度为 4 字节，前 2 字节用来存储 smalldatetime 类型数据中日期部分距 1900 年 1 月 1 日之后的天数。后 2 字节用来存储 smalldatetime 类型数据中时间部分距中午 12 点的分钟数。

用户输入 smalldatetime 类型数据的格式与 datetime 类型数据完全相同，只是它们的内部存储可能不相同。

（3）date

date 类型数据可以表示公元元年 1 月 1 日至 9999 年 12 月 31 日的日期，date 类型只存储日期数据，不存储时间数据，存储长度为 3 字节，表示形式与 datetime 数据类型的日期部分相同。

（4）time

time 数据类型只存储时间数据，表示格式为“hh:mm:ss[.nnnnnnn]”。hh 表示小时，范围为 0 ～ 23。mm 表示分钟，范围为 0 ～ 59。ss 表示秒数，范围为 0 ～ 59。n 是 0 ～ 7 位数字，范围为 0 ～ 999 9999，表示秒的小数部分，即微秒数。所以 time 数据类型的取值范围为 00:00:00.000 000 0 ～ 23:59:59.999 999 9。time 类型的存储大小为 5 字节。另外还可以自定义 time 类型微秒数的位数，例如，time（1）表示小数位数为 1，默认为 7。

（5）datetime2

新的 datetime2 数据类型和 datetime 类型一样，也用于存储日期和时间信息。但是 datetime2 类型取值范围更广，日期部分取值范围从公元元年 1 月 1 日至 9999 年 12 月 31 日，时间部分的取值范围为 00:00:00.000 000 0 ～ 23:59:59.999 999。另外，用户还可以自定义 datetime2 数据类型中微秒数的位数，例如，datetime（2）表示小数位数为 2。datetime2 类型的存储大小随着微秒数的位数（精度）而改变，精度小于 3 时为 6 字节，精度为 4 和 5 时为 7 字节，所有其他精度则需要 8 字节。

（6）datetimeoffset

datetimeoffset 数据类型也用于存储日期和时间信息，取值范围与 datetime2 类型相同。但 datetimeoffset 类型具有时区偏移量，此偏移量指定时间相对于协调世界时（UTC）偏移的小时和分钟数。

datetimeoffset 的格式为“YYYY-MM-DD hh:mm:ss[.nnnnnnn] [{+|-}hh:mm]”，其中，hh 为时区偏移量中的小时数，范围为 00 ～ 14，mm 为时区偏移量中的额外分钟数，范围为 00 ～ 59。时区偏移量中必须包含“+”（加）或“-”（减）号。这两个符号表示是在 UTC 时间的基础上加上，还是从中减去时区偏移量以得出本地时间。时区偏移量的有效范围为 -14:00 ～ +14:00。

11. 时间戳型

标识符是 timestamp。若创建表时定义一个列的数据类型为时间戳类型，那么每当对该表加入新行或修改已有行时，都由系统自动将一个计数器值加到该列，即将原来的时间戳值加上一个增量。

记录 timestamp 列的值实际上反映了系统对该记录修改的相对（相对于其他记录）顺序。一个表只能有一个 timestamp 列。timestamp 类型数据的值实际上是二进制格式数据，其长度为 8 字节。

12. 图像数据类型

图像数据类型的标识符是 image，它用于存储图片、照片等。实际存储的是可变长度二进制数据，存储范围为 0 ～ $2^{31}-1$（2 147 483 647）字节。该类型是为了向下兼容而保留的数据类型，微软推荐用户使用 varbinary（MAX）数据类型来替代 image 类型。

13. 其他数据类型

其他几种数据类型有：cursor、sql_variant、table、uniqueidentifier、xml 和 hierarchyid。

1）cursor：游标数据类型，用于创建游标变量或定义存储过程的输出参数。

2）sql_variant：一种存储 SQL Server 支持的各种数据类型（除 text、ntext、image、timestamp 和 sql_variant 外）值的数据类型。sql_variant 的最大长度可达 8 016 字节。

3）table：用于存储结果集的数据类型，结果集可以供后续处理。

4）uniqueidentifier：唯一标识符类型。系统将为这种类型的数据产生唯一标识值，它是一个 16 字节长的二进制数据。

5）xml：是用来在数据库中保存 xml 文档和片段的一种类型，但是此种类型的文件大小不能超过 2 GB。

6）hierarchyid：可表示层次结构中的位置。

varchar、nvarchar、varbinary 这 3 种数据类型可以使用 MAX 关键字，如 varchar（MAX）、nvarchar（MAX）、varbinary（MAX），加了 MAX 关键字的这几种数据类型最多可存放 $2^{31}-1$ 字节的数据，分别可以用来替换 text、ntext 和 image 数据类型。

3.1.3　表结构设计

创建表的实质就是定义表结构、设置表和列的属性。在创建表之前，先要确定表的名称、表的属性，同时确定表包含的列名、列的数据类型和长度、是否可为空值、约束条件、默认值、规则以及所需索引、哪些列是主键、哪些列是外键等，这些属性构成表结构。

本小节以本书用到的学生管理系统的 3 个表：学生表（xsb）、课程表（kcb）和成绩表（cjb）

为例，介绍如何设计表的结构。学生表包含的属性有学号、姓名、性别、出生时间、专业、总学分、备注。为了便于理解，基础部分使用中文属性名来表示列名（在实际开发中，应该使用英文字母来表示列名）。

其中，“学号”列的数据是学生的学号，学号应有一定的含义。例如，“191301”中的“19”表示所属班级，“13”表示学生的年级，“01”表示学生在班级中的序号，所以“学号”列的数据类型可以是 6 位的定长字符型数据；“姓名”列记录学生的姓名，姓名一般不超过 4 个中文字符，可以采用 8 位定长字符型数据；因为“性别”列只有“男”、“女”两种值，所以可以使用 bit 型数据，值 1 表示“男”，值 0 表示“女”，默认为 1；“出生时间”是日期时间类型数据，列类型定为 date；“专业”列为 12 位定长字符型数据；“总学分”列是整数型数据，取值范围为 0 ～ 160，列类型定为 int，默认为 0；“备注”列需要存放学生的备注信息，因为备注信息的内容为 0 ～ 500 个字，所以应该使用 varchar 类型。在 xsb 表中，因为只有“学号”列能唯一标识一个学生，所以将“学号”列设为该表主键。最后设计的 xsb 的表结构如表 3-3 所示。

表 3-3　xsb（学生表）表结构

列名	数据类型	长度	是否可空	默认值	说明
学号	定长字符型（char）	6	×	无	主键，前两位表示班级，中间两位为年级号，后两位为序号
姓名	定长字符型（char）	8	×	无	
性别	位型（bit）	默认值	√	1	1: 男；0: 女
出生时间	日期型（date）	默认值	√	无	
专业	定长字符型（char）	12	√	无	
总学分	整数型（int）	默认值	√	0	
备注	不定长字符型（varchar）	500	√	无	

当然，如果要包含学生的“照片”列，则可以使用 image 或 varbinary（MAX）数据类型，要包含学生的“联系方式”列，可以使用 xml 数据类型。

参照 xsb 表结构的设计方法，同样可以设计出其他两个表的结构，表 3-4 为 kcb 的表结构，表 3-5 为 cjb 的表结构。

表 3-4　kcb（课程表）表结构

列名	数据类型	长度	是否可空	默认值	说明
课程号	定长字符型（char）	3	×	无	主键
课程名	定长字符型（char）	16	×	无	
开课学期	整数型（tinyint）	1	√	1	范围为 1 ～ 8
学时	整数型（tinyint）	1	√	0	
学分	整数型（tinyint）	1	×	0	范围为 1 ～ 6

表 3-5　cjb（成绩表）表结构

列名	数据类型	长度	是否可空	默认值	说明
学号	定长字符型（char）	6	×	无	主键
课程号	定长字符型（char）	3	×	无	主键
成绩	整数型（int）	默认值	√	0	范围为 0 ～ 100

表结构设计完后就可以在数据库中创建表了，本书用到的学生管理系统的表都在 pxscj

数据库中创建。创建和操作数据库中的表既可以通过 SSMS 中的界面方式进行，又可以通过 T-SQL 命令方式进行。

3.2　以界面方式创建表

3.2.1　创建表

例如，通过“对象资源管理器”创建表 xsb，其步骤如下：

1）启动 SSMS，在“对象资源管理器”中展开“数据库”，右击 pxscj 数据库菜单下的“表”选项，在弹出的快捷菜单中选择“新建表”菜单项，如图 3-1 所示，系统打开“表设计器”窗口。

在右边表“属性”页中显示数据库名称为 pxscj，用户修改（表名称）为 xsb。

2）在“表设计器”窗口中，根据附录已经设计好的 xsb 的表结构分别输入或选择各列的名称、数据类型、是否允许为空值等属性。

用户删除“学号”和“姓名”字段“允许 Null 值”，使其不能为空。

3）根据需要，可以在“列属性”选项卡中填入相应内容。

在“专业”字段的“默认值或绑定”中输入“计算机”；相应的性别字段“默认值或绑定”设置为 1；将“总学分”字段的“默认值或绑定”设置为 0。

在“说明”项中分别填写有关字段的说明信息。

4）在“学号”列上右击鼠标，选择“设置主键”菜单项，选择“设为主键”选项，该字段前会显示小钥匙图标。

学生情况表（xsb）设计后的结果如图 3-2 所示，单击“保存”按钮保存设计表结构。

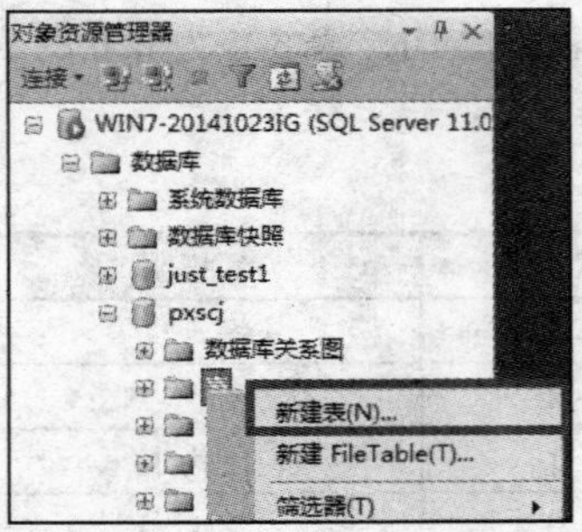

图 3-1　选择“新建表”选项

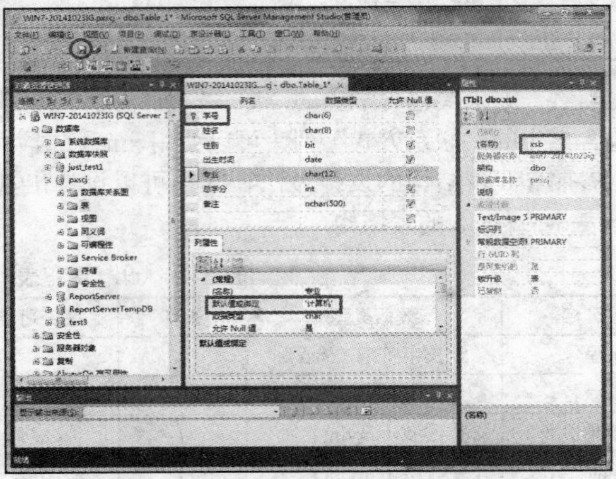

图 3-2　“表设计器”窗口

说明：“列属性”选项卡中的“标识规范”属性，用于对表创建所生成序号值的一个标识列，该序号值唯一标识表中的一行，可以作为键值。每个表只能有一个列设置为标识属性，该列只能是 decimal、int、numeric、smallint、bigint 或 tinyint 数据类型，设置为标识属性的列称为标识列或 identity 列。定义标识属性时，可指定其种子值（即起始值）、增量值，二者的默认值均为 1。系统自动更新标识列值，标识列不允许为空值。在需要系统帮助维护，且既保证唯一性，又保证增量方向性时，可以选用该属性。如果要将某个字段设置为自动增加，可以选中该字段，在“列属性”选项卡中展开“标识规范”属性，将“是标识”选项设置为“是”，再设置“标识增量”和“标识种子”的值即可。

使用同样的方法创建课程表，名称为 kcb；创建成绩表，名称为 cjb。

说明：在创建表时，如果主键由两个或两个以上的列组成（例如，课程表的主键为“学号”列和“课程号”列），在设置主键时，需要在按住 Ctrl 键的同时选择多个列，然后右击选择“设置主键”菜单项，将多个列设置为表的主键。

3.2.2　修改表结构

在创建一个表之后，使用过程中可能需要对表结构进行修改。

默认情况下，SQL Server 用户不能通过界面方式修改表的结构，而需要先删除原来的表，再重新创建新表。如果需要通过界面方式修改表，在 SSMS 的面板中单击“工具”主菜单，选择“选项”子菜单，在出现的“选项”对话框中选择“设计器”，取消选中“阻止保存要求重新创建表的更改”复选框，如图 3-3 所示。

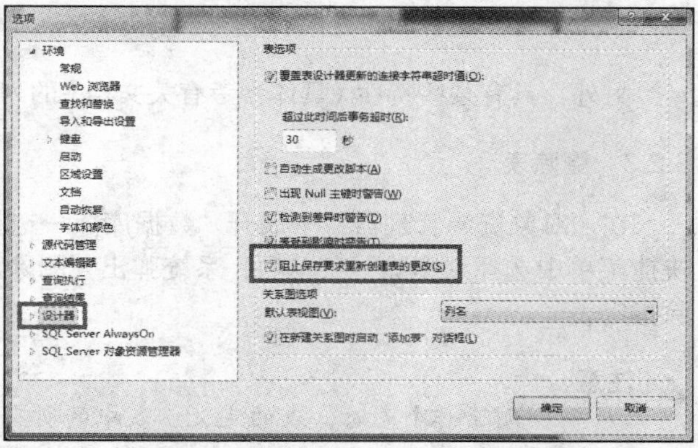

图 3-3　解除阻止保存的选项

1. 更改表名

在“对象资源管理器”中选择需要更名的表，右击鼠标，在弹出的快捷菜单中选择“重命名”菜单项，输入新的表名后确定即可。

注意

SQL Server 虽然允许改变一个表的名称，但表名改变后，与此相关的某些对象（如视图），以及通过表名与表相关的存储过程将无效。

2. 修改表结构

修改表结构包括增加列、删除列、修改已有列的属性（列名、数据类型、是否为空值等）。

在“对象资源管理器”中展开“数据库”，在选择的数据库中选择修改表，右击鼠标，在弹出的快捷菜单中选择“设计”菜单项，打开“表设计器”窗口。系统列出已经存在的表结构，用户就像通过界面设计表结构一样修改表结构。

如果要在某列之前加入新列，则可以右击该列，选择“插入列”，在空白行中填写列信息即可。如果要删除某列，则可以右击该列，选择“删除列”。修改完毕后，关闭该窗口，此时弹出“保存更改”对话框，单击“是”按钮，保存修改后的表。

注意

在 SQL Server 中，因为被删除的列是不可恢复的，所以在删除列之前需要慎重考虑，而且在删除一个列以前，必须保证基于该列的所有索引和约束都已删除。

改变列的数据类型时，要求满足下列条件：

1）原数据类型必须能够转换为新数据类型。

2）新数据类型不能为 timestamp 类型。

3）如果被修改列属性中有“标识规范”属性，则新数据类型必须是有效的“标识规范”数据类型。

注意

表中尚未有记录值时，可以修改表结构，如更改列名、列的数据类型、长度和是否允许空值等属性；但当表中有了记录后，建议不要轻易改变表结构，特别是不要改变数据类型，以免产生错误。

在修改列的数据类型时，如果列中存在列值，可能会弹出警告框，要确认修改可以单击“是”按钮，但是此操作可能会导致一些数据永久丢失，请谨慎使用。

另外，具有某些特性（具体参考有关文档）的列不能修改。

3.2.3　删除表

在“对象资源管理器”中展开“数据库”→选择数据库→选择表，右击鼠标，在弹出的快捷菜单中选择“删除”菜单项，系统弹出“删除对象”窗口。单击“确定”按钮，即可删除指定表。

注意

1）删除一个表时，表的定义、表中的所有数据以及表的索引、触发器、约束等均被删除。

2）不能删除系统表和外键约束所参照的表。

3.3　以命令方式创建表

3.3.1　创建表

创建表使用 CREATE TABLE 命令，其语法格式如下：

```
CREATE TABLE  [ 数据库名 . [ 架构名 ] . | 架构名 .] 表名
(
    < 列定义 >
    …
    [< 表约束 >]
)  …
```

其中，< 列定义 > 为：

```
列名 数据类型                                          /* 指定列名、列的数据类型 */
[FILESTREAM]                                           /* 指定 FILESTREAM 属性 */
[COLLATE 排序名 ]                                      /* 指定排序规则 */
[NULL | NOT NULL]                                      /* 指定是否为空 */
[
    [CONSTRAINT 约束名 ]
    DEFAULT 常量表达式                                 /* 指定默认值 */
]
| [IDENTITY [ ( 初值 , 增量 ) ] [NOT FOR REPLICATION]]  /* 指定列为标识列 */
[ROWGUIDCOL]                                           /* 指定列为全局标识符列 */
[< 列约束 > … ]                                        /* 指定列的约束 */
```

说明：

1）FILESTREAM：它允许以独立文件的形式存放大对象数据，而不是像以往一样将所有数据都保存到数据文件中。

2）NULL | NOT NULL：NULL 表示列可取空值，NOT NULL 表示列不可取空值。

3）DEFAULT 常量表达式：为所在列指定默认值，默认值“常量表达式”必须是一个常量值、标量函数或 NULL 值。DEFAULT 定义可适用于除定义为 timestamp 或带 identity 属性的列以外的任何列。

4）IDENTITY：指出该列为标识符列，为该列提供一个唯一的、递增的值。“初值”是标识字段的起始值，默认值为 1，“增量”是标识增量，默认值为 1。如果为 IDENTITY 属性指定了 NOT FOR REPLICATION 选项，则复制代理执行插入时，标识列中的值将不会增加。

5）ROWGUIDCOL：表示新列是行的全局唯一标识符列，ROWGUIDCOL 属性只能指派给 uniqueidentifier 列。该属性并不强制列中所存储值的唯一性，也不会为插入表中的新行自动生成值。

6）<列约束>：列的完整性约束，指定主键、替代键、外键等。例如，指定该列为主键使用 PRIMARY KEY 关键字。

【例 3-1】 设已经创建了数据库 test1，现在该数据库中需创建学生情况表 xsb1，该表的结构如表 3-3 所示。

在 SSMS 中单击“新建查询”，在“查询编辑器”中输入下列 T-SQL 命令：

```
USE test1
GO
CREATE TABLE xsb1
(
    学号      char(6)    NOT NULL PRIMARY KEY,
    姓名      char(8)    NOT NULL,
    性别      bit        NULL DEFAULT 1,
    出生时间  date       NULL,
    专业      char(12)   NULL DEFAULT '计算机',
    总学分    int        NULL DEFAULT 0,
    备注      varchar(500)  NULL
)
GO
```

执行结果如图 3-4 所示。

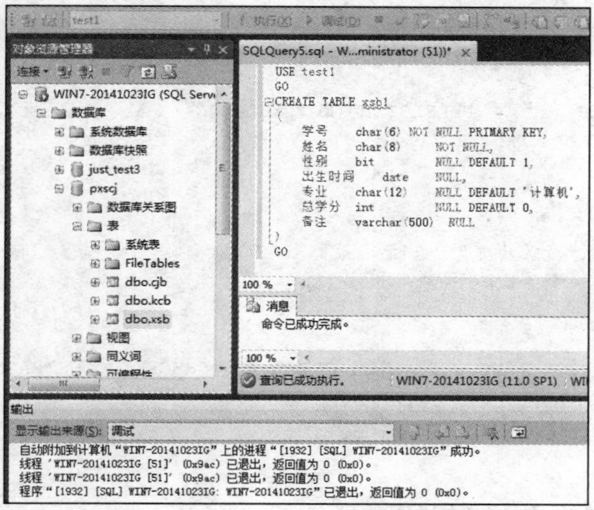

图 3-4 执行结果

首先使用 USE test1 语句将数据库 test1 指定为当前数据库，然后使用 CREATE TABLE 语句在该数据库中创建表 xsb1。如果 SSMS 当前的数据库为 test1，则不需要使用 USE test1 语句。

【例 3-2】 创建一个带计算列的表 pcj，表中包含课程的课程号、总成绩、学习该课程的人数和课程的平均成绩。

```
CREATE TABLE pcj
(
    课程号  char(3)    PRIMARY KEY,
    总成绩  real       NOT NULL,
    人数    int        NOT NULL,
    平均成绩 AS 总成绩 / 人数 PERSISTED
)
```

说明： 如果没有使用 PERSISTED 关键字，则在计算列上不能添加 PRIMARY KEY、UNIQUE、DEFAULT 等约束条件。由于计算列上的值是通过服务器计算得到的，所以在插入或修改数据时不能对计算列赋值。

SQL Server 中创建的表通常称为持久表，在数据库中持久表一旦创建就一直存在，多个用户或者多个应用程序可以同时使用持久表。有时需要临时存放数据，如临时存储复杂的 SELECT 语句的结果。此后，可能要重复使用这个结果，但这个结果又不需要永久保存。这时，可以使用临时表。用户可以像操作持久表一样操作临时表。只不过临时表的生命周期较短，当断开与该数据库的连接时，服务器会自动删除它们。

在表名称前添加“#”或“##”符号，创建的表就是临时表，添加“#”符号表示创建的是本地临时表，只能由创建者使用。添加“##”符号表示创建的是全局临时表，可以由所有的用户使用。

3.3.2 修改表结构

修改表结构可以使用 ALTER TABLE 命令，其语法格式如下：

```
ALTER TABLE [ 数据库名 .[ 架构名 ]. | 架构名 .] 表名
{
    ALTER COLUMN 列名 {…}                                    /* 修改已有列的属性 */
    | ADD                                                    /* 添加列 */
    {
        <列定义>
        | 列名 AS 表达式 [PERSISTED [NOT NULL]]                /* 定义计算列 */
        | <表约束>
    } [, …]
    | DROP
    {
        [CONSTRAINT] 约束名                                   /* 删除约束 */
        [WITH ( <删除聚集约束选项> … )]
        | COLUMN 列名                                         /* 删除列 */
    } [, …]
    | [WITH { CHECK | NOCHECK }] { CHECK | NOCHECK } CONSTRAINT { ALL | 约束名 }
    …
}
```

1. 命令主体

ALTER TABLE 命令主体结构说明如下。

1）表名：要修改的表名。

2）ALTER COLUMN 子句：修改表中指定列的属性，“列名”给出要修改的列。

若表中该列所存数据的数据类型与将要修改的列类型冲突，则发生错误。例如，原来 char 类型的列要修改成 int 类型，而原来列值包含非数字字符，则无法修改。

3）ADD 子句：向表中增加新列，新列的定义方法与 CREATE TABLE 命令中定义列的方法相同。一次还可以添加多个列，中间用逗号隔开。

4）DROP 子句：从表中删除列或约束。

注意

在删除一个列以前，必须先删除基于该列的所有索引和约束。

5）WITH 子句：[WITH { CHECK | NOCHECK }] 指定表中的数据是否用新添加的或重新启用的 FOREIGN KEY 或 CHECK 约束进行验证。ALL 关键字指定启用或禁用所有约束。有关 FOREIGN KEY 和 CHECK 约束的内容将后面章节专门介绍。

2. ALTER COLUMN 子句

该子句的内容格式为：

```
ALTER COLUMN 列名
{
    类型名 [( 精度 [, 位数 ] )]
    [COLLATE 排序名 ]
    [NULL | NOT NULL]
    …
}
```

1）类型名：为被修改列的新数据类型。要修改成数值类型时，可以使用“(精度 [, 位数])”分别指定数值的精度和小数位数。

2）[NULL | NOT NULL]：表示将列设置为是否可为空，设置成 NOT NULL 时，要注意表中该列是否有空数据。

【例 3-3】 在 test1 数据库 xsb1 表中增加“入学时间”列。

在 SSMS 中新建一个查询，并输入如下脚本：

```
USE test1
GO
ALTER TABLE xsb1
    ADD 入学时间 date
GO
```

输入完成后执行该脚本，然后可以在“对象资源管理器”中展开 pxscj 中表 dbo.xsb 的结构查看执行结果。如果原表中已经存在与添加列同名的列，则语句运行将出错。

【例 3-4】 修改表 xsb1 中已有列的属性：将名为“姓名”的列长度由原来的 8 改为 10；将名为“入学时间”的列的数据类型由原来的 date 改为 small datetime。

新建一个查询，在查询分析器中输入并执行如下脚本：

```
ALTER TABLE xsb1
    ALTER COLUMN 姓名 char(10)
GO
ALTER TABLE xsb1
    ALTER COLUMN 入学时间 smalldatetime
GO
```

说明：在 ALTER TABLE 语句中，一次只能包含 ALTER COLUMN、ADD、DROP 子句中的一条，而且使用 ALTER COLUMN 子句时，一次只能修改一个列的属性，所以这里需要使用两条 ALTER TABLE 语句。

如果删除"入学时间"列，则命令如下：

```
ALTER TABLE xsb1
    DROP COLUMN 入学时间
GO
```

3.3.3　删除表

删除表的语法格式如下：

```
DROP TABLE [ 数据库名 .[ 架构名 ]. | 架构名 .] 表名 [, …] [;]
```

其中，"表名"是要被删除的表的名称。

例如，删除 test1 数据库中的 pcj 表，命令如下：

```
DROP TABLE pcj
```

3.4　以界面方式操作表数据

在"对象资源管理器"中展开要操作的数据库，如 pxscj，选择要操作的表，如 xsb，右击鼠标，在弹出的快捷菜单中选择"编辑前 200 行"菜单项，打开表数据窗口。

在此窗口中，表中的记录将按行显示，每个记录占一行。可以看到，此时表中还没有数据。可向表中插入记录，之后可以删除和修改已经插入的记录。

3.4.1　插入记录

插入记录将新记录添加在表尾，可以向表中插入多条记录。开始输入数据，光标定位在第 1 行，然后逐列输入列的值。输入完成后，将光标定位到当前表尾的下一行。

【例 3-5】 用户参考本书附录 A 中的数据样本，向表中插入数据。

输入时需要注意：

1）没有输入数据的记录的所有列显示为 NULL。

2）若表的某些列（如学号、姓名）不允许为空值，则必须为该列输入值，否则系统显示错误信息。已经输入内容的列提示"！"，如图 3-5a 所示。

3）输入不允许为空值的列，且其他列没有输入时，光标可以定位到下一行，此时设置默认值的列会填入默认值，如图 3-5b 所示。与默认值不一致，需要修改，例如赵琳"性别"字段需要修改。

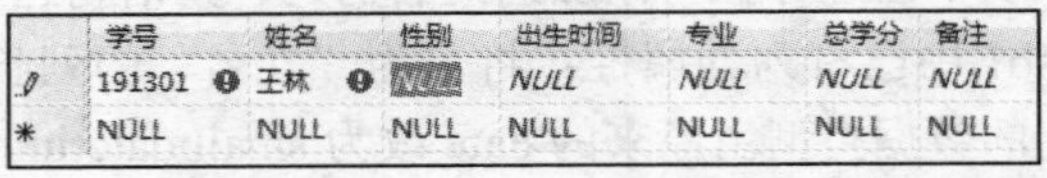

a）

b）

图 3-5　执行结果

4）“性别”字段为 bit 类型，用户需要输入“1”或者“0”，系统对应显示 True 和 False。

5）输入记录中的主键（学号）字段列不能有重复值，否则在光标试图定位到下一行时，系统显示错误信息，如图 3-6 所示，并且不能离开该行。

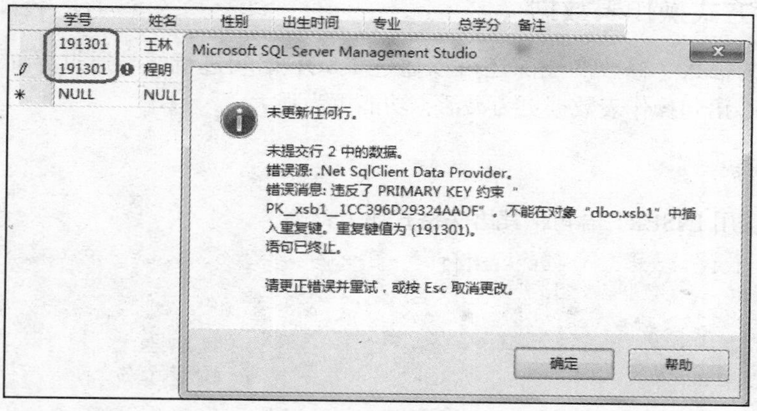

图 3-6　显示错误信息

图 3-7 为插入数据后的 xsb 表。

图 3-7　向表中插入记录

3.4.2　删除记录

当表中的某些记录不再需要时，要将其删除。在“对象资源管理器”中删除记录的方法是：在表数据窗口中定位需删除的记录行，单击该行最前面的黑色箭头选择全行，右击鼠标，选择“删除”菜单项。选择“删除”后，出现一个确认对话框，单击“是”按钮，删除所选择的记录，单击“否”按钮，不删除该记录。

3.4.3 修改记录

在操作表数据的窗口中修改记录数据的方法是，先定位要修改的记录字段，然后修改该字段值，修改之后将光标移到下一行，即可保存修改的内容。

3.5 以命令方式操作表数据

对表数据的插入、修改和删除还可以通过 T-SQL 语句进行，与通过界面操作表数据相比，通过 T-SQL 语句操作表数据更为灵活，功能更为强大。

3.5.1 插入记录

插入记录使用 INSERT 语句，其语法格式如下：

```
INSERT   [TOP ( 表达式 ) [PERCENT]]
[INTO]  表名 | 视图名
[( 列表 )]
VALUES (  DEFAULT |  NULL | 表达式  …  )               /* 指定列值 */
|  DEFAULT VALUES                                     /* 强制新行包含为每个列定义的默认值 */
```

1）表名：被操作的表的名称。前面可以指定数据库名和架构名。

2）视图名：被操作的视图名称。有关视图的内容将在第 4 章中介绍。

3）列表：需要插入数据的列的列表，包含新插入行的各列的名称。如果只给表的部分列插入数据，就需要用“列列表”指出这些列。

例如，当加入表中记录的某些列为空值或默认值时，可以在 INSERT 语句中给出的“列表”中省略这些列。没有在“列表”中指出的列，它们的值根据默认值或列属性来确定，其原则是：

① 具有 IDENTITY 属性的列，其值由系统根据初值和增量值自动计算得到。

② 具有默认值的列，其值为默认值。

③ 没有默认值的列，若允许为空值，则其值为空值；若不允许为空值，则出错。

④ 类型为 timestamp 的列，系统自动赋值。

⑤ 如果是计算列，则使用计算值。

4）VALUES 子句：包含各列需要插入的数据清单，数据的顺序要与列的顺序相对应。若省略“列列表”，则 VALUES 子句给出每一列（除 IDENTITY 属性和 timestamp 类型以外的列）的值。VALUES 子句中的值可有以下 3 种。

① DEFAULT：指定为该列的默认值。这要求定义表时必须指定该列的默认值。

② NULL：指定该列为空值。

③ 表达式：可以是一个常量、变量或一个表达式，其值的数据类型要与列的数据类型一致。例如，列的数据类型为 int，若插入的数据是 'aaa' 就会出错。当数据为字符型时，要用单引号括起来。

5）DEFAULT VALUES ：该关键字说明向当前表中的所有列均插入其默认值。此时，要求所有列均定义了默认值。

【例 3-6】 向 test1 数据库的表 xsb1 中插入如下一行数据：

191301, 王林 , 1, 1990-02-10, 计算机 , 50 , NULL

在 SSMS 中单击“新建查询”，在“查询编辑器”中输入下列 T-SQL 命令：

```
USE test1
```

```
GO
INSERT INTO  xsb1
    VALUES('191301', '王林' , 1, '1990-02-10', '计算机',50, NULL)
GO
```

语句的执行结果如图 3-8 所示。

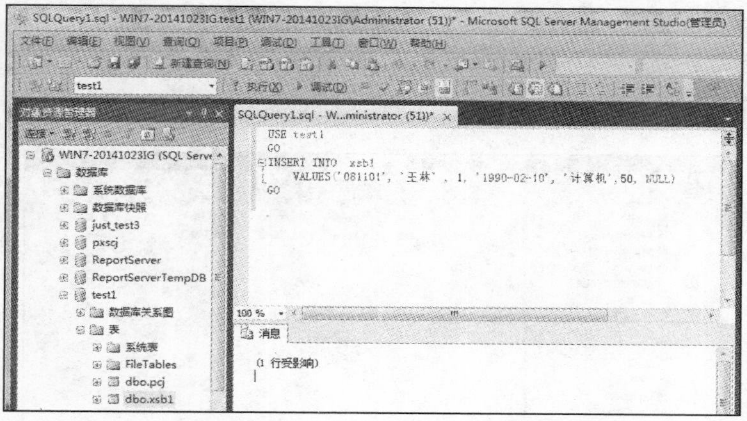

图 3-8　使用 T-SQL 语句向表中插入数据

注意

若插入数据行中含有与原有行中关键字相同的列值，则 INSERT 语句无法插入此行。

例如，如果重复执行上述命令，则系统显示错误信息，如图 3-9 所示。

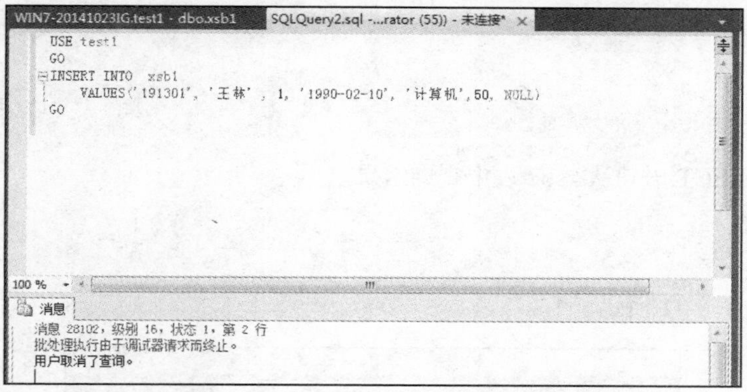

图 3-9　显示错误信息

说明：

插入上例数据也可以使用以下命令：

```
INSERT INTO xsb1 (学号, 姓名, 性别, 出生时间, 总学分)
    VALUES('191301', '王林', 1, '1990-02-10', 50)
```

或者：

```
INSERT INTO xsb1
    VALUES('191301', '王林', 1, '1990-02-10', DEFAULT,50, NULL);
```

INSERT 语句可以一次向表中插入多条记录，中间用逗号隔开。

【例 3-7】 一次向 test1 数据库 xsb1 表中插入两行数据。

'201301', ' 王海 ', 1, '1996-05-10', ' 软件工程 ', 50, NULL

'201302', ' 李娜 ', 0, '1996-04-12', ' 软件工程 ', 52, NULL

命令如下：

```
INSERT INTO xsb1 VALUES('201301', ' 王海 ', 1, '1991-05-10', ' 软件工程 ', 50, NULL),
('201302', ' 李娜 ', 0, '1991-04-12', ' 软件工程 ', 52, NULL)
```

执行结果如图 3-10 所示。

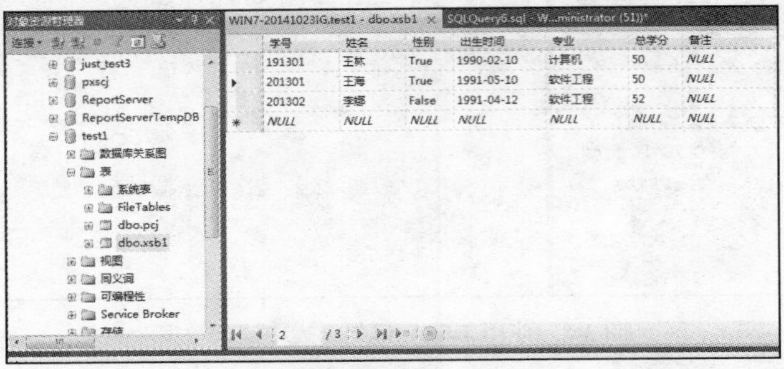

图 3-10　执行结果

【例 3-8】 从 test1 数据库表 xsb1 中生成计算机专业的学生表（xsb2），包括学号、姓名、出生时间、总学分、备注。

1）用界面方式或者 CREATE TABLE 语句建立表 xsb2，表结构与 xsb1 相同。

2）用 INSERT 语句向 xsb2 表中插入数据。

```
INSERT INTO xsb2
    SELECT  *
        FROM xsb1
        WHERE 专业 = ' 计算机 '
```

3）使用 SELECT 语句从 xsb2 表中查询结果。

```
SELECT  *
    FROM  xsb2                                /* xsb1 表的内容 */
```

执行结果如图 3-11 所示。

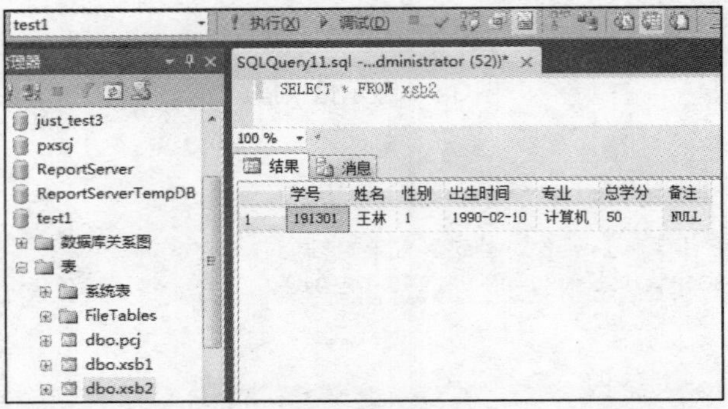

图 3-11　执行结果

执行 INSERT 语句时，如果插入的数据与约束或规则的要求产生冲突或值的数据类型与列的数据类型不匹配，那么 INSERT 执行失败。

3.5.2　修改记录

在 T-SQL 中，UPDATE 语句可以用来修改表中的数据行。

语法格式：

```
UPDATE [TOP ( 表达式 ) [PERCENT]]
{  表名 | 视图名  }
SET { 列名 = 表达式 , …  }                                    /* 赋予新值 */
[FROM  < 表源 > …]
[WHERE < 查找条件 >  | … ]                                    /* 指定条件 */
…
```

其中：

1）SET 子句：用于指定要修改的列或变量名及其新值。

2）FROM 子句：指定用表来为更新操作提供数据。

3）WHERE 子句：WHERE 子句中的 < 查找条件 > 指明只修改满足该条件的行，若省略该子句，则修改表中的所有行。

【例 3-9】 将 test1 数据库的 xsb1 表中学号为“191301”的学生的备注值改为“外校互认学分课程”，同时将总学分 +3。

```
USE test1
GO
UPDATE xsb1
     SET 备注 = '外校互认学分课程',
          总学分 = 总学分 +3
     WHERE 学号 ='191301'
GO
```

执行完上述语句后，xsb1 表学号为“191301”的学生的记录如图 3-12 所示。

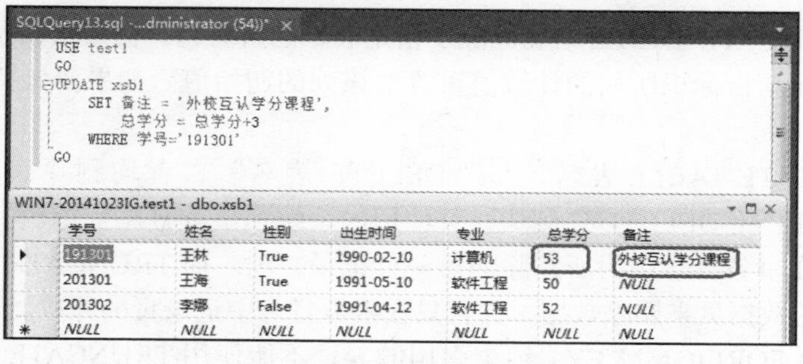

图 3-12　修改数据以后的表

说明：对于学生成绩管理数据库，一般来说，学生表（xsb）“总学分”字段数据增加是由于在成绩表（cjb）中增加了记录（学生上一门课成绩合格），这两个表的记录修改命令是同时完成的。

3.5.3　删除记录

在 T-SQL 中，删除数据可以使用 DELETE 语句或 TRANCATE TABLE 语句来实现，分别用于删除表中符合条件的记录和所有记录。

1. 删除符合条件记录

语法格式：

```
DELETE [TOP ( 表达式 ) [PERCENT]]
[FROM  表名 | 视图名 |  <表源>]
[WHERE  <查找条件>  |  … ]                                /*指定条件*/
```

1）[TOP(表达式)[PERCENT]]：指定将要删除的任意行数或任意行的百分比。

2）FROM 子句：说明从何处删除数据。可以从以下 4 种类型的对象中删除数据。

表：由“表名”指定要从其中删除数据的表，关键字 WITH 指定目标表所允许的一个或多个表提示，一般情况下不需要使用 WITH 关键字。

视图：由“视图名”指定要从其中删除数据的视图，注意该视图必须可以更新，并且正确引用了一个基本表。

表源：将在介绍 SELECT 语句时详细讨论。

3）WHERE 子句：删除指定条件的记录。若省略 WHERE 子句，则 DELETE 语句将删除所有数据。

【例 3-10】 将 test1 数据库的 xsb1 表中总学分为 0 的行删除，使用如下语句：

```
USE test1
GO
DELETE
    FROM  xsb1
    WHERE 总学分 = 0
GO
```

2. 删除表所有记录

使用 TRUNCATE TABLE 语句将删除指定表中的所有数据，因此也称为清除表数据语句。

语法格式：

```
TRUNCATE TABLE  表名
```

1）使用 TRUNCATE TABLE 语句删除了指定表中的所有行，但表结构及其列、约束、索引等保持不变，而新行标识所用的计数值重置为该列的初始值。如果要保留标识计数值，则要使用 DELETE 语句。

2）“TRUNCATE TABLE 表名”与“DELETE 表名”二者均删除表中的全部行。但 TRUNCATE TABLE 比 DELETE 速度快，且使用的系统和事务日志资源少。DELETE 语句每次删除一行，并在事务日志中为所删除的每一行记录一项。而 TRUNCATE TABLE 通过释放存储表数据所用的数据页来删除数据，并且只在事务日志中记录页的释放。

对于由外键（FOREIGN KEY）约束引用的表，不能使用 TRUNCATE TABLE 语句删除数据，而应使用不带 WHERE 子句的 DELETE 语句。另外，TRUNCATE TABLE 语句也不能用于参与了索引视图的表。

3）表记录删除后不能恢复。

4）如果删除表记录的同时删除表结构，则使用“DROP TABLE 表名”命令。

例如，删除 test1 数据库的 xsb1 和 xsb2 表中的所有行。

```
USE test1
GO
```

```
DELETE  xsb1
GO
TRUNCATE TABLE xsb2
GO
DROP TABLE xsb3
GO
SELECT  * FROM  xsb1                    /* 显示没有记录 */
GO
SELECT  * FROM  xsb2                    /* 显示没有记录 */
GO
SELECT  * FROM  xsb3                    /* 显示错误信息，因为 xsb3 已经没有了 */
GO
```

习题

一、选择题

1．性别字段不宜选择（　　）。

A. 字符型　　B. 整数型　　C. 位型　　D. 浮点型

2．出生时间字段不宜选择（　　）。

A. date　　B. char　　C. int　　D.datetime

3．（　　）字段可以采用默认值。

A. 姓名　　B. 专业　　C. 备注　　D. 出生时间

4．删除表所有记录采用（　　）。

A. DELETE　　B.DROP TABLE　　C. TRUNCATE TABLE　　D.A 和 C

5．修改记录内容不能采用（　　）。

A. UPDATE　　B.DELETE 和 INSERT　　C. 界面方式　　D.ALTER

6．删除列的内容不能采用（　　）。

A. 界面先删除然后添加该字段　　B.UPDATE

C. DELETE　　D.ALTER

7．插入记录时（　　）不会出错。

A. 非空字段为空　　B. 主键内容不唯一

C. 字符内容超过长度　　D. 采用默认值的字段 INSERT 没有留位置

8．采用（　　）可以控制字段输入的内容。

A. 设置字段属性　　B. 界面输入人为控制

C. 先输入然后检查　　D. 设置记录属性

二、操作题

1．写出创建产品销售数据库 cpxs 中所有表的 T-SQL 语句。所包含的表如下：

产品表 (cpb)：产品编号，产品名称，价格，库存量。

销售商表 (xsb)：客户编号，客户名称，地区，负责人，电话。

产品销售表 (cpxsb)：销售日期，产品编号，客户编号，数量，销售额。

2．在以上创建的 cpxs 数据库的产品表中增加“产品简介”列，之后再删除该列。

3．写出对产品销售数据库产品表进行如下操作的 SQL 语句。

1）插入如下记录：

0001	空调	3000	200
0203	冰箱	2500	100
0301	彩电	2800	50
0421	微波炉	1500	50

2）将产品数据库的产品表中每种商品的价格打 8 折。

3）将产品数据库的产品表中价格打 8 折后低于 50 元的商品删除。

三、问答题

1. 为什么姓名字段不能作为主键？为什么主键字段内容不能为空？学号字段为什么不采用数值型？性别字段采用字符型的优缺点。
2. 简述定长字符型和不定长字符型的优缺点。
3. 简要说明空值的概念及其作用。
4. 在 SQL Server 2012 的“对象资源管理器”中对数据进行修改，与使用 T-SQL 语句修改数据相比较，哪一种方法功能更强大？更为灵活？试举例说明。

第 4 章

数据库的查询和视图

在 SQL Server 2012 中，对数据库的查询使用 SELECT 语句。SELECT 语句的功能非常强大，使用灵活。本章重点讨论利用该语句对数据库进行各种查询的方法。

视图是由一个或多个基本表导出的数据信息，可以根据用户的需要创建视图。视图对于数据库的用户来说很重要，本章将讨论视图概念、视图的创建与使用方法。

4.1 数据库的查询

下面介绍 SELECT 语句，它是 T-SQL 的核心。其语法主体格式如下：

```
SELECT <输出列>                          /*指定查询结果输出列*/
[INTO 新表]                              /*指定查询结果存入新表*/
[FROM { <表源> } [, …]]                  /*指定查询源：表或视图*/
[WHERE <条件>]                           /*指定查询条件*/
[GROUP BY <分组条件>]                    /*指定查询结果分组条件*/
[HAVING <分组统计条件>]                  /*指定查询结果分组统计条件*/
[ORDER BY <排序顺序>]                    /*指定查询结果排序顺序*/
```

说明：从这个主体语法可以看出，SELECT 语句返回一个表的结果集，通常该结果集称为表值表达式。

下面讨论 SELECT 的各个子句和主要功能。

4.1.1 选择查询结果输出列

1. 选择所有列

使用“*”表示选择一个表或视图中的所有列。

【例 4-1】 查询 pxscj 数据库中 xsb 表的所有数据。

```
USE pxscj
GO
SELECT *
    FROM xsb
GO
```

执行结束后，SSMS 的结果窗口中显示 xsb 表的所有数据。

2. 选择一个表中指定的列

使用 SELECT 语句选择一个表中的某些列，各列名之间要以逗号分隔。

【例 4-2】 查询 xsb 表中计算机专业学生的学号、姓名和总学分，查询 xsb 表中的所有列。

```
SELECT 学号 , 姓名 , 总学分
    FROM  xsb
    WHERE 专业 = '计算机'
```

语句执行的结果如图 4-1 所示。

3. 定义列别名

当希望查询结果中的某些列或所有列显示用户自己选择的列标题时，可以在列名之后使用 AS 子句来更改查询结果的列标题。

【例 4-3】 查询 xsb 表中计算机系学生的学号、姓名和总学分，结果中各列的标题分别指定为 number、name 和 mark。代码如下，执行结果如图 4-2 所示。

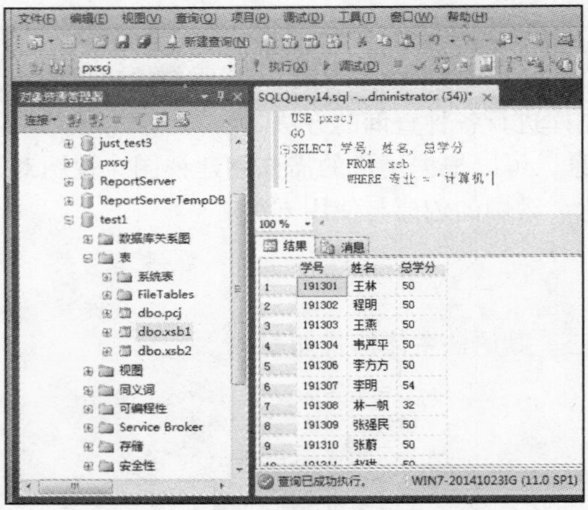

图 4-1　条件查询

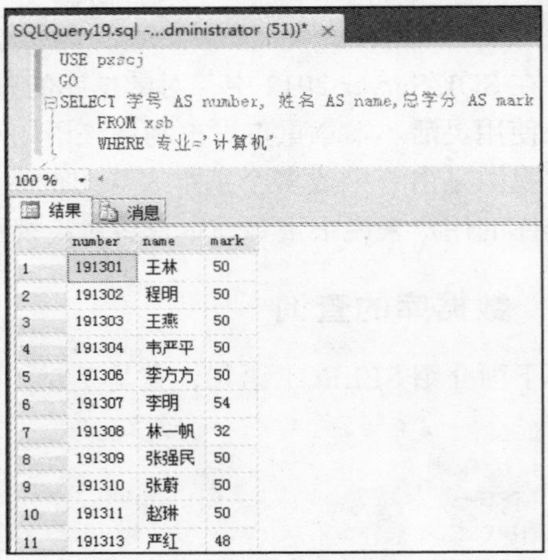

图 4-2　条件查询

```
SELECT 学号 AS number, 姓名 AS name, 总学分 AS mark
    FROM  xsb
    WHERE 专业 = '计算机'
```

更改查询结果中的列标题也可以使用“列别名 = 表达式”的形式。例如：

```
SELECT  number = 学号 , name = 姓名 , mark = 总学分
    FROM xsb
    WHERE 专业 = '计算机'
```

当自定义的列标题中含有空格时，必须使用引号将标题括起来。例如：

```
SELECT  'Student number ' = 学号 , 姓名 AS  'Student name', mark = 总学分
    FROM xsb
    WHERE 专业 = '计算机'
```

说明： 不允许在 WHERE 子句中使用列别名。这是因为执行 WHERE 代码时，可能尚未确定列值。例如，下述查询是非法的。

```
SELECT 性别 AS SEX FROM xsb WHERE SEX=0;
```

4. 替换查询结果中的数据

在对表进行查询时，有时希望对所查询的某些列得到的是一种概念而不是具体的数据。例如，查询 xsb 表的总学分，希望知道的是学习的总体情况，这时，就可以用等级来替换总学分的具体数字。

要替换查询结果中的数据，需要使用查询中的 CASE 表达式，其格式如下：

```
CASE
    WHEN 条件1 THEN 表达式1
    WHEN 条件2 THEN 表达式2
      …
    ELSE 表达式
END
```

【例 4-4】 查询 xsb 表中计算机系各学生的学号、姓名和总学分，对其总学分按以下规则替换：若总学分为空值，则替换为“尚未选课”；若总学分小于 50，则替换为“不及格”；若总学分在 50 与 52 之间，则替换为“合格”；若总学分大于 52，则替换为“优秀”。列标题更改为“等级”。

代码如下，执行结果如图 4-3 所示。

```
USE pxscj
GO
SELECT 学号 , 姓名 , 等级 =
    CASE
        WHEN 总学分 IS NULL THEN '尚未选课'
        WHEN 总学分 < 50 THEN '不及格'
        WHEN 总学分 >=50 and 总学分 <=52 THEN '合格'
        ELSE '优秀'
    END
    FROM  xsb
    WHERE 专业 = '计算机'
GO
```

说明：CASE 语句将在第 6 章 T-SQL 中介绍。

5. 计算列值

使用 SELECT 对列进行查询时，在结果中可以输出对列值计算后的值，即 SELECT 子句可使用表达式作为结果，其格式为：

```
SELECT 表达式 [, 表达式 ]
```

【例 4-5】 按 120 分计算成绩并显示学号为“191301”的学生的成绩情况。

代码如下，执行结果如图 4-4 所示。

	学号	姓名	等级
1	191301	王林	合格
2	191302	程明	合格
3	191303	王燕	合格
4	191304	韦严平	合格
5	191306	李方方	合格
6	191307	李明	优秀
7	191308	林一帆	不及格
8	191309	张强民	合格
9	191310	张蔚	合格
10	191311	赵琳	合格
11	191313	严红	不及格

图 4-3　执行结果

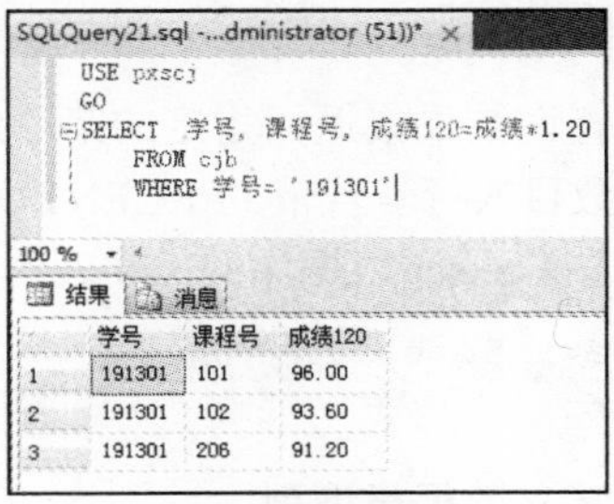

	学号	课程号	成绩120
1	191301	101	96.00
2	191301	102	93.60
3	191301	206	91.20

图 4-4　执行结果

```
USE pxscj
GO
SELECT  学号 , 课程号 , 成绩 120= 成绩 *1.20
    FROM cjb
    WHERE 学号 = '191301'
```

计算列值使用算术运算符：+（加）、-（减）、*（乘）、/（除）和 %（取余），其中，算术运算符（+、-、*、/）可以用于任何数字类型的列，包括 int、smallint、tinyint、decimal、numeric、float、real、money 和 smallmoney；% 可以用于上述除 money 和 smallmoney 以外的数字类型。

6. 消除结果集中的重复行

对表只选择其某些列时，可能会出现重复行。例如，若对 pxscj 数据库的 xsb 表只选择专业和总学分，则出现多行重复的情况。可以使用 DISTINCT 关键字消除结果集中的重复行，其格式如下：

```
SELECT  DISTINCT | ALL  列名 [, 列名…]
```

关键字 DISTINCT 的含义是，只选择结果集中的一个重复行，保证行的唯一性。

【例 4-6】 只选择 pxscj 数据库的 xsb 表的专业和总学分，消除结果集中的重复行。

代码如下，执行结果如图 4-5 所示。

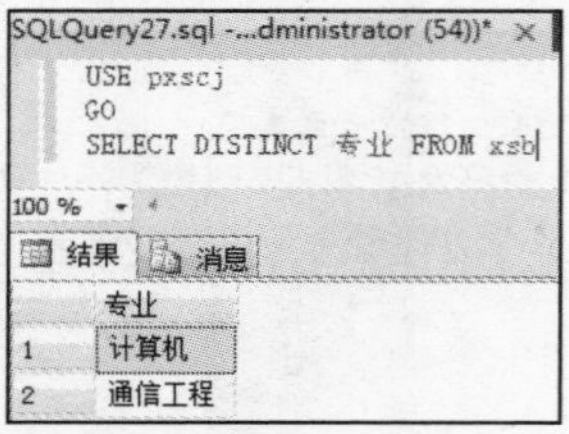

图 4-5　执行结果

```
USE pxscj
GO
SELECT DISTINCT 专业 FROM xsb
```

与 DISTINCT 相反，使用关键字 ALL 时，将保留结果集的所有行。当 SELECT 语句中省略 ALL 与 DISTINCT 时，默认值为 ALL。

7. 限制结果集返回行数

如果 SELECT 语句返回的结果集的行数非常多，那么可以使用 TOP 选项限制其返回的行数。TOP 选项的基本格式为：

```
[TOP 表达式 [PERCENT] [WITH TIES]]
```

表示只能从查询结果集返回指定的第一组行或指定百分比数目的行。“表达式”可以是指定数目或百分比数目的行。若带 PERCENT 关键字，则表示返回结果集的前（表达式值）% 行。

【例 4-7】 选择 pxscj 数据库的 xsb 表的姓名、专业和总学分，返回结果集的前 6 行。

```
SELECT TOP 6 姓名 , 专业 , 总学分
    FROM xsb
```

8. 选择用户定义数据类型列

有关用户定义数据类型将在后面章节详细讨论。

9. 聚合函数

SELECT 子句中的表达式还可以包含聚合函数。聚合函数常常用于对一组值进行计算，然后返回单个值。聚合函数通常与 GROUP BY 子句一起使用。如果一个 SELECT 语句中有一个 GROUP BY 子句，则这个聚合函数对所有列起作用，如果没有，则 SELECT 语句只产生一行作为结果。SQL Server 提供的聚合函数如表 4-1 所示。

表 4-1 SQL Server 的聚合函数

函数名	说明
AVG	求组中值的平均值
BINARY_CHECKSUM	返回对表中的行或表达式列表计算的二进制校验值，可用于检测表中行的更改
CHECKSUM	返回在表的行或在表达式列表上计算的校验值，用于生成哈希索引
CHECKSUM_AGG	返回组中值的校验值
COUNT	求组中的项数，返回 int 类型整数
COUNT_BIG	求组中的项数，返回 bigint 类型整数
GROUPING	产生一个附加的列
GROUPING_ID	为聚合列列表中的每一行创建一个值，以标识聚合级别
MAX	求最大值
MIN	求最小值
SUM	返回表达式中所有值的和
STDEV	返回给定表达式中所有值的统计标准偏差
STDEVP	返回给定表达式中所有值的填充统计标准偏差
VAR	返回给定表达式中所有值的统计方差
VARP	返回给定表达式中所有值的填充的统计方差

下面介绍常用的聚合函数。

（1）SUM 和 AVG

SUM 和 AVG 分别用于求表达式中所有值项的总和与平均值，其语法格式为：

```
SUM /AVG ( [ALL | DISTINCT] 表达式 )
```

其中，“表达式”可以是常量、列、函数或表达式，其数据类型只能是 int、smallint、tinyint、bigint、decimal、numeric、float、real、money 和 smallmoney。ALL 表示对所有值进行运算，DISTINCT 表示去除重复值，默认为 ALL。SUM / AVG 忽略 NULL 值。

【例 4-8】 求所有课程的总学分和选修 101 课程的学生的平均成绩。

```
SELECT SUM( 学分 ) AS '总学分'
    FROM kcb
```

执行结果如图 4-6 所示。

```
SELECT  AVG( 成绩 )  AS  '计算机基础平均成绩'
    FROM  cjb
    WHERE 课程号 = '101'
```

使用聚合函数作为 SELECT 的选择列时，若不为其指定列标题，则系统将对该列输出标题“无列名”。

（2）MAX 和 MIN

MAX 和 MIN 分别用于求表达式中所有值项的最大值与最小值，其语法格式为：

```
MAX / MIN ( [ALL | DISTINCT] 表达式 )
```

其中，“表达式”可以是常量、列、函数或表达式，其数据类型可以是数字、字符和时间日期类型。ALL、DISTINCT 的含义及默认值与 SUM/AVG 函数相同。MAX/MIN 忽略 NULL 值。

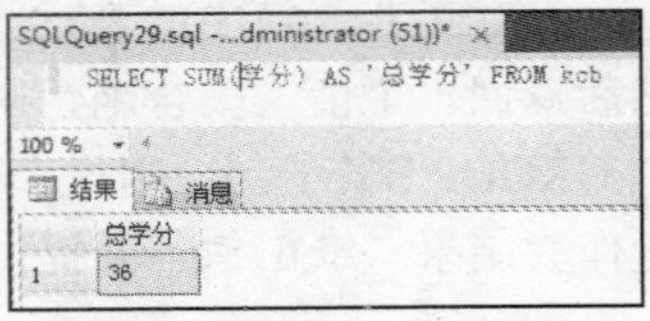

图 4-6 【例 4-8】执行结果

【例 4-9】 求选修 101 课程的学生的最高分和最低分。

语句如下，执行结果如图 4-6 所示。

```
SELECT  MAX(成绩) AS '计算机基础最高分', MIN(成绩) AS '计算机基础最低分'
    FROM  cjb
    WHERE 课程号 = '101'
```

（3）COUNT

COUNT 用于统计组中满足条件的行数或总行数，其格式为：

```
COUNT ( { [ALL | DISTINCT] 表达式 } | * )
```

其中，“表达式”的数据类型是除 text、image 或 ntext 之外的任何类型。ALL、DISTINCT 的含义及默认值与 SUM/AVG 函数相同，COUNT 忽略 NULL 值。

【例 4-10】 求学生的总数、总学分在 50 分以上的人数和专业个数。

```
SELECT  COUNT(*) AS  '学生总数', COUNT(DISTINCT 专业)  AS  '专业个数'
    FROM  xsb ;
GO
SELECT COUNT(总学分)  AS  '总学分>50分人数'
    FROM xsb
    WHERE 总学分>50 ;
GO
```

执行结果如图 4-7 所示。

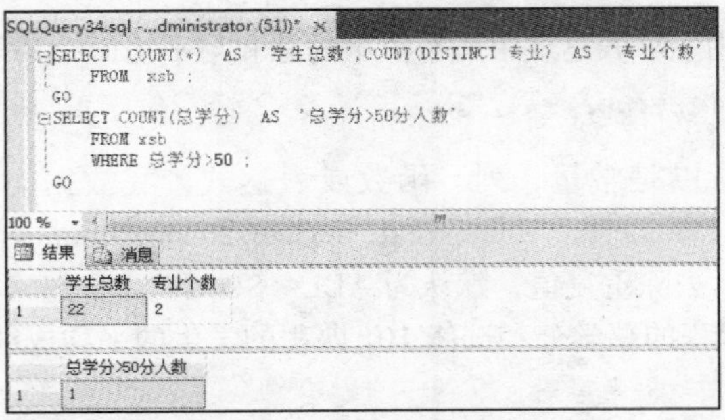

图 4-7 【例 4-10】执行结果

使用 COUNT（*）时，返回检索行的总数目，不论其是否包含 NULL 值。

COUNT_BIG 函数的格式、功能与 COUNT 函数都相同，区别仅在于 COUNT_BIG 返回 bigint 类型值。

4.1.2 选择查询条件

1. 表达式比较

比较运算符用于比较两个表达式的值，共有 9 个，分别是 =（等于）、<（小于）、<=（小

于等于)、>(大于)、>=(大于等于)、<>(不等于)、!=(不等于)、!<(不小于)、!>(不大于)。比较运算的格式为：

```
表达式 1  { 比较运算符 } 表达式 2
```

其中，“表达式”是除 text、ntext 和 image 以外类型的表达式。

当两个表达式值均不为空值（NULL）时，比较运算返回逻辑值 TRUE(真）或 FALSE(假)。而当两个表达式值中有一个为空值或都为空值时，比较运算返回 UNKNOWN。

可以将多个判定运算的结果通过逻辑运算符（NOT、AND 和 OR）再组成更为复杂的查询条件。

【例 4-11】 查询 xsb 表中通信工程专业总学分大于等于 42 的学生的情况。

```
SELECT *
    FROM  xsb
    WHERE 专业 = '通信工程'  AND 总学分 >= 42
```

执行结果如图 4-8 所示。

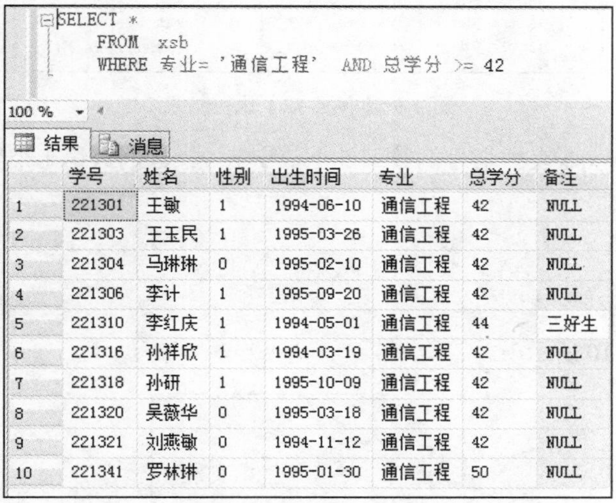

	学号	姓名	性别	出生时间	专业	总学分	备注
1	221301	王敏	1	1994-06-10	通信工程	42	NULL
2	221303	王玉民	1	1995-03-26	通信工程	42	NULL
3	221304	马琳琳	0	1995-02-10	通信工程	42	NULL
4	221306	李计	1	1995-09-20	通信工程	42	NULL
5	221310	李红庆	1	1994-05-01	通信工程	44	三好生
6	221316	孙祥欣	1	1994-03-19	通信工程	42	NULL
7	221318	孙研	1	1995-10-09	通信工程	42	NULL
8	221320	吴薇华	0	1995-03-18	通信工程	42	NULL
9	221321	刘燕敏	0	1994-11-12	通信工程	42	NULL
10	221341	罗林琳	0	1995-01-30	通信工程	50	NULL

图 4-8 【例 4-11】执行结果

2. 模式匹配

LIKE 谓词用于指出字符串是否与指定的字符串相匹配，返回逻辑值 TRUE 或 FALSE。LIKE 谓词表达式的格式为：

```
表达式 [NOT] LIKE 模式串 [ESCAPE 转义符 ]
```

1）表达式：一般为字符串表达式，在查询语句中可以是列名。

2）模式串：可以使用通配符，表 4-2 列出了 LIKE 谓词可以使用的通配符及其说明。

3）转义符：应为有效的 SQL Server 字符，没有默认值，且必须为单个字符。当模式串中含有与通配符相同的字符时，应通过该字符前的转义符指明其为模式串中的一个匹配字符。使用 ESCAPE 可指定转义符。

4）NOT LIKE：使用 NOT LIKE 与 LIKE 的作用相反。

使用带 % 通配符的 LIKE 时，模式字符串中的所有字符都有意义，包括起始或尾随空格。

表 4-2　通配符列表

通配符	说明
%	代表倒数
_（下划线）	代表单个字符
[ ]	指定范围（如 [a-f]、[0-9]）或集合（如 [abcdef]）中的任何单个字符
[^]	指定不属于范围（如 [^a-f]、[^0-9]）或集合（如 [^abcdef]）的任何单个字符

【例 4-12】 查询 xsb 表中姓“王”且单名的学生情况。

```
SELECT  *
    FROM xsb
    WHERE 姓名 LIKE '王_ '
```

执行结果如图 4-9 所示。

图 4-9 【例 4-12】执行结果

【例 4-13】 查询 xsb 表中学号倒数第 5 个数字为 9，且倒数第 1 个数为 1 ～ 5 的学生学号、姓名及专业。

```
SELECT 学号，姓名，专业
    FROM xsb
    WHERE 学号 LIKE '%9_ _ _[1-5]'
```

执行结果如图 4-10 所示。

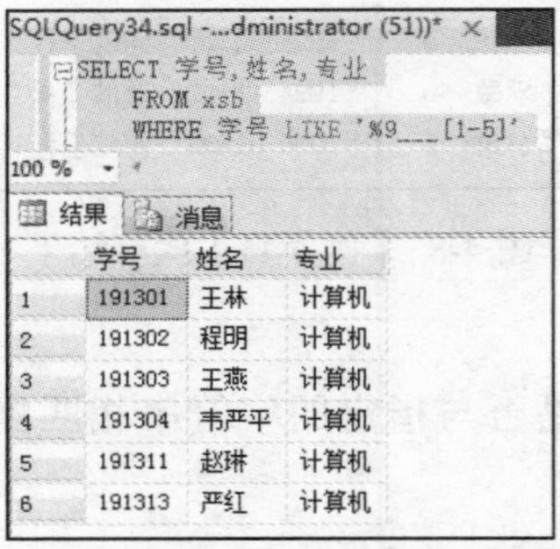

图 4-10 【例 4-13】执行结果

如果需要查找一个通配符，则必须使用一个转义字符。

3. 范围比较

用于范围比较的关键字有两个：BETWEEN 和 IN。

1）当要查询的条件是某个值的范围时，可以使用 BETWEEN 关键字。BETWEEN 关键字指出查询范围，其格式为：

```
表达式 [NOT] BETWEEN 表达式 1 AND 表达式 2
```

当不使用 NOT 时，若“表达式”的值在“表达式 1”与“表达式 2”之间（包括这两个值)，则返回 TRUE，否则返回 FALSE；当使用 NOT 时，返回值刚好相反。

注意

“表达式 1”的值不能大于“表达式 2”的值。

【例 4-14】 查询 xsb 表中不在 1995 年出生的学生情况。

```
SELECT  学号 , 姓名 , 专业 , 出生时间
    FROM xsb
    WHERE 出生时间 NOT BETWEEN '1995-1-1' and '1995-12-31'
```

2）使用 IN 关键字可以指定一个值表，值表中列出所有可能的值，当与值表中的任意一个匹配时，即返回 TRUE，否则返回 FALSE。使用 IN 关键字指定值表的格式为：

```
表达式 IN ( 表达式 [, …])
```

【例 4-15】 查询 xsb 表中专业为“软件工程”或“通信工程”的学生情况。

```
SELECT  *
    FROM xsb
    WHERE 专业 IN ('软件工程', '通信工程')
```

该语句与下列语句等价：

```
SELECT  *
    FROM  xsb
    WHERE 专业 = '计算机' OR 专业 = '通信工程'
```

4. 空值比较

需要判定一个表达式的值是否为空值时，使用 IS NULL 关键字，其格式为：

```
表达式 IS [NOT] NULL
```

不使用 NOT 时，若表达式的值为空值，则返回 TRUE，否则返回 FALSE；使用 NOT 时，结果刚好相反。

【例 4-16】 查询总学分尚不确定的学生情况。

```
SELECT  *
    FROM  xsb
    WHERE 备注 IS NULL
```

本例即查找备注为空（没有备注内容）的学生。

5. 子查询

在查询条件中，可以使用另一个查询的结果作为条件的一部分。例如，判定列值是否与某个查询的结果集中的值相等，作为查询条件一部分的查询称为子查询。

T-SQL 允许 SELECT 多层嵌套使用，用来表示复杂的查询。子查询除了可以用在 SELECT 语句中外，还可以用在 INSERT、UPDATE 及 DELETE 语句中。子查询通常与 IN、EXIST 谓词及比较运算符结合使用。

（1）IN 子查询

IN 子查询用于判断一个给定值是否在子查询结果集中，其格式为：

```
表达式 [NOT] IN  ( 子查询 )
```

当表达式与子查询的结果表中的某个值相等时，IN 谓词返回 TRUE，否则返回 FALSE；若使用了 NOT，则返回的值刚好相反。

【例 4-17】 查找选修了课程号为 206 的课程的学生情况。

在“查询分析器”窗口中输入并执行如下查询脚本：

```
USE  pxscj
GO
SELECT *
    FROM  xsb
    WHERE 学号 IN
        (    SELECT 学号
                FROM cjb
                WHERE 课程号 = '206'
        )
```

本例中，先执行子查询：

```
SELECT 学号 FROM  cjb  WHERE 课程名 = '206'
```

得到一个只含有学号列的表，cjb 表中每个课程名列值为 206 的行在结果表中都有一行。再执行外查询，若 xsb 表中某行的学号列值等于子查询结果表中的任意一个值，该行就被选择。

IN 和 NOT IN 子查询只能返回一列数据。对于较复杂的查询，可以使用嵌套的子查询。

【例 4-18】 查找未选修离散数学的学生情况。

```
SELECT  *
    FROM  xsb
    WHERE 学号 NOT IN
        (
            SELECT 学号
                FROM cjb
                WHERE 课程号 IN
                    (
                        SELECT 课程号
                            FROM kcb
                            WHERE  课程名 = '离散数学'
                    )
        )
```

（2）比较子查询

比较子查询可以认为是 IN 子查询的扩展，它使表达式的值与子查询的结果进行比较运算，其格式为：

```
表达式  { 比较运算符 } { ALL | SOME | ANY } ( 子查询 )
```

其中，ALL、SOME 和 ANY 说明对比较运算的限制。

ALL 指定表达式要与子查询结果集中的每个值都进行比较，只有表达式与每个值都满足比较的关系时，才返回 TRUE，否则返回 FALSE。

SOME 或 ANY 表示表达式只要与子查询结果集中的某个值满足比较的关系，就返回 TRUE，否则返回 FALSE。

【例 4-19】 查找选修了离散数学的学生学号。

```
SELECT 学号
    FROM cjb
    WHERE  课程号 =
```

```
        (
            SELECT 课程号
                FROM kcb
                WHERE 课程名 ='离散数学'
        );
```

【例 4-20】 查找比所有计算机系的学生年龄都大的学生。

```
SELECT  *
    FROM  xsb
    WHERE  出生时间 <ALL
        (
            SELECT 出生时间
                FROM xsb
                WHERE 专业 = '计算机'
        )
```

【例 4-21】 查找 206 号课程成绩不低于 101 号课程最低成绩的学生学号。

```
SELECT 学号
    FROM  cjb
    WHERE  课程号 = '206'  AND 成绩 !< ANY
        (
            SELECT 成绩
                FROM  cjb
                WHERE 课程号 = '101'
        )
```

（3）EXISTS 子查询

EXISTS 子查询用于测试子查询的结果是否为空表，若子查询的结果集不为空，则 EXISTS 返回 TRUE，否则返回 FALSE。EXISTS 还可与 NOT 结合使用，即 NOT EXISTS，其返回值与 EXISTS 刚好相反。其格式为：

```
[NOT] EXISTS ( 子查询 )
```

【例 4-22】 查找选修 206 号课程的学生姓名。

```
SELECT 姓名
    FROM  xsb
    WHERE  EXISTS
           (
               SELECT  *
                   FROM  cjb
                   WHERE 学号 = xsb.学号 AND 课程号 = '206'
           )
```

分析：

1）子查询的条件中使用了限定形式的列名引用“xsb.学号”，表示这里的“学号”列出自表 xsb。

2）与前面的子查询例子不同点是，在前面的例子中，内层查询只处理一次，得到一个结果集，再依次处理外层查询；而本例的内层查询要处理多次，因为内层查询与 xsb.学号有关，外层查询中 xsb 表的不同行有不同的学号值。这类子查询称为相关子查询，因为子查询的条件依赖于外层查询中的某些值。

其处理过程如下：

首先查找外层查询中 xsb 表的第一行，根据该行的学号列值处理内层查询，若结果不为空，则 WHERE 条件为真，把该行的姓名值取出作为结果集的一行；然后查找 xsb 表的第 2、3……行，重复上述处理过程，直到 xsb 表的所有行都查找完为止。

【例 4-23】 查找选修了全部课程的学生的姓名。

```
SELECT 姓名
    FROM xsb
    WHERE NOT EXISTS
        (
            SELECT *
                FROM kcb
                WHERE NOT EXISTS
                    (
                        SELECT  *
                            FROM cjb
                            WHERE 学号 =xsb.学号 AND 课程号 =kcb.课程号
                    )
        )
```

说明：由于没有人选了全部课程，所以结果为空。

另外，子查询还可以用在 SELECT 语句的其他子句中，如 FROM 子句。

SELECT 关键字后面也可以定义子查询。

【例 4-24】 从 xsb 表中查找所有女学生的姓名、学号及其与“191301”号学生的年龄差距。

```
SELECT 学号 , 姓名 , YEAR(出生时间)-
            YEAR( ( SELECT 出生时间
                        FROM xsb
                        WHERE 学号 ='191301'
                    )
                ) AS 年龄差距
    FROM xsb
    WHERE 性别 =0
```

说明：YEAR 函数用于取出日期类型数据的年份。

4.1.3　指定查询对象

SELECT 的查询对象由 FROM 子句指定，查询对象称为表源，主要包括表或视图。

1. 表或视图名

表或视图名指定 SELECT 语句要查询的表或视图，表和视图可以是一个或多个，有关视图的内容在下一节中介绍。

【例 4-25】 查找表 kcb 中 101 号课程的开课学期。

```
USE pxscj
GO
SELECT 开课学期
    FROM kcb
    WHERE 课程号 = '101'
```

查询结果为 1。

【例 4-26】 查找 191301 号学生计算机基础课的成绩。

```
SELECT 成绩
    FROM cjb, kcb
    WHERE cjb.课程号 =kcb.课程号
            AND 学号 ='191301'
            AND 课程名 =' 计算机基础 '
```

可以使用 AS 选项为表指定别名，AS 关键字也可以省略，直接给出别名即可。别名主要用在相关子查询及连接查询中。如果 FROM 子句指定了表别名，则这条 SELECT 语句中的其他子句都必须使用表别名来代替原始的表名。

【例 4-27】 查找选修了与学号为 191302 的学生所选修课程全部相同的学生学号。

分析：本例即要查找这样的学号 y，对于所有的课程号 x，若 191302 号同学选修了该课，那么 y 也选修了该课。

```
SELECT  DISTINCT 学号
    FROM cjb AS CJ1
    WHERE NOT EXISTS
        (
            SELECT  *
                FROM  cjb  AS  CJ2
                WHERE  CJ2.学号 = '191302'   AND  NOT EXISTS
                    (
                        SELECT *
                            FROM cjb AS CJ3
                            WHERE CJ3. 学号 = CJ1.学号 AND  CJ3.课程号 = CJ2.课程号
                    )
        )
```

2. 导出表

导出表表示由子查询中 SELECT 语句的执行而返回的表，但必须使用 AS 关键字为子查询产生的中间表定义一个别名。

【例 4-28】 从 xsb 表中查找总学分大于 50 的男学生的姓名和学号。

```
SELECT 姓名，学号，总学分
    FROM (  SELECT  姓名 , 学号 , 性别 , 总学分
                FROM xsb
                WHERE 总学分 >=50
        )  AS student
    WHERE 性别 =1
```

执行结果如图 4-11 所示。

说明： 在这个例子中，首先处理 FROM 子句中的子查询，将结果放到一个中间表中并为表定义一个名称 student，然后根据外部查询条件从 student 表中查询出数据。另外，子查询还可以嵌套使用。

子查询用于 FROM 子句时，也可以为列指定别名。

【例 4-29】 在 xsb 表中查找 1995 年 1 月 1 日以前出生的学生的姓名和专业。

```
SELECT  student.name, student.speciality
    FROM   ( SELECT * FROM xsb WHERE 出生时间<'19950101' )
    AS student( num, name, sex, birthday, speciality,score, mem )
```

执行结果如图 4-12 所示。

	姓名	学号	总学分
1	王林	191301	50
2	程明	191302	50
3	韦严平	191304	50
4	李方方	191306	50
5	李明	191307	54
6	张强民	191309	50

图 4-11 【例 4-28】执行结果

	name	speciality
1	王燕	计算机
2	林一帆	计算机
3	张强民	计算机
4	张蔚	计算机
5	严红	计算机
6	王敏	通信工程
7	王林	通信工程
8	李红庆	通信工程
9	孙祥欣	通信工程
10	刘燕敏	通信工程

图 4-12 【例 4-29】执行结果

注意

若要为列指定别名，则必须为所有列指定别名。

4.1.4　连接

连接是两元运算，可以对两个或多个表进行查询，结果通常是含有参加连接运算的两个表（或多个表）指定列的表。例如，在 pxscj 数据库中要查找选修了离散数学课程的学生的姓名和成绩，只有将 xsb、kcb 和 cjb 三个表进行连接，才能查找到结果。

在实际的应用中，多数情况下，用户查询的列都来自多个表。例如，在学生成绩数据库中查询选修了某个课程号的课程的学生姓名、该课课程名和成绩，需要的列来自 xsb、kcb 和 cjb 三个表。把涉及多个表的查询称为连接查询。

在 T-SQL 中，连接查询有两大类表示形式：一类是符合 SQL 标准的连接谓词表示形式，另一类是 T-SQL 扩展的使用关键字 JOIN 的表示形式。

1. 连接谓词

在 SELECT 语句的 WHERE 子句中使用比较运算符给出连接条件对表进行连接，这种表示形式称为连接谓词表示形式。

【例 4-30】 查找 pxscj 数据库每个学生的情况以及选修的课程情况。

```
USE  pxscj
GO
SELECT xsb.* , cjb.*
    FROM  xsb , cjb
    WHERE xsb. 学号 = cjb. 学号
```

结果表将包含 xsb 表和 cjb 表的所有列。

注意

连接谓词中的两个列（即字段）称为连接字段，它们必须是可比的。如本例连接谓词中的两个字段分别是 xsb 和 cjb 表中的“学号”字段。需要在字段名之前加上表名以区别各个表中的字段名。

连接谓词中的比较符可以是 <、<=、=、>、>=、!=、<>、!< 和 !>，当比较符为“=”时，就是等值连接。

（1）自然连接

自然连接在目标列中去除相同的字段名。

【例 4-31】 自然连接查询。

```
SELECT xsb.* , cjb. 课程号 , cjb. 成绩
```

```
    FROM xsb , cjb
    WHERE xsb. 学号 = cjb. 学号
```

本例所得的结果表包含以下字段：学号、姓名、性别、出生时间、专业、总学分、备注、课程号、成绩。若选择的字段名在各个表中是唯一的，则可以省略字段名前的表名。

如本例的 SELECT 语句也可写为：

```
SELECT xsb.* , 课程号 , 成绩
    FROM xsb , cjb
    WHERE xsb. 学号 = cjb. 学号
```

【例 4-32】 查找选修了 206 号课程且成绩在 80 分以上的学生姓名及成绩。

```
SELECT 姓名 , 成绩
    FROM xsb , cjb
    WHERE xsb. 学号 = cjb. 学号 AND 课程号 = '206' AND 成绩 >= 80
```

执行结果如图 4-13 所示。

（2）多表连接

有时用户需要的字段来自两个以上的表，那么就要对两个以上的表进行连接，称为多表连接。

【例 4-33】 查找选修了“计算机基础”课程且成绩在 80 分以上的学生学号、姓名、课程名及成绩。

```
SELECT xsb. 学号 , 姓名 , 课程名 , 成绩
    FROM  xsb , kcb , cjb
    WHERE  xsb. 学号 = cjb. 学号
        AND  kcb. 课程号 = cjb. 课程号
        AND  课程名 = '计算机基础'
        AND  成绩 >= 80
```

执行结果如图 4-14 所示。

	姓名	成绩
1	王燕	81
2	李方方	80
3	林一帆	87
4	张蔚	89

图 4-13 【例 4-32】执行结果

	学号	姓名	课程名	成绩
1	191301	王林	计算机基础	80
2	191304	韦严平	计算机基础	90
3	191308	林一帆	计算机基础	85
4	191310	张蔚	计算机基础	95
5	191311	赵琳	计算机基础	91
6	221301	王敏	计算机基础	80
7	221303	王玉民	计算机基础	87
8	221304	马琳琳	计算机基础	91
9	221316	孙祥欣	计算机基础	81
10	221320	吴薇华	计算机基础	82
11	221341	罗林琳	计算机基础	90

图 4-14 【例 4-33】执行结果

连接和子查询可能都要涉及两个或多个表，要注意连接与子查询的区别：连接可以合并两个或多个表中的数据，而带子查询的 SELECT 语句的结果只能来自一个表，子查询的结果用来作为选择结果数据时的参照。

2. 以 JOIN 关键字指定的连接

T-SQL 扩展了以 JOIN 关键字指定连接的表示方式，使表的连接运算能力有所增强。FROM 子句的 <连接表> 表示将多个表连接起来。

格式如下：

```
<连接表> ::=
{
    <表源> <类型> <表源> ON <查询条件>
    | <表源> CROSS JOIN <表源>
    | 左表源 { CROSS | OUTER } APPLY 右表源
    | [( ) <连接表> []]
}
```

1）<表源>：准备要连接的表。

2）<类型>：表示连接类型。

格式为：

```
<类型> ::=
    [{ INNER | { { LEFT | RIGHT | FULL } [OUTER] } } [<连接提示>]] JOIN
```

其中，INNER 表示内连接，OUTER 表示外连接。

3）ON：用于指定连接条件，<查询条件>为连接的条件。

4）APPLY 运算符：使用 APPLY 运算符可以为实现查询操作的外部表表达式返回的每个行调用表值函数。"左表源"为外部表值表达式，"右表源"为表值函数。通过对右表源求值来获得左表源每一行的计算结果，生成的行被组合起来作为最终输出。APPLY 运算符生成的列的列表是左表源中的列集，后跟右表源返回的列的列表。CROSS APPLY 仅返回外部表中通过表值函数生成结果集的行。OUTER APPLY 既返回生成结果集的行，也返回不生成结果集的行。

5）CROSS JOIN：表示交叉连接。

因此，以 JOIN 关键字指定的连接有 3 种类型：内连接、外连接和交叉连接。

① 内连接。指定了 INNER 关键字的连接是内连接，内连接按照 ON 所指定的连接条件合并两个表，返回满足条件的行。

【例 4-34】 查找 pxscj 数据库每个学生的情况以及选修的课程情况。

```
SELECT  *
    FROM  xsb  INNER  JOIN  cjb
        ON  xsb.学号 =cjb.学号
```

执行结果将包含 xsb 表和 cjb 表的所有字段（不去除重复字段——"学号"）。

内连接是系统默认的，可以省略 INNER 关键字。使用内连接后仍可使用 WHERE 子句指定条件。

【例 4-35】 学生姓名及成绩。

```
SELECT 姓名, 成绩
    FROM xsb JOIN cjb
        ON xsb.学号 = cjb.学号
    WHERE 课程号 = '206'  AND 成绩 >=80
```

内连接还可以用于多个表的连接。

【例 4-36】 用 FROM 子句的 JOIN 关键字表达下列查询：查找选修了"计算机基础"课程且成绩在 80 分以上的学生学号、姓名、课程名及成绩。

```
SELECT  xsb.学号, 姓名, 课程名, 成绩
```

```
    FROM xsb JOIN cjb JOIN kcb
        ON  cjb.课程号 = kcb.课程号
        ON  xsb.学号 = cjb.学号
    WHERE 课程名 = '计算机基础'  AND 成绩 >=80
```

作为一种特例，可以将一个表与它自身进行连接，称为自连接。若要在一个表中查找具有相同列值的行，则可以使用自连接。使用自连接时需为表指定两个别名，且对所有列的引用均要用别名限定。

【例 4-37】 查找不同课程成绩相同的学生的学号、课程号和成绩。

```
SELECT a.学号 , a.课程号 , b.课程号 , a.成绩
    FROM cjb a  JOIN  cjb b
        ON  a.成绩 =b.成绩 AND  a.学号 =b.学号 AND  a.课程号 !=b.课程号
```

执行结果如图 4-15 所示。

	学号	课程号	课程号	成绩
1	191302	102	206	78
2	191302	206	102	78

图 4-15 【例 4-37】执行结果

② 外连接。指定了 OUTER 关键字的为外连接，外连接的结果表不但包含满足连接条件的行，还包括相应表中的所有行。外连接包括以下 3 种。

- 左外连接（LEFT OUTER JOIN）：结果表中除了包括满足连接条件的行外，还包括左表的所有行。
- 右外连接（RIGHT OUTER JOIN）：结果表中除了包括满足连接条件的行外，还包括右表的所有行。
- 完全外连接（FULL OUTER JOIN）：结果表中除了包括满足连接条件的行外，还包括两个表的所有行。

其中的 OUTER 关键字均可省略。

【例 4-38】 查找所有学生情况，以及他们选修的课程号，若学生未选修任何课，也要包括其情况。

```
SELECT xsb.* , 课程号
    FROM  xsb  LEFT OUTER JOIN cjb
        ON  xsb.学号 = cjb.学号
```

本例执行时，若有学生未选任何课程，则结果表中相应行的“课程号”字段值为 NULL。

【例 4-39】 查找被选修课程的选修情况和所有课程名。

```
SELECT cjb.* , 课程名
    FROM cjb RIGHT JOIN  kcb
        ON  cjb.课程号 = kcb.课程号
```

本例执行时，若某课程未被选修，则结果表中相应行的学号、课程号和成绩字段值均为 NULL。

③ 交叉连接。交叉连接实际上是将两个表进行笛卡尔积运算，结果表是由第一个表的每一行与第二个表的每一行拼接后形成的表，因此结果表的行数等于两个表的行数之积。

【例 4-40】 列出学生所有可能的选课情况。

```
SELECT 学号 , 姓名 , 课程号 , 课程名
    FROM xsb CROSS JOIN kcb
```

交叉连接也可以使用 WHERE 子句限定条件。

4.1.5 指定查询结果分组方法

GROUP BY 子句主要用于根据字段对行分组。例如，根据学生所学的专业对 xsb 表中的所有行分组，结果是每个专业的学生成为一组。GROUP BY 子句有 ISO 标准和非 ISO 标准两种语法格式可用。这里介绍 ISO 标准的 GROUP BY 子句。

语法格式如下：

```
GROUP BY
{
    <列表达式>
    | ROLLUP ( <复合元素列表> )
    | CUBE (<复合元素列表>)
    | GROUPING SETS ( <分组集合项列表>)
}
```

说明：

1）<列表达式>：指定分组的字段名表达式。

2）ROLLUP：生成简单的 GROUP BY 聚合行、小计行或超聚合行，还生成一个总计行，返回的分组数等于<复合元素列表>中的表达式数加 1，功能与非 ISO 标准语法中的 WITH ROLLUP 子句类似。

3）CUBE：生成简单的 GROUP BY 聚合行、ROLLUP 超聚合行和交叉表格行。CUBE 针对<复合元素列表>中表达式的所有排列输出一个分组。生成的分组数等于 2n，其中，n 为<复合元素列表>中的表达式数，功能与 WITH CUBE 子句类似。

4）GROUPING SETS：在一个查询中指定数据的多个分组。仅聚合指定组，而不聚合由 CUBE 或 ROLLUP 生成的整组聚合。其结果与针对指定的组执行 UNION ALL 运算等效。GROUPING SETS 可以包含单个元素或元素列表。

由于 ISO 标准的 GROUP BY 子句只有在数据库兼容级别时才能使用。设置数据库的兼容级别可以使用 ALTER DATABASE 语句，其语法格式如下：

```
ALTER DATABASE 数据库名
    SET COMPATIBILITY_LEVEL = { 90 | 100 | 110 }
```

90、100 和 110 分别代表 SQL Server 2005、SQL Server 2008 和 SQL Server 2012。

【例 4-41】 在 pxscj 数据库上产生一个结果集，包括每个专业的男生、女生人数、总人数及学生总人数。

代码如下，执行结果如图 4-16 所示。

```
SELECT 专业, 性别 , COUNT(*) AS '人数'
    FROM xsb
    GROUP BY ROLLUP(专业,性别)
```

【例 4-42】 在 pxscj 数据库上产生一个结果集，包括每个专业的男生、女生人数、总人数，以及男生总人数、女生总人数、学生总人数。

代码如下，执行结果如图 4-17 所示。

```
SELECT 专业, 性别, COUNT(*) AS '人数'
    FROM xsb
    GROUP BY CUBE(专业,性别)
```

【例 4-43】 生成一个结果集，分别根据专业和性别对人数进行聚合。

```
SELECT 专业 , 性别 , COUNT(*) AS '人数'
    FROM xsb
    GROUP BY  GROUPING SETS(专业 , 性别)
```

代码如下，执行结果如图 4-18 所示。

	专业	性别	人数
1	计算机	0	4
2	计算机	1	7
3	计算机	NULL	11
4	通信工程	0	4
5	通信工程	1	7
6	通信工程	NULL	11
7	NULL	NULL	22

图 4-16 【例 4-41】执行结果

	专业	性别	人数
1	计算机	0	4
2	通信工程	0	4
3	NULL	0	8
4	计算机	1	7
5	通信工程	1	7
6	NULL	1	14
7	NULL	NULL	22
8	计算机	NULL	11
9	通信工程	NULL	11

图 4-17 【例 4-42】执行结果

	专业	性别	人数
1	NULL	0	8
2	NULL	1	14
3	计算机	NULL	11
4	通信工程	NULL	11

图 4-18 【例 4-43】执行结果

4.1.6 指定查询结果分组后的筛选条件

使用 GROUP BY 子句和聚合函数对数据进行分组后，还可以使用 HAVING 子句对分组数据进行进一步的筛选。

例如，查找 pxscj 数据库中平均成绩在 85 分以上的学生，就是在 cjb 表上按学号分组后筛选出符合平均成绩大于等于 85 的学生。

HAVING 子句的格式为：

```
[HAVING <查询条件>]
```

其中，<查询条件>与 WHERE 子句的查询条件类似，不过 HAVING 子句中可以使用聚合函数，而 WHERE 子句中不可以。

【例 4-44】 查找平均成绩在 85 分以上的学生的学号和平均成绩。

	学号	平均成绩
1	191310	91
2	221303	87
3	221304	91
4	221341	90

图 4-19 【例 4-44】执行结果

代码如下，执行结果如图 4-19 所示。

```
USE pxscj
GO
SELECT 学号 , AVG(成绩) AS '平均成绩'
    FROM cjb
    GROUP BY 学号
    HAVING  AVG(成绩) > =85
```

说明：在 SELECT 语句中，当 WHERE、GROUP BY 与 HAVING 子句都使用时，要注意它们的作用和执行顺序。WHERE 用于筛选由 FROM 子句指定的数据对象，GROUP BY 用于对 WHERE 的结果进行分组，HAVING 则是对 GROUP BY 以后的分组数据进行过滤。

【例 4-45】 查找选修课程超过 2 门且成绩都在 80 分以上的学生的学号。

```
SELECT 学号
    FROM cjb
    WHERE 成绩 >= 80
    GROUP BY 学号 HAVING   COUNT(*) > 2
```

说明：本查询将 cjb 表中成绩大于 80 的记录按学号分组，对每一组记录计数，选出记录数大于 2 的各组的学号值并形成结果表。

【例 4-46】 查找通信工程专业平均成绩在 85 分以上的学生的学号和平均成绩。

代码如下，执行结果如图 4-20 所示。

```
SELECT 学号 , AVG(成绩) AS '平均成绩'
    FROM cjb
    WHERE 学号 IN
        (
            SELECT 学号
                FROM  xsb
                WHERE 专业 = '通信工程'
        )
    GROUP BY 学号 HAVING AVG(成绩) > =85
```

说明：

1）先执行 WHERE 查询条件中的子查询，得到通信工程专业所有学生的学号集，然后对 cjb 表中的每一条记录，判断其“学号”字段值是否在前面所求得的学号集中。若否，则跳过该记录，继续处理下一条记录；若是，则加入 WHERE 的结果集。

	学号	平均成绩
1	221303	87
2	221304	91
3	221341	90

图 4-20 【例 4-46】执行结果

2）对 cjb 表均筛选完后，按学号分组，再在各分组记录中选出平均成绩大于等于 85 的记录并形成最后的结果集。

4.1.7 将查询结果排序

在应用中经常要对查询的结果排序输出，如将学生成绩由高到低排序。在 SELECT 语句中，使用 ORDER BY 子句对查询结果进行排序。ORDER BY 子句的格式为：

```
[ORDER BY
{    排序表达式
     [COLLATE 排序名]
     [ASC | DESC]
}]
```

其中，“排序表达式”可以是列名、表达式或一个正整数，当它是一个正整数时，表示按表中该位置上的列排序。“排序名”是 Windows 排序规则名称或 SQL 排序规则名称。关键字 ASC 表示升序排列，DESC 表示降序排列，系统默认值为 ASC。

1. 将查询的结果排序输出

【例 4-47】 将通信工程专业的学生按出生时间先后顺序排序。

```
SELECT  *
    FROM  xsb
    WHERE 专业= '通信工程'
    ORDER BY 出生时间
```

【例 4-48】 将计算机专业学生的“计算机基础”课程成绩按降序排列。

```
SELECT 姓名 , 课程名 , 成绩
    FROM xsb, kcb, cjb
    WHERE xsb.学号 = cjb.学号
        AND  cjb.课程号 = kcb.课程号
        AND  课程名= '计算机基础'
        AND 专业= '计算机'
    ORDER BY 成绩 DESC
```

2. 对结果排序附加汇总

ORDER BY 子句可以与 COMPUTE BY 子句一起使用，在对结果排序的同时还产生附加的分类汇总行。

【例 4-49】 查找通信工程专业学生的学号、姓名、出生时间，并产生一个学生总人数行。

```
SELECT 学号 , 姓名 , 出生时间
    FROM   xsb
    WHERE  专业 = '通信工程'
    COMPUTE  COUNT(学号)
```

COMPUTE 子句产生附加的汇总行，其列标题是系统自定的，对于 COUNT 函数为 cnt，对于 AVG 函数为 avg，对于 SUM 函数为 sum，等等。

【例 4-50】 将学生按专业排序，并汇总各专业人数和平均学分。

```
SELECT 学号 , 姓名 , 出生时间 , 总学分
    FROM  xsb
    ORDER BY 专业
    COMPUTE  COUNT(学号),  AVG(总学分)  BY 专业
```

4.1.8 SELECT 语句的其他语法

1. INTO

使用 INTO 子句可以将 SELECT 查询所得的结果保存到一个新建的表中。INTO 子句的格式为：

```
[INTO 新表]
```

其中，“新表”是要创建的新表名。包含 INTO 子句的 SELECT 语句执行后，创建的表的结构由 SELECT 选择的列决定，新创建的表中的记录由 SELECT 的查询结果决定，若 SELECT 的查询结果为空，则创建一个只有结构而没有记录的空表。

【例 4-51】 由 xsb 表创建“计算机学生”表，包括学号和姓名。

```
SELECT 学号 , 姓名
    INTO 计算机系学生
    FROM xsb
    WHERE 专业 = '计算机'
```

说明：本例创建的“计算机学生”表包括两个字段：学号、姓名，其数据类型与 xsb 表中的同名字段相同。SELECT…INTO 语句不能与 COMPUTE 子句一起使用。

同样再创建一个“通信工程学生”表。

2. UNION

使用 UNION 子句可以将两个或多个 SELECT 查询的结果合并成一个结果集，其格式为：

```
{ <查询规范> | (<查询表达式>) }
    UNION [A LL] <查询规范> | (<查询表达式>)
    [UNION [A LL] <查询规范> | (<查询表达式>) [...]]
```

其中，<查询规范>和<查询表达式>都是 SELECT 查询语句。

使用 UNION 组合两个查询的结果集的基本规则如下：

1）所有查询中的列数和列的顺序必须相同。

2）数据类型必须兼容。

关键字 ALL 表示合并的结果中包括所有行，不去除重复行，不使用 ALL 时，在合并的结果中去除重复行。含有 UNION 的 SELECT 查询也称为联合查询，若不指定 INTO 子句，结果将合并到第一个表中。

【例 4-52】 在“计算机学生”表和“通信工程学生”表查找学号为 191301 和学号为 221301 的两位学生的姓名。

```
SELECT *
    FROM 计算机学生
    WHERE 学号 = '191301'
UNION ALL
SELECT *
    FROM 通信工程学生
    WHERE 学号 = '221301'
```

执行结果如图 4-21 所示。

	学号	姓名
1	191301	王林
2	221301	王敏

图 4-21 【例 4-52】执行结果

UNION 操作常用于归档数据，如归档月报表形成年报表，归档各部门数据等。注意，UNION 还可以与 GROUP BY 及 ORDER BY 一起使用，用来对合并所得的结果表进行分组或排序。

3. EXCEPT 和 INTERSECT

EXCEPT 和 INTERSECT 用于比较两个查询的结果，返回非重复值。其语法格式如下：

```
{ <查询规范> | ( <查询表达式> ) }
{ EXCEPT | INTERSECT }
{ <查询规范> | ( <查询表达式> ) }
```

其中，<查询规范>和<查询表达式>都是 SELECT 查询语句。使用 EXCEPT 和 INTERSECT 比较两个查询的规则和 UNION 语句相同。

EXCEPT 从 EXCEPT 关键字左边的查询中返回右边查询没有找到的所有非重复值。INTERSECT 返回 INTERSECT 关键字左右两边的两个查询都返回的所有非重复值。

EXCEPT 或 INTERSECT 返回的结果集的列名与关键字左侧的查询返回的列名相同。

如果查询语句包含 ORDER BY 子句，则 ORDER BY 子句中的列名或别名必须引用左侧查询返回的列名，但 EXCEPT 或 INTERSECT 不能和 COMPUTE 子句一起使用。

【例 4-53】 查找“计算机”专业的女生信息。

```
SELECT * FROM xsb WHERE 专业 = '计算机'
    EXCEPT
    SELECT * FROM xsb WHERE 性别 =1
```

执行结果如图 4-22 所示。

	学号	姓名	性别	出生时间	专业	总学分	备注
1	191303	王燕	0	1994-10-06	计算机	50	NULL
2	191310	张蔚	0	1991-07-22	计算机	50	三好生
3	191311	赵琳	0	1995-03-18	计算机	50	NULL
4	191313	严红	0	1994-08-11	计算机	48	C++语言不及格，待补考

图 4-22 【例 4-53】执行结果

【例 4-54】 查找总学分大于 42 的男生信息。

```
SELECT * FROM xsb WHERE 总学分 >42
    INTERSECT
    SELECT * FROM xsb WHERE 性别 =1
```

4. WITH

在 SELECT 语句的最前面可以使用一条 WITH 子句来指定临时结果集，其语法格式如下：

```
[WITH <公用表表达式> [, …]]
SELECT …
```

其中：

```
<公用表表达式>::=
    表达式名 [( 列名 [, …] )]
    AS  ( CTE 查询定义 )
```

说明：

1）临时命名的结果集也称为公用表表达式（Common Table Expression，CTE），在 SELECT、INSERT、DELETE、UPDATE 和 CREATE VIEW 语句中都可以建立一个 CTE。CTE 相当于一个临时表，只不过它的生命周期在该批处理语句执行完后就结束。

2）"表达式名"是 CTE 的名称，"列名"指定查询语句"CTE 查询定义"返回的数据字段名称，其个数要和"CTE 查询定义"返回的字段个数相同。若不定义，则直接命名查询语法的数据集合字段名称为返回数据的字段名称。CTE 下方的 SELECT 语句可以直接查询 CTE 中的数据。

【例 4-55】 使用 CTE 从 cjb 表中查询选修了 101 号课程的学生学号、成绩，并定义新的列名为 number、point。再使用 SELECT 语句从 CTE 和 xsb 中查询姓名为"王林"的学生学号和成绩情况。

	number	point
1	191301	80
2	221302	65

图 4-23 【例 4-55】执行结果

代码如下，执行结果如图 4-23 所示。

```
USE pxscj
GO
WITH cte_stu(number,point)
    AS (SELECT 学号，成绩 FROM cjb WHERE 课程号='101')
SELECT number, point
    FROM cte_stu, xsb
    WHERE  xsb.姓名='王林'
        AND xsb.学号=cte_stu.number
```

4.2 视图

4.2.1 视图的概念

前面已经提到过视图（view），这一节专门讨论视图的概念、定义和操作。

视图是从一个或多个表（或视图）导出的表。视图是数据库的用户使用数据库的观点。例如一个学校的学生信息存于数据库的一个或多个表中，而学校不同职能部门所关心的学生数据是不同的。即使是同样的数据，也可能有不同的操作要求，于是就可以根据他们的不同需求，在物理的数据库上定义他们对数据库所要求的数据结构，这种根据用户观点定义的数据结构就是视图。

视图与表（有时为与视图区别，也称表为基本表——base table）不同，视图是一个虚表，即视图所对应的数据不进行实际存储，数据库中只存储视图的定义，在对视图的数据进行操

作时，系统根据视图的定义去操作与视图相关联的基本表。

视图一经定义以后，就可以像表一样被查询、修改、删除和更新。使用视图有下列优点：

1）为用户集中数据，简化用户的数据查询和处理。有时用户所需的数据分散在多个表中，定义视图可将它们集中在一起，从而方便用户进行数据查询和处理。

2）屏蔽数据库的复杂性。用户不必了解复杂的数据库中的表结构，并且更改数据库表也不影响用户对数据库的使用。

3）简化用户权限的管理。只需授予用户使用视图的权限，而不必指定用户只能使用表的特定列，也增加了安全性。

4）便于数据共享。各用户不必都定义和存储自己所需的数据，而可共享数据库的数据，这样，同样的数据只需存储一次。

5）可以重新组织数据以便输出到其他应用程序中。

在使用视图时，要注意下列事项：

1）只有在当前数据库中才能创建视图。视图的命名必须遵循标识符命名规则，不能与表同名。

2）不能把规则、默认值和触发器与视图相关联。

4.2.2　创建视图

视图在数据库中是作为一个对象来存储的。创建视图前，要保证创建视图的用户已被数据库所有者授权可以使用 CREATE VIEW 语句，并且有权操作视图涉及的表或其他视图。

创建视图可以在 SSMS 中的“对象资源管理器”中进行，也可以使用 T-SQL 的 CREATE VIEW 语句。

1. 通过界面创建视图

下面以在 pxscj 数据库中创建名为 cxs（描述计算机专业学生情况）的视图为例，说明在 SSMS 中创建视图的过程。

其主要步骤如下：

1）启动 SSMS，在“对象资源管理器”中展开“数据库”→“pxscj”，选择其中的“视图”项，右击鼠标，在弹出的快捷菜单中选择“新建视图”菜单项。

2）在随后出现的“添加表”对话框中，添加所需关联的基本表、视图、函数、同义词。这里只使用“表”选项卡，选择表 xsb，如图 4-24 所示，单击“添加”按钮。如果还需要添加其他表，则可以继续选择添加基表；如果不再需要添加，可以单击“关闭”按钮关闭该对话框。

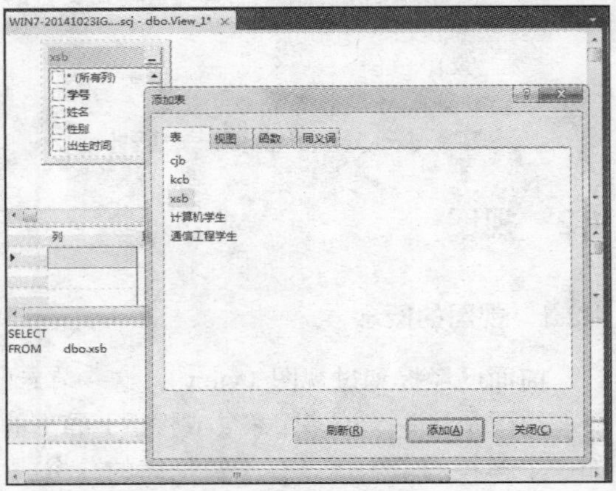

图 4-24　“添加表”快捷菜单

3）基表添加完后，在“视图”选项卡的“关系图”区域中显示了基表的全部列信息，如图 4-25 所示。根据需要在窗口中选择创建视图所需的字段，可以在子窗口中的“列”一栏指定与视图关联的列，在“排序类型”一栏指定列的排序方式，在“筛选器”一栏指定创建视图的规则（本例在“专业”字段的“筛选器”栏中填写“计算机”）。

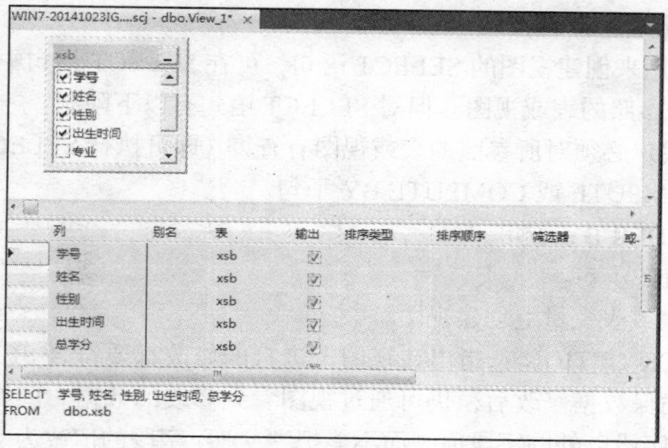

图 4-25　创建视图

这一步选择的字段、规则等对应的 SELECT 语句会自动显示在窗口底部。

当视图中需要一个与原字段名不同的字段名、视图的源表中有同名的字段，或视图中包含了计算列，需要为视图中这样的列重新指定名称时，可以在“别名”一栏中指定。

完成后，单击面板上的“保存”按钮。

4）出现“保存视图”对话框，在其中输入视图名 cxs，并单击“确定”按钮，完成视图的创建。

视图创建成功后便包含了所选择的列数据。例如，若创建了 cxs 视图，则可查看其结构及内容。查看的方法是：展开“数据库”→“pxscj”→“视图”，选择“dbo.cxs”，右击鼠标，在弹出的快捷菜单中选择“设计”菜单项，可以查看并修改视图结构，选择“编辑前 200 行”菜单项，可查看视图数据内容。

2. 通过命令创建视图

T-SQL 中用于创建视图的语句是 CREATE VIEW，例如，用该语句创建视图 cxs1，其表示形式为：

```
USE pxscj
GO
CREATE VIEW cxs1
    AS
        SELECT *
            FROM  xsb
            WHERE 专业 = '计算机'
```

语法格式：

```
CREATE VIEW [ 架构名 .] 视图名 [(列 [, …] )]
[WITH <视图属性> [, …]]
    AS SELECT 语句 [;]
[WITH CHECK OPTION]
```

（1）语句主体

CREATE VIEW 语句主体结构说明如下。

1）架构名：数据库架构名。

2）列：列名，它是视图中包含的列，可以有多个列名。若使用与源表或视图相同的列名，则不必给出列名。

3）WITH <视图属性>：指出视图的属性。

4）Select 语句：用来创建视图的 SELECT 语句，可在 SELECT 语句中查询多个表或视图，以表明新创建的视图参照的表或视图。但对 SELECT 语句有以下限制：

- 定义视图的用户必须对所参照的表或视图有查询（即可执行 SELECT 语句）权限。
- 不能使用 COMPUTE 或 COMPUTE BY 子句。
- 不能使用 ORDER BY 子句。
- 不能使用 INTO 子句。
- 不能在临时表或表变量上创建视图。

5）WITH CHECK OPTION：指出在视图上进行的修改都要符合 SELECT 语句指定的限制条件，这样可以确保数据修改后，仍可通过视图看到修改的数据。例如，对于 cs_xs 视图，只能修改除“专业”字段以外的字段值，而不能把“专业”字段的值改为“计算机”以外的值，以保证仍可通过 cs_xs 查询修改后的数据。

CREATE VIEW 语句必须是批处理中的第一条语句。

（2）<视图属性>定义

<视图属性>定义的具体格式如下：

```
<视图属性> ::=
{
    [ENCRYPTION]
    [SCHEMABINDING]
    [VIEW_METADATA]
}
```

1）ENCRYPTION：说明在系统表 syscomments 中存储 CREATE VIEW 语句时进行加密。

2）SCHEMABINDING：说明将视图与其所依赖的表或视图结构相关联。

3）VIEW_METADATA：当引用视图浏览模式的元数据时，向 DBLIB、ODBC 或 OLEDB API 返回有关视图的元数据信息，而不返回基表的元数据信息。

【例 4-56】 创建 ccj 视图，包括计算机专业各学生的学号、其选修的课程号及成绩。要保证对该视图的修改都符合专业为计算机这个条件。

```
USE pxscj
GO
CREATE VIEW ccj WITH ENCRYPTION
    AS
        SELECT  xsb.学号,课程号,成绩
            FROM  xsb, cjb
            WHERE  xsb.学号=cjb.学号 AND 专业 = '计算机'
    WITH CHECK OPTION
```

创建视图时，源表可以是基本表，也可以是视图。

【例 4-57】 创建计算机专业学生的平均成绩视图 ccj_avg，包括学号（在视图中列名为 num）和平均成绩（在视图中列名为 score_avg）。

```
CREATE VIEW ccj_avg(num, score_avg)
    AS
    SELECT 学号, AVG(成绩)
        FROM  ccj
        GROUP BY 学号
```

显示 ccj 和 ccj_avg 视图中的内容。

```
SELECT * FROM ccj
GO
SELECT * FROM ccj_avg
GO
```

执行结果如图 4-26 所示。

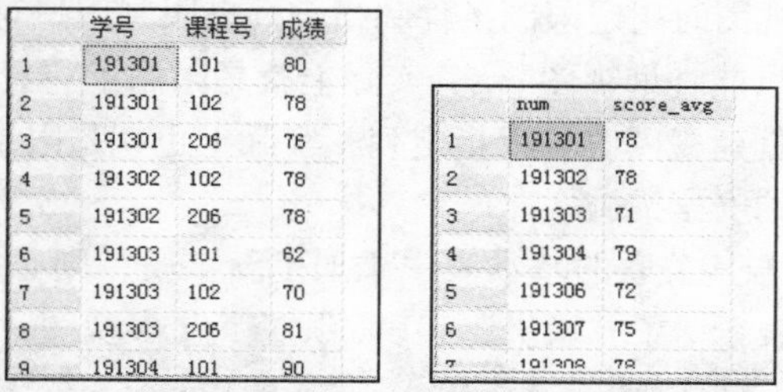

	学号	课程号	成绩
1	191301	101	80
2	191301	102	78
3	191301	206	76
4	191302	102	78
5	191302	206	78
6	191303	101	62
7	191303	102	70
8	191303	206	81
9	191304	101	90

	num	score_avg
1	191301	78
2	191302	78
3	191303	71
4	191304	79
5	191306	72
6	191307	75
7	191308	78

图 4-26 【例 4-57】执行结果

（3）分区视图

分区视图在一台或多台服务器间水平连接一组成员表中的分区数据，使数据看起来就像来自一个表。SQL Server 可以区分本地分区视图和分布式分区视图。在本地分区视图中，所有参与表和视图都位于同一个 SQL Server 实例上。在分布式分区视图中，至少有一个参与表位于不同的（远程）服务器上。

在一般情况下，如果视图为下列格式，则称其为分区视图。

```
CREATE VIEW 视图名
    AS
    SELECT <选择列表 1>
        FROM T1
    UNION ALL
    SELECT <选择列表 2>
        FROM T2
    UNION ALL
    …
    SELECT <选择列表 n>
        FROM Tn
```

如果要创建分布式分区视图，则需要连接到相应的服务器，使用其他服务器的表时需要指定表所属的服务器、数据库、架构名等信息。

4.2.3　查询视图

视图定义后，就可以像查询基本表那样对视图进行查询了。

【例 4-58】 查找平均成绩在 80 分以上的学生的学号和平均成绩。

首先创建学生平均成绩视图 cj_avg，包括学号（列名为 num）和平均成绩（列名为 score_avg）。

```
CREATE VIEW cj_avg ( num, score_avg )
    AS
        SELECT 学号 , AVG( 成绩 )
            FROM  cjb
            GROUP BY 学号
```

再对 cj_avg 视图进行查询。

```
SELECT  *
    FROM   cj_avg
    WHERE  score_avg >= 80
```

从以上两个例子可以看出，创建视图可以向最终用户隐藏复杂的表连接，简化了用户的 SQL 程序设计。

视图还可通过在创建视图时指定限制条件和指定列来限制用户对基本表的访问。

例如，若限定某用户只能查询视图 cxs，实际上就是限制了它只能访问 xsb 表的专业字段值为“计算机”的行。在创建视图时可以指定列，实际上也就是限制了用户只能访问这些列，从而视图也可看作数据库的安全措施。

在使用视图查询时，若其关联的基本表中添加了新字段，则必须重新创建视图才能查询到新字段。例如，若 xsb 表新增了“籍贯”字段，则查询 cxs 视图：

```
SELECT  *  FROM  cxs
```

结果将不包含“籍贯”字段。只有重建 cxs 视图后再对它进行查询，结果才会包含“籍贯”字段。如果与视图相关联的表或视图被删除，则该视图将不能再使用。

4.2.4 更新视图

通过更新视图（包括插入、修改和删除）数据可以修改基本表数据。但并不是所有的视图都可以更新，只有满足可更新条件的视图，才能进行更新。

1. 可更新视图

要通过视图更新基本表数据，必须保证视图是可更新视图。一个可更新视图可以是以下情形之一。

1）满足以下条件的视图。

- 创建视图的 SELECT 语句中没有聚合函数，且没有 TOP、GROUP BY、UNION 子句及 DISTINCT 关键字。
- 创建视图的 SELECT 语句中不包含从基本表列通过计算所得的列。
- 创建视图的 SELECT 语句的 FROM 子句中至少要包含一个基本表。

2）可更新的分区视图。

在实现分区视图之前，必须先实现水平分区表。原始表被分成若干较小的成员表，每个成员表包含与原始表相同数量的列，并且每一列具有与原始表中的相应列同样的特性（如数据类型、大小、排序规则）。

成员表设计好后，每个表基于键值的范围存储原始表的一块水平区域。键值范围基于分区列中的数据值。每一成员表中的值范围通过分区列上的 CHECK 约束强制，并且范围之间不能重叠。对这样的基本表使用 UNION ALL 联合运算符创建的分区视图就是可更新的。

3）通过 INSTEAD OF 触发器创建的可更新视图。INSTEAD OF 触发器将在后面章节中介绍。

例如，前面创建的视图 cxs、ccj 是可更新视图，而 ccj_avg 是不可更新的视图。

在对视图进行更新操作时，要注意基本表对数据的各种约束和规则要求。

2. 插入数据

使用 INSERT 语句通过视图向基本表插入数据，有关 INSERT 语句的语法介绍见第 3 章。

【例 4-59】 向 cxs 视图中插入以下记录：

('191315', '刘明仪', 1, '1996-3-2', '计算机', 50 , NULL)

```
INSERT INTO cxs
    VALUES('191315', '刘明仪', 1,'1996-3-2', '计算机',50,NULL)
```

使用 SELECT 语句查询 cxs 依据的基本表 xsb。

```
SELECT * FROM  xsb
```

将会看到该表已添加了学号 191315 的行。

当视图依赖的基本表有多个时，不能向该视图插入数据，因为这将会影响多个基表。例如，不能向视图 ccj 插入数据，因为它依赖两个基本表：xsb 和 cjb。

向可更新的分区视图插入数据时，系统会按照插入记录的键值所属的范围，将数据插入其键值所属的基本表中。

3. 修改数据

使用 UPDATE 语句可以通过视图修改基本表的数据。

【例 4-60】 将 cxs 视图中所有学生的总学分增加 1。

```
UPDATE cxs
    SET 总学分 = 总学分 + 1
```

说明：

1）该语句实际上是将 cxs 视图所依赖的基本表 xsb 中所有专业为“计算机”的记录的总学分字段值在原来的基础上增加 1。

2）修改后将数据恢复到原来的状态以便以后使用。

```
UPDATE cxs
    SET 总学分 = 总学分 - 1
```

若一个视图依赖于多个基本表，则一次修改该视图只能变动一个基本表的数据。

【例 4-61】 将 ccj 视图中学号为 191301 的学生的 101 号课程成绩改为 90。

```
UPDATE ccj
    SET 成绩 =90
    WHERE 学号 ='191301'  AND 课程号 ='101'
```

本例中，视图 ccj 依赖于两个基本表：xsb 和 cjb，对该视图的一次修改只能改变学号（源于 xsb 表）或者课程号和成绩（源于 cjb 表）。以下的修改是错误的：

```
UPDATE ccj
    SET 学号 ='191320', 课程号 ='208'
    WHERE 学号 ='191301'  AND 课程号 ='101'
```

4. 删除数据

使用 DELETE 语句可以通过视图删除基本表的数据。但要注意，对于依赖于多个基本表的视图，不能使用 DELETE 语句。

【例 4-62】 删除 cxs 中女学生的记录（实际不操作）。

```
DELETE  FROM  cxs
    WHERE 性别 = 0
```

对视图的更新操作也可通过 SSMS 的界面进行，操作方法与通过界面插入、修改和删除表数据的操作方法基本相同。

4.2.5　修改视图的定义

修改视图的定义可以通过 SSMS 中的图形向导方式进行，也可使用 T-SQL 命令。

1. 通过界面方式修改视图

在“对象资源管理器”中右击视图“dbo.cxs”，在弹出的快捷菜单中选择“设计”菜单项，进入视图修改窗口。该窗口与创建视图的窗口类似，在其中可以查看和修改视图结构，修改完后单击“保存”图标即可。

注意

不能在 SSMS 中通过界面修改加密存储的视图定义，如不能用此方法修改视图 ccj。

2. 使用命令修改视图

语法格式：

```
ALTER VIEW [架构名 .] 视图名 [( 列 [, …] )]
[WITH < 视图属性 > [, …]]
    AS Select 语句 [;]
[WITH CHECK OPTION]
```

其中，< 视图属性 >、Select 语句等参数与 CREATE VIEW 语句中的含义相同。

【例 4-63】 将 cxs 视图修改为只包含计算机专业学生的学号、姓名和总学分。

```
USE pxscj
GO
ALTER VIEW cs_xs
    AS
    SELECT 学号 , 姓名 , 总学分
        FROM xsb
        WHERE 专业 = '计算机'
```

使用 ENCRYPTION 属性定义的视图可以使用 ALTER VIEW 语句修改。

【例 4-64】 视图 ccj 是加密存储视图，修改其定义为：包括学号、姓名、选修的课程号、课程名和成绩。

```
ALTER VIEW ccj  WITH ENCRYPTION
    AS
    SELECT xsb. 学号 ,xsb. 姓名 ,cjb. 课程号 ,kcb. 课程名 , 成绩
        FROM  xsb, cjb, kcb
        WHERE  xsb. 学号 = cjb. 学号
            AND  cjb. 课程号 = kcb. 课程号
            AND  专业 = '计算机'
        WITH CHECK OPTION
```

4.2.6　删除视图

删除视图同样也通过对象资源管理器中的图形向导方式和 T-SQL 语句两种方式来实现。

1. 通过对象资源管理器删除视图

在“对象资源管理器中”删除视图的操作方法是：在“视图”目录下选择需要删除的视图，右击鼠标，在弹出的快捷菜单中选择“删除”菜单项，出现“删除”对话框，单击“确定”按钮即可删除指定的视图。

2. T-SQL 命令方式删除视图

语法格式：

```
DROP VIEW [ 架构名 .] 视图名 [… ,]
```

使用 DROP VIEW 可删除一个或多个视图。例如：

```
DROP VIEW cxs, ccj
```

将删除视图 cxs 和 ccj（实际不操作）。

习题

一、选择题

1. SELECT 不能实现（　　）。
   A. 获得多个关联表中符合条件的记录　　B. 统计汇总表中符合条件的记录
   C. 输出列包含表达式　　D. 将符合条件的记录构建新表
2. SELECT 查询结果顺序不可以遵循（　　）。
   A. 主键值顺序　　B. ORDER 控制
   C. 物理记录顺序　　D. 随机顺序
3. SELECT 查询条件包括（　　）控制。
   A. WHERE　　B. HAVING
   C. 无条件　　D. A、B 和 C
4. 多表查询可通过（　　）。
   A. FROM 包含多表　　B. 子查询
   C. UNION　　D. A、B 和 C
5. 下列说法错误的是（　　）。
   A. 界面创建的视图不能通过命令修改　　B. 能够完全像操作表一样操作视图
   C. 视图中是定义而无数据　　D. 删除视图不会影响原表数据

二、操作题

产品销售数据库 cpxs 包含的表如下：

产品表 (cpb)：产品编号，产品名称，价格，库存量。

销售商表 (xsb)：客户编号，客户名称，地区，负责人，电话。

产品销售表 (cpxsb)：销售日期，产品编号，客户编号，数量，销售额。

写出 SQL 语句，对产品销售数据库进行如下操作：

1）查找价格在 2000 ～ 2900 元之间的商品名。
2）计算所有商品的总价格。
3）在产品销售数据库上创建冰箱产品表的视图 bxcp。
4）在 bxcp 视图上查询库存量在 100 台以下的产品编号。

三、说明题

1. 试说明 SELECT 语句的 FROM、WHERE、GROUP 及 ORDER 子句的作用。
2. 能够在 WHERE 中使用的运算符有哪些？各运算符的功能是什么？
3. 使用 EXISTS 关键字引入的子查询与使用 IN 关键字引入的子查询在语法上有哪些不同？

第 5 章

游　　标

一个对表进行操作的 T-SQL 语句通常都可产生或处理一组记录，但是许多应用程序，尤其是 T-SQL 嵌入的主语言，通常不能把整个结果集作为一个单元来处理，这些应用程序需要一种机制来保证每次处理结果集中的一行或几行，游标（cursor）就提供了这种机制。

SQL Server 对游标的使用要按照声明游标→打开游标→读取数据→关闭游标→删除游标的顺序。

5.1 声明游标

T-SQL 中声明游标使用 DECLARE CURSOR 语句，该语句有两种格式，分别支持 SQL-92 标准和 T-SQL 扩展的游标声明。

1. SQL-92 语法

语句格式：

```
DECLARE 游标名 [INSENSITIVE] [SCROLL] CURSOR
    FOR Select 语句
[FOR { READ ONLY | UPDATE [OF 列名 [, …]] }]
```

其中：

1）游标名：它是与某个查询结果集相联系的符号名，要符合 SQL Server 标识符命名规则。

2）INSENSITIVE：指定系统将创建供所定义的游标使用数据的临时副本，对游标的所有请求都从 tempdb 的该临时表中得到应答。因此，在对该游标进行提取操作时，返回的数据中不反映对基表所做的修改，并且该游标不允许修改。如果省略 INSENSITIVE，则任何用户对基表提交的删除和更新都反映在后面的提取中。

3）SCROLL：说明所声明的游标可以前滚、后滚，可使用所有的提取选项（FIRST、LAST、PRIOR、NEXT、RELATIVE、ABSQLUTE）。如果省略 SCROLL，则只能使用 NEXT 提取选项。

4）Select 语句：由该查询产生与所声明的游标相关联的结果集。该语句中不能出现 COMPUTE、COMPUTE BY、INTO 或 FOR BROWSE 关键字。

5）READ ONLY：说明所声明的游标为只读的。

6）UPDATE：指定游标中可以更新的列。若有参数 OF 列名 [，…]，则只能修改给出的列；若在 UPDATE 中未指出列，则可以修改所有列。

【例 5-1】定义一个符合 SQL-92 标准的游标声明。

```
USE pxscj
GO
DECLARE xs_cur1 CURSOR
    FOR
    SELECT 学号，姓名，性别，出生时间，总学分
        FROM xsb
        WHERE 专业 = '计算机'
    FOR READ ONLY
GO
```

该语句定义的游标与单个表的查询结果集相关联，是只读的，游标只能从头到尾顺序提取数据，相当于下面将要介绍的只进游标。

2. T-SQL 扩展

语句格式：

```
DECLARE 游标名 CURSOR
[LOCAL | GLOBAL]                                    /* 游标作用域 */
[FORWORD_ONLY | SCROLL]                             /* 游标移动方向 */
[STATIC | KEYSET | DYNAMIC | FAST_FORWARD]          /* 游标类型 */
[READ_ONLY | SCROLL_LOCKS | OPTIMISTIC]             /* 访问属性 */
[TYPE_WARNING]                                      /* 类型转换警告信息 */
FOR Select 语句                                     /*SELECT 查询语句 */
[FOR UPDATE [OF 列名 [, …]]]                        /* 可修改的列 */
```

其中：

1）LOCAL 与 GLOBAL：说明游标的作用域。LOCAL 说明所声明的游标是局部游标，其作用域为创建它的批处理、存储过程或触发器，该游标名称仅在这个作用域内有效。在批处理、存储过程、触发器或存储过程 OUTPUT 参数中，该游标可由局部游标变量引用。当批处理、存储过程、触发器终止时，该游标自动释放。但如果 OUTPUT 参数将游标传递回来，则游标仍可引用。GLOBAL 说明所声明的游标是全局游标，它在由连接执行的任何存储过程或批处理中都可以使用，在连接释放时游标自动释放。若两者均未指定，则默认值由 default to local cursor 数据库选项的设置控制。

2）FORWARD_ONLY 和 SCROLL：说明游标的移动方向。FORWARD_ONLY 表示游标只能从第一行滚动到最后一行，即该游标只能支持 FETCH 的 NEXT 提取选项。SCROLL 的含义与 SQL-92 标准中的相同。

3）STATIC | KEYSET | DYNAMIC | FAST_FORWARD：用于定义游标的类型，T-SQL 扩展游标有以下 4 种类型。

- 静态游标。关键字 STATIC 指定游标为静态游标，它与 SQL-92 标准的 INSENSITIVE 关键字功能相同。静态游标的完整结果集在游标打开时建立在 tempdb 系统数据库中，一旦打开，就不再变化。数据库中所做的任何影响结果集成员的更改（包括增加、修改或删除数据），都不会反映到游标中，新的数据值不会显示在静态游标中。静态游标只能是只读的。由于静态游标的结果集存储在 tempdb 数据库的工作表中，所以结果集中的行大小不能超过 SQL Server 表的最大行大小。有时也将这类游标识别为快照游

标，它完全不受其他用户行为影响。

- 动态游标。关键字 DYNAMIC 指定游标为动态游标。与静态游标不同，动态游标能够反映对结果集所做的更改。结果集中的行数据值、顺序和成员在每次提取时都会改变，所有用户做的全部 UPDATE、INSERT 和 DELETE 语句均通过游标反映出来，并且如果使用 API 函数（如 SQLSetPos）或 Transact-SQL 的 WHERE CURRENT OF 子句通过游标进行更新，则它们也立即在游标中反映出来，而在游标外部所做的更新直到提交时才可见。动态游标不支持 ABSQLUTE 提取选项。
- 只进游标。关键字 FAST_FORWARD 定义一个快速只进游标，它是优化的只进游标。只进游标只支持游标从头到尾顺序提取数据。所有由当前用户发出或由其他用户提交并影响结果集中的行的 INSERT、UPDATE 和 DELETE 语句对数据的修改在从游标中提取时可立即反映出来。但因只进游标不能向后滚动，所以在行提取后对行所做的更改对游标是不可见的。
- 键集驱动游标。关键字 KEYSET 定义一个键集驱动游标。顾名思义，键集驱动游标是由称为键的列或列的组合控制的。打开键集驱动游标时，其中的成员和行顺序是固定的。键集驱动游标中数据行的键值在游标打开时建立在 tempdb 数据库中。可以通过键集驱动游标修改基本表中非关键字列的值，但不可插入数据。

游标类型与移动方向之间的关系如下：

- FAST_FORWARD 不能与 SCROLL 一起使用，且 FAST_FORWARD 与 FORWARD_ONLY 只能选用一个。
- 若指定了移动方向为 FORWARD_ONLY，而没有用 STATIC、KETSET 或 DYNAMIC 关键字指定游标类型，则默认所定义的游标为动态游标。
- 若移动方向 FORWARD_ONLY 和 SCROLL 都没有指定，那么移动方向关键字的默认值由以下条件决定：若指定了游标类型为 STATIC、KEYSET 或 DYNAMIC，则移动方向默认为 SCROLL；若没有用 STATIC、KETSET 或 DYNAMIC 关键字指定游标类型，则移动方向默认为 FORWARD_ONLY。

4）READ_ONLY | SCROLL_LOCKS | OPTIMISTIC：说明游标或基表的访问属性。READ_ONLY 说明所声明的游标为只读的，不能通过该游标更新数据。SCROLL_LOCKS 关键字说明通过游标完成的定位更新或定位删除可以成功。如果声明中已指定了关键字 FAST_FORWARD，则不能指定 SCROLL_LOCKS。OPTIMISTIC 关键字说明如果行从被读入游标以来已得到更新，则通过游标进行的定位更新或定位删除不成功。如果声明中已指定了关键字 FAST_FORWARD，则不能指定 OPTIMISTIC。

5）TYPE_WARNING：指定如果游标从所请求的类型隐性转换为另一种类型，则给客户端发送警告消息。

6）Select 语句：查询语句，由该查询产生与所声明的游标相关联的结果集。该语句中不能出现 COMPUTE、COMPUTE BY、INTO 或 FOR BROWSE 关键字。

7）FOR UPDATE：指出游标中可以更新的列。若有参数 OF 列名 [, ...]，则只能修改给出的列；若在 UPDATE 中未指出列，则可以修改所有列。

【例 5-2】 定义一个 T-SQL 扩展游标声明。

```
DECLARE xs_cur2 CURSOR
    DYNAMIC
    FOR
```

```
        SELECT 学号，姓名，总学分
            FROM xsb
            WHERE 专业 = '计算机'
    FOR UPDATE OF 总学分
```

该语句声明一个名为 xs_cur2 的动态游标，可前后滚动，可修改总学分列。

5.2 打开游标

声明游标后，要使用游标从中提取数据，必须先打开游标。在 T-SQL 中，使用 OPEN 语句打开游标，其格式为：

```
OPEN { { [GLOBAL] 游标名 } | 游标变量名 }
```

其中，“游标名”是要打开的游标名，“游标变量名”引用一个游标。GLOBAL 说明打开的是全局游标，否则打开局部游标。

OPEN 语句打开游标，然后通过执行在 DECLARE CURSOR（或 SET 游标变量）语句中指定的 T-SQL 语句来填充游标（即生成与游标相关联的结果集）。

例如：

```
OPEN xs_cur1
```

打开游标 xs_cur1。该游标被打开后即可提取其中的数据。

如果打开的是静态游标（使用 INSENSITIVE 或 STATIC 关键字），那么 OPEN 语句将创建一个临时表以保存结果集。如果打开的是键集驱动游标（使用 KEYSET 关键字），那么 OPEN 语句将创建一个临时表以保存键集。临时表都存储在 tempdb 数据库中。

打开游标后，可以使用全局变量 @@CURSOR_ROWS 查看游标中数据行的数目。全局变量 @@CURSOR_ROWS 中保存着最后打开的游标中的数据行数。当其值为 0 时，表示没有游标打开；当其值为 −1 时，表示游标为动态的；当其值为 $-m$（m 为正整数）时，游标采用异步方式填充，m 为当前键集中已填充的行数；当其值为 m（m 为正整数）时，游标已被完全填充，m 是游标中的数据行数。

【例 5-3】 定义游标 xs_cur3，然后打开该游标，输出其行数。

```
DECLARE xs_cur3 CURSOR
    LOCAL SCROLL SCROLL_LOCKS
    FOR
        SELECT 学号, 姓名, 总学分
            FROM  xsb
    FOR UPDATE OF 总学分
OPEN xs_cur3
SELECT  '游标 xs_cur3 数据行数' = @@CURSOR_ROWS
```

说明： 本例中的语句“SELECT '游标 xs_cur3 数据行数' = @@CURSOR_ROWS”用于为变量赋值。执行结果如图 5-1 所示。

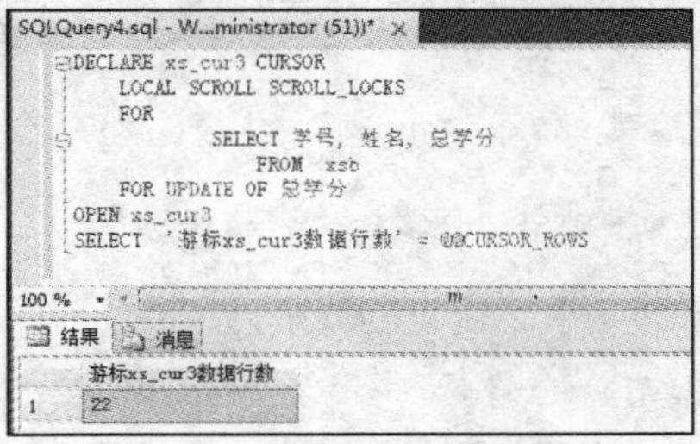

图 5-1　执行结果

5.3 读取数据

游标打开后，可以使用 FETCH 语句从中读取数据。

语法格式：

```
FETCH
[
    [NEXT | PRIOR | FIRST | LAST | ABSQLUTE { n | @nvar } | RELATIVE { n | @nvar}]
    FROM
]
{ { [GLOBAL] 游标名 } | @ 游标变量名 }
[INTO @ 变量名 [, …]]
```

说明：

1）游标名：要从中提取数据的游标名。

2）@ 游标变量名：引用要进行提取操作的已打开的游标。

3）NEXT | PRIOR | FIRST | LAST ：说明读取数据的位置。NEXT 说明读取当前行的下一行，并且使其置为当前行。如果 FETCH NEXT 是对游标的第一次提取操作，则读取的是结果集的第一行。NEXT 为默认的游标提取选项。PRIOR 说明读取当前行的前一行，并且使其置为当前行。如果 FETCH PRIOR 是对游标的第一次提取操作，则无返回值且游标置于第一行之前。FIRST 读取游标中的第一行并将其作为当前行。LAST 读取游标中的最后一行并将其作为当前行。FIRST 和 LAST 不能在只进游标中使用。

4）ABSQLUTE { n | @nvar } 和 RALATIVE { n | @nvar }：给出读取数据的位置与游标头或当前位置的关系，其中，n 必须为整型常量，变量 @nvar 必须为 smallint、tinyint 或 int 类型。

- ABSQLUTE { n | @nvar }：若 n 或 @nvar 为正数，则读取从游标头开始的第 n 行，并将读取的行变成新的当前行；若 n 或 @nvar 为负数，则读取游标尾之前的第 n 行，并将读取的行变成新的当前行；若 n 或 @nvar 为 0，则没有行返回。
- RALATIVE { n | @nvar }：若 n 或 @nvar 为正数，则读取当前行之后的第 n 行，并将读取的行置为新的当前行；若 n 或 @nvar 为负数，则读取当前行之前的第 n 行，并将读取的行变成新的当前行；如果 n 或 @nvar 为 0，则读取当前行。如果在对游标的第一次提取操作时将 FETCH RELATIVE 中的 n 或 @nvar 指定为负数或 0，则没有行返回。

5）INTO：说明将读取的游标数据存放到指定的变量中。

6）GLOBAL：全局游标。

【例 5-4】 只读游标的使用。

```
USE pxscj
GO
DECLARE xs_cur1 CURSOR
FOR
SELECT 学号 , 姓名 , 性别 , 出生时间 , 总学分
       FROM xsb
       WHERE 专业 = ' 计算机 '
FOR READ ONLY
GO
OPEN xs_cur1
GO
FETCH NEXT FROM xs_cur1
GO
FETCH NEXT FROM xs_cur1
GO
```

说明：由于 xs_cur1 是只进游标，所以只能使用 NEXT 提取数据。执行结果如图 5-2 所示。

【例 5-5】 动态游标的使用。

```
DECLARE xs_cur2 CURSOR
DYNAMIC
FOR
    SELECT 学号，姓名，总学分
        FROM xsb
        WHERE 专业 = '计算机'
    FOR UPDATE OF 总学分
OPEN xs_cur2
FETCH NEXT FROM xs_cur2
FETCH NEXT FROM xs_cur2
FETCH RELATIVE 2  FROM xs_cur2
FETCH PRIOR FROM xs_cur2
FETCH RELATIVE -3  FROM xs_cur2
SELECT  '执行情况' = @@FETCH_STATUS
FETCH FIRST FROM xs_cur2
```

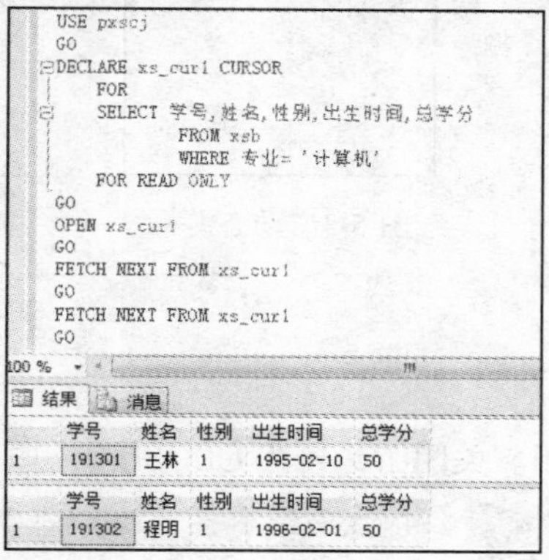

图 5-2　只读游标

说明：

1）从游标 xs_cur2 中提取第一行数据。

```
FETCH  FIRST FROM xs_cur2
```

2）从游标 xs_cur2 中提取当前数据的下一行数据。

```
FETCH  NEXT FROM xs_cur2
```

3）从游标 xs_cur2 中提取当前数据的上一行数据。

```
FETCH  PRIOR  FROM  xs_cur2
```

4）从游标 xs_cur2 中提取结果集的最后一行数据。

```
FETCH  LAST  FROM  xs_cur2
```

5）读取当前行的下两行数据。

```
FETCH  RELATIVE 2  FROM xs_cur2
```

如果是 -2，则读取当前行的上两行数据。

6）xs_cur2 是动态游标，可以前滚、后滚，可以使用 FETCH 语句中除 ABSQLUTE 以外的提取选项。

7）FETCH 语句的执行状态保存在全局变量 @@FETCH_STATUS 中，其值为 0 表示上一个 FETCH 执行成功；为 −1 表示所要读取的行不在结果集中；为 −2 表示被提取的行不存在（已被删除）。

```
FETCH  RELATIVE -3  FROM  xs_cur2
SELECT  'FETCH 执行情况 ' = @@FETCH_STATUS
```

执行结果如图 5-3 所示。

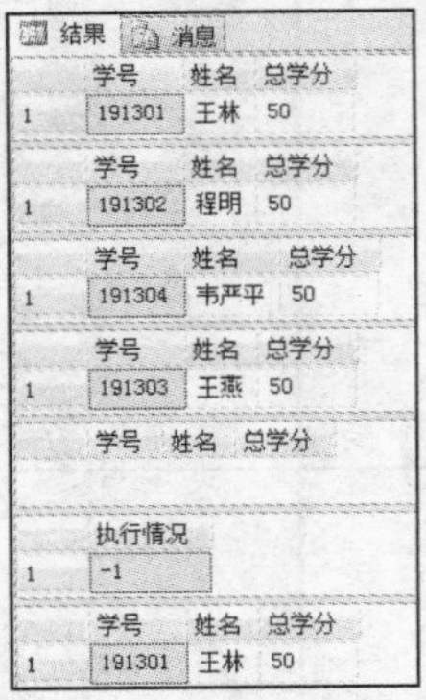

图 5-3　动态游标

5.4　关闭和删除游标

1. 关闭游标

游标使用完以后要及时关闭。关闭游标使用 CLOSE 语句，其格式为：

```
CLOSE { { [GLOBAL] 游标名 } | @ 游标变量名 }
```

语句参数的含义与 OPEN 语句中的相同。例如：

```
CLOSE  xs_cur2
```

将关闭游标 xs_cur2。

2. 删除游标

游标关闭后，其定义仍在，需要时可用 OPEN 语句打开它再使用。若确认游标不再需要，就要释放其定义占用的系统空间，即删除游标。删除游标使用 DEALLOCATE 语句，其格式为：

```
DEALLOCATE { { [GLOBAL] 游标名 } | @ 游标变量名 }
```

语句参数的含义与 OPEN 和 CLOSE 语句中的相同。例如：

```
DEALLOCATE xs_cur2
```

将删除游标 xs_cur2。

习题

1. 为什么需要使用游标？
2. 为什么说游标需要若干个语句配合使用？
3. 游标内容与变量之间如何交流数据？
4. 举一个使用 FETCH 语句从表中读取数据的实例。

第 6 章

T-SQL

前面介绍了 SQL Server 2012 操作数据库的命令。在 SQL Server 2012 中，可以根据需要使用 T-SQL 把若干条命令（这里称为语句）组织起来。本章介绍 T-SQL。

6.1 SQL 与 T-SQL

结构化查询语言（Structured Query Language，SQL）是用于数据库中的标准数据查询语言，美国 ANSI 对 SQL 进行规范后，以此作为关系数据库管理系统的标准语言。

作为关系数据库的标准语言，它已被众多商用数据库管理系统产品采用，因为不同的数据库管理系统在其实践过程中都对 SQL 规范做了某些改变和扩充。SQL Server 扩充 SQL 功能后形成 T-SQL，T-SQL 是 ANSI SQL 的扩展加强版语言，除了提供标准的 SQL 命令之外，T-SQL 还对 SQL 做了许多补充，提供了类似 C、Basic 和 Pascal 的基本功能，如变量说明、流控制语言、功能函数等。

在 SQL Server 数据库中，T-SQL 由以下几部分组成。

（1）数据定义语言（DDL）

DDL 用于执行数据库的任务，对数据库以及数据库中的各种对象进行创建、删除、修改等操作。如前所述，数据库对象主要包括表、默认约束、规则、视图、触发器、存储过程。DDL 包括的主要语句及功能如表 6-1 所示。

表 6-1　DDL 的主要语句及功能

语句	功能	说明
CREATE	创建数据库或数据库对象	不同数据库对象，其 CREATE 语句的语法形式不同
ALTER	对数据库或数据库对象进行修改	不同数据库对象，其 ALTER 语句的语法形式不同
DROP	删除数据库或数据库对象	不同数据库对象，其 DROP 语句的语法形式不同

DDL 各语句的语法、使用方法及举例请参考相关章节。

（2）数据操纵语言（DML）

DML 用于操纵数据库中的各种对象，检索和修改数据。DML 包括的主要语句及功能如表 6-2 所示。

DML 各语句的语法、使用方法及举例请参考相关章节。

表 6-2　DML 的主要语句及功能

语句	功能	说明
SELECT	从表或视图中检索数据	是使用最频繁的 SQL 语句之一
INSERT	将数据插入表或视图中	
UPDATE	修改表或视图中的数据	既可修改表或视图的一行数据，也可修改一组或全部数据
DELETE	从表或视图中删除数据	可根据条件删除指定的数据

（3）数据控制语言（DCL）

DCL 用于安全管理，确定哪些用户可以查看或修改数据库中的数据。DCL 包括的主要语句及功能如表 6-3 所示。

表 6-3　DCL 的主要语句及功能

语句	功能	说明
GRANT	授予权限	可把语句许可或对象许可的权限授予其他用户和角色
REVOKE	收回权限	与 GRANT 的功能相反，但不影响该用户或角色从其他角色中作为成员继承许可权限
DENY	收回权限，并禁止从其他角色继承许可权限	功能与 REVOKE 相似，不同之处是：除收回权限外，还禁止从其他角色继承许可权限

DCL 各语句的语法、使用方法及举例请参考相关章节。

（4）T-SQL 增加的语言元素

这部分不是 ANSI SQL 包含的内容，是微软为了用户编程方便而增加的语言元素。这些语言元素包括变量、运算符、流程控制语句、函数等。这些 T-SQL 语句都可以在查询分析器中交互执行。本章介绍这部分增加的语言元素。

6.2　常量、变量与数据类型

6.2.1　常量

常量是指在程序运行过程中其值不变的量。常量又称为字面值或标量值。常量的使用格式取决于值的数据类型。

根据常量值的不同类型，常量分为字符串常量、整型常量、实型常量、日期时间常量、货币常量、唯一标识常量。各类常量举例说明如下。

1. 字符串常量

字符串常量分为 ASCII 字符串常量和 Unicode 字符串常量两种。

（1）ASCII 字符串常量

ASCII 字符串常量是用单引号括起来，由 ASCII 字符构成的符号串。

ASCII 字符串常量举例：

```
'China'
'How do you!'
'O''Bbaar'
/* 如果单引号中的字符串包含引号，可以使用两个单引号来表示嵌入的单引号。*/
```

（2）Unicode 字符串常量

Unicode 字符串常量与 ASCII 字符串常量相似，但它前面有一个 N 标识符（N 代表 SQL-

92 标准中的国际语言 national language)，N 前缀必须为大写字母。

Unicode 字符串常量举例：

```
N'China '
N'How do you!'
```

Unicode 数据中的每个字符用 2 字节存储，而每个 ASCII 字符用 1 字节存储。

2. 整型常量

按照整型常量的不同表示方式，常量又分为二进制整型常量、十六进制整型常量和十进制整型常量。

十六进制整型常量的表示：前缀 0x 后跟十六进制数字串。

十六进制常量举例：

```
0xEBF
0x69048AEFDD010E
0x                              /* 空十六进制常量 */
```

二进制整型常量的表示：即数字 0 或 1，并且不使用引号。如果使用一个大于 1 的数字，则它被转换为 1。

十进制整型常量即不带小数点的十进制数，例如：

```
1894
2
+145345234
-2147483648
```

3. 实型常量

实型常量有定点表示和浮点表示两种方式，举例如下。

定点表示：

```
1894.1204
2.0
+145345234.2234
-2147483648.10
```

浮点表示：

```
101.5E5
0.5E-2
+123E-3
-12E5
```

4. 日期时间常量

日期时间常量由用单引号括起来表示日期时间的字符串构成。SQL Server 可以识别如下格式的日期和时间。

字母日期格式，如 'April 20, 2000'。

数字日期格式，如 '4/15/1998'，'1998-04-15'。

未分隔的字符串格式，如 '20001207'。

如下是时间常量的例子：

```
'14:30:24'
'04:24:PM'
```

如下是日期时间常量的例子：

```
'April 20, 2000 14:30:24'
```

5. money 常量

money 常量是以“$”作为前缀的一个整型或实型常量数据。例如：

```
$12
$542023
-$45.56
+$423456.99
```

6. uniqueidentifier 常量

uniqueidentifier 常量是用于表示全局唯一标识符（GUID）值的字符串。可以使用字符串或十六进制字符串格式指定。例如：

```
'6F9619FF-8A86-D011-B42D-00004FC964FF'
0xff19966f868b11d0b42d00c04fc964ff
```

6.2.2　数据类型

在 SQL Server 2012 中，根据每个字段（列）、局部变量、表达式和参数对应数据的特性，都有一个相关的数据类型。SQL Server 2012 除了支持系统数据类型外，还支持用户自定义数据类型。系统数据类型又称为基本数据类型。前面使用的均为系统数据类型。下面主要介绍用户自定义数据类型。

1. 用户自定义数据类型

用户自定义数据类型可看作系统数据类型的别名。

在多表操作的情况下，当多个表中的列要存储相同类型的数据时，往往要确保这些列具有完全相同的数据类型、长度和为空性（数据类型是否允许空值）。用户自定义数据类型并不是真正的数据类型，它只是提供了一种提高数据库内部元素和基本数据类型之间一致性的机制。

例如，对于学生成绩管理数据库（pxscj），创建了 xsb、kcb、cjb 三张表，从表结构中可看出：表 xsb 中的学号字段值与表 cjb 中的学号字段值应有相同的类型，均为字符型值、长度可定义为 6，并且不允许为空值。为了确保这一点，可以先定义一个数据类型，命名为 STUDENT_num，用于描述学号字段的这些属性，然后将表 xsb 中的“学号”字段和表 cjb 中的“学号”字段定义为 STUDENT_num 数据类型。

2. 数据类型的定义

在创建用户自定义数据类型时，首先应考虑如下 3 个属性：数据类型名称、所依据的系统数据类型（又称为基类型）和为空性。如果为空性未明确定义，则系统依据数据库或连接的 ANSI Null 默认设置指派。

创建用户自定义数据类型的方法如下：

（1）使用界面方式定义

在“对象资源管理器”中展开“数据库”→“pxscj”→“可编程性”→“类型”→“用户定义数据类型”，右击鼠标，在快捷菜单中选择“新建用户定义数据类型”选项，如图 6-1 所示。进入“新建用户定义数据类型”窗口。在“名称”文本框中输入自定义的数据类型名称，如 STENT_num。在“数据类型”下拉框中选择自定义数据类型基于的系统数据类型，如

char。在“长度”栏中填写要定义的数据类型的长度，如 6。其他选项使用默认值，如图 6-2 所示。

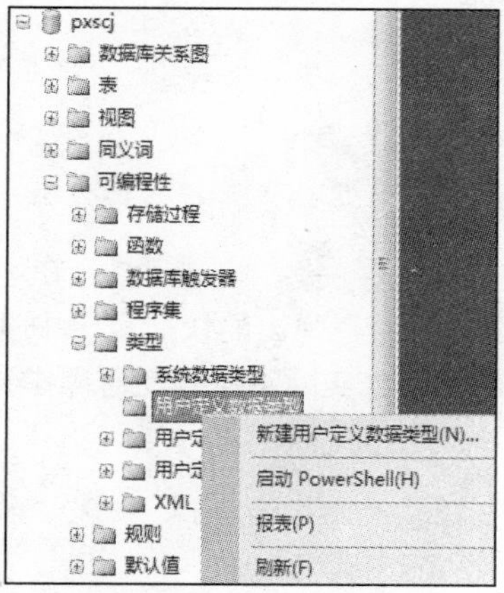

图 6-1 选择“新建用户定义数据类型”选项

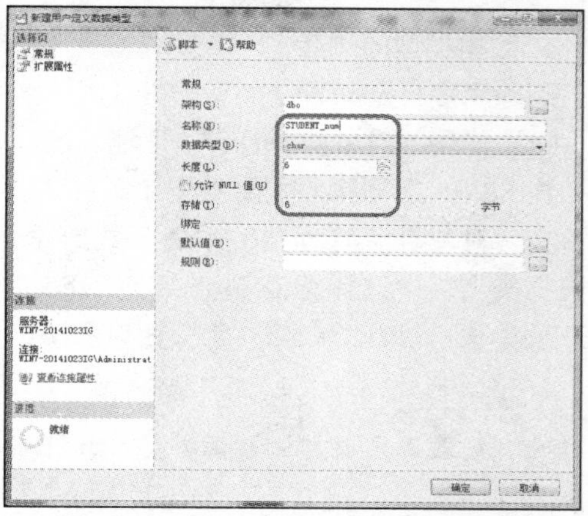

图 6-2 新建用户自定义数据类型

单击“确定”按钮即可完成创建。规则及默认值相应内容在以后的章节中介绍。如果允许自定义数据类型为空，则选中“允许 NULL 值”复选框即可。

（2）使用命令定义

在 SQL Server 2012 中，使用 CREATE TYPE 语句定义用户数据类型。语法格式如下：

```
CREATE TYPE [ 架构名 .] 类型名
    FROM 基类型 [( 精度 [, 位数 ] )]
[NULL | NOT NULL]
```

说明：“类型名”为指定要自定义的数据类型的名称。“基类型”指定自定义数据类型所基于的系统数据类型。

根据上述语法，定义描述“学号”字段的数据类型的语句如下：

```
CREATE TYPE STUDENT_num
    FROM char(6) NOT NULL
```

3. 数据类型的使用

定义数据类型后，就可以通过“对象资源管理器”和 T-SQL 命令方式应用该用户自定义类型。

（1）在“对象资源管理器”中的应用举例

例如，对 xsb 表“学号”字段的定义如图 6-3 所示。

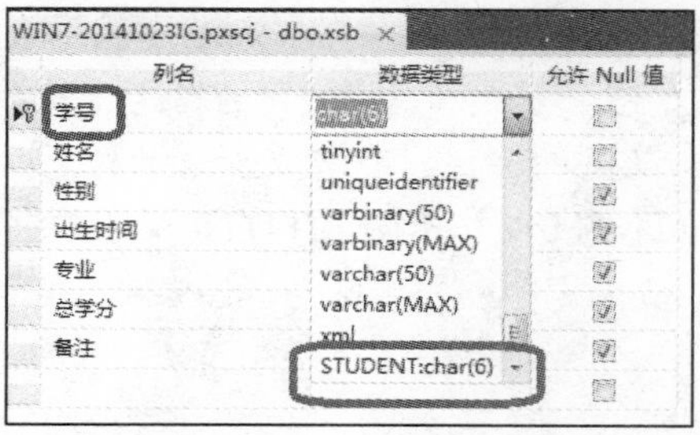

图 6-3 使用用户自定义数据类型定义 xsb 表

（2）T-SQL 应用举例

利用命令方式定义 xsb 表结构，代码如下：

```
CREATE TABLE xsb
(
    学号      STUDENT_num  NOT NULL PRIMARY KEY,   /* 将学号定义为 STUDENT_num 类型 */
    姓名      char(8)     NOT NULL,
    性别      bit         NULL DEFAULT 1,
    出生时间  datetime    NULL,
    专业      char(12)    NULL,
```

```
    总学分   int        NULL,
    备注     varchar(500) NULL
)
```

4. 数据类型的删除

删除用户自定义数据类型的方法如下。

（1）使用“对象资源管理器”删除

在 SSMS 中删除的主要操作如下：

在“对象资源管理器”中展开数据库“ pxscj”→“可编程性”→“类型”，在“用户定义数据类型”中选择类型“ dbo.STUDENT_num”，右击鼠标，在弹出的快捷菜单中选择“删除”菜单项，打开“删除对象”窗口后单击“确定”按钮即可（实际不执行任何操作）。

注意

如果用户自定义数据类型在数据库中被引用，删除操作将不被允许。

（2）使用命令删除

使用命令方式删除自定义数据类型可以使用 DROP TYPE 语句。其语法格式如下：

```
DROP TYPE [ 架构名 .] 类型名
```

例如，删除前面定义的 STUDENT_num 类型的语句为：

```
DROP TYPE STUDENT_num
```

以上语句实际不执行操作。

5. 用户自定义表数据类型

用户自定义表数据类型（user-defined table types）也由用户自行定义，可以作为参数提供给语句、存储过程和函数。创建自定义表数据类型也使用 CREATE TYPE 语句，其语法格式如下：

```
CREATE TYPE [ 架构名 .] 类型名
    AS TABLE ( <列定义>
        [<表约束>] [, …] )
```

说明：

- ❑ <列定义>：对列的描述，包含列名、数据类型、为空性、约束等。
- ❑ <表约束>：定义对表的约束。

【例 6-1】 创建用户自定义表数据类型，包含 cjb 表中的所有列。

```
CREATE TYPE cjb_tabletype
    AS TABLE
    (
        学号     char(6)    NOT NULL,
        课程号   char(3)    NOT NULL,
        成绩     int        NOT NULL,
        PRIMARY KEY( 学号 , 课程号 )
    )
```

用户自定义表数据类型的删除与自定义数据类型类似，可以在“对象资源管理器”中使用界面方式删除，也可以使用 DROP TYPE 语句删除。

6.2.3 变量

变量用于临时存放数据，变量中的数据随着程序的执行而变化。变量有名称及其数据类型两个属性。变量名用于标识该变量，变量的数据类型确定该变量存放值的格式及允许的运算。

1. 变量及其分类

变量名必须是一个合法的标识符。

（1）标识符

1）常规标识符：以 ASCII 字母、Unicode 字母、下划线（_）、@ 或 # 开头，后续可跟一个或若干 ASCII 字符、Unicode 字符、下划线（_）、美元符号（$）、@ 或 #，但不能全为下划线（_）、@ 或 #。

注意

常规标识符不能是 T-SQL 的保留字。常规标识符中不允许嵌入空格或其他特殊字符。

2）分隔标识符：包含在双引号（"）或者方括号（[ ]）内的常规标识符或不符合常规标识符规则的标识符。

标识符允许的最大长度为 128 个字符。符合常规标识符格式规则的标识符可以分隔，也可以不分隔。不符合标识符规则的标识符必须分隔。

（2）变量的分类

1）全局变量：全局变量由系统提供且预先声明，通过在名称前加两个“@”来区别于局部变量。T-SQL 全局变量作为函数引用。例如，@@ERROR 返回执行的上一个 T-SQL 语句的错误号；@@CONNECTIONS 返回自上次启动 SQL Server 以来连接或试图连接的次数。

2）局部变量：局部变量用于保存单个数据值。例如，保存运算的中间结果，作为循环变量等。

当首字母为“@”时，表示该标识符为局部变量名；当首字母为“#”时，此标识符为临时数据库对象名，若开头含一个“#”，则表示局部临时数据库对象名，若开头含两个“#”，则表示全局临时数据库对象名。

2. 局部变量

（1）局部变量的定义

在批处理或过程中用 DECLARE 语句声明局部变量，所有局部变量在声明后均初始化为 NULL。

语法格式：

```
DECLARE { @局部变量  数据类型 [= 值 ]}  [, …]
```

说明：

1）@局部变量：局部变量名应为常规标识符。前面的“@”表示是局部变量。

2）数据类型：用于定义局部变量的类型，可为系统类型或自定义类型。

3）= 值：为变量赋值，值可以是常量或表达式，但它必须与变量声明类型匹配。

（2）局部变量的赋值

声明局部变量后，可用 SET 或 SELECT 语句为其赋值。

1）用 SET 语句赋值。

将 DECLARE 语句创建的局部变量设置为给定表达式的值。

语法格式：

```
SET  @1局部变量=表达式
```

说明：

① @局部变量：除 cursor、text、ntext、image 及 table 外的任何类型变量名。变量名必须以“@”开头。

② 表达式：任何有效的 SQL Server 表达式。

【例 6-2】 创建局部变量 @var1、@var2 并赋值，然后输出变量的值。

```
DECLARE @var1 char(10) ,@var2 char(30)
SET @var1='中国'                    /* 一个 SET 语句只能为一个变量赋值 */
SET @var2=@var1+'是一个伟大的国家'
SELECT @var1, @var2
GO
```

执行结果如图 6-4 所示。

	(无列名)	(无列名)
1	中国	中国　是一个伟大的国家

图 6-4　执行结果

【例 6-3】 创建一个名为 sex 的局部变量，并在 SELECT 语句中使用该局部变量查找表 xsb 中所有女学生的学号、姓名。

```
USE pxscj
GO
DECLARE @sex bit
SET @sex=0
SELECT 学号 , 姓名
    FROM  xsb
    WHERE 性别 =@sex
```

【例 6-4】 使用查询为变量赋值。

```
DECLARE @student char(8)
SET @student=(SELECT 姓名 FROM xsb WHERE 学号 = '191301')
SELECT @student
```

2）用 SELECT 语句赋值。

语法格式：

```
SELECT {@ 局部变量 = 表达式 } [, …]
```

说明：

①“SELECT @局部变量”通常用于将单个值返回到变量中。如果“表达式”为列名，则返回多个值，此时将返回的最后一个值赋给变量。

② 如果 SELECT 语句没有返回行，变量将保留当前值。

③ 如果“表达式”是不返回值的标量子查询，则将变量设为 NULL。

④ 一个 SELECT 语句可以初始化多个局部变量。

【例 6-5】 使用 SELECT 语句为局部变量赋值。

```
DECLARE @var1 nvarchar(30)
SELECT @var1 ='刘丰'
SELECT  @var1 AS 'NAME'
```

【例 6-6】 为局部变量赋空值。

```
DECLARE @var1 nvarchar(30)
SELECT @var1 = '刘丰'
```

```
SELECT @var1 =
(
    SELECT 姓名
        FROM xsb
        WHERE 学号= '191399'
)
SELECT @var1 AS  'NAME'
```

说明：例 6-6 中子查询用于为 @var1 赋值。在 xsb 表中，学号“191399”不存在，因此子查询不返回值，并将变量 @var1 设为 NULL。

3. 局部游标变量

（1）局部游标变量的定义

语法格式：

```
DECLARE { @游标变量名 CURSOR } [, …]
```

“@游标变量名”是局部游标变量名，应为常规标识符。前面的“@”表示是局部的。CURSOR 表示该变量是游标变量。

（2）局部游标变量的赋值

利用 SET 语句为一个游标变量赋值，有 3 种情况：

1）将一个已存在并且赋值的游标变量的值赋给另一个局部游标变量。

2）将一个已声明的游标名赋给指定的局部游标变量。

3）声明一个游标，同时将其赋给指定的局部游标变量。

上述三种情况的语法描述如下。

```
SET
{
    @游标变量 =
    {
        @游标变量                /* 将一个已赋值的游标变量的值赋给一个目标游标变量 */
        | 游标名                 /* 将一个已声明的游标名赋给游标变量 */
        |{ CURSOR 子句 }         /* 游标声明 */
    }
}
```

说明：

① @游标变量：用于指定游标变量名，如果目标游标变量先前引用了一个不同的游标，则删除先前的引用。

② 游标名：指用 DECLARE CURSOR 语句声明的游标名。

（3）游标变量的使用

使用游标变量的步骤为：定义游标变量→给游标变量赋值→打开游标→利用游标读取行（记录）→使用结束后关闭游标→删除游标的引用。

【例 6-7】 使用游标变量。

```
USE pxscj
GO
DECLARE @CursorVar CURSOR                 /* 定义游标变量 */
SET @CursorVar = CURSOR SCROLL DYNAMIC /* 为游标变量赋值 */
    FOR
    SELECT 学号, 姓名
        FROM  xsb
```

```
        WHERE 姓名 LIKE  '王%'
OPEN @CursorVar                                     /* 打开游标 */
FETCH  NEXT  FROM @CursorVar
FETCH  NEXT  FROM @CursorVar                        /* 通过游标读行记录 */
CLOSE @CursorVar
DEALLOCATE @CursorVar                               /* 删除对游标的引用 */
```

执行结果见图 6-5。

4. 表数据类型变量

语法格式：

```
DECLARE
{ @ 表变量名 [AS] TABLE ( { <列定义> | <表约束> } [, …] ) }
```

说明：表变量名为要声明的表数据类型变量的名称。

【例 6-8】 声明一个表数据类型变量并向变量中插入数据。

```
DECLARE @var_table
    AS TABLE
    (
        num char(6) NOT NULL PRIMARY KEY,
        name char(8) NOT NULL,
        sex bit NULL
    )                                                      /* 声明变量 */
INSERT INTO @var_table
    SELECT 学号 , 姓名 , 性别 FROM xsb                      /* 插入数据 */
SELECT TOP(4) * FROM @var_table  WHERE 备注 =NOT NULL   /* 查看内容 */
```

执行结果见图 6-6。

	学号	姓名
1	191301	王林

	学号	姓名
1	191303	王燕

图 6-5 【例 6-7】执行结果

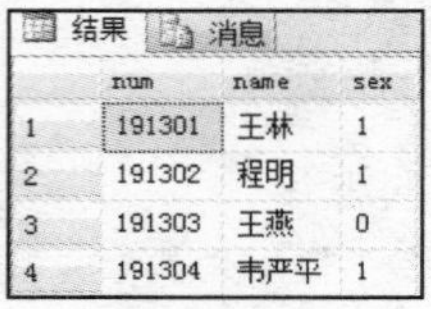

	num	name	sex
1	191301	王林	1
2	191302	程明	1
3	191303	王燕	0
4	191304	韦严平	1

图 6-6 【例 6-8】执行结果

6.3 运算符与表达式

SQL Server 2012 提供如下几类运算符：算术运算符、赋值运算符、位运算符、比较运算符、逻辑运算符、字符串串联运算符和一元运算符。通过运算符连接运算量构成表达式。

1. 算术运算符

算术运算符在两个表达式中执行数学运算，这两个表达式的值可以是任何数据类型。

算术运算符有 +（加）、-（减）、*（乘）、/（除）和 %（求模）5 种运算。+（加）和 -（减）运算符还可用于对日期时间类型的值进行算术运算。

2. 位运算符

位运算符在两个表达式之间执行位操作，这两个表达式的类型可为整型或与整型兼容的数据类型（如字符型等，但不能为 image 类型）。位运算符如表 6-4 所示。

表 6-4　位运算符

运算符	运算规则
&	两个位均为 1 时，结果为 1，否则为 0
|	只要一个位为 1，则结果为 1，否则为 0
^	两个位值不同时，结果为 1，否则为 0

【例 6-9】 在 test1 数据库中，建立表 bitop，并插入一行，然后将 a 字段和 b 字段列中的值进行按位与运算。

```
USE test1
GO
CREATE TABLE bitop
(
    a int NOT NULL,
    b int NOT NULL
)
INSERT bitop VALUES (168, 73)
SELECT a & b,  a | b,  a ^ b
    FROM bitop
GO
```

执行结果如图 6-7 所示。

说明： a（168）的二进制表示为 0000 0000 1010 1000；b（73）的二进制表示为 0000 0000 0100 1001。在这两个值之间进行的位运算如下：

图 6-7　执行结果

(a &b)：

0000 0000 1010 1000
0000 0000 0100 1001
____
0000 0000 0000 1000　（十进制值为 8）

(a | b)：

0000 0000 1010 1000
0000 0000 0100 1001
____
0000 0000 1110 1001　（十进制值为 233）

(a ^ b)：

0000 0000 1010 1000
0000 0000 0100 1001
____
0000 0000 1110 0001　（十进制值为 225）

3. 比较运算符

比较运算符（又称关系运算符）如表 6-5 所示，用于测试两个表达式的值是否相同，其运算结果为逻辑值，可以为 TRUE、FALSE 及 UNKNOWN 三者之一。

表 6-5　比较运算符

运算符	含义	运算符	含义
=	相等	<=	小于等于
>	大于	<>、!=	不等于
<	小于	!<	不小于
>=	大于等于	!>	不大于

除 text、ntext 或 image 类型的数据外，比较运算符可以用于所有的表达式。

4. 逻辑运算符

逻辑运算符用于对某个条件进行测试，运算结果为 TRUE 或 FALSE。SQL Server 提供的逻辑运算符如表 6-6 所示。这些逻辑运算符在 SELECT 语句的 WHERE 子句中使用过，此处再做一些补充。

表 6-6 逻辑运算符

运算符	运算规则
AND	如果两个操作数值都为 TRUE，则运算结果为 TRUE
OR	如果两个操作数中有一个为 TRUE，则运算结果为 TRUE
NOT	若一个操作数值为 TRUE，则运算结果为 FALSE，否则为 TRUE
ALL	如果每个操作数值都为 TRUE，则运算结果为 TRUE
ANY	在一系列操作数中只要有一个为 TRUE，则运算结果为 TRUE
BETWEEN	如果操作数在指定的范围内，则运算结果为 TRUE
EXISTS	如果子查询包含一些行，则运算结果为 TRUE
IN	如果操作数值等于表达式列表中的一个，则运算结果为 TRUE
LIKE	如果操作数与一种模式相匹配，则运算结果为 TRUE
SOME	如果在一系列操作数中，有些值为 TRUE，则运算结果为 TRUE

（1）ANY、SOME、ALL、IN 的使用

可以将 ALL 或 ANY 关键字与比较运算符组合进行子查询。SOME 的用法与 ANY 相同。以 > 比较运算符为例。

- >ALL 表示大于每一个值，即大于最大值。例如，>ALL（5, 2, 3）表示大于 5。因此，使用 >ALL 的子查询也可用 MAX 集函数实现。
- >ANY 表示至少大于一个值，即大于最小值。例如，>ANY（7, 2, 3）表示大于 2。因此，使用 >ANY 的子查询也可用 MIN 集函数实现。
- =ANY 运算符与 IN 等效。
- <>ALL 与 NOT IN 等效。

【例 6-10】 查询成绩高于“林一帆”的最高成绩的学生姓名、课程名及成绩。

```
USE pxscj
GO
SELECT 姓名 , 课程名 , 成绩
    FROM xsb, cjb, kcb
    WHERE 成绩 > ALL
    (
        SELECT b. 成绩
            FROM xsb a,  cjb b
                WHERE a. 学号 = b. 学号 AND  a. 姓名 = '林一帆'
    )
    AND xsb. 学号 =cjb. 学号
    AND kcb. 课程号 =cjb. 课程号
    AND 姓名 <>' 林一帆'
```

（2）BETWEEN 的使用

语法格式：

```
测试表达式 [NOT] BETWEEN 起始表达式 AND 结束表达式
```

如果“测试表达式”的值大于或等于“起始表达式”的值并且小于或等于“结束表达式”的值，则运算结果为 TRUE，否则为 FALSE。“起始表达式”和“结束表达式”指定测试范围，3 个表达式的类型必须相同。

NOT 关键字表示对谓词 BETWEEN 的运算结果取反。

【例 6-11】 查询总学分在 40 ～ 50 的学生学号和姓名。

```
SELECT 学号，姓名，总学分
    FROM  xsb
    WHERE 总学分 BETWEEN 40 AND 50
```

使用 >= 和 <= 代替 BETWEEN 实现与上例相同的功能。

```
SELECT 学号，姓名，总学分
    FROM   xsb
    WHERE  总学分 >= 40  AND 总学分 <=50
```

【例 6-12】 查询总学分在 40 ～ 50 之外的所有学生的学号和姓名。

```
SELECT 学号，姓名，总学分
    FROM  xsb
    WHERE 总学分 NOT BETWEEN 40 AND 50
```

（3）LIKE 的使用

语法格式：

```
表达式 [NOT] LIKE 模式 [ESCAPE 转义符]
```

确定给定的字符串是否与指定的模式匹配，若匹配，则运算结果为 TRUE，否则为 FALSE。模式可以包含普通字符和通配字符。LIKE 运算符的内容参见 4.1.2 章节。

【例 6-13】 查询课程名以“计”或 C 开头的情况。

```
SELECT *
    FROM kcb
    WHERE 课程名 LIKE '[计C]%'
```

（4）EXISTS 与 NOT EXISTS 的使用

语法格式：

```
EXISTS 子查询
```

用于检测一个子查询的结果是否不为空，若是则运算结果为真，否则为假。“子查询”用于代表一个受限的 SELECT 语句（不允许有 COMPUTE 子句和 INTO 关键字）。EXISTS 子句的功能有时可用 IN 或 = ANY 运算符实现，而 NOT EXISTS 的作用与 EXISTS 相反。

【例 6-14】 查询所有选课学生的姓名。

```
SELECT DISTINCT 姓名
    FROM  xsb
    WHERE  EXISTS
    (
        SELECT  *
            FROM   cjb
            WHERE  xsb.学号 = cjb.学号
    )
```

5. 字符串连接运算符

通过运算符“+”实现两个字符串的连接运算。

【例 6-15】 多个字符串的连接。

```
SELECT  （学号 + ',' + 姓名）AS 学号及姓名
    FROM xsb
    WHERE 学号 = '191301'
```

执行结果如图 6-8 所示。

图 6-8 【例 6-15】执行结果

6. 一元运算符

一元运算符有 +（正）、-（负）和～（按位取反）3 个。按位取反运算符的例如下：

设 a 的值为 12（0000 0000 0000 1100），～a 的值为 1111 1111 1111 0011。

7. 赋值运算符

赋值运算符是指给局部变量赋值的 SET 和 SELECT 语句中使用的“=”。

8. 运算符的优先顺序

当一个复杂的表达式有多个运算符时，运算符的优先级决定执行运算的先后次序。执行的顺序会影响所得到的运算结果。

运算符优先级如表 6-7 所示。在一个表达式中，按先高（优先级数字小）后低（优先级数字大）的顺序进行运算。

表 6-7　运算符优先级表

运算符	优先级	运算符	优先级
+（正）、-（负）、～（按位 NOT）	1	NOT	6
*（乘）、/（除）、%（模）	2	AND	7
+（加）、+（串联）、-（减）	3	ALL、ANY、BETWEEN、IN、LIKE、OR、SOME	8
=、>、<、>=、<=、<>、!=、!>、!< 比较运算符	4	=（赋值）	9
^（位异或）、&（位与）、|（位或）	5		

当一个表达式中的两个运算符有相同的优先等级时，根据它们在表达式中的位置，一般而言，一元运算符按从右向左的顺序运算，二元运算符按从左到右的顺序运算。

表达式中可用括号改变运算符的优先级，先对括号内的表达式求值，然后对括号外的运算符进行运算时使用该值。

若表达式中有嵌套的括号，则先对嵌套最深的表达式求值。

9. 表达式

一个表达式就是常量、变量、列名、复杂计算、运算符和函数的组合。一个表达式通常可以得到一个值。与常量和变量一样，一个表达式的值也具有某种数据类型，可能的数据类型有字符类型、数值类型、日期时间类型。这样根据表达式的值的类型，表达式可分为字符型表达式、数值型表达式和日期时间型表达式。

表达式还可以根据值的复杂性来分类。若表达式的结果只是一个值，如一个数值、一个单词或一个日期，则这种表达式叫作标量表达式，如 1+2、'a'>'b'。

若表达式的结果是由不同类型数据组成的一行值，则这种表达式叫作行表达式。例如，（学号，'王林'，'计算机'，50*10），当“学号”列的值为 191301 时，这个行表达式的值就为（'191301'，'王林'，'计算机'，500）。

若表达式的结果为 0 个、1 个或多个行表达式的集合，那么这个表达式叫作表表达式。

表达式一般用在 SELECT 以及 SELECT 语句的 WHERE 子句中。

6.4 流程控制语句

在设计程序时，常常需要利用各种流程控制语句，改变计算机的执行流程，以满足程序设计的需要。SQL Server 提供了如表 6-8 所示的流程控制语句。

表 6-8 SQL Server 流程控制语句

控制语句	说明	控制语句	说明
BEGIN…END	语句块	CONTINUE	用于重新开始下一次循环
IF…ELSE	条件语句	BREAK	用于退出最内层的循环
CASE	分支语句	RETURN	无条件返回
GOTO	无条件转移语句	WAITFOR	为语句的执行设置延迟
WHILE	循环语句		

【例 6-16】 如下程序用于查询总学分大于 42 的学生人数。

```
USE pxscj
GO
DECLARE @num int
SELECT @num=(SELECT COUNT(姓名) FROM xsb WHERE  总学分>42)
IF @num<>0
    SELECT @num AS '总学分>42的人数'
```

6.4.1 BEGIN…END 语句块

在 T-SQL 中可以定义 BEGIN…END 语句块。当要执行多条 T-SQL 语句时，需要使用 BEGIN…END 将这些语句定义成一个语句块，作为一组语句来执行。

语法格式：

```
BEGIN
    { SQL语句 | 语句块 }
END
```

关键字 BEGIN 是 T-SQL 语句块的起始位置，END 标识同一个 T-SQL 语句块的结尾。“SQL 语句”是语句块中的 T-SQL 语句。BEGIN…END 可以嵌套使用，“语句块”表示使用 BEGIN…END 定义的另一个语句块。例如：

```
USE pxscj
GO
BEGIN
    SELECT * FROM xsb
    SELECT * FROM kcb
END
```

6.4.2 条件语句

在程序中如果要对给定的条件进行判定，当条件为真或假时分别执行不同的 T-SQL 语句，则可用 IF…ELSE 语句实现。

语法格式：

```
IF 条件表达式
    { SQL 语句 | 语句块 }              /* 条件表达式为真时执行 */
[ELSE
    { SQL 语句 | 语句块 }]             /* 条件表达式为假时执行 */
```

说明：如果“条件表达式”中含有 SELECT 语句，则必须用圆括号将 SELECT 语句括起来，运算结果为 TRUE（真）或 FALSE（假）。

由上述语法格式可看出，条件语句分为带 ELSE 部分和不带 ELSE 部分两种使用形式。

（1）带 ELSE 部分

```
IF 条件表达式
    A                                  /* T-SQL 语句或语句块 */
ELSE
    B                                  /*T-SQL 语句或语句块 */
```

当条件表达式的值为真时，执行 A，然后执行 IF 语句的下一条语句；条件表达式的值为假时，执行 B，然后执行 IF 语句的下一条语句。

（2）不带 ELSE 部分

```
IF 条件表达式
    A                                  /*T-SQL 语句或语句块 */
```

当条件表达式的值为真时执行 A，然后执行 IF 语句的下一条语句；当条件表达式的值为假时，直接执行 IF 语句的下一条语句。

IF 语句的执行流程如图 6-9 所示。

如果在 IF…ELSE 语句的 IF 区和 ELSE 区都使用了 CREATE TABLE 语句或 SELECT INTO 语句，那么 CREATE TABLE 语句或 SELECT INTO 语句必须使用相同的表名。

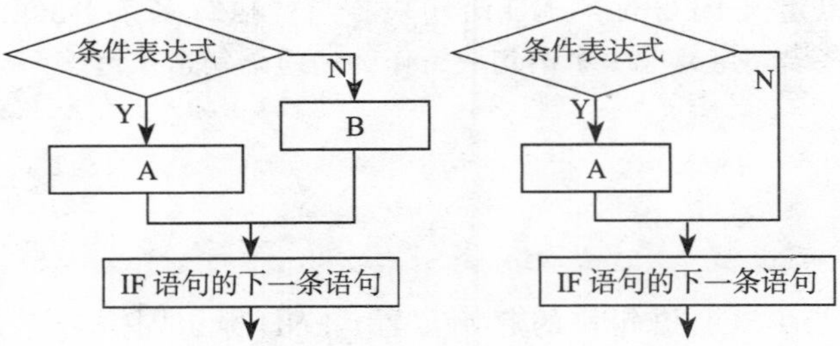

图 6-9　IF 语句的执行流程

IF…ELSE 语句可用在批处理、存储过程（经常使用这种结构测试是否存在某个参数）和特殊查询中。

可在 IF 区和 ELSE 区嵌套另一条 IF 语句，嵌套层数不限。

【例 6-17】 如果“计算机基础”课程的平均成绩高于 75 分，则显示“平均成绩高于 75 分”。

```
IF
(
    SELECT  AVG(成绩)
        FROM   xsb, cjb, kcb
        WHERE  xsb.学号 = cjb.学号
            AND  cjb.课程号 =kcb.课程号
            AND  kcb.课程名 =' 计算机基础 '
) <75
```

```
    SELECT '平均成绩低于 75'
ELSE
    SELECT '平均成绩高于 75'
```

【例 6-18】 IF…ELSE 语句的嵌套使用。

```
IF
(    SELECT  AVG(成绩)
        FROM  xsb, cjb, kcb
            WHERE  xsb.学号 = cjb.学号
                AND  cjb.课程号 =kcb.课程号
                AND  kcb.课程名 =' 计算机基础 '
) <75
    SELECT  '平均成绩低于 75'
ELSE
    IF
    (     SELECT  AVG(成绩)
            FROM   xsb, cjb, kcb
            WHERE  xsb.学号 = cjb.学号
                AND  cjb.课程号 =kcb.课程号
                AND  kcb.课程名 =' 计算机基础 '
    ) >75
          SELECT  '平均成绩高于 75'
```

注意

若子查询跟随在 =、!=、<、<=、>、>= 之后，或子查询用作表达式，则子查询返回的值不允许多于一个。

6.4.3 CASE 语句

CASE 语句在前面介绍选择列时已经涉及。这里介绍 CASE 语句在流程控制中的用法，与之前略有不同。

语法格式：

```
CASE 输入表达式
    WHEN 表达式 THEN 结果表达式
    [...]
    [ELSE 结果表达式 ]
END
```

或者：

```
CASE
    WHEN 布尔表达式 THEN 结果表达式
    [...]
    [ELSE 结果表达式 ]
END
```

第一种格式中的“输入表达式”是要判断的值或表达式，接下来是一系列的 WHEN…THEN 块，每一块的“ WHEN 表达式”参数指定要与“输入表达式”比较的值，如果为真，就执行“结果表达式”中的 T-SQL 语句。如果前面的每一块都不匹配，就执行 ELSE 块指定的语句。CASE 语句最后以 END 关键字结束。

第二种格式中的 CASE 关键字后面没有参数，在 WHEN…THEN 块中，“布尔表达式”指定了一个比较表达式，表达式为真时，执行 THEN 后面的语句。与第一种格式相比，这种格式能够实现更为复杂的条件判断，使用起来更方便。

【例 6-19】 使用第一种格式的 CASE 语句，根据性别值输出“男”或“女”。

```
SELECT 学号, 姓名, 专业, SEX=
        CASE 性别
            WHEN 1 THEN '男'
            WHEN 0 THEN '女'
            ELSE  '无'
        END
    FROM xsb
    WHERE 总学分>48
```

使用第二种格式的 CASE 语句可以使用以下 T-SQL 语句：

```
SELECT 学号, 姓名, 专业, SEX=
        CASE
            WHEN 性别=1 THEN '男'
            WHEN 性别=0 THEN '女'
            ELSE  '无'
        END
    FROM xsb
    WHERE 总学分>48
```

6.4.4　无条件转移语句

无条件转移语句将执行流程转移到标号指定的位置。

语法格式：

```
GOTO  标号
```

“标号”是指向的语句标号，标号必须符合标识符规则。标号的定义形式为：

```
标号 : 语句
```

6.4.5　循环语句

1. WHILE 循环语句

如果需要重复执行程序中的一部分语句，则可使用 WHILE 循环语句实现。

语法格式：

```
WHILE 条件表达式
{ SQL 语句 | 语句块 }          /*T-SQL 语句序列构成的循环体*/
```

WHILE 语句的执行流程如图 6-10 所示。

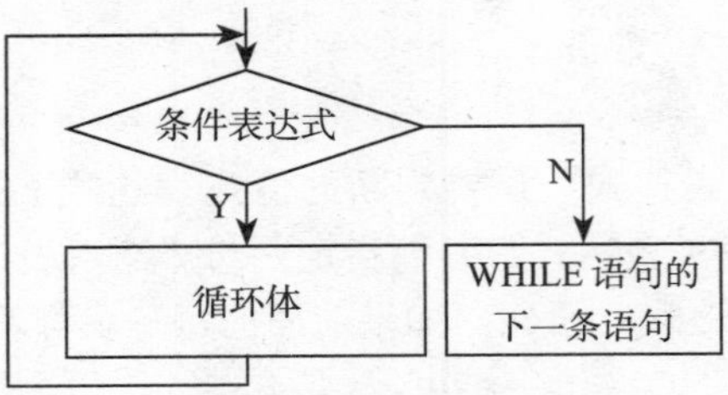

图 6-10　WHILE 语句的执行流程

从 WHILE 循环的执行流程可看出其使用形式如下：

```
WHILE 条件表达式
    循环体          /*T-SQL 语句或语句块 */
```

当条件表达式值为真时，执行构成循环体的 T-SQL 语句或语句块，然后进行条件判断，重复上述操作，直至条件表达式的值为假，退出循环体的执行。

【例 6-20】 将学号为 191301 的学生的总学分使用循环修改到 60，每次只加 2，并判断循环了多少次。

```
USE pxscj
GO
DECLARE @num INT
SET @num=0
WHILE (SELECT 总学分 FROM xsb WHERE 学号 ='191301')<60
BEGIN
    UPDATE xsb SET 总学分 = 总学分 +2 WHERE 学号 = '191301'
    SET @num=@num+1
END
SELECT @num AS 循环次数
```

执行结果为循环次数为 5。

2. BREAK 语句

语法格式：

```
BREAK
```

BREAK 语句一般用在循环语句中，用于退出本层循环。当程序中有多层循环嵌套时，使用 BREAK 语句只能退出其所在的这一层循环。

3. CONTINUE 语句

语法格式：

```
CONTINUE
```

CONTINUE 语句一般用在循环语句中，用于结束本次循环，重新转到下一次循环条件的判断。

6.4.6 返回语句

返回语句用于从存储过程、批处理或语句块中无条件退出，不执行位于 RETURN 之后的语句。

语法格式：

```
RETURN [ 整数表达式 ]
```

如果不提供“整数表达式”，则退出程序并返回一个空值；如果用在存储过程中，则可以返回整型值的“整数表达式”。

说明：

1）除非特别指明，所有系统存储过程返回 0 值都表示成功，返回非 0 值则表示失败。

2）当用于存储过程时，RETURN 不能返回空值。

【例 6-21】 判断是否存在学号为 191328 的学生，如果存在则返回，不存在则插入 191328 号学生的信息。

```
IF EXISTS(SELECT * FROM xsb WHERE 学号 ='191328')
    RETURN
```

```
ELSE
    INSERT INTO xsb VALUES('191328', '张可', 1, '1990-08-12', '计算机',52, NULL)
```

6.4.7 等待语句

等待语句指定触发语句块、存储过程或事务执行的时刻或需等待的时间间隔。

语法格式：

```
WAITFOR
{
    DELAY '等待时间'
    | TIME '执行时间'
}
```

说明：

1）DELAY '等待时间'：指定运行批处理、存储过程和事务必须等待的时间，最长可达24小时。"等待时间"可以用datetime数据格式指定，用单引号括起来，但在值中不允许有日期部分。也可以用局部变量指定参数。

2）TIME '执行时间'：指定运行批处理、存储过程和事务的时间，"执行时间"表示WAITFOR语句完成的时间，值的指定同上。

【例6-22】 如下语句设定在早上8点执行查询语句。

```
BEGIN
    WAITFOR TIME '8:00'
    SELECT * FROM xsb
END
```

6.4.8 错误处理语句

在SQL Server 2012中，可以使用TRY…CATCH语句进行T-SQL中的错误处理。

语法格式：

```
BEGIN TRY
    { SQL语句 | 语句块 }
END TRY
BEGIN CATCH
    [{ SQL语句 | 语句块 }]
END CATCH
```

说明：要进行错误处理，T-SQL语句组可以包含在TRY块中。如果TRY块内部发生错误，则会将控制传递给CATCH块中包含的另一个语句组。TRY…CATCH构造可对严重程度高于10，但不关闭数据库连接的所有执行错误进行缓存。

6.5 系统内置函数

6.5.1 系统内置函数简介

在程序设计过程中，常常调用系统提供的函数。T-SQL提供3种系统内置函数：行集函数、聚合函数和标量函数。所有的函数都是确定性或非确定性的。

1）确定性函数：每次使用特定的输入值集调用该函数时，总是返回相同的结果。

2）非确定性函数：每次使用特定的输入值集调用该函数时，可能返回不同的结果。

例如，DATEADD 内置函数是确定性函数，因为对于其任何给定参数总是返回相同的结果。GETDATE 是非确定性函数，因其每次执行后，返回结果都不同。

下面介绍一些常用的函数。

1. 行集函数

行集函数是返回值为对象的函数，该对象可在 T-SQL 语句中作为表引用。所有行集函数都是非确定性的。

SQL Server 2012 主要提供了如下行集函数。

1）CONTAINSTABLE：对于基于字符类型的列，按照一定的搜索条件进行精确或模糊匹配，然后返回一个表，该表可能为空。

2）FREETEXTTABLE：为基于字符类型的列返回一个表，其中的值符合指定文本的含义，但不符合确切的表达方式。

3）OPENDATASOURCE：提供与数据源的连接。

4）OPENQUERY：在指定数据源上执行查询。可以在查询的 FROM 子句中像引用基本表一样引用 OPENQUERY 函数，虽然查询可能返回多个记录，但 OPENQUERY 只返回第一个记录。

5）OPENROWSET：包含访问 OLE DB 数据源中远程数据所需的全部连接信息。可在查询的 FROM 子句中像引用基本表一样引用 OPENROWSET 函数，虽然查询可能返回多个记录，但 OPENROWSET 只返回第一个记录。

6）OPENXML 函数：通过 XML 文档提供行集视图。

上述函数的详细介绍参考第 4 章的相关内容。

2. 聚合函数

聚合函数对一组值操作，返回单一的汇总值。聚合函数在以下情况下，允许作为表达式使用。

1）SELECT 语句的选择列表（子查询或外部查询）。

2）COMPUTE 或 COMPUTE BY 子句。

3）HAVING 子句。

T-SQL 提供的常用聚合函数的应用请参考第 4 章的相关内容。

3. 标量函数

标量函数的特点：输入参数的类型为基本类型，返回值也为基本类型。

6.5.2 常用系统标量函数

在“对象资源管理器”中展开“数据库”→“pxscj”→“可编程性”→“函数”→“系统函数”，可以查看 SQL Server 2012 提供的所有系统内置函数。本节介绍常用的系统标量函数。

1. 配置函数

配置函数用于返回当前配置选项设置的信息。全局变量是以函数形式使用的，配置函数一般都是全局变量名。

2. 数学函数

数学函数可对 SQL Server 提供的数值数据（decimal、integer、float、real、money、smallmoney、smallint 和 tinyint）进行数学运算并返回运算结果。默认情况下，对 float 数据类型数据的内置运算精度为 6 位小数。

下面通过例子说明数学函数的使用。

（1）ABS 函数

语法格式：

```
ABS(数字表达式)
```

返回给定数字表达式的绝对值。参数为数字型表达式（bit 数据类型除外），返回值类型与“数字表达式”相同。

例如，显示 ABS 函数对 3 个不同数字的效果。

```
SELECT  ABS(-5.0),  ABS(0.0),  ABS(8.0)
```

（2）RAND 函数

语法格式：

```
RAND ([种子] )
```

返回 0 ～ 1 的一个随机值。参数“种子”是指定种子值的整型表达式，返回值类型为 float。如果未指定“种子”，则随机分配种子值。对于指定的种子值，返回的结果始终相同。

例如，如下程序通过 RAND 函数返回随机值。

```
DECLARE @count int
SET @count = 5
SELECT  RAND(@count)
```

3. 字符串处理函数

字符串函数用于对字符串进行处理。下面介绍一些常用的字符串处理函数，其他的字符串处理函数请参考有关文档。

（1）ASCII 函数

语法格式：

```
ASCII ( 字符表达式 )
```

返回字符表达式最左端字符的 ASCII 值。参数“字符表达式”的类型为字符型的表达式，返回值为整型。

例如，查找字符串 'sql' 最左端字符的 ASCII 值。

```
SELECT ASCII('sql')
```

执行结果为 115，它是小写 s 的 ASCII 值。

（2）CHAR 函数

语法格式：

```
CHAR ( 整型表达式 )
```

将 ASCII 码转换为字符。“整型表达式”为 0 ～ 255 的整数，返回值为字符型。

（3）LEFT 函数

语法格式：

```
LEFT ( 字符表达式 , 整型表达式 )
```

返回从字符串左边开始指定个数的字符，返回值为 varchar 型。

例如，返回课程名最左边的 4 个字符。

```
SELECT LEFT(课程名, 4)
    FROM kcb
    ORDER BY 课程号
```

又例如：

```
SELECT 学号,姓名
    FROM xsb
    WHERE LEFT(学号,2)='19'
```

（4）LTRIM 函数

语法格式：

```
LTRIM ( 字符表达式 )
```

删除“字符表达式”字符串中的前导空格，并返回字符串。

例如，使用 LTRIM 函数删除字符变量中的起始空格。

```
DECLARE @string varchar(40)
SET @string = '          中国，一个古老而伟大的国家 '
SELECT  LTRIM(@string)
SELECT @string
```

（5）REPLACE 函数

语法格式：

```
REPLACE ( '字符串表达式1' , '字符串表达式2' , '字符串表达式3' )
```

用“字符串表达式 3”替换“字符串表达式 1”中包含的“字符串表达式 2”，并返回替换后的表达式（返回值为字符型）。

（6）SUBSTRING 函数

语法格式：

```
SUBSTRING ( 表达式 , 起始 , 长度 )
```

返回表达式中指定的部分数据。参数“表达式”可为字符串、二进制串、text、image 字段或表达式；“起始”、“长度”均为整型，前者指定子串的开始位置，后者指定子串的长度（要返回字节数）。如果“表达式”是字符类型和二进制类型，则返回值类型与“表达式”的类型相同。在其他情况下，参考表 6-9。

表 6-9　SUBSTRING 函数返回值不同于给定表达式的情况

给定的表达式	返回值类型	给定的表达式	返回值类型	给定的表达式	返回值类型
text	varchar	image	varbinary	ntext	nvarchar

【例 6-23】 如下程序第 1 列为 xsb 表中的姓，在另 2 列中学生名。

```
SELECT TOP(4) SUBSTRING(姓名, 1,1), SUBSTRING(姓名, 2, LEN(姓名)-1)
    FROM xsb
    ORDER BY 姓名
```

执行结果如图 6-11 所示。

【例 6-24】 显示字符串 "China" 中每个字符的 ASCII 值和字符。

```
DECLARE @position int, @string char(8)
SET @position = 1
```

```
SET @string='China'
WHILE @position <= DATALENGTH(@string)
BEGIN
    SELECT ASCII(SUBSTRING(@string, @position, 1)) AS ASCII码,
        CHAR(ASCII(SUBSTRING(@string, @position, 1))) AS 字符
    SET @position = @position + 1
END
```

说明：DATALENGTH 函数用于返回指定表达式的字节数。

执行结果如图 6-12 所示。

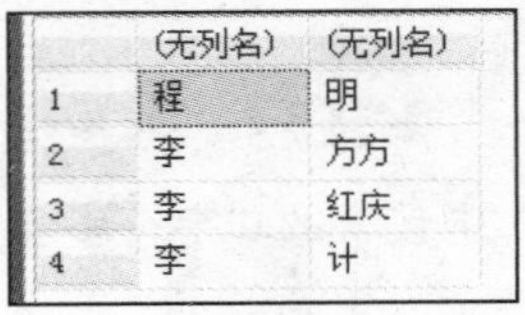

图 6-11 【例 6-23】执行结果

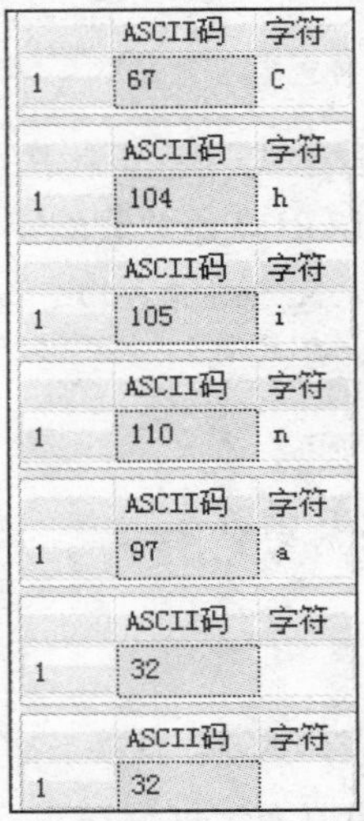

图 6-12 【例 6-24】执行结果

4. 系统函数

系统函数用于对 SQL Server 中的值、对象和设置进行操作并返回有关信息。

（1）CAST 和 CONVERT 函数

CAST、CONVERT 这两个函数的功能都是实现数据类型的转换，但 CONVERT 的功能更强一些。常用的类型转换有以下几种情况：日期型→字符型、字符型→日期型、数值型→字符型。

语法格式：

```
CAST ( 表达式 AS 数据类型 [ ( 长度 ) ])
CONVERT ( 数据类型 [ ( 长度 ) ], 表达式 [, 类型 ])
```

说明：这两个函数将表达式的类型转换为“数据类型”所指定的类型。参数“表达式”可为任何有效的表达式，“数据类型”可为系统提供的基本类型，不能为用户自定义类型，当为 nchar、nvarchar、char、varchar、binary 或 varbinary 等数据类型时，可以通过“长度”参数指定长度。对于不同的表达式类型转换，参数“类型”的取值不同。“类型”的常用取值及其作用如表 6-10 ～表 6-12 所示。

表 6-10　日期型与字符型转换时“类型”的常用取值及其作用

不带世纪数位（yy）	带世纪数位（yyyy）	标准	输入 / 输出
	0 或 100	默认值	mon dd yyyy hh:miAM（或 PM）
1	101	美国	mm/dd/yyyy

（续）

不带世纪数位（yy）	带世纪数位（yyyy）	标准	输入 / 输出
2	102	ANSI	yy.mm.dd
	9 或 109	默认值 + 毫秒	mon dd yyyy hh:mi:ss:mmmAM（或 PM）
10	110	美国	mm-dd-yy
12	112	ISO	yymmdd

表 6-11　float 或 real 转换为字符型数据时“类型”的取值

style 值	输出
0（默认值）	根据需要使用科学记数法，长度最多为 6
1	使用科学记数法，长度为 8
2	使用科学记数法，长度为 16

表 6-12　从 money 或 smallmoney 转换为字符数据时“类型”的取值

值	输出
0（默认值）	小数点左侧每 3 位数字之间不以逗号分隔，小数点右侧取 2 位数，如 4235.98
1	小数点左侧每 3 位数字之间以逗号分隔，小数点右侧取 2 位数，如 3,510.92
2	小数点左侧每 3 位数字之间不以逗号分隔，小数点右侧取 4 位数，如 4235.9819

对于日期与字符型数据的转换，在表 6-10 中，左侧的两列表示将 datetime 或 smalldatetime 数据转换为字符数据的类型值。将类型值加 100，可获得包括世纪数位的 4 位年份（yyyy）。默认值（如类型 0 或 100、9 或 109）始终返回世纪数位。输入时，将字符型数据转换为日期型数据；输出时，将日期型数据转换为字符型数据。

【例 6-25】 如下程序将检索总学分在 50 ～ 59 分的学生姓名，并将总学分转换为 char（20）。

```
USE pxscj
GO
/*使用 CAST 实现 */
SELECT 姓名 , 总学分
    FROM xsb
    WHERE  CAST( 总学分 AS char(20)) LIKE '5_'
/*使用 CONVERT 实现 */
SELECT 姓名 , 总学分
    FROM xsb
    WHERE  CONVERT(char(20), 总学分 ) LIKE '5_'
```

执行结果 2 次显示 xsb 中学分以 5 打头的学生的姓名和总学分。

（2）COALESCE 函数

语法格式：

```
COALESCE ( 表达式 [, …] )
```

返回参数表中第一个非空表达式的值，如果所有自变量均为 NULL，则 COALESCE 返回 NULL 值。参数“表达式”可为任何类型的表达式。[, ...] 表示可以指定多个表达式。所有表达式必须是相同类型的，或者可以隐式转换为相同的类型。

COALESCE（表达式 1, ...）与如下形式的 CASE 语句等价。

```
CASE
    WHEN ( 表达式 1 IS NOT NULL) THEN 表达式 1
    …
```

```
    WHEN （表达式N IS NOT NULL） THEN 表达式N
ELSE NULL
```

（3）ISNUMBRIC 函数

ISNUMBRIC 函数用于判断一个表达式是否为数值类型。

语法格式：

```
ISNUMBRIC(表达式)
```

如果输入表达式的计算值为有效的整数、浮点数、money 或 decimal 类型，则 ISNUMERIC 返回 1；否则返回 0。

其他系统函数请参考 SQL Server 联机丛书。

5. 日期时间函数

日期时间函数可用在 SELECT 语句的选择列表或查询的 WHERE 子句中。

（1）GETDATE 函数

语法格式：

```
GETDATE ()
```

按 SQL Server 标准内部格式返回当前系统日期和时间。返回值类型为 datetime。

（2）YEAR、MONTH、DAY 函数

这 3 个函数分别返回指定日期的年、月、日部分，返回值都为整数。

语法格式：

```
YEAR(日期)
MONTH(日期)
DAY(日期)
```

6. 游标函数

游标函数用于返回有关游标的信息。主要的游标函数如下：

（1）@@CURSOR_ROWS 函数

语法格式：

```
@@CURSOR_ROWS
```

返回最后打开的游标中当前存在的满足条件的行数。返回值为 0 表示游标未打开；为 −1 表示游标为动态游标；为 $-m$ 表示游标被异步填充，返回值（$-m$）是键集中当前的行数；为 n 表示游标已完全填充，返回值（n）是游标中的总行数。

【例 6-26】 声明一个游标，并用 SELECT 显示 @@CURSOR_ROWS 的值。

```
USE pxscj
GO
SELECT @@CURSOR_ROWS
DECLARE student_cursor CURSOR
    FOR SELECT 姓名 FROM xsb
OPEN student_cursor
FETCH NEXT FROM student_cursor
SELECT @@CURSOR_ROWS
CLOSE student_cursor
DEALLOCATE student_cursor
```

执行结果如图 6-13 所示。

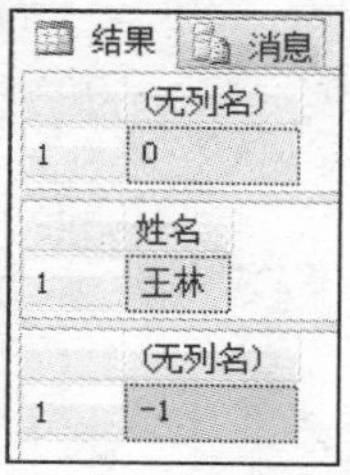

图 6-13 【例 6-26】执行结果

（2）CURSOR_STATUS 函数

语法格式：

```
CURSOR_STATUS
(
     { '本地' , '游标名' }              /* 指明数据源为本地游标 */
     | { '全局' , '游标名' }            /* 指明数据源为全局游标 */
     | { '变量' , '游标变量' }          /* 指明数据源为游标变量 */
)
```

结果显示游标状态是打开还是关闭。常量字符串“本地”、“全局”用于指定游标的类型，“本地”表示为本地游标名，“全局”表示为全局游标名。参数“游标名”用于指定游标名，常量字符串“变量”用于说明其后的游标变量为一个本地变量，参数“游标变量”为本地游标变量名称，返回值类型为 smallint。

CURSOR_STATUS（）函数返回值如表 6-13 所示。

表 6-13 CURSOR_STATUS 返回值列表

返回值	游标名或游标变量	返回值	游标名或游标变量
1	游标的结果集至少有一行	−2	游标不可用
0	游标的结果集为空 *	−3	指定的游标不存在
−1	游标被关闭		

注：动态游标不返回这个结果。

（3）@@FETCH_STATUS 函数

语法格式：

```
@@FETCH_STATUS
```

返回 FETCH 语句执行后游标的状态。@@FETCH_STATUS 返回值如表 6-14 所示。

表 6-14 @@FETCH_STATUS 返回值列表

返回值	说明	返回值	说明
0	FETCH 语句执行成功	−2	被读取的记录不存在
−1	FETCH 语句执行失败		

【例 6-27】 用 @@FETCH_STATUS 控制在一个 WHILE 循环中的游标活动。

```
USE pxscj
GO
DECLARE @name char(20), @num char(6)
DECLARE student_cur CURSOR
    FOR
    SELECT 姓名 , 学号 FROM pxscj.dbo.xsb
```

```
OPEN student_cur
FETCH NEXT FROM student_cur  INTO @name, @num
SELECT @name, @num
WHILE @@FETCH_STATUS = 0
BEGIN
    FETCH NEXT FROM student_cur
END
CLOSE student_cur
DEALLOCATE student_cur
```

执行结果如图 6-14 所示。

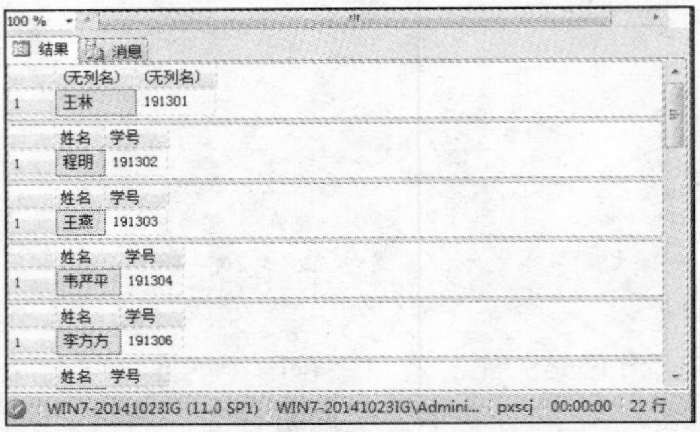

图 6-14 【例 6-27】执行结果

7. 元数据函数

元数据用于描述数据库和数据库对象。元数据函数用于返回有关数据库和数据库对象的信息。

（1）DB_ID 函数

语法格式：

```
DB_ID ( ['数据库名'] )
```

系统在创建数据库时，自动为其创建一个标识。函数 DB_ID 根据指定的数据库名，返回其数据库标识（ID）。如果参数“数据库名”不指定，则返回当前数据库 ID，返回值类型为 smallint。

（2）DB_NAME 函数

语法格式：

```
DB_NAME ( 数据库 ID )
```

根据参数“数据库 ID”所给的数据库标识，返回数据库名。参数“数据库 ID”类型为 smallint，如果没有指定数据库标识，则返回当前数据库名。返回值类型为 nvarchar（128）。

其他元数据函数请参考 SQL Server 联机丛书。

6.6 用户定义函数

用户在编程时常常需要将多个 T-SQL 语句组成子程序，以便反复调用，这可通过自己定义函数实现。根据用户定义函数返回值的类型，可分成以下两类。

1）标量函数：用户定义函数返回值为标量值，这样的函数称为标量函数。

2）表值函数：根据函数主体的定义方式，表值函数又可分为内嵌表值函数和多语句表值函数。若用户定义函数包含单个 SELECT 语句且该语句可更新，则该函数返回的表也可更新，这样的函数称为内嵌表值函数；若用户定义函数包含多个 SELECT 语句，则该函数返回的表不可更新，这样的函数称为多语句表值函数。

用户定义函数不支持输出参数，也不能修改全局数据库状态。

创建用户定义函数可以使用 CREATE FUNCTION 命令，利用 ALTER FUNCTION 命令可以修改用户定义函数，使用 DROP FUNCTION 命令可以删除用户定义函数。

6.6.1　标量函数

1. 标量函数的定义

标量函数的一般定义形式如下：

```
CREATE FUNCTION [ 架构名 .] 函数名
( 参数 1 [AS] 类型 1 [= 默认值 ] ) [,…参数 n [AS] 类型 n [= 默认值 ]]] )
RETURNS 返回值类型
[WITH 选项 ]
[AS]
BEGIN
    函数体
    RETURN 标量表达式
END
```

用户在使用命令方式创建用户定义函数后，单击“对象资源管理器”→“数据库”→“pxscj”→“可编程性”→“函数”→“标量值函数”，即可看到已经创建好的用户定义的函数对象的图标。

2. 标量函数的调用

当调用用户定义的标量函数时，必须提供至少由两部分组成的名称（架构名 . 函数名）。

可以用以下方式调用标量函数。

（1）在 SELECT 语句中调用

调用形式：

```
架构名 . 函数名 ( 实参 1,…, 实参 n)。
```

实参可以是已赋值的局部变量或表达式。

（2）利用 EXEC 语句执行

用 T-SQL EXECUTE（EXEC）语句调用用户函数时，参数的标识次序与函数定义中的参数标识次序可以不同。有关 EXEC 语句的具体格式将在第 7 章中介绍。

调用形式：

```
架构名 . 函数名 实参 1,…, 实参 n
```

或：

```
架构名 . 函数名 形参名 1= 实参 1,…, 形参名 n= 实参 n
```

前者实参顺序应与函数定义的形参顺序一致，后者参数顺序可以与函数定义的形参顺序不一致。

如果函数的参数有默认值，则在调用该函数时必须指定“ default”关键字才能获得默认值。这不同于存储过程中有默认值的参数，在存储过程中省略参数也意味着使用默认值。

【例 6-28】 创建用户定义函数，实现计算全体学生某门课程平均成绩的功能。

1）创建用户定义函数。

```
USE pxscj
GO
CREATE FUNCTION average(@num char(20)) RETURNS int
    AS
    BEGIN
        DECLARE @aver int
        SELECT @aver=
        (
            SELECT  avg(成绩)
                FROM  cjb
                WHERE 课程号=@num
                GROUP BY 课程号
        )
        RETURN @aver
    END
```

2）调用用户定义函数。

```
DECLARE @course1 char(20)                    /*定义局部变量*/
DECLARE @aver1 int
SELECT  @course1 = '101'                     /*给局部变量赋值*/
SELECT  @aver1=dbo.average(@course1)         /*调用用户函数，并将返回值赋给局部变量*/
SELECT  @aver1 AS '101课程的平均成绩'         /*显示局部变量的值*/
```

执行结果为 101 课程的平均成绩。

3）在 pxscj 中建立一个 course 表，并将一个字段定义为计算列。

```
CREATE TABLE course
(
    cno             int,                     /*课程号*/
    cname           nchar(20),               /*课程名*/
    credit          int,                     /*学分*/
    aver AS                                  /*将此列定义为计算列*/
        (
            dbo.average(cno)
        )
)
```

6.6.2　内嵌表值函数

内嵌函数可用于实现参数化视图。例如，有如下视图：

```
CREATE VIEW View1
    AS
    SELECT 学号，姓名
        FROM   pxscj.dbo.xsb
        WHERE  专业='计算机'
```

若希望设计更通用的程序，让用户能指定感兴趣的查询内容，可将“WHERE 专业='计算机'”替换为“WHERE 专业=@para”，@para 用于传递参数。

视图不支持在 WHERE 子句中指定搜索条件参数，为解决这一问题，可以使用内嵌用户定义函数，脚本如下：

```
/*内嵌函数的定义*/
CREATE FUNCTION fun_view1( @para nvarchar(30) )  RETURNS table
```

```
AS  RETURN
(
    SELECT 学号 , 姓名
        FROM   pxscj.dbo.xsb
        WHERE  专业 = @para
)
GO
/* 内嵌函数的调用 */
SELECT  *
    FROM fun_view1 ('计算机')
```

执行结果如图 6-15 所示。

下面介绍内嵌表值函数的定义及调用。

1. 内嵌表值函数的定义

语法格式：

```
CREATE FUNCTION [ 架构名 .] 函数名    /* 定义函数名部分 */
( [{ @参数名 [AS] [ 类型架构名 .] 参数数据类型 [= 默认 ] } [,…]])
                                      /* 定义参数部分 */
RETURNS TABLE                         /* 返回值为表类型 */
[WITH <函数选项 > [, …]]               /* 定义函数的可选项 */
    [AS]
RETURN [(] select-stmt [)]            /* 通过 SELECT 语句返回内嵌表 */
```

RETURNS 子句仅包含关键字 TABLE，表示此函数返回一个表。内嵌表值函数的函数体仅有一个 RETURN 语句，并通过参数 select-stmt 指定的 SELECT 语句返回内嵌表值。语法格式中的其他参数项与标量函数的定义类似。

	学号	姓名
1	191301	王林
2	191302	程明
3	191303	王燕
4	191304	韦严平
5	191306	李方方
6	191307	李明
7	191308	林一帆
8	191309	张强民
9	191310	张蔚
10	191311	赵琳
11	191313	严红

图 6-15 执行结果

2. 内嵌表值函数的调用

内嵌表值函数只能通过 SELECT 语句调用，内嵌表值函数调用时，可以仅使用函数名。

以前面定义的 st_score() 内嵌表值函数的调用为例，学生通过输入学号调用内嵌函数查询其成绩。

【例 6-29】 利用 pxscj 数据库的 xsb、kcb、cjb 三个表创建视图，让学生查询其各科成绩及学分。

1）创建视图。

```
USE pxscj
GO
CREATE VIEW xsv
    AS
    SELECT dbo.xsb. 学号 , dbo.xsb. 姓名 , dbo.kcb. 课程名 , dbo.cjb. 成绩
        FROM  dbo.kcb
            INNER JOIN  dbo.cjb ON dbo.kcb. 课程号 = dbo.cjb. 课程号
            INNER JOIN dbo.xsb ON dbo.cjb. 学号 = dbo.xsb. 学号
```

2）定义内嵌函数。

```
CREATE FUNCTION student_score(@id char(6))  RETURNS table
    AS RETURN
    (
        SELECT  *
            FROM  pxscj.dbo.xsv
            WHERE dbo. xsv. 学号 = @id
    )
```

3）调用内嵌函数，查询学号为 191301 的学生的各科成绩及学分。

```
SELECT  *
    FROM  pxscj.[dbo].student_score('191301')
```

执行结果如图 6-16 所示。

	学号	姓名	课程名	成绩
1	191301	王林	计算机基础	80
2	191301	王林	程序设计与语言	78
3	191301	王林	离散数学	76

图 6-16 【例 6-29】执行结果

3. 多语句表值函数

内嵌表值函数和多语句表值函数都返回表，二者的不同之处在于：内嵌表值函数没有函数主体，返回的表是单个 SELECT 语句的结果集；而多语句表值函数在 BEGIN…END 块中定义的函数主体包含 T-SQL 语句，这些语句可生成行并将行插入表中，最后返回表。

（1）多语句表值函数定义

语法格式：

```
CREATE FUNCTION [ 架构名 .] 函数名                                        /* 定义函数名部分 */
( [{ @参数名 [AS] [ 类型架构名 .] 参数数据类型  [= 默认 ] } [, …]])      /* 定义函数参数部分 */
RETURNS @返回变量 TABLE < 表类型定义 >                                   /* 定义作为返回值的表 */
[WITH < 函数选项 > [, …]]                                                /* 定义函数的可选项 */
    [AS]
BEGIN
    函数体                                                                /* 定义函数体 */
    RETURN
END
```

说明：

1）@返回变量：表变量，用于存储作为函数值返回的记录集。

2）函数体：T-SQL 语句序列，只用于标量函数和多语句表值函数。在标量函数中，函数体是一系列合起来求得标量值的 T-SQL 语句；在多语句表值函数中，函数体是一系列在表变量“@返回变量”中插入记录行的 T-SQL 语句。

3）<表类型定义>：指定定义表结构的语句，相关内容参考第 3 章。语法格式中的其他项与标量函数的定义相同。

（2）多语句表值函数的调用

多语句表值函数的调用与内嵌表值函数的调用方法相同。

【例 6-30】 在 pxscj 数据库中创建返回表的函数，以学号作为实参调用该函数，可显示该学生各门功课的成绩和学分。

1）函数定义：

```
USE pxscj
GO
CREATE FUNCTION score_table( @id char(6) )  RETURNS @score TABLE
(
    学号    char(6),
    姓名    char(8),
    课程    char(16),
    成绩    tinyint,
    学分    tinyint
)
AS
BEGIN
    INSERT @score
```

```
        SELECT S.学号, S.姓名,P.课程名,O.成绩, P.学分
            FROM  pxscj.[dbo].xsb AS S
                INNER JOIN pxscj.[dbo].cjb AS O ON (S.学号 = O.学号)
                INNER JOIN pxscj.[dbo].kcb AS P ON (O.课程号 = P.课程号)
            WHERE S.学号 =@id
    RETURN
END
```

2）查询学号为 191301 的学生的各科成绩和学分：

```
SELECT  *  FROM  pxscj.[dbo].score_table('191301')
```

执行结果如图 6-17 所示。

结果　消息

	学号	姓名	课程	成绩	学分
1	191301	王林	计算机基础	80	5
2	191301	王林	程序设计与语言	78	4
3	191301	王林	离散数学	76	4

图 6-17 【例 6-30】执行结果

6.6.3　用户定义函数的删除

对于一个已创建的用户定义函数，有以下两种删除方法：

1）通过“对象资源管理器”删除，此方法非常简单，请读者自己练习。

2）利用 T-SQL 语句 DROP FUNCTION 删除，其语法格式如下：

```
DROP FUNCTION { [架构名.] 函数名 } [, …]
```

说明：“函数名”是要删除的用户定义的函数名称。可以选择是否指定架构名称，但不能指定服务器名称和数据库名称。可以一次删除一个或多个用户定义函数。

注意

要删除用户定义函数，先要删除与之相关的对象。例如，如果在前面建立的 course 表中引用了 average 函数来创建计算列，则要先删除与之相关的列后才能删除函数 average。

习题

一、选择题

1．下列（　　）不是常量。

A. N'a student'　　B. 0xABC　　C. 1998-04-15　　D. 2.0

2．关于用户自定义数据类型说法错误的是（　　）。

A. 只能是系统提供的数据类型　　B. 可以是系统数据类型的表达式

C. 是具体化系统数据类型　　D. 是为了用户规范和方便阅读

3．关于变量说法错误的是（　　）。

A. 变量用于临时存放数据　　B. 用户只能定义局部变量

C. 变量可用于操作数据库命令　　D. 全局变量可以读写

4．关于查询条件不可以是（　　）形式表达式。

A. a| b>=c　　B. a>b AND b!=c

C. EXISTS select　　D. UNKNOWN

5．下列说法错误的是（　　）

A. SELECT 可以运算字符表达式

B. SELECT 中的输出列可以是字段组成的表达式

C. TRY…CATCH 是对命令执行错误的控制

D. T-SQL 程序用于触发器和存储过程中

6．下列说法错误的是（　　）。

A. 语句体包含一个以上语句需要采用 BEGIN…END

B. 多重分支只能用 CASE 语句

C. WHILE 中循环体可以一次不执行

D. 注释内容不会产生任何动作

7．关于循环，说法错误的是（　　）。

A. GOTO 语句可以跳出多重循环

B. CONTINUE 语句跳过循环体没有执行的其他语句

C. BREAK 语句跳出当前最内层循环

D. RETURN 跳到最外层循环

8. 对数据库表操作采用（　　），返回若干条记录。

A. 行集函数　　B. 聚合函数

C. 标量函数　　D. 包含用户定义的函数的表达式

二、操作题

1．定义用户变量 today，并使用一条 SET 语句和一条 SELECT 语句把当前的日期赋值给它。

2．创建一个用户自定义数据类型 faxno，基本数据类型为 VARCHAR，长度为 24，不允许为空。

3．在 SQL Server 中，标识符 @、@@、#、## 的含义是什么？

4．找出下列语句的语法错误。

```
USE cpxs
GO
DECLARE @ss INT
GO
SELECT @ss=89
GO
```

5．使用循环计算一个数的阶乘。

三、说明题

1．说明变量的分类及用法。

2．T-SQL 流程控制语句包括哪些关键字？

3．T-SQL 包括哪些运算符？运算符的优先级如何？

4．举例说明用户自定义函数的使用方法。

5．试说明系统内置函数的分类及各类函数的特点。

第 7 章 索　　引

当查阅书中某些内容时，为了提高查阅速度，并不是从书的第一页开始顺序查找，而是首先查看书的目录，找到需要的内容在目录中所列的页码，然后根据这一页码直接找到需要的内容。在 SQL Server 中，为了从数据库的大量数据中迅速找到需要的内容，也采用了类似于书目录这样的索引技术，不必顺序查找，就能迅速查到所需的内容。

7.1　索引的分类

如果一个表没有创建索引，则数据行不按任何特定的顺序存储，这种结构称为堆集。

SQL Server 支持在表中任何列（包括计算列）上定义索引，按索引的组织方式可将 SQL Server 索引分为聚集索引和非聚集索引两种类型。

索引可以是唯一的，这意味着不会有两行记录相同的索引键值，这样的索引称为唯一索引。当唯一性是数据本身应考虑的特点时，可创建唯一索引。索引也可以不是唯一的，即多个行可以共享同一键值。

如果索引是根据多列组合创建的，则这样的索引称为复合索引。

1. 聚集索引

聚集索引将数据行的键值在表内排序并存储对应的数据记录，使得数据表的物理顺序与索引顺序一致。由于存在这种排序，所以每个表只会有一个聚集索引。

由于数据记录按聚集索引键的次序存储，所以聚集索引对查找记录很有效。

2. 非聚集索引

在非聚集索引内，从索引行指向数据行的指针称为行定位器。行定位器的结构取决于数据页的存储方式是堆集还是聚集。对于堆集，行定位器是指向行的指针。对于有聚集索引的表，行定位器是聚集索引键。

一个表中可有一个或多个非聚集索引。当在 SQL Server 上创建索引时，可指定是按升序还是降序存储键。

当在一个表中既要创建聚集索引又要创建非聚集索引时，应先创建聚集索引，然后再创建非聚集索引，因为创建聚集索引时将改变数据记录的物理存放顺序。

7.2　索引的创建

在 pxscj 数据库中，经常要对 xsb、kcb、cjb 三个表进行查询和更新。为了提高查询和更新速度，可以考虑对 3 个表建立如下索引：

1）对于 xsb 表，按学号建立主键索引（PRIMARY KEY 约束），组织方式为聚集索引。

2）对于 kcb 表，按课程号建立主键索引，组织方式为聚集索引。

3）对于 kcb 表，按课程名建立唯一索引（UNIQUE 约束），组织方式为非聚集索引。

4）对于 cjb 表，按学号 + 课程号建立唯一索引，组织方式为聚集索引。

在 SQL Server Management Studio 中，既可以利用界面方式创建上述索引，也可以利用 T-SQL 命令通过查询分析器建立索引。

1. 以界面（对象资源管理器）方式创建索引

下面以在 xsb 表中按学号建立聚集索引为例，介绍聚集索引的创建方法。

1）在“对象资源管理器”中展开 pxscj 数据库的 dbo.xsb 表，右击其中的“索引”项，在弹出的快捷菜单中选择“新建索引”菜单项，并在其后选择索引类型，如图 7-1 所示。

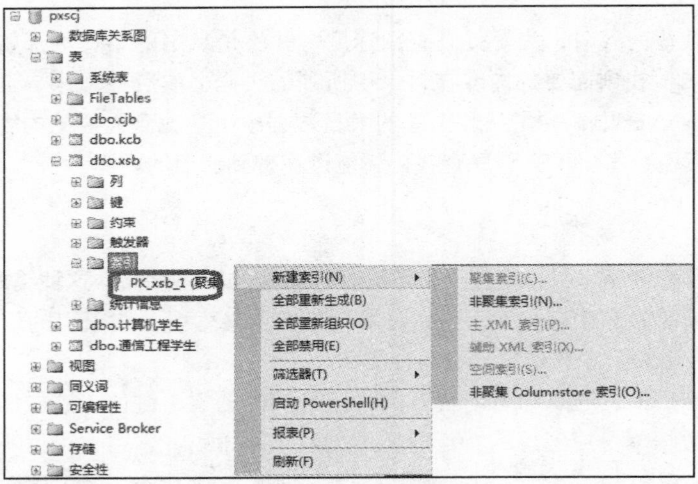

图 7-1　选择新建索引

因为创建表时已经设置“主键”，系统据此创建了聚集索引，所以此后只能创建“非聚集索引”。

2）新建索引。

在打开的“新建索引”窗口中，单击“添加”按钮，系统打开一个 xsb 表字段选择对话框，勾选需要索引的列（如“出生时间”列），单击“确定”按钮，在“索引键列”列表中就会显示该列，如图 7-2 所示。

另外，如果之前在表中建立的全文索引导致无法删除现有的主键索引，则只要在全文目录“fulltext”的属性窗口中取消该表的全文索引即可。

2. 以界面（表设计器）方式创建索引

1）右击 pxscj 数据库中的“ dbo.xsb”表，在弹出的快捷菜单中选择“设计”菜单项，打开“表设计器”窗口。在“表设计器”窗口中，选择任何（如“学号”）列，右击鼠标，在弹出的快捷菜单中选择“索引 / 键”菜单项，如图 7-3 所示。

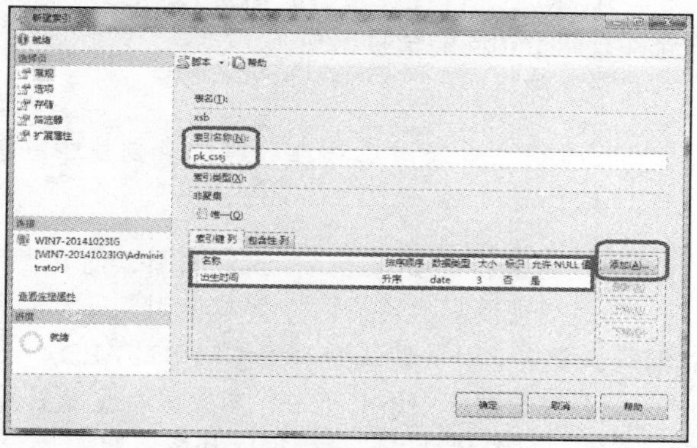

图 7-2　新建索引

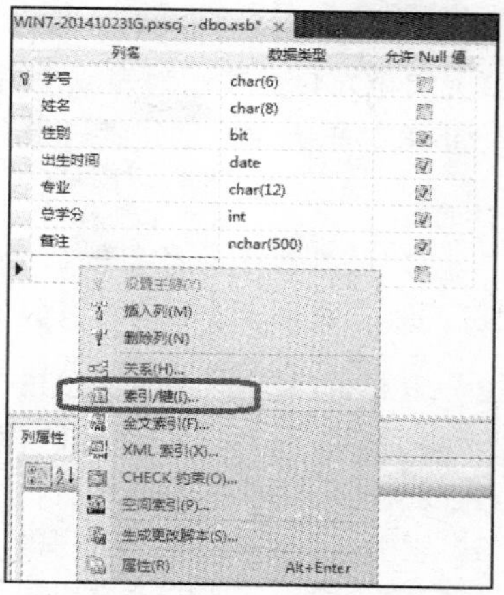

图 7-3　索引 / 键快捷菜单

2）在打开的“索引 / 键”对话框中单击“添加”按钮，系统创建一个默认的索引“IX_xsb”，索引列为“学号”，用户可在右边的“标识”属性区域的“名称”栏中确定新索引的名称，在右边的“常规”属性区域中的“列”栏后面单击 ... 按钮，可以修改要创建索引的列（如图 7-4b 所示）。如果将“是唯一的”栏设为“是”，则表示索引是唯一索引。在“表设计器”属性区域中的“创建为聚集的”栏中，可以设置是否创建为聚集索引，由于 xsb 表中已经存在聚集索引，所以该选项不可修改，如图 7-4 所示。

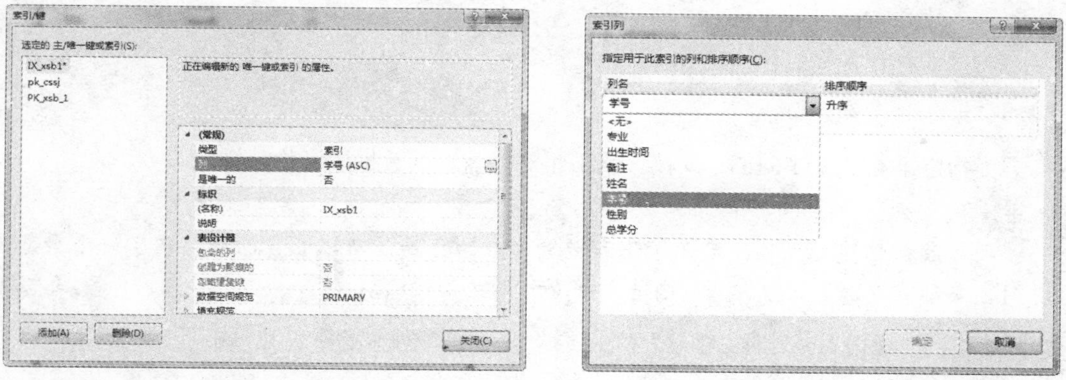

a）　　　　　　　　　　　　　　　　　　　b）

图 7-4　“索引 / 键”对话框

最后关闭该对话框，单击面板上的“保存”按钮，在弹出的对话框中单击“是”按钮，索引创建完成。索引创建好后，在“对象资源管理器”中展开“dbo.xsb”表中的“索引”项，可以查看已建立的索引。其他索引的创建方法与之类似。

3. 利用 SQL 命令建立索引

使用 CREATE INDEX 语句可以为表创建索引。

语法格式：

```
CREATE [ UNIQUE ] [ CLUSTERED |  NONCLUSTERED ] INDEX 索引名
    ON  表或视图名
    ( 列 [ ASC | DESC ] )
    WHERE 子句
    …
```

其中：

1）UNIQUE：表示为表或视图创建唯一索引（即不允许存在索引值相同的两行）。例如，对于 xsb 表，根据学号创建唯一索引，即不允许有两个相同的学号出现。

注意

对视图创建的聚集索引必须是 UNIQUE 索引。如果对已存在数据的表创建唯一索引，则必须保证索引项对应的值无重复值。

2）CLUSTERED | NONCLUSTERED：指定是创建聚集索引还是非聚集索引，前者表示创建聚集索引，后者表示创建非聚集索引。一个表或视图只允许有一个聚集索引，并且必须先为表或视图创建唯一聚集索引，然后才能创建非聚集索引。默认为 NONCLUSTERED。

3）索引名：索引名在表或视图中必须唯一，但在数据库中不必唯一；参数“表或视图名”用于指定包含索引字段的表名或视图名，指定表名、视图名时可包含数据库和所属架构。

4）列：指定建立索引的字段，可以为索引指定多个字段。指定索引字段时，注意表或视图索引字段的类型不能为 ntext、text 或 image。通过指定多个索引字段可创建组合索引，但组合索引的所有字段必须取自同一表。

ASC 表示索引文件按升序建立，DESC 表示索引文件按降序建立，默认设置为 ASC。

5）WHERE 子句：通过指定索引中要包含哪些行来创建筛选索引。

【例 7-1】 为 kcb 表的“课程名”列创建索引，“课程号”列创建唯一聚集索引。

```
USE pxscj
GO
CREATE INDEX  kc_name
    ON kcb(课程名)
CREATE UNIQUE CLUSTERED INDEX kc_id
    ON  kcb (课程号)
```

因为指定了 CLUSTERED，所以该索引将对磁盘上的数据进行物理排序。

注意

在最初创建 kcb 时，定义了课程号为 kcb 的主键，所以 kcb 已经存在了一个聚集索引，要创建以上的聚集索引，首先要将 kcb 的主键删除。

【例 7-2】 根据 cjb 表的“学号”列和“课程号”列创建复合索引。

```
CREATE INDEX cjb_ind
    ON cjb(学号, 课程号)
    WITH(DROP_EXISTING= ON)
```

说明：如果不存在名为 cjb_ind 的索引，可能会提示错误，需要将 WITH 子句去除。

【例 7-3】 根据 xsb 表中的“学号”列创建唯一聚集索引。如果输入了重复的键，则忽略该 INSERT 或 UPDATE 语句。

```
CREATE UNIQUE CLUSTERED INDEX xs_ind
    ON xsb(学号)
    WITH IGNORE_DUP_KEY
```

说明：如果表中已经存在一个聚集索引，则只有删除原来的聚集索引才能创建新的。

4. 在计算列和视图上创建索引

（1）在计算列上创建索引

对于 UNIQUE 或 PRIMARY KEY 索引，只要满足索引条件，就可以包含计算列，但计算列必须具有确定性和精确性。若计算列中带有函数，则使用该函数时有相同的参数输入，输出的结果也一定相同时，该计算列是确定的。而有些函数，如 getdate()，每次调用时都输出不同的结果，这时就不能在计算列上定义索引。

（2）在视图上创建索引

可以在视图上定义索引。索引视图是一种在数据库中存储视图结果集的方法，可减少动态生成结果集的开销。索引视图还能自动反映出创建索引后对基表数据所做的修改。

【例 7-4】 创建一个视图，并为该视图创建索引。

```
CREATE VIEW view_stu WITH SCHEMABINDING
    AS
    SELECT 学号 , 姓名
        FROM dbo.xsb
GO
/* 在视图上创建索引 */
CREATE UNIQUE CLUSTERED INDEX inx1
    ON view_stu(学号)
GO
```

7.3 重建索引

索引使用一段时间后，可能需要重新创建，这时可以使用 ALTER INDEX 语句来重新生成原来的索引。

语法格式：

```
ALTER INDEX { 索引名 | ALL }
    ON 表或视图名
{  REBUILD
   …
}
```

例如，重建 kcb 表上的所有索引。

```
USE pxscj
GO
ALTER INDEX ALL ON kcb REBUILD
```

重建 kcb 表上的 kc_name 索引。

```
ALTER INDEX kc_name  ON kcb REBUILD
```

7.4 索引的删除

索引的删除既可通过图形界面方式，也可通过执行 T-SQL 命令来实现。

1. 通过图形界面方式删除索引

在“对象资源管理器”中展开数据库 pxscj →“表”→“ dbo.xsb ”→“索引”，选择其中要删除的索引，单击鼠标右键，在弹出的快捷菜单中选择“删除”菜单项。在打开的“删除对象”窗口中单击“确定”按钮，即可完成删除操作。

2. 通过执行 SQL 命令删除索引

语法格式：

```
DROP INDEX 索引名
    ON 表或视图名
    …
```

其中：

❑ 索引名：要删除的索引名称。

❑ 表或视图名：索引所在的表名或视图名。

DROP INDEX 语句可以一次删除一个或多个索引。这个语句不适合删除通过定义 PRIMARY KEY 或 UNIQUE 约束创建的索引。若要删除 PRIMARY KEY 或 UNIQUE 约束创建的索引，则必须通过删除约束实现。

另外，在系统表的索引上不能进行 DROP INDEX 操作。

【例 7-5】 删除 pxscj 数据库中表 kcb 的一个名为 kc_name 的索引。

```
IF EXISTS (SELECT name FROM sysindexes WHERE name = 'kc_name')
    DROP INDEX kcb.kc_name
```

说明： 索引创建以后，在系统表 sysindexes 的 name 列中会保存该索引的名称，通过搜索该名称可以判断该索引是否存在。

习题

一、选择题

1．关于索引说法错误的是（　　）。

A. 一个表可以不创建索引，但需要创建主键

B. 一个表可以创建索引一个聚集索引

C. 一个表可以创建索引多个聚集索引

D. B 和 C

2．不能采用（　　）创建索引。

A. CREATE TABLE　　　　B. CREATE INDEX

C. ALTER TABLE　　　　D. ALTER INDEX

二、说明题

1．试描述索引的概念与作用。

2．索引是否越多越好？为什么？

3．表设置主键时是否就创建了索引？

4．规则与 CHECK 约束的不同之处在哪里？

第 8 章

数据完整性

数据库中的数据是从外界输入的，而由于种种原因，会发生输入无效或错误信息。保证输入的数据符合规定，成为数据库系统尤其是多用户的关系数据库系统首要关注的问题。数据完整性因此而提出。

数据完整性是指数据库中的数据在逻辑上的一致性和准确性。

8.1 数据完整性分类

数据完整性一般包括实体完整性、域完整性和参照完整性。

1. 实体完整性

实体完整性又称为行的完整性，要求表中有一个主键，其值不能为空且能唯一地标识对应的记录。通过索引、UNIQUE 约束、PRIMARY KEY 约束或 IDENTITY 属性可实现数据的实体完整性。

例如，对于 pxscj 数据库中的 xsb 表，“学号”作为主键，每一个学生的学号能唯一地标识该学生对应的行记录信息，那么在输入数据时，不能有相同学号的行记录。通过对学号这一字段建立主键约束可实现表 xsb 的实体完整性。

2. 域完整性

域完整性又称为列完整性，是指给定列输入的有效性。实现域完整性的方法有：限制类型（通过数据类型）、格式（通过 CHECK 约束和规则）或可能的取值范围（通过 CHECK 约束、DEFALUT 定义、NOT NULL 定义和规则）等。

CHECK 约束通过显示输入列中的值来实现域完整性；DEFAULT 定义后，如果列中没有输入值，则填充默认值来实现域完整性；通过定义列为 NOT NULL 限制输入的值不能为空，也能实现域完整性。

例如，对于学生数据库 pxscj 的 kcb 表，学生的学分应为 1 ～ 6。为了对“学分”这一数据项输入的数据范围进行限制，可以在定义 kcb 表的同时，定义学分的约束条件。

【例 8-1】 建立表 kcb2，同时定义学分的约束条件为 1 ～ 6。

```
CREATE TABLE kcb2
(
```

```
    课程号 char(6) NOT NULL,
    课程名 char(8) NOT NULL,
    学分   tinyint CHECK (学分>=1 AND 学分<=6)   NULL  /*通过CHECK子句定义约束条件*/
)
```

3. 参照完整性

参照完整性又称为引用完整性。参照完整性保证主表中的数据与从表（被参照表）中数据的一致性。在 SQL Server 2012 中，参照完整性的实现是通过定义外键与主键之间或外键与唯一键之间的对应关系来实现的。参照完整性确保键值在所有表中一致。

码即前面所说的关键字，又称为“键”，是能唯一标识表中记录的字段或字段组合。如果一个表有多个码，则可选择其中一个作为主键（主码），其余的称为候选键。

外码：如果一个表中的一个字段或若干字段的组合是另一个表的码，则称该字段或字段组合为该表的外码（外键）。例如，对于 pxscj 数据库中 xsb 表的每一个学号，在 cjb 表中都有相关的课程成绩记录，将 xsb 作为主表，“学号”字段定义为主键，cjb 作为从表，表中的“学号”字段定义为外键，从而建立主表和从表之间的联系，实现参照完整性。

如果定义了两个表之间的参照完整性，则要求：

1）从表不能引用不存在的键值。例如，cjb 表中行记录出现的学号必须是 xsb 表中已存在的学号。

2）如果主表中的键值更改了，那么在整个数据库中，对从表中该键值的所有引用要进行一致的更改。例如，如果修改 xsb 表中的某一学号，则 cjb 表中所有对应学号也要进行相应的修改。

3）如果主表中没有关联的记录，则不能将记录添加到从表。

如果要删除主表中的某一记录，则应先删除从表中与该记录匹配的相关记录。

8.2 实体完整性

如前所述，表中应有一个列或列的组合，其值能唯一地标识表中的每一行，选择这样的一列或多列作为主键，可实现表的实体完整性，通过定义 PRIMARY KEY 约束来创建主键。

一个表只能有一个 PRIMARY KEY 约束，而且 PRIMARY KEY 约束中的列不能取空值。由于 PRIMARY KEY 约束能确保数据的唯一性，所以经常用来定义标识列。当为表定义 PRIMARY KEY 约束时，SQL Server 2012 为主键列创建唯一索引，实现数据的唯一性。在查询中使用主键时，该索引可用来对数据进行快速访问。

如果 PRIMARY KEY 约束是由多列组合定义的，则某一列的值可以重复，但 PRIMARY KEY 约束定义中所有列的组合值必须唯一。如果要确保一个表中的非主键列不输入重复值，则应在该列上定义唯一约束（UNIQUE 约束）。

例如，对于 pxscj 数据库中的 xsb 表，“学号”列是主键，在 xsb 表中增加一列“身份证号码”，可以定义一个 UNIQUE 约束来要求表中“身份证号码”列的取值是唯一的。

PRIMARY KEY 约束与 UNIQUE 约束的主要区别如下：

1）一个数据表只能创建一个 PRIMARY KEY 约束，但一个表中可根据需要对表中不同的列创建若干 UNIQUE 约束。

2）PRIMARY KEY 字段的值不允许为 NULL，而 UNIQUE 字段的值可取 NULL。

3）一般创建 PRIMARY KEY 约束时，系统会自动产生索引，索引的默认类型为簇索引。创建 UNIQUE 约束时，系统会自动产生一个 UNIQUE 索引，索引的默认类型为非簇索引。

PRIMARY KEY 约束与 UNIQUE 约束的相同点在于：二者均不允许表中对应字段存在重复值。

1. 以界面方式创建和删除主键约束

（1）创建主键约束

对表建立 PRIMARY KEY 约束创建主键索引，以“ PK_ ”为前缀，后跟表名命名，系统自动按聚集索引方式组织主键索引。

（2）删除主键约束

在“对象资源管理器”中选择表，右击鼠标，在弹出的快捷菜单中选择“设计”菜单项，进入“表设计器”窗口。选中主键所对应的行，右击鼠标，在弹出的快捷菜单中选择“删除主键”菜单项即可。

2. 以界面方式创建和删除唯一性约束

（1）创建唯一性约束

如果要对 kcb 表中的“课程名”列创建 UNIQUE 约束，以保证该列取值的唯一性，可进入 kcb 表的“表设计器”窗口，选择“课程名”属性列并右击鼠标，在弹出的快捷菜单中选择“索引 / 键”菜单项，打开“索引 / 键”对话框。

在该对话框中单击“添加”按钮，并在右边的“标识”属性区域的“名称”栏中输入唯一键的名称。在“常规”属性区域的“类型”栏中选择唯一性列（课程名，排列升序），“是唯一的”选择“是”，如图 8-1 所示。

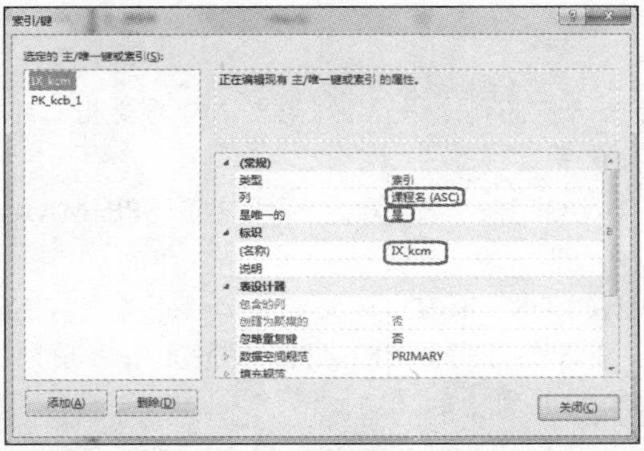

图 8-1　“索引 / 键”对话框

单击“关闭”按钮，然后保存修改，即可创建 UNIQUE 约束。

（2）删除唯一性约束

打开如图 8-1 所示的“索引 / 键”对话框，选择要删除的 UNIQUE 约束，单击左下方的“删除”按钮，单击“关闭”按钮，保存表的修改即可删除。

3. 以命令方式创建及删除主键约束或唯一性约束

利用 T-SQL 命令可以使用两种方式定义约束：作为列的约束或作为表的约束。可以在创建表或修改表时定义。

（1）在创建表的同时创建主键约束或唯一性约束

语法格式：

```
CREATE TABLE 表名
(
     { <列定义> <列约束>}[, …]
```

```
    [ <表约束> ] [ , … ]
)
```

其中，<列约束>和<表约束>的具体格式如下：

```
<列约束> ::=                                              /* 定义列的约束 */
[ CONSTRAINT 约束名 ]
{
    { PRIMARY KEY | UNIQUE }                              /* 定义主键与UNIQUE键 */
    [ CLUSTERED | NONCLUSTERED ]                          /* 定义约束的索引类型 */
    [WITH ( <索引选项> [ , … ] ) ]
    [ ON { 分区架构名 ( 分区列名 ) | 文件组 | "default" } ]
    | [ FOREIGN KEY ] <参照定义>                          /* 定义外键 */
    | CHECK [ NOT FOR REPLICATION ] ( 逻辑表达式 )         /* 定义CHECK约束 */
}

<表约束> ::=                                              /* 定义表的约束 */
[ CONSTRAINT 约束名 ]
{
    { PRIMARY KEY | UNIQUE }
    [ CLUSTERED | NONCLUSTERED ]
       (列 [ ASC | DESC ] [ , … ] )                       /* 定义表的约束时需要指定列 */
    [WITH ( <索引选项> [ , … ] ) ]
    [ ON { 分区架构名 (分区列名) | 文件组 | "default" } ]
    | FOREIGN KEY ( 列 [ , … ] ) <参照定义>
    | CHECK [ NOT FOR REPLICATION ] ( 逻辑表达式 )
}
```

说明：

1）CONSTRAINT 约束名：为约束命名，“约束名”为要指定的名称。如果没有给出，则系统自动创建一个名称。

2）PRIMARY KEY | UNIQUE：定义约束的关键字，PRIMARY KEY 为主键，UNIQUE 为唯一键。

3）CLUSTERED | NONCLUSTERED：定义约束的索引类型，CLUSTERED 表示聚集索引，NONCLUSTERED 表示非聚集索引，与 CREATE INDEX 语句中的选项相同。WITH 子句和 ON 子句也与 CREATE INDEX 语句中的相同。

4）FOREIGN KEY：FOREIGN KEY 关键字用于定义一个外键，有关外键的内容将在后面介绍。

5）CHECK：CHECK 关键字用于定义一个 CHECK 约束，有关 CHECK 约束的内容将在后面介绍。外键和 CHECK 约束都可以作为列的约束或表的约束来定义。

6）<表约束>：定义表的约束与定义列的约束基本相同，只不过在定义表的约束时需要指定约束的列。

【例 8-2】 创建 xsb3 表，并对“学号”字段创建主键约束，对“姓名”字段定义唯一性约束。

```
USE pxscj
GO
CREATE TABLE xsb3
(
    学号    char(6)     NOT NULL    CONSTRAINT  xh_pk  PRIMARY KEY,
    姓名    char(8)     NOT NULL    CONSTRAINT  xm_uk  UNIQUE,
    性别    bit         NOT NULL    DEFAULT 1,
```

```
        出生时间  date          NOT NULL,
        专业      char(12)      NULL,
        总学分    int           NULL,
        备注      varchar(500)  NULL
    )
```

说明：

1）XH_PK PRIMARY KEY：“学号”字段的主键约束，名称为 xh_pk。

2）XM_UK UNIQUE：“姓名”字段的唯一性约束，名称为 xm_uk。

注意

当表中的主键为复合主键时，只能定义为一个表的约束。

（2）通过修改表创建主键约束或唯一性约束

使用 ALTER TABLE 语句中的 ADD 子句可以为表中已存在的列或新列定义约束，语法格式参见 ALTER TABLE 语句的 ADD 子句。

【例 8-3】 修改 xsb3 表，向其中添加一个“身份证号码”字段，对该字段定义唯一性约束。对表中的“出生时间”字段定义唯一性约束。

```
ALTER TABLE  xsb3
    ADD    身份证号码 char(20)
        CONSTRAINT sf_uk   UNIQUE NONCLUSTERED (身份证号码)
GO
ALTER TABLE  xsb3
    ADD    CONSTRAINT cssj_uk  UNIQUE NONCLUSTERED (出生时间)
```

（3）删除主键约束或唯一性约束

删除主键约束或唯一性约束需要使用 ALTER TABLE 的 DROP 子句。

语法格式：

```
ALTER TABLE 表名
    DROP CONSTRAINT 约束名 [ , … ]
```

【例 8-4】 删除 xsb3 创建的主键约束和唯一性约束。

```
ALTER TABLE  xsb3
    DROP    CONSTRAINT xh_pk,  xm_uk
GO
```

8.3　域完整性

SQL Server 2012 通过数据类型、CHECK 约束、规则、DEFAULT 定义和 NOT NULL 可以实现域完整性。其中，数据类型、DEFAULT、NOT NULL 定义在之前的内容中已经介绍，这里不再重复介绍。下面介绍如何使用 CHECK 约束和规则实现域完整性。

1. CHECK 约束的定义与删除

CHECK（验证规则）约束实际上是字段输入内容的验证规则，表示一个字段的输入内容必须满足 CHECK 约束的条件，若不满足，则数据无法正常输入。

注意

对于 timestamp 类型字段和 identity 属性字段不能定义 CHECK 约束。

（1）以界面方式创建与删除 CHECK 约束

例如，在 pxscj 数据库的 cjb 表中，学生每门课程的成绩的范围为 0 ～ 100。如果对用户的输入数据要施加这一限制，步骤如下：

1）在“对象资源管理器”中展开“数据库”→“ pxscj ”→“表”，选择“ dbo.cjb”，展开后选择“约束”，右击鼠标，在出现的快捷菜单中选择“新建约束”菜单项，如图 8-2 所示。

2）在打开的“CHECK 约束”对话框中，单击“添加”按钮，添加一个“CHECK 约束”。在“常规”属性区域中的“表达式”栏后面单击...按钮（或直接在文本框中输入内容），打开“ CHECK 约束表达式”窗口，并编辑相应的 CHECK 约束表达式为“成绩 >=0 AND 成绩 <=100”。

3）在“ CHECK 约束”对话框中单击“关闭”按钮，并保存修改，完成“ CHECK 约束”的创建。此时若输入的成绩不是在 0 ～ 100 的范围内，则系统报告错误。

要删除上述约束，只需进入如图 8-3 所示的“ CHECK 约束”对话框，选中要删除的约束，单击“删除”按钮删除约束，然后单击“关闭”按钮即可。

图 8-2　“新建约束”菜单项

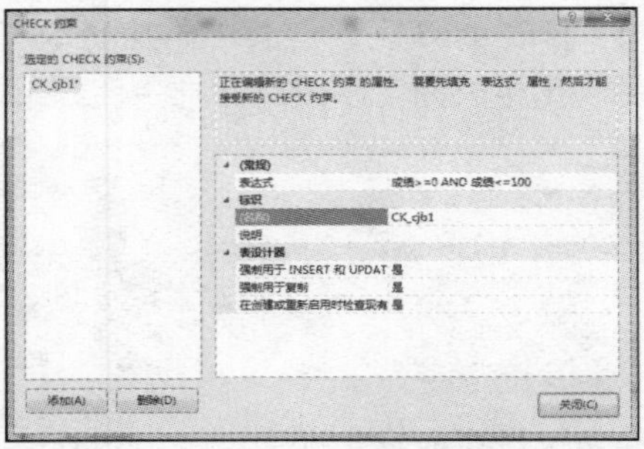

图 8-3　CHECK 约束

（2）以命令方式在创建表时创建 CHECK 约束

在创建表时可以使用 CHECK 约束表达式来定义 CHECK 约束，CHECK 约束表达式的语法格式如下：

```
CHECK [ NOT FOR REPLICATION ] ( 逻辑表达式 )
```

关键字 CHECK 表示定义 CHECK 约束，如果指定 NOT FOR REPLICATION 选项，则当复制代理执行插入、更新或删除操作时，不会强制执行此约束。其后的“逻辑表达式”称为 CHECK 约束表达式，返回值为 TRUE 或 FALSE，该表达式只能为标量表达式。

【例 8-5】 创建一个表 student，只考虑“学号”和“性别”两列，性别只能包含“男”或“女”。

```
USE pxscj
GO
CREATE  TABLE  student
(
    学号 char(6)  NOT NULL,
    性别 char(1)  NOT NULL CHECK(性别 IN ('男', '女'))
 )
```

这里的 CHECK 约束指定了性别允许哪个值，被定义为列的约束。CHECK 约束也可以定义为表的约束。

【例 8-6】 创建一个表 student1，只考虑“学号”和“出生日期”两列，出生日期必须大于 1980 年 1 月 1 日，并进行 CHECK 约束。

```
CREATE TABLE student1
 (
    学号    char(6)    NOT NULL,
    出生时间 datetime  NOT NULL,
    CONSTRAINT  DF_student1_cjsj  CHECK(出生时间>'1980-01-01')
 )
```

如果指定的一个 CHECK 约束中，要相互比较一个表的两个或多个列，那么该约束必须定义为表的约束。

【例 8-7】 创建表 student2，有"学号"、"最好成绩"和"平均成绩"三列，要求最好成绩必须大于平均成绩。

```
CREATE  TABLE  student2
 (
    学号       char(6)     NOT NULL,
    最好成绩   int    NOT    NULL,
    平均成绩   int    NOT    NULL,
        CHECK(最好成绩>平均成绩)
 )
```

也可以同时定义多个 CHECK 约束，中间用逗号隔开。

（3）以命令方式在修改表时创建 CHECK 约束

在使用 ALTER TABLE 语句修改表时也能定义 CHECK 约束。

定义 CHECK 约束的语法格式为：

```
ALTER TABLE 表名
    [ WITH { CHECK | NOCHECK } ] ADD
    [<列定义>]
    [CONSTRAINT 约束名] CHECK (逻辑表达式)
```

说明：

- WITH 子句：指定表中的数据是否用新添加的或重新启用的 FOREIGN KEY 或 CHECK 约束进行验证。如果未指定，则默认为 WITH CHECK，如果不想根据现有数据验证新的 CHECK 或 FOREIGN KEY 约束，则使用 WITH NOCHECK，除极个别的情况外，建议不要进行这样的操作。
- CONSTRAINT 关键字：为 CHECK 约束定义一个约束名。

【例 8-8】 通过修改 pxscj 数据库的 cjb 表，增加"成绩"字段的 CHECK 约束。

```
USE pxscj
GO
ALTER TABLE cjb
    ADD CONSTRAINT cj_constraint  CHECK  (成绩>=0 AND 成绩<=100)
```

（4）利用 SQL 语句删除 CHECK 约束

CHECK 约束的删除可在 SSMS 中通过界面进行，有兴趣的读者可以自己试一试，在此介绍如何利用 SQL 命令删除 CHECK 约束。

使用 ALTER TABLE 语句的 DROP 子句可以删除 CHECK 约束。

语法格式：

```
ALTER TABLE 表名
    DROP CONSTRAINT 约束名
```

【例 8-9】 删除 cjb 表“成绩”字段的 CHECK 约束。

```
ALTER TABLE cjb
    DROP CONSTRAINT cj_constraint
```

2. 规则对象的定义、使用与删除

规则是一组使用 T-SQL 语句组成的条件语句，规则提供了另外一种在数据库中实现域完整性与用户定义完整性的方法。

在 SQL Server 2012 中，规则对象的定义可以利用 CREATE RULE 语句来实现。

（1）规则对象的定义

语法格式：

```
CREATE RULE [ 架构名 . ] 规则名
    AS 条件表达式
```

说明：

1）规则名：定义的新规则名，规则名必须符合标识符规则。

2）条件表达式：规则的条件表达式，该表达式可为 WHERE 子句中任何有效的表达式，但规则表达式中不能包含列或其他数据库对象，可以包含不引用数据库对象的内置函数。在条件表达式中包含一个局部变量，每个局部变量的前面都有一个 @ 符号。使用 UPDATE 或 INSERT 语句修改或插入值时，该表达式用于对规则关联的列值进行约束。

创建规则时，一般使用局部变量表示 UPDATE 或 INSERT 语句输入的值。另外，有如下几点需要说明：

① 创建的规则对先前已存在于数据库中的数据无效。

② 在单个批处理中，CREATE RULE 语句不能与其他 T-SQL 语句组合使用。

③ 规则表达式的类型必须与列的数据类型兼容，不能将规则绑定到 text、image 或 timestamp 列。要用单引号（'）将字符和日期常量引起来，在十六进制常量前加 0x。

④ 对于用户定义数据类型，只有在该类型的数据列中插入值或更新该类型的数据列时，绑定到该类型的规则才会激活。规则不检验变量，所以在向用户定义数据类型的变量赋值时，不能与列绑定的规则冲突。

⑤ 如果列同时有默认值和规则与之关联，则默认值必须满足规则的定义，与规则冲突的默认值不能插入列。

（2）将规则对象绑定到用户定义数据类型或列

将规则对象绑定到列或用户定义数据类型中，可以使用系统存储过程 sp_bindrule。

语法格式：

```
sp_bindrule [ @rulename = ] '规则名' ,
    [ @objname = ] '对象名'
    [ , [ @futureonly = ] 'futureonly 标志' ]
```

说明：

1）规则名：为 CREATE RULE 语句创建的规则名，要用单引号括起来。

2）对象名：为绑定到规则的列或用户定义的数据类型。如果“对象名”采用“表名 . 字段名”格式，则绑定到表的列，否则绑定到用户定义数据类型。

3）futureonly：仅当将规则绑定到用户定义的数据类型时才使用。如果设置为 futureonly，则用户定义数据类型的现有列不继承新规则。如果设置为 NULL，则当被绑定的数据类型当前无规则时，新规则将绑定到用户定义数据类型的每一列，默认值为 NULL。

【例 8-10】 如下程序创建一个规则，并绑定到表 kcb 的“课程号”列，用于限制课程号的输入范围。

```
USE pxscj
GO
CREATE RULE  kc_rule
    AS @range like '[1-5][0-9][0-9]'
GO
EXEC sp_bindrule 'kc_rule', 'kcb.课程号'          /*执行存储过程使用 EXEC 命令*/
GO
```

程序如果正确执行，则提示：“已将规则绑定到表的列”。

在“对象资源管理器”中展开 pxscj →“表”→“dbo.kcb”→“列”，右击“课程号”，选择“属性”菜单项，在 kcb 表的“列属性 - 课程号”窗口的“规则”栏中可以查看已经新建的规则。

【例 8-11】 创建一个规则，用于限制输入该规则所绑定列中的值只能是该规则中列出的值。

```
CREATE RULE list_rule
    AS @list IN ('C语言', '离散数学', '微机原理')
GO
EXEC sp_bindrule 'list_rule', 'kcb.课程名'
GO
```

【例 8-12】 如下程序定义一个用户数据类型 course_num，然后将前面定义的规则“kc_rule”绑定到用户数据类型 course_num 上，最后创建表 kcb1，其“课程号”的数据类型为 course_num。

```
CREATE TYPE  course_num
    FROM char(3) NOT NULL                      /*创建用户定义数据类型*/
EXEC sp_bindrule 'kc_rule', 'course_num'       /*将规则对象绑定到用户定义数据类型*/
GO
CREATE TABLE kcb1
(
    课程号      course_num,                    /*将学号定义为 course_num 类型*/
    课程名      char(16) NOT NULL,
    开课学期    tinyint ,
    学时        tinyint,
    学分        tinyint
)
GO
```

（3）规则对象的删除

在删除规则对象前，首先应使用系统存储过程 sp_unbindrule 解除被绑定对象与规则对象之间的绑定关系。

语法格式：

```
sp_unbindrule [@objname =] '对象名'
    [, [@futureonly =] 'futureonly 标志']
```

在解除列或自定义类型与规则对象之间的绑定关系后，就可以删除规则对象了。

语法格式：

```
DROP RULE { [ 架构名 . ] 规则名 } [ , … ] [ ; ]
```

【例 8-13】 解除规则 kc_rule 与列或用户定义类型的绑定关系，并删除规则对象 kc_rule。

```
EXEC sp_unbindrule 'kcb.课程号'
EXEC sp_unbindrule 'course_num'
GO
DROP RULE kc_rule
```

说明：规则 kc_rule 绑定了 kcb 表的“课程号”列和用户定义数据类型 course_num，只有与这两者都解除绑定关系后，才能删除该规则。当解除与用户定义数据类型 course_num 的关系后，系统自动解除使用 course_num 定义的列与规则的绑定关系。

注意

后续版本的 SQL Server 中删除了规则对象的功能，请不要在新的开发工作中使用该功能，并尽快修改当前正在使用该功能的应用程序。相应的功能可以改用 CHECK 约束来实现。

8.4　参照完整性

对两个相关联的表（主表与从表，也称为父表和子表）插入和删除数据时，通过参照完整性保证它们之间数据的一致性。

利用 FOREIGN KEY 定义从表的外键，PRIMARY KEY 或 UNIQUE 约束定义主表中的主键或唯一键（不允许为空），可实现主表与从表之间的参照完整性。定义表间参照关系：先定义主表的主键（或唯一键），再对从表定义外键约束（根据查询的需要可先对从表的该列创建索引）。

1. 以界面方式定义表间的参照关系

例如，要实现 xsb 表与 cjb 表之间的参照完整性，操作步骤如下：

1）由于之前在创建表时已经定义了 xsb 表中的“学号”字段为主键，所以这里不需要再定义主表的主键。

2）在“对象资源管理器”中展开“数据库”→“pxscj”，选择“数据库关系图”，右击鼠标，在出现的快捷菜单中选择“新建数据库关系图”菜单项，打开“添加表”窗口。

3）在出现的“添加表”窗口中选择要添加的表，本例中选择了表 xsb 和表 cjb。单击“添加”按钮完成表的添加，之后单击“关闭”按钮退出窗口。

4）在“数据库关系图设计”窗口将鼠标指向主表的主键，并拖动到从表，即将 xsb 表中的“学号”字段拖动到从表 cjb 中的“学号”字段上。

5）在弹出的“表和列”对话框中输入关系名，设置主键表和列名，单击“表和列”对话框中的“确定”按钮，再单击“外键关系”对话框中的“确定”按钮，进入如图 8-4 所示的界面。

6）单击“保存”按钮，在弹出的“选择名称”对话框中输入关系图的名称。单击“确定”按钮，在弹出的“保存”对话框中单击“是”按钮，保存设置。

为提高查询效率，在定义主表与从表的参照关系前，可考虑先对从表的外键定义索引，然后定义主表与从表间的参照关系。

采用同样的方法，添加 kcb 表并建立它与 cjb 表的参照完整性关系。

之后可以在 pxscj 数据库的“数据库关系图”目录下看到创建的参照关系，结果如图 8-5 所示。

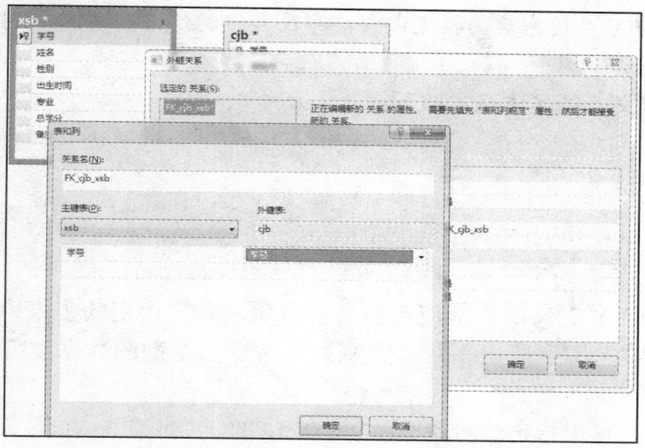

图 8-4　外键关系

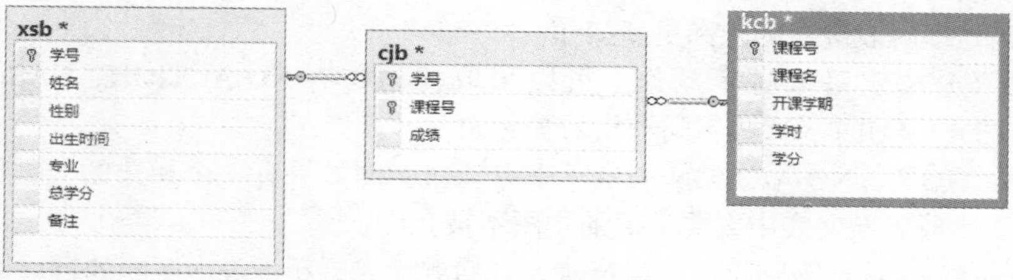

图 8-5　3 个表之间的参照关系图

至此，关系图的创建过程全部完成，定义名称保存关系，默认名称为“Diagram_0”。读者可在主表和从表中插入或删除数据来验证它们之间的参照关系。

2. 以界面方式删除表间的参照关系

1）如果要删除前面建立的 xsb 表与 cjb 表之间的参照关系，可在 pxscj 数据库的“数据库关系图”目录下选择要修改的关系图，如 Diagram_0，右击鼠标，在弹出的快捷菜单中选择“修改”菜单项，打开“数据库关系图设计”窗口。

2）在“数据库关系图设计”窗口中，选择已经建立的“关系”，单击鼠标右键，选择“从数据库中删除关系”，在随后弹出的对话框中，单击“是”按钮，删除表之间的关系。

3. 以命令方式定义表间的参照关系

前面已经介绍了创建主键（PRIMARY KEY）约束及唯一键（UNIQUE）约束的方法，下面介绍通过 T-SQL 命令创建外键的方法。

（1）创建表的同时定义外键约束

这里只列出定义外键部分的语法。

```
CREATE TABLE 表名                                    /* 指定表名 */
(
    <列定义>
    [ CONSTRAINT 约束名 ]
    [ FOREIGN KEY ][ ( 列 [ , … ] ) ] <参照定义>
)
```

说明：和主键一样，外键也可以定义为列的约束或表的约束。如果定义为列的约束，则直接在列定义后面使用 FOREIGN KEY 关键字定义该字段为外键。如果定义为表的约束，则需要在 FOREIGN KEY 关键字后面指定由哪些字段名组成外键；“列”为字段名，可以是一个字段或多个字段的组合。

其中，<参照定义>的具体格式如下：

```
<参照定义>::=
    REFERENCES 参照表名 [ ( 参照列 [ , … ] ) ]
    [ ON DELETE { NO ACTION | CASCADE | SET NULL | SET DEFAULT } ]
    [ ON UPDATE { NO ACTION | CASCADE | SET NULL | SET DEFAULT } ]
    [ NOT FOR REPLICATION ]
```

1）FOREIGN KEY 定义的外键应与参数“参照表名”指定的主表中的主键或唯一键对应，主表中主键或唯一键字段由参数“参照列”指定。主键的数据类型和外键的数据类型必须相同。

2）定义外键时还可以指定参照动作：ON DELETE | ON UPDATE。可以为每个外键定义参照动作。一个参照动作包含两部分：

① 第一部分指定这个参照动作应用哪一条语句。这里有两条相关的语句，即 DELETE 和 UPDATE 语句，即对表进行删除和更新操作。

② 第二部分指定采取哪个动作。可以采取的动作有 NO ACTION、CASCADE、SET NULL 和 SET DERAULT。这些不同动作的含义如下。

- NO ACTION：NO ACTION 表示不采取动作，即如果有一个相关的外键值在子表中，那么删除或更新父表中主要键值的企图不被允许。
- CASCADE：从父表删除或更新行时，自动删除或更新子表中匹配的行。
- SET NULL：当从父表删除或更新行时，设置子表中与之对应的外键列为 NULL。如果外键列没有指定 NOT NULL 限定词，这就是合法的。
- SET DEFAULT：作用和 SET NULL 一样，只不过 SET DEFAULT 是指定子表中的外键列为默认值。

如果没有指定动作，两个参照动作就会默认使用 NO ACTION。

3）如果指定 NOT FOR REPLICATION 选项，则当复制代理执行插入、更新或删除操作时，不会强制执行此约束。

【例 8-14】 创建 stu 表，要求 stu 表中所有的学生学号都必须出现在 xsb 表中，假设已经使用“学号”列作为主键创建了 xsb 表。

```
USE pxscj
GO
CREATE TABLE stu
(
    学号      char(6)    NOT NULL   FOREIGN KEY ( 学号 ) REFERENCES xsb ( 学号 ),
    姓名      char(8)    NOT NULL,
    出生时间  datetime   NULL
)
```

【例 8-15】 创建 point 表，要求表中所有的学号、课程号组合都必须出现在 cjb 表中。

```
CREATE TABLE point
(
    学号      char(6)    NOT NULL,
    课程号    char(3)    NOT NULL,
    成绩      int        NULL,
    CONSTRAINT FK_point FOREIGN KEY ( 学号 , 课程号 ) REFERENCES cjb ( 学号 , 课程号 )
```

```
        ON DELETE NO ACTION
)
```

（2）通过修改表定义外键约束

使用 ALTER TABLE 语句的 ADD 子句也可以定义外键约束，语法格式与定义其他约束类似，这里不再列出。

【例 8-16】 假设 kcb 表为主表，kcb 的“课程号”字段已定义为主键。cjb 表为从表，将 cjb 表的“课程号”字段定义为外键。

```
ALTER TABLE cjb
    ADD   CONSTRAINT kc_foreign
        FOREIGN KEY   (课程号)
            REFERENCES  kcb(课程号)
```

4. 以命令方式删除表间的参照关系

删除表间的参照关系，只需删除从表的外键约束即可。

删除表间参照关系的语法格式与前面其他约束删除的格式类似。

【例 8-17】 删除【例 8-16] 对 cjb 表的“课程号”字段定义的外键约束。

```
ALTER TABLE cjb
    DROP CONSTRAINT kc_foreign
```

习题

一、选择题

1．两表没有创建任何索引，不能创建（　　）。

A. 实体完整性　　B. 域完整性　　C. 参照完整性　　D. A 和 C

2．实现列值的唯一性不能通过（　　）。

A. 主键　　B. UNIQUE　　C. identity 属性　　D.CHECK 约束

3．实现列值的非空不能通过（　　）。

A. NOT NULL　　B. DEFAULT　　C. CHECK 约束　　D. 数据类型

4．成绩表、学生表、课程表和教师表之间（　　）。

A. 成绩表与教师表之间具有参照完整性

B. 课程表与教师表之间具有参照完整性

C. 学生表和教师表之间具有参照完整性

D. 成绩表与学生表和课程表具有参照完整性

5．完整性与索引的关系说法错误的是（　　）。

A. 没有索引不能实现完整性

B. 没有实现完整性的表必须人为操作来达到完整性

C. 已经实现完整性可以解除完整性

D. 索引就是为了实现完整性

二、说明题

1．试说明数据完整性的含义及分类。

2．数据库没有定义完整性会产生什么问题？

3．在 SQL Server 2012 中可采用哪些方法实现数据完整性？各举一例，并分别用 T-SQL 命令实现。

第 9 章 存储过程和触发器

存储过程是数据库对象之一，存储过程可以理解成数据库的子程序，在客户端和服务器端可以直接调用它。触发器是与表直接关联的特殊的存储过程，是在对表记录进行操作时触发的。

9.1 存储过程

在 SQL Server 2012 中，使用 T-SQL 语句编写存储过程。存储过程可以接收输入参数、返回表格、标量结果和消息，调用“数据定义语言（DDL）”和“数据操作语言（DML）”语句，然后返回输出参数。使用存储过程的优点如下：

1）存储过程在服务器端运行，执行速度快。

2）存储过程执行一次后，就驻留在高速缓冲存储器中，在以后的操作中，只需从高速缓冲存储器中调用已编译好的二进制代码执行，提高了系统性能。

3）使用存储过程可以完成所有数据库操作，并可通过编程方式控制对数据库信息访问的权限，确保数据库的安全。

4）自动完成需要预先执行的任务。存储过程可以在 SQL Server 启动时自动执行，而不必在系统启动后再手工操作，大大方便了用户的使用，可以自动完成一些需要预先执行的任务。

9.1.1 存储过程的类型

在 SQL Server 2012 中有下列几种类型的存储过程。

（1）系统存储过程

系统存储过程是由 SQL Server 提供的存储过程，可以作为命令执行。系统存储过程定义在系统数据库 master 中，其前缀是“ sp_”。例如，常用的显示系统对象信息的 sp_help 系统存储过程，为检索系统表的信息提供了方便快捷的方法。

系统存储过程允许系统管理员执行修改系统表的数据库管理任务，可以在任何一个数据库中执行。SQL Server 2012 提供了很多的系统存储过程，通过执行系统存储过程，可以实现一些比较复杂的操作，本书也介绍了其中的一些系统存储过程。要了解所有的系统存储过程，请参考 SQL Server 联机丛书。

（2）扩展存储过程

扩展存储过程是指在 SQL Server 2012 环境之外，使用编程语言（如 C++ 语言）创建的外部例程形成的动态链接库（DLL）。使用时，先将 DLL 加载到 SQL Server 2012 系统中，并按照使用系统存储过程的方法执行。扩展存储过程在 SQL Server 实例地址空间中运行。但因为扩展存储过程不易撰写，而且可能会引发安全性问题，所以微软可能会在未来的 SQL Server 中删除这一功能，本书将不详细介绍扩展存储过程。

（3）用户存储过程

在 SQL Server 中，用户存储过程可以使用 T-SQL 编写，也可以使用 CLR 方式编写。在本书中，T-SQL 存储过程就称为存储过程。

1）存储过程：存储过程保存 T-SQL 语句集合，可以接收和返回用户提供的参数。存储过程中可以包含根据客户端应用程序提供的信息，以及在一个或多个表中插入新行所需的语句。存储过程也可以从数据库向客户端应用程序返回数据。

例如，电子商务 Web 应用程序可能根据联机用户指定的搜索条件，使用存储过程返回有关特定产品的信息。

2）CLR 存储过程：CLR 存储过程是对 Microsoft .NET Framework 公共语言运行时（CLR）方法的引用，可以接收和返回用户提供的参数。

9.1.2　存储过程的创建与执行

存储过程只能在当前数据库中定义，可以使用 T-SQL 命令或“对象资源管理器”创建。在 SQL Server 中创建存储过程，必须具有 CREATE ROUTINE 权限。

1. 使用命令方式创建存储过程

创建存储过程的语句是 CREATE PROCEDURE 或 CREATE PROC，两者的含义相同。

语法格式：

```
CREATE {PROC | PROCEDURE} [架构名 .] 过程名 [; 组号]               /* 定义过程名 */
   [{@ 参数 [类型架构名 .] 数据类型 }                                /* 定义参数的类型 */
      [VARYING] [= default] [OUT | OUTPUT] [READONLY]              /* 定义参数的属性 */
   ]
   [FOR REPLICATION]
AS
{  <SQL 语句 >                                                      /* 执行的操作 */
   …
}
```

（1）命令主体

CREATE PROCEDURE 命令主体结构说明如下。

1）过程名：用于指定存储过程名，必须符合标识符规则，且对于数据库及所在架构必须唯一。这个名称应当尽量避免与系统内置函数同名，否则会发生错误。另外，也应当尽量避免使用“sp_”作为前缀，此前缀是由 SQL Server 用于指定系统存储过程。创建局部临时存储过程，可以在过程名前面加一个“#”。创建全局临时存储过程，可以在过程名前加“##”，对于 CLR 存储过程，不能指定临时名称。

2）@ 参数：为存储过程的形参，@ 符号作为第一个字符来指定参数名称。参数名必须符合标识符规则。创建存储过程时，可声明一个或多个参数。执行存储过程时应提供相应的参数，除非定义了该参数的默认值，否则默认参数值只能为常量。

3）数据类型：用于指定形参的数据类型，形参可以是 SQL Server 2012 支持的任何类型，但 cursor 类型只能用于 OUTPUT 参数，如果指定参数的数据类型为 cursor，则必须同时指定 VARYING 和 OUTPUT 关键字，OUT 与 OUTPUT 关键字的含义相同。

4）VARYING：指定作为输出参数支持的结果集。该参数由存储过程动态构造，其内容可能改变，仅适用于 cursor 参数。

5）default：指定存储过程输入参数的默认值，默认值必须是常量或 NULL。如果存储过程使用了带 LIKE 关键字的参数，则默认值中可以包含通配符（%、_、[] 和 [^]）；如果定义了默认值，则执行存储过程时根据情况可不提供实参。

6）OUTPUT：指示参数为输出参数，输出参数可以从存储过程返回信息。

7）READONLY：指定不能在存储过程的主体中更新或修改参数。如果参数类型为用户定义的表类型，则必须指定 READONLY。

8）FOR REPLICATION：用于说明不能在订阅服务器上执行为复制创建的存储过程，如果指定了 FOR REPLICATION，则无法声明参数。

9）SQL 语句：代表过程体包含的 T-SQL 语句，存储过程体中可以包含一条或多条 T-SQL 语句，除了 DCL、DML 与 DDL 命令外，还能包含过程式语句，如变量的定义与赋值、流程控制语句等。

（2）注意事项

对于存储过程要注意以下几点：

1）用户定义的存储过程只能在当前数据库中创建。存储过程名称存储在 sysobjects 系统表中，而语句的文本存储在 syscomments 中。

2）SQL Server 启动时可以自动执行一个或多个存储过程。这些存储过程必须由系统管理员在 master 数据库中创建，并在 sysadmin 固定服务器角色下作为后台过程执行。这些过程不能有任何输入参数。

3）CREATE PROCEDURE 的权限默认授予 sysadmin 固定服务器角色成员、db_owner 和 db_ddladmin 固定数据库角色成员。sysadmin 固定服务器角色成员和 db_owner 固定数据库角色成员可以将 CREATE PROCEDURE 权限转让给其他用户。

4）SQL 语句的限制。

① 如下语句必须使用对象的架构名限定数据库对象：

CREATE TABLE、ALTER TABLE、DROP TABLE、TRUNCATE TABLE、CREATE INDEX、DROP INDEX、UPDATE STATISTICS 及 DBCC 语句。

② 如下语句不能出现在 CREATE PROCEDURE 定义中：

SET PARSEONLY、SET SHOWPLAN_TEXT、SET SHOWPLAN_XML、SET SHOWPLAN_ALL、CREATE SCHEMA、CREATE FUNCTION、ALTER FUNCTION、CREATE PROCEDURE、ALTER PROCEDURE、CREATE TRIGGER、ALTER TRIGGER、CREATE VIEW、ALTER VIEW、USE 数据库名等。

2. 存储过程的执行

通过 EXECUTE 或 EXEC 命令可以执行一个已定义的存储过程，EXEC 是 EXECUTE 的简写。其语法格式如下：

```
[{EXEC | EXECUTE}]
{   [@返回状态 =]
```

```
        { 模块名 | @模块名变量 }
        [[@参数名 =] { 值 | @变量 [OUTPUT] | [DEFAULT]}]
    }
```

（1）语句说明

1）@ 返回状态：为可选的整型变量，保存存储过程的返回状态。EXECUTE 语句使用该变量前，必须对其声明。

2）模块名：要调用的存储过程或用户定义标量函数的完全限定或者不完全限定名称。“组号”用于调用已定义的一组存储过程中的某一个。

3）@ 模块名变量：局部定义的变量名，保存存储过程或用户定义函数的名称。

4）@ 参数名：为 CREATE PROCEDURE 或 CREATE FUNCTION 语句中定义的参数名，“值”为实参。如果省略“ @ 参数名”，则后面的实参顺序要与定义时参数的顺序一致。在使用“ @ 参数名 = 值”格式时，参数名称和实参不必按在存储过程或函数中定义的顺序提供。但是，如果任何参数使用了“@ 参数名 = 值”格式，则对后续的所有参数均必须使用该格式。

5）@ 变量：为局部变量，用于保存 OUTPUT 参数返回的值。

6）DEFAULT：DEFAULT 关键字表示不提供实参，而是使用对应的默认值。

（2）注意事项

执行存储过程时要注意以下几点：

1）如果存储过程名的前缀为“ sp_”，则 SQL Server 首先在 master 数据库中寻找符合该名称的系统存储过程。只有找不到合法的过程名，SQL Server 才会寻找架构名称为 dbo 的存储过程。

2）在执行存储过程时，若语句是批处理中的第一个语句，则不一定要指定 EXECUTE 关键字。

（3）举例

1）设计简单的存储过程。

【例 9-1】 返回 191301 号学生的成绩情况。该存储过程不使用任何参数。

```
USE pxscj
GO
CREATE PROCEDURE student_info
    AS
        SELECT *
            FROM cjb
            WHERE 学号 = '191301'
GO
```

存储过程定义后，执行存储过程 student_info。

```
EXECUTE student_info
```

如果该存储过程是批处理中的第一条语句，则可使用：

```
student_info
```

执行结果如图 9-1 所示。

2）使用带参数的存储过程。

【例 9-2】 从 pxscj 数据库的 3 个表中查询某人指定课程的成绩和学分。该存储过程接收与传递参数精确匹配的值。

```
USE pxscj
GO
CREATE PROCEDURE student_info1 @name char (8), @cname char(16)
    AS
        SELECT a. 学号 , 姓名 , 课程名 , 成绩 , t. 学分
            FROM xsb  a  INNER JOIN  cjb  b
                ON a. 学号 = b. 学号 INNER  JOIN  kcb  t
                ON b. 课程号 = t. 课程号
                WHERE a. 姓名 =@name and t. 课程名 =@cname
GO
```

执行存储过程 student_info1：

```
EXECUTE student_info1 ' 王林 ', ' 计算机基础 '
```

执行结果如图 9-2 所示。

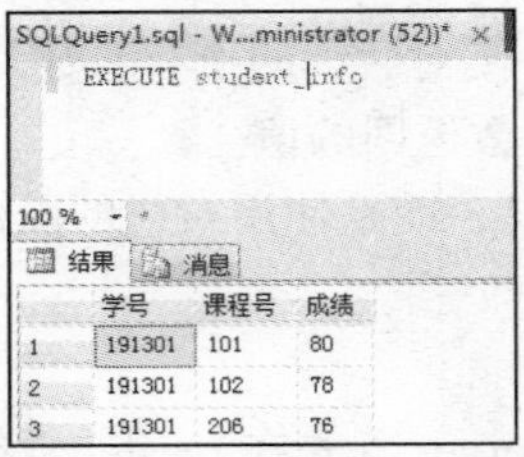

图 9-1 【例 9-1】执行结果

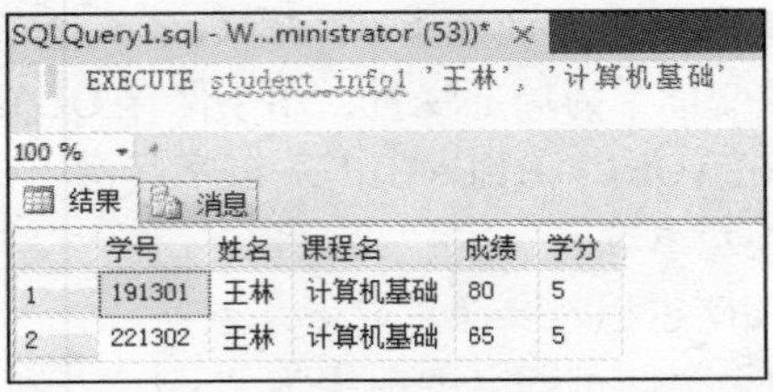

图 9-2 【例 9-2】执行结果

以下命令的执行结果与上面的相同：

```
EXECUTE student_info1 @name=' 王林 ', @cname=' 计算机基础 '
```

或者：

```
DECLARE @proc char(20)
SET @proc= 'student_info1'
EXECUTE @proc @name=' 王林 ', @cname=' 计算机基础 '
```

3）使用带 OUPUT 参数的存储过程。

【例 9-3】 创建一个存储过程 do_insert，用于向 xsb 表中插入一行数据。创建另外一个存储过程 do_action，在其中调用第一个存储过程，并根据条件处理该行数据，处理后输出相应的信息。

第一个存储过程：

```
CREATE PROCEDURE dbo.do_insert
    AS
        INSERT INTO xsb VALUES('091201', ' 陶伟 ', 1, '1990-03-05', ' 软件工程 ',50, NULL);
```

第二个存储过程：

```
CREATE PROCEDURE do_action @X bit, @STR CHAR(8) OUTPUT
    AS
    BEGIN
        EXEC do_insert
        IF @X=0
        BEGIN
            UPDATE xsb SET 姓名 =' 刘英 ', 性别 =0 WHERE 学号 ='091201'
            SET @STR=' 修改成功 '
        END
```

```
        ELSE
            IF @X=1
            BEGIN
                DELETE FROM xsb WHERE 学号 ='091201'
                SET @STR=' 删除成功 '
            END
    END
```

接下来执行存储过程 do_action 来查看结果。

```
DECLARE @str char(8)
EXEC dbo.do_action 0, @str OUTPUT
SELECT @str;
```

执行结果显示“修改成功”。

注意

在存储过程执行时使用的 OUTPUT 参数需要用 DECLARE 命令在之前定义。

4）使用带有通配符参数的存储过程。

【例 9-4】 从 3 个表的连接中返回指定学生的学号、姓名、所选课程名称及该课程的成绩。该存储过程在参数中使用了模式匹配，如果没有提供参数，则使用预设的默认值。

```
CREATE PROCEDURE st_info @name varchar(30) = ' 李 %'
    AS
        SELECT a. 学号 ,a. 姓名 ,c. 课程名 ,b. 成绩
            FROM  xsb a  INNER JOIN  cjb  b
                ON a. 学号 =b. 学号 INNER JOIN kcb c
                ON c. 课程号 = b. 课程号
            WHERE 姓名 LIKE @name
GO
```

执行存储过程：

```
EXECUTE st_info                                        /* 参数使用默认值 */
```

或者：

```
EXECUTE st_info ' 王 %'                                /* 传递给 @name 的实参为 ' 王 %'*/
```

5）使用 OUTPUT 游标参数的存储过程。

OUTPUT 游标参数用于返回存储过程的局部游标。

【例 9-5】 在 pxscj 数据库的 xsb 表上声明并打开一个游标。

```
CREATE PROCEDURE st_cursor @st_cursor cursor VARYING OUTPUT
    AS
        SET @st_cursor = CURSOR  FORWARD_ONLY STATIC FOR
            SELECT *
                FROM xsb
        OPEN @st_cursor
```

在如下的批处理中，声明一个局部游标变量，执行上述存储过程，并将游标赋值给局部游标变量，然后通过该游标变量读取记录。

```
DECLARE @MyCursor cursor
EXEC st_cursor @st_cursor = @MyCursor OUTPUT     /* 执行存储过程 */
FETCH NEXT FROM @MyCursor
WHILE (@@FETCH_STATUS = 0)
```

```
BEGIN
    FETCH NEXT FROM @MyCursor
END
CLOSE @MyCursor
DEALLOCATE @MyCursor
```

6）使用 WITH ENCRYPTION 选项。

WITH ENCRYPTION 子句用于对用户隐藏存储过程的文本。

【例 9-6】 创建加密过程，使用 sp_helptext 系统存储过程获取关于加密过程的信息，然后尝试直接从 syscomments 表中获取关于该过程的信息。

```
CREATE PROCEDURE encrypt_this  WITH ENCRYPTION
    AS
        SELECT *
            FROM xsb
```

通过系统存储过程 sp_helptext 可显示规则、默认值、未加密的存储过程、用户定义函数、触发器或视图的文本。

执行如下语句：

```
EXEC sp_helptext encrypt_this
```

结果集为提示信息“对象 'encrypt_this' 的文本已加密”。

9.1.3 存储过程的修改

使用 ALTER PROCEDURE 命令可修改已存在的存储过程并保留以前赋予的许可。

语法格式：

```
ALTER {PROC | PROCEDURE} [ 架构名 .] 过程名
    [{@ 参数 [ 类型架构名 .] 数据类型 }
      [VARYING] [= default] [OUT[PUT]]
    ]
 [FOR REPLICATION]
AS
{
    <SQL 语句 >
    …
}
```

各参数的含义与 CREATE PROCEDURE 相同，这里不再重复介绍。

如果原来的过程定义是用 WITH ENCRYPTION 或 WITH RECOMPILE 创建的，那么只有在 ALTER PROCEDURE 中也包含这些选项时，这些选项才有效。

用 ALTER PROCEDURE 更改后，存储过程的权限和启动属性保持不变。

【例 9-7】 修改例 9-2 中创建的存储过程 student_info1，将第一个参数改成学生的学号。

```
USE pxscj
GO
ALTER PROCEDURE student_info1
    @number char(6),@cname char(16)
    AS
        SELECT 学号 , 课程名 , 成绩
            FROM  cjb, kcb
```

```
            WHERE cjb.学号=@number AND kcb.课程名=@cname
GO
```

【例 9-8】 创建名为 select_students 的存储过程，在默认情况下，该存储过程可查询所有学生信息，随后授予权限。当该存储过程需更改为能检索计算机专业的学生信息时，用 ALTER PROCEDURE 命令重新定义该存储过程。

创建 select_students 存储过程：

```
CREATE PROCEDURE select_students                    /*创建存储过程*/
    AS
        SELECT *
            FROM  xsb
            ORDER BY 学号
GO
```

修改存储过程 select_students：

```
ALTER PROCEDURE select_students WITH ENCRYPTION
    AS
        SELECT *
            FROM  xsb
            WHERE 专业= '计算机'
            ORDER BY 学号
GO
```

9.1.4 存储过程的删除

当不再使用一个存储过程时，就要把它从数据库中删除。使用 DROP PROCEDURE 语句可永久地删除存储过程。在此之前，必须确认该存储过程没有任何依赖关系。其语法格式如下：

```
DROP {PROC | PROCEDURE} {[架构名.] 过程} [, …]
```

说明：过程是指要删除的存储过程或存储过程组的名称。

【例 9-9】 删除 pxscj 数据库中的 student_info 存储过程。

```
USE pxscj
GO
IF EXISTS(SELECT name FROM sysobjects WHERE name='student_info')
    DROP PROCEDURE student_info
```

说明：在删除存储过程之前，可以先查找系统表 sysobjects 中是否存在这一存储过程，然后再删除。

9.1.5 以界面方式操作存储过程

存储过程的创建、修改和删除也可以通过界面方式实现。

1. 创建存储过程

在“对象资源管理器”中展开“数据库”→选择数据库（如 pxscj），在“可编程性”中选择“存储过程”，右击鼠标，在弹出的快捷菜单中选择“新建存储过程”菜单项，如图 9-3 所示。打开“存储过程脚本编辑”窗口，在该窗口中输入要创建的存储过程的代码，输入完成后单击“执行”按钮，若执行成功则创建完成，如图 9-4 所示。

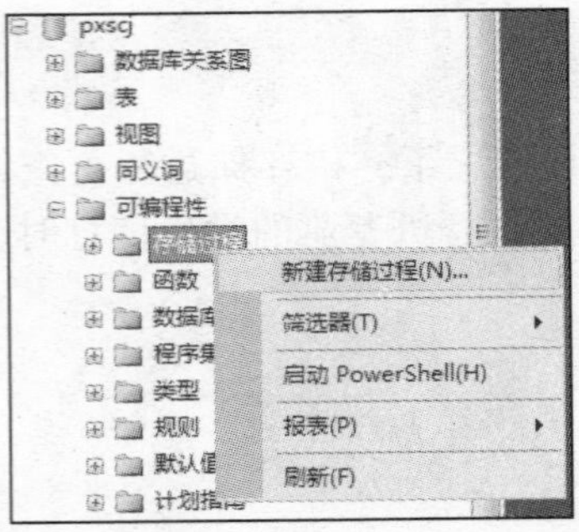

图 9-3　“新建存储过程”菜单项

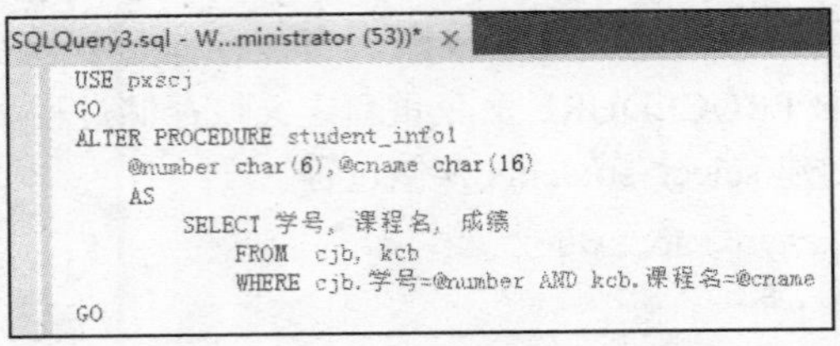

图 9-4　创建存储过程

2. 执行存储过程

在 pxscj 数据库的“存储过程”目录下选择要执行的存储过程，如 student_info1，右击鼠标，选择“执行存储过程”菜单项。在弹出的“执行过程”窗口中会列出存储过程的参数形式，如果“输出参数”栏为“否”，则表示该参数为输入参数，用户需要设置输入参数的值，在 @number“值”栏中输入“191301”，在 @cname 栏中输入“计算机基础”，如图 9-5 所示。

单击“确定”按钮，系统显示存储过程运行的结果，如图 9-6 所示。

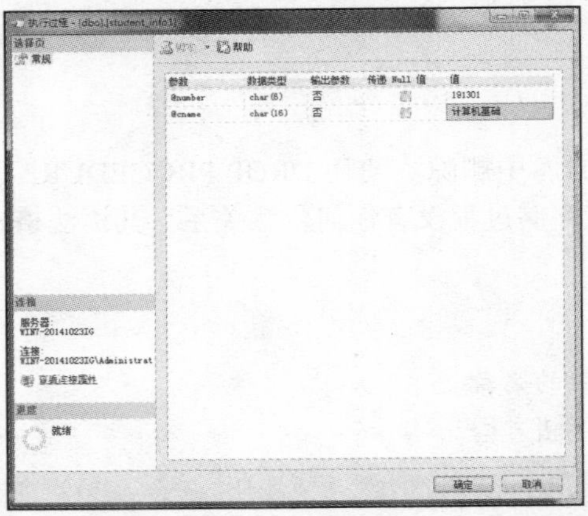

图 9-5　执行存储过程

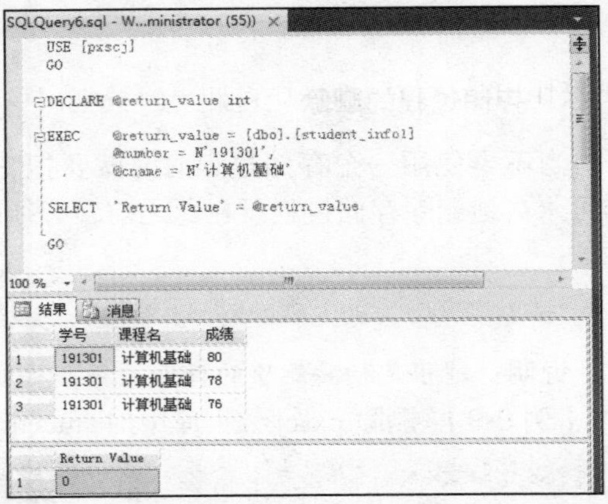

图 9-6　显示存储过程运行的结果

3. 修改存储过程

在“存储过程”目录下选择要修改的存储过程，右击鼠标，在弹出的快捷菜单中选择“修改”菜单项，打开“存储过程脚本编辑”窗口，在该窗口中修改相关的 T-SQL 语句。修改完成后，执行修改后的脚本，若执行成功，则修改了存储过程。

4. 删除存储过程

选择要删除的存储过程，右击鼠标，在弹出的快捷菜单中选择“删除”菜单项，根据提示删除该存储过程。

9.2　触发器

触发器是一个被指定关联到一个表的数据对象，触发器不需要调用，当对一个表的特别事件出现时，它就被激活。触发器的代码也是由 SQL 语句组成的，因此用在存储过程中的语句也可以用在触发器的定义中。触发器是一类特殊的存储过程，与表的关系密切，用于保护表中的数据。当有操作影响到触发器保护的数据时，触发器将自动执行。

9.2.1　触发器的类型

在 SQL Server 2012 中，按照触发事件的不同，可以将触发器分为两大类：DML 触发器和 DDL 触发器。

1. DML 触发器

当数据库中发生数据操纵语言（DML）事件时，调用 DML 触发器。一般情况下，DML 事件包括对于表或视图的 INSERT 语句、UPDATE 语句和 DELETE 语句，因而 DML 触发器也可分为 3 种类型：INSERT、UPDATE 和 DELETE。

利用 DML 触发器可以方便地保持数据库中数据的完整性。例如，pxscj 数据库有 xsb 表、cjb 表和 kcb 表，当插入某一学号学生某一课程的成绩时，该学号应是 xsb 表中已存在的，课程号应是 kcb 表中已存在的，此时，可通过定义 INSERT 触发器实现上述功能。通过 DML 触发器可以实现多个表间数据的一致性。例如，在 pxscj 数据库的 xsb 表中删除一个学生时，在 xsb 表的 DELETE 触发器中要同时删除 cjb 表中所有该学生的记录。

2. DDL 触发器

DDL 触发器也是由相应的事件触发的，但 DDL 触发器触发的事件是数据定义语句（DDL）。这些语句主要是以 CREATE、ALTER、DROP 等关键字开头的语句。DDL 触发器的主要作用是执行管理操作，如审核系统、控制数据库的操作等。通常情况下，DDL 触发器主要用于以下一些操作需求：防止对数据库架构进行某些修改；希望数据库中发生某些变化，以利于相应数据库架构中的更改；记录数据库架构中的更改或事件。DDL 触发器只在响应由 T-SQL 语法指定的 DDL 事件时才会触发。

在 SQL Server 2012 中，可以使用 .NET Framework 公共语言运行库（CLR）创建的程序集的方法创建 CLR 触发器。CLR 触发器既可以是 DML 触发器，也可以是 DDL 触发器。

9.2.2　触发器的创建

创建 DML 触发器和 DDL 触发器都使用 CREATE TRIGGER 语句，但是两者的语法略有不同。

1. 创建 DML 触发器

语法格式：

```
CREATE TRIGGER [ 架构名 .] 触发器名
    ON { 表 | 视图 }                                  /* 指定操作对象 */
[WITH  ENCRYPTION]                                   /* 说明是否采用加密方式 */
{FOR | AFTER | INSTEAD OF}
{[INSERT] [,] [UPDATE] [,] [DELETE]}
[WITH APPEND]
[NOT FOR REPLICATION]                                /* 说明该触发器不用于复制 */
AS
{
    <SQL 语句 >
    …
}
```

1）触发器名：用于指定触发器名，触发器名必须符合标识符规则，并且在数据库中必须唯一。“架构名”是 DML 触发器所属架构的名称。对于 DDL 触发器，无法指定架构名。

2）表 | 视图：是指在其上执行触发器的表或视图，有时称为触发器表或触发器视图。使用 WITH ENCRYPTION 选项可以对 CREATE TRIGGER 语句的文本进行加密。

3）AFTER：用于说明触发器在指定操作都成功执行后触发，如 AFTER INSERT 表示向表中插入数据时激活触发器。不能在视图上定义 AFTER 触发器。如果为了向前兼容而仅指定 FOR 关键字，则 AFTER 是默认值。一个表可以创建多个给定类型的 AFTER 触发器。

4）INSTEAD OF：指定用 DML 触发器中的操作代替触发语句的操作。

在表或视图上，每个 INSERT、UPDATE 或 DELETE 语句最多可以定义一个 INSTEAD OF 触发器。另外，INSTEAD OF 触发器不可以用于使用了 WITH CHECK OPTION 选项的可更新视图。如果触发器表存在约束，则在 INSTEAD OF 触发器执行之后和 AFTER 触发器执行之前检查这些约束。如果违反了约束，则回滚 INSTEAD OF 触发器操作，且不执行 AFTER 触发器。

5）{[INSERT] [,] [UPDATE] [,] [DELETE]}：指定激活触发器的语句类型，必须至少指定一个选项。在触发器定义中允许使用上述选项的任意顺序组合。INSERT 表示将新行插入表时激活触发器。UPDATE 表示更改某一行时激活触发器。DELETE 表示从表中删除某一行时激活触发器。

6）WITH APPEND：指定应该再添加一个现有类型的触发器。这个选项只有在仅指定了 FOR 关键字时才可以使用，该选项将在以后的 SQL Server 版本中删除。

7）<SQL 语句>：触发器的 T-SQL 语句，可以有一条或多条语句，指定 DML 触发器触发后将要执行的动作。

2. 触发器说明

关于触发器有以下几点说明：

1）触发器中使用的特殊表。执行触发器时，系统创建了两个特殊的临时表 inserted 表和 deleted 表，下面介绍这两个表的内容。

- inserted 表：当向表中插入数据时，INSERT 触发器触发执行，新的记录插入触发器表和 inserted 表中。
- deleted 表：用于保存已从表中删除的记录，当触发一个 DELETE 触发器时，被删除的记录存放到 deleted 表中。

修改一条记录等于插入一条新记录，同时删除旧记录。当修改定义了 UPDATE 触发器的表记录时，表中原记录移到 deleted 表中，修改过的记录插入 inserted 表中。由于 inserted 表和 deleted 表都是临时表，它们在触发器执行时创建，触发器执行完后就消失了，所以只可以在触发器的语句中使用 SELECT 语句查询这两个表。

2）创建 DML 触发器的说明。创建 DML 触发器时主要有以下几点说明：

① CREATE TRIGGER 语句必须是批处理中的第一条语句，并且只能应用到一个表中。

② DML 触发器只能在当前的数据库中创建，但可以引用当前数据库的外部对象。

③ 创建 DML 触发器的权限默认分配给表的所有者。

④ 在同一 CREATE TRIGGER 语句中，可以为多种操作（如 INSERT 和 UPDATE）定义相同的触发器操作。

⑤ 不能对临时表或系统表创建 DML 触发器。

⑥ 对于含有 DELETE 或 UPDATE 操作定义的外键表，不能使用 INSTEAD OF DELETE

和 INSTEAD OF UPDATE 触发器。

⑦ TRUNCATE TABLE 语句虽然能够删除表中的记录，但它不会触发 DELETE 触发器。

⑧ 在触发器内可以指定任意的 SET 语句，所选择的 SET 选项在触发器执行期间有效，并在触发器执行完后恢复到以前的设置。

⑨ DML 触发器最大的用途是返回行级数据的完整性，而不是返回结果，所以应当尽量避免返回任何结果集。

⑩ CREATE TRIGGER 权限默认授予定义触发器的表所有者、sysadmin 固定服务器角色成员、db_owner 和 db_ddladmin 固定数据库角色成员，并且不可转让。

⑪ DML 触发器中不能包含以下语句：ALTER DATABASE、CREATE DATABASE、DROP DATABASE、LOAD DATABASE、LOAD LOG、RECONFIGURE、RESTORE DATABASE、RESTORE LOG。

3. 创建 INSERT 触发器

INSERT 触发器是对触发器表执行 INSERT 语句时激活的触发器。INSERT 触发器可以用来修改，甚至拒绝接收正在插入的记录。

【例 9-10】 创建一个表 table1，其中只有一列 a。在表上创建一个触发器，每次插入操作时，将变量 @str 的值设为“TRIGGER IS WORKING”并显示。

```
USE pxscj
GO
CREATE TABLE table1(a int)
GO
CREATE TRIGGER table1_insert
        ON table1 AFTER INSERT
    AS
    BEGIN
        DECLARE @str char(50)
        SET @str='TRIGGER IS WORKING'
        PRINT @str
    END
```

向 table1 中插入一行数据：

```
INSERT INTO table1 VALUES(10)
```

执行结果显示“TRIGGER IS WORKING”。

说明： 本例定义的是 INSERT 触发器，每次向表中插入一行数据时都会激活该触发器，从而执行触发器中的操作。

PRINT 命令的作用是向客户端返回用户定义的消息。

【例 9-11】 创建 cjb 表插入后触发器，当向 cjb 表中插入一个学生的成绩时，将 xsb 表中该学生的总学分加上添加的课程的学分。

```
CREATE TRIGGER cjb_insert
        ON cjb AFTER INSERT
    AS
    BEGIN
        DECLARE @num char(6), @kc_num char(3)
        DECLARE @xf int
        SELECT @num=学号, @kc_num=课程号 from inserted
        SELECT @xf=学分 FROM kcb WHERE 课程号=@kc_num
        UPDATE xsb SET 总学分=总学分+@xf  WHERE 学号=@num
```

```
        PRINT '修改成功'
    END
```

说明：本例使用 SELECT 语句从 inserted 临时表查找出插入 cjb 表的一行记录，然后根据课程号的值查找到学分值，最后修改 xsb 表的总学分。本例的执行结果请读者自行验证。

4. 创建 UPDATE 触发器

UPDATE 触发器在对触发器表执行 UPDATE 语句后触发。在执行 UPDATE 触发器时，将触发器表的原记录保存到 deleted 临时表中，将修改后的记录保存到 inserted 临时表中。

【例 9-12】 创建 xsb 表修改触发器，当修改 xsb 表中的学号时，同时将 cjb 表中的学号修改成相应的学号（假设 xsb 表和 cjb 表之间没有定义外键约束）。

1）创建 xsb 表修改触发器。

```
CREATE TRIGGER xsb_update
    ON xsb AFTER UPDATE
    AS
    BEGIN
        DECLARE @old_num char(6), @new_num char(6)
        SELECT @old_num= 学号 FROM deleted
        SELECT @new_num= 学号 FROM inserted
        UPDATE cjb SET 学号 =@new_num WHERE 学号 =@old_num
    END
```

2）修改 xsb 表中的一行数据，并查看触发器执行结果。

```
UPDATE xsb SET 学号 ='191320' WHERE 学号 ='191301'
GO
SELECT *  FROM cjb WHERE 学号 ='191320'
GO
```

由于 xsb 表和 cjb 表之间没有定义外键约束，所以上述修改 xsb 学号的命令不能执行。

5. 创建 DELETE 触发器

【例 9-13】 在删除 xsb 表中的一条学生记录时，同时删除 cjb 表中该学生的相应记录。

```
CREATE TRIGGER xsb_delete
    ON xsb AFTER DELETE
    AS
    BEGIN
        DELETE FROM cjb
            WHERE 学号 IN(SELECT 学号 FROM deleted)
    END
```

执行结果请读者自行验证。

创建 DML 触发器时还可以同时创建多个类型的触发器。

【例 9-14】 在 kcb 表中创建 UPDATE 和 DELETE 触发器，当修改或删除 kcb 表中的课程号字段时，同时修改或删除 cjb 表中的该课程号。

```
CREATE TRIGGER kcb_trig
    ON kcb AFTER UPDATE, DELETE
    AS
    BEGIN
        IF (UPDATE(课程号))
            UPDATE cjb SET 课程号 =(SELECT 课程号 FROM inserted)
                WHERE 课程号 =(SELECT 课程号 FROM deleted)
        ELSE
```

```
            DELETE FROM cjb
                WHERE 课程号 IN(SELECT 课程号 FROM deleted)
    END
```

说明：UPDATE() 函数返回一个布尔值，指示是否对表或视图的指定列进行了 INSERT 或 UPDATE 操作。

6. 创建 INSTEAD OF 触发器

AFTER 触发器是在触发语句执行后触发的，与 AFTER 触发器不同的是，INSTEAD OF 触发器触发时只执行触发器内部的 SQL 语句，而不执行激活该触发器的 SQL 语句。一个表或视图中只能有一个 INSTEAD OF 触发器。

【例 9-15】 创建表 table2，值包含一列 a，在表中创建 INSTEAD OF INSERT 触发器，当向表中插入记录时显示相应消息。

```
USE pxscj
GO
CREATE TABLE table2(a int)
GO
CREATE TRIGGER table2_insert
        ON table2 INSTEAD OF INSERT
    AS
        PRINT 'INSTEAD OF TRIGGER IS WORKING'
```

向表中插入一行数据：

```
INSERT INTO table2 VALUES(10)
```

执行结果：使用 SELECT 语句查询表 table2 可以发现，table2 中并没有插入数据。

INSTEAD OF 触发器的主要作用是使不可更新视图支持更新。如果视图的数据来自于多个基表，则必须使用 INSTEAD OF 触发器支持引用表中数据的插入、更新和删除操作。

例如，若在一个多表视图上定义了 INSTEAD OF INSERT 触发器，视图各列的值可能允许为空，也可能不允许为空。若视图某列的值不允许为空，则 INSERT 语句必须为该列提供相应的值。

如果视图的列为以下几种情况之一：基表中的计算列、基表中的标识列、具有 timestamp 数据类型的基表列，则该视图的 INSERT 语句必须为这些列指定值，INSTEAD OF 触发器在构成将值插入基表的 INSERT 语句时会忽略指定的值。

【例 9-16】 在 pxscj 数据库中创建视图 stu_view，包含学生学号、专业、课程号、成绩。该视图依赖于表 xsb 和 cjb，是不可更新视图。可以在视图上创建 INSTEAD OF 触发器，当向视图中插入数据时，分别向表 xsb 和 cjb 插入数据，从而实现向视图插入数据的功能。

1）创建视图。

```
CREATE VIEW stu_view
AS
SELECT xsb.学号，专业，课程号，成绩
    FROM xsb, cjb
    WHERE xsb.学号=cjb.学号
```

2）创建 INSTEAD OF 触发器。

```
CREATE TRIGGER InsteadTrig
    ON stu_view
    INSTEAD OF INSERT
```

```
    AS
    BEGIN
        DECLARE @XH char(6), @XM char(8),
                @ZY char(12), @KCH char(3), @CJ int
        SET @XM='佚名'
        SELECT @XH=学号, @ZY=专业, @KCH=课程号, @CJ=成绩
            FROM inserted
        INSERT INTO xsb(学号, 姓名, 专业)
            VALUES(@XH, @XM, @ZY)
        INSERT INTO cjb VALUES(@XH, @KCH, @CJ)
    END
```

3）向视图插入一行数据。

```
INSERT INTO stu_view VALUES('201302', '计算机', '101', 85)
```

4）查看 stu_view 视图和与视图关联的 xsb 基表数据是否插入。

```
SELECT * FROM stu_view WHERE 学号 = '201302'
SELECT * FROM xsb WHERE 学号 = '201302'
```

执行结果如图 9-7 所示。

	学号	专业	课程号	成绩
1	201302	计算机	101	85

	学号	姓名	性别	出生时间	专业	总学分	备注
1	201302	佚名	1	NULL	计算机	5	NULL

图 9-7 执行结果

说明：向视图插入数据的 INSERT 语句实际执行的语句是 INSTEAD OF 触发器中的 SQL 语句。由于 xsb 表中的“姓名”列不能为空，所以在向 xsb 表插入数据时给姓名设置了一个默认值，总学分默认值虽然为 0，但结果中为 5，这是因为在 cjb 表中定义了一个 INSERT 触发器。

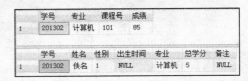

7. 创建 DDL 触发器

语法格式：

```
CREATE TRIGGER 触发器名
    ON {ALL SERVER | DATABASE}
[WITH ENCRYPTION]
{FOR | AFTER} {事件类型 | 事件组} [, …]
AS
{
    SQL 语句 [;] […]
    | EXTERNAL NAME  程序集名.类名.方法名
}
```

说明：

1）ALL SERVER | DATABASE：ALL SERVER 关键字是指将当前 DDL 触发器的作用域应用于当前服务器。DATABASE 是指将当前 DDL 触发器的作用域应用于当前数据库。

2）事件类型：执行之后将导致触发 DDL 触发器的 T-SQL 语句事件的名称。当 ON 关键字后面指定 DATABASE 选项时使用该名称。值得注意的是，每个事件对应的 T-SQL 语句有一些不同之处，如要在使用 CREATE TABLE 语句时激活触发器，AFTER 关键字后面的名称为 CREATE_TABLE，在关键字之间包含下划线（“_”）。“事件类型”选项的值可以是 CREATE_TABLE、ALTER_TABLE、DROP_TABLE、CREATE_USER、CREATE_VIEW 等。

3）事件组：预定义的 T-SQL 语句事件分组的名称。ON 关键字后面指定为 ALL SERVER 选项时使用该名称，如 CREATE_DATABASE、ALTER_DATABASE 等。

其他选项与创建 DML 触发器的语法相同。

【例 9-17】 创建 pxscj 数据库作用域的 DDL 触发器，当删除一个表时，提示禁止该操作，然后回滚删除表的操作。

```
USE pxscj
GO
CREATE TRIGGER safety  ON DATABASE
    AFTER DROP_TABLE
    AS
        PRINT '不能删除该表'
        ROLLBACK TRANSACTION
```

尝试删除表 table1：

```
DROP TABLE table1
```

执行结果如图 9-8 所示。

读者可以自行查看 table1 表是否被删除。

说明：ROLLBACK TRANSACTION 语句用于回滚之前所做的修改，将数据库恢复到原来的状态。

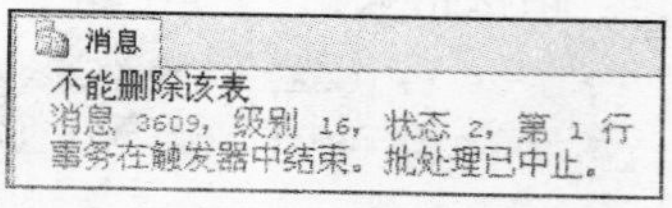

图 9-8　执行结果

【例 9-18】 创建服务器作用域的 DDL 触发器，当删除一个数据库时，提示禁止该操作并回滚删除数据库的操作。

```
CREATE TRIGGER safety_server  ON ALL SERVER
    AFTER DROP_DATABASE
    AS
        PRINT '不能删除该数据库'
        ROLLBACK TRANSACTION
```

9.2.3　触发器的修改

要修改触发器执行的操作，可以使用 ALTER TRIGGER 语句。

（1）修改 DML 触发器的语法格式

```
ALTER TRIGGER 架构名 . 触发器名
    ON ( 表 | 视图 )
[WITH ENCRYPTION]
(FOR | AFTER | INSTEAD OF)
{[DELETE] [,] [INSERT] [,] [UPDATE]}
[NOT FOR REPLICATION]
    AS
{
    SQL 语句 [;] [...]
    | EXTERNAL NAME 程序集名 . 类名 . 方法名
}
```

（2）修改 DDL 触发器的语法格式

```
ALTER TRIGGER 触发器名
    ON {DATABASE | ALL SERVER}
[WITH ENCRYPTION]
{FOR | AFTER} { 事件类型 [, ...] | 事件组 }
    AS
{
    SQL 语句 [;]
    | EXTERNAL NAME 程序集名 . 类名 . 方法名 [;]
}
```

说明："触发器名"为要修改的触发器的名称，该触发器必须在数据库中已经存在。ALTER TRIGGER 语句的其他语法与 CREATE TRIGGER 语句类似，这里不再重复说明。

【例 9-19】 将在 pxscj 数据库 xsb 表上定义的触发器 xsb_delete 修改为 UPDATE 触发器。

```
USE pxscj
GO
ALTER TRIGGER xsb_delete ON xsb  FOR UPDATE
    AS
        PRINT '执行的操作是修改'
```

9.2.4 触发器的删除

触发器本身存在于表中，因此，当表被删除时，表中的触发器也将一起被删除。删除触发器使用 DROP TRIGGER 语句。

语法格式：

```
DROP TRIGGER 架构名.触发器名 [,…] [;]                          /*删除DML触发器*/
DROP TRIGGER 触发器名 [,…] ON {DATABASE | ALL SERVER}[;] /*删除DDL触发器*/
```

说明："触发器名"为要删除触发器的名称，可以包含触发器的架构名。如果是删除 DDL 触发器，则要使用 ON 关键字指定是在数据库作用域，还是服务器作用域。

【例 9-20】 删除 DML 触发器 xsb_delete。

```
IF EXISTS (SELECT name FROM sysobjects WHERE name = 'xsb_delete')
    DROP TRIGGER xsb_delete
```

说明：DML 触发器创建后名称一般保存在系统表 sysobjects 中，在删除前可以先判断该触发器的名称是否存在。

【例 9-21】 删除 DDL 触发器 safety。

```
DROP TRIGGER safety ON DATABASE
```

9.2.5 以界面方式操作触发器

1. 创建触发器

（1）通过界面方式只能创建 DML 触发器

在"对象资源管理器"中展开"数据库"→"pxscj"→"表"→"dbo.xsb"，选择其中的"触发器"目录，在该目录下可以看到之前已经创建的 xsb 表的触发器。右击"触发器"，在弹出的快捷菜单中选择"新建触发器"菜单项。在打开的"触发器脚本编辑"窗口中输入相应的创建触发器的命令。输入完成后，单击"执行"按钮，若执行成功，则触发器创建完成。

（2）查看 DDL 触发器

DDL 触发器不可以使用界面方式创建，DDL 触发器分为数据库触发器和服务器触发器，展开"数据库"→"pxscj"→"可编程性"→"数据库触发器"，可以查看有哪些数据库触发器。展开"数据库"→"服务器对象"→"触发器"，可以查看有哪些服务器触发器。

2. 修改触发器

DML 触发器能够使用界面方式修改，DDL 触发器则不可以。进入"对象资源管理器"，修改触发器的步骤与创建的步骤相同，在"对象资源管理器"中选择要修改的触发器，右击鼠标，在弹出的快捷菜单中选择"修改"菜单项，打开"触发器脚本编辑"窗口，在该窗口中可以修改触发器，修改后单击"执行"按钮重新执行即可。但是被设置成"WITH

ENCRYPTION”的触发器是不能被修改的。

3. 删除触发器

（1）删除 DML 触发器

以 xsb 表的 DML 触发器为例，在“对象资源管理器”中展开“数据库”→“pxscj”→“表”→“dbo.xsb”→“触发器”，选择要删除的触发器名称，右击鼠标，在弹出的快捷菜单中选择“删除”菜单项，在弹出的“删除对象”窗口中单击“确定”按钮，即可完成触发器的删除操作。

（2）删除 DDL 触发器

删除 DDL 触发器与删除 DML 触发器的方法类似，首先找到要删除的触发器，右击鼠标，选择“删除”选项即可。

习题

一、选择题

1. 关于存储过程说法错误的是（　　）。

A. 方便用户完成某些功能

B. 用户存储过程方便用户批量执行 T-SQL 命令

C. 用户存储过程不能调用系统存储过程

D. 应用程序可以调用用户存储过程

2. 存储过程与外界的交互通过（　　）。

A. 表　　B. 输入参数　　C. 输出参数　　D. 游标

3. 存储过程的修改不能采用（　　）。

A. 界面方式修改命令方式创建的存储过程

B. ALTER PROCEDURE

C. 先删除再创建

D. CREATE PROCEDURE

4. 关于触发器的正确说法是（　　）。

A. DML 触发器控制表记录

B. DDL 触发器实现数据库管理

C. DML 触发器不能控制所有数据完整性

D. 触发器中的 T-SQL 代码在事件产生时执行

5. 关于触发器的错误说法是（　　）。

A. 游标一般用于存储过程　　B. 游标也可用于触发器

C. 应用程序可以调用触发器　　D. 触发器一般是针对表

二、说明题

1. 试说明存储过程的特点及分类。
2. 举例说明存储过程的定义与执行。
3. 什么是 inserted 表和 deleted 表？
4. DML 触发器和 DDL 触发器的区别是什么？在产品销售数据库（cpxs）的产品表（cpb）上分别创建一个 DML 和 DDL 触发器。

第 10 章

备份与恢复

尽管数据库管理系统中采取了各种措施来保证数据库的安全性和完整性，但硬件故障、软件错误、病毒、误操作或故意破坏仍可能发生。这些故障会造成运行事务的异常中断，影响数据的正确性，甚至会破坏数据库，使数据库中的数据破坏和丢失。因此数据库管理系统都提供了把数据库从错误状态恢复到某一正确状态的功能，这种功能称为恢复。

数据库的恢复是以备份为基础的，SQL Server 2012 的备份和恢复组件为存储在 SQL Server 中的关键数据提供了重要的保护手段。本章着重讨论备份恢复策略和过程。

10.1 概述

10.1.1 备份和恢复需求分析

数据库中的数据丢失或被破坏可能是由于以下原因：

1）计算机硬件故障。由于使用不当或产品质量等原因，计算机硬件可能会出现故障，不能使用。如硬盘损坏会使得存储于其上的数据丢失。

2）软件故障。由于软件设计上的失误或用户使用的不当，软件系统可能会误操作数据引起数据破坏。

3）病毒。破坏性病毒会破坏系统软件、硬件和数据。

4）误操作。如用户误用了诸如 DELETE、UPDATE 等命令而引起数据丢失或被破坏。

5）自然灾害。如火灾、洪水和地震等，它们会造成极大的破坏，毁坏计算机系统及其数据。

6）盗窃。一些重要数据可能会遭窃。

因此，必须制作数据库的复本，即进行数据库备份，以便在数据库遭到破坏时能够修复数据库，即进行数据库恢复。数据库恢复就是把数据库从错误状态恢复到某一正确状态。

备份和恢复数据库也可以用于其他目的，如可以通过备份与恢复将数据库从一个服务器移动或复制到另一个服务器。

10.1.2 数据库备份的概念

SQL Server 2012 提供了多种备份方法，各种方法都有自己的特点。如何根据具体的应用状况选择合适的备份方法是很重要的。

设计备份策略的指导思想是：以最小的代价恢复数据。备份与恢复是互相联系的，备份策略与恢复应结合起来考虑。

1. 备份内容

数据库中数据的重要程度决定了数据恢复的必要性与重要性，也就决定了数据是否及如何备份。数据库需备份的内容可分为数据文件（又分为主要数据文件和次要数据文件）、日志文件两部分。其中，数据文件所存储的系统数据库是确保 SQL Server 2012 系统正常运行的重要依据，无疑，系统数据库必须完全备份。

2. 由谁做备份

在 SQL Server 2012 中，具有下列角色的成员可以执行备份操作：

1）固定的服务器角色 sysadmin（系统管理员）。

2）固定的数据库角色 db_owner（数据库所有者）。

3）固定的数据库角色 db_backupoperator（允许进行数据库备份的用户）。

除了以上 3 个角色之外，还可以通过授权允许其他角色进行数据库备份。有关角色的内容将在第 9 章介绍。

3. 备份介质

备份介质是指将数据库备份到的目标载体，即备份到何处。SQL Server 2012 允许使用两种类型的备份介质。

1）硬盘：是最常用的备份介质，可以用于备份本地文件，也可以用于备份网络文件。

2）磁带：是大容量的备份介质，磁带仅可用于备份本地文件。

4. 何时备份

对于系统数据库和用户数据库，其备份时机是不同的。

（1）系统数据库的备份时机

当系统数据库 master、msdb 和 model 中的任何一个被修改以后，都要将其备份。

master 数据库包含了 SQL Server 2012 系统有关数据库的全部信息，即它是“数据库的数据库”。如果 master 数据库损坏，那么 SQL Server 2012 可能无法启动，并且用户数据库可能无效。当 master 数据库被破坏而没有 master 数据库的备份时，就只能重建全部的系统数据库。

当修改了系统数据库 msdb 或 model 时，也必须对它们进行备份，以便在系统出现故障时，恢复作业以及用户创建的数据库信息。

注意

不要备份数据库 tempdb，因为它仅包含临时数据。

（2）用户数据库的备份时机

当创建数据库或加载数据库时，应备份数据库。当为数据库创建索引时，应备份数据库，以便恢复时能够大大节省时间。

当清理日志或执行了不记日志的 T-SQL 命令时，应备份数据库，这是因为若日志记录被清除或命令未记录在事务日志中，日志中将不包含数据库的活动记录，所以不能通过日志恢复数据。不记日志的命令有 BACKUP LOG WITH NO_LOG、WRITETEXT、UPDATETEXT、SELECT INTO、命令行实用程序、BCP 命令等。

5. 限制的操作

SQL Server 2012 在执行数据库备份的过程中，允许用户对数据库继续操作，但不允许用户在备份时执行下列操作：创建或删除数据库文件、创建索引、不记日志的命令。

若在系统正执行上述操作中的任何一种时试图进行备份，则备份进程不能执行。

6. 备份方法

数据库备份常用的两类方法是完全备份和差异备份。完全备份每次都备份整个数据库或事务日志，差异备份则只备份自上次备份以来发生过变化的数据库的数据。差异备份也称为增量备份。

SQL Server 2012 中有两种基本的备份：一种是只备份数据库，另一种是备份数据库和事务日志，它们又都可以与完全或差异备份相结合。另外，当数据库很大时，也可以进行个别文件或文件组的备份，从而将数据库备份分割为多个较小的备份过程。这样就形成了以下 4 种备份方法。

（1）完全数据库备份

这种方法按常规定期备份整个数据库，包括事务日志。当系统出现故障时，可以恢复到最近一次数据库备份时的状态，但自该备份后所提交的事务都将丢失。

完全数据库备份的主要优点是简单，备份是单一操作，可按一定的时间间隔预先设定，恢复时只需一个步骤就可以完成。

若数据库不大，或者数据库中的数据变化很少甚至是只读的，就可以对其进行完全数据库备份。

（2）数据库和事务日志备份

这种方法不需很频繁地定期进行数据库备份，而是在两次完全数据库备份期间，进行事务日志备份，所备份的事务日志记录了两次数据库备份之间所有的数据库活动记录。当系统出现故障后，能够恢复所有备份的事务，而只丢失未提交或提交但未执行完的事务。

执行恢复时，需要两步：首先恢复最近的完全数据库备份，然后恢复在该完全数据库备份以后的所有事务日志备份。

（3）差异备份

差异备份只备份自上次数据库备份后发生更改的部分数据库，它用来扩充完全数据库备份或数据库和事务日志备份方法。对于一个经常修改的数据库，采用差异备份策略可以减少备份和恢复时间。差异备份比完全备份工作量小，而且备份速度快，对正在运行的系统影响也较小，因此可以更经常地备份。经常备份将减小丢失数据的风险。

使用差异备份方法，执行恢复时，若是数据库备份，则用最近的完全数据库备份和最近的差异数据库备份来恢复数据库；若是差异数据库和事务日志备份，则需用最近的完全数据库备份和最近的差异备份后的事务日志备份来恢复数据库。

（4）数据库文件或文件组备份

这种方法只备份特定的数据库文件或文件组，同时还要定期备份事务日志，这样在恢复时可以只还原已损坏的文件，而不用还原数据库的其余部分，从而加快了恢复速度。

对于被分割在多个文件中的大型数据库，可以使用这种方法进行备份。例如，如果数据库由几个在物理上位于不同磁盘上的文件组成，当其中一个磁盘发生故障时，只需还原发生了故障的磁盘上的文件。文件或文件组备份和还原操作必须与事务日志备份一起使用。

文件或文件组备份能够更快地恢复已隔离的媒体故障，迅速还原损坏的文件，在调度和媒体处理上具有更大的灵活性。

10.1.3　数据库恢复的概念

数据库恢复就是当数据库出现故障时，将备份的数据库加载到系统，从而使数据库恢复到备份时的正确状态。

恢复是与备份相对应的系统维护和管理操作。系统进行恢复操作时，先执行一些系统安全性的检查，包括检查所要恢复的数据库是否存在、数据库是否变化以及数据库文件是否兼容等，然后根据所采用的数据库备份类型采取相应的恢复措施。

与备份操作相比，恢复操作较为复杂，因为它是在系统异常情况下执行的操作。通常恢复要经过以下两个步骤。

1. 准备工作

数据库恢复的准备工作包括系统安全性检查和备份介质验证。在进行恢复时，系统先执行安全性检查、重建数据库及其相关文件等操作，保证数据库安全地恢复，这是数据库恢复必要的准备，可以防止错误的恢复操作。例如，用不同的数据库备份或用不兼容的数据库备份信息覆盖某个已存在的数据库。当系统发现出现了以下情况时，恢复操作将不进行：

1）指定要恢复的数据库已存在，但在备份文件中记录的数据库与其不同。

2）服务器中的数据库文件集与备份中的数据库文件集不一致。

3）未提供恢复数据库所需的所有文件或文件组。

安全性检查是系统在执行恢复操作时自动进行的。恢复数据库时，要确保数据库的备份是有效的，即要验证备份介质，得到数据库备份的信息。这些信息包括：

- 备份文件或备份集名及描述信息。
- 所使用的备份介质类型（磁带或磁盘等）。
- 所使用的备份方法。
- 执行备份的日期和时间。
- 备份集的大小。
- 数据库文件及日志文件的逻辑和物理文件名。
- 备份文件的大小。

2. 执行恢复数据库的操作

可以提供使用图形向导方式或 T-SQL 语句执行恢复数据库的操作。

10.2　数据库备份

进行数据库备份时，首先创建用来存储备份的备份设备。备份设备一般是硬盘。备份设备分为永久备份设备和临时备份设备两类。只有创建备份设备后，才能将需要备份的数据库备份到备份设备中。创建备份设备和数据库备份可通过 SMSS 或 T-SQL 命令进行。

10.2.1　创建备份设备

备份设备总是有一个物理名称，这个物理名称是操作系统访问物理设备时使用的名称，但使用逻辑名访问更加方便。要使用备份设备的逻辑名进行备份，就必须先创建命名的备份设备，否则只能使用物理名访问备份设备。可以使用逻辑名访问的备份设备则称为命名的备份设备，只能使用物理名访问的备份设备则称为临时备份设备。

1. 创建永久备份设备

如果要使用备份设备的逻辑名来引用备份数据库，就必须在使用它之前创建命名备份设备。当希望创建的备份设备能够重新使用或设置系统自动备份数据库时，就要使用永久备份设备。

若使用磁盘设备备份，那么备份设备实际上就是磁盘文件。

创建该备份设备有两种方法：使用系统存储过程 sp_addumpdevice 和 SMSS。

1）执行系统存储过程 sp_addumpdevice 创建命名备份设备，也可以将数据定向到命名管道。

语法格式：

```
sp_addumpdevice [@devtype =] '设备类型' ,
    [@logicalname =] '逻辑名' ,
    [@physicalname =] '物理名'
```

说明：“设备类型”指出介质类型，可以是 DISK（硬盘文件）或者 TAPE（磁带）。

【例 10-1】 在本地硬盘上创建一个备份设备。

```
USE  pxscj
GO
EXEC sp_addumpdevice 'DISK', 'mybackupfile1',
     'd:\Server\2012\mybackupfile1.bak'
```

所创建的备份设备的逻辑名是 mybackupfile1；所创建的备份设备的物理名是 d:\Server\2012\mybackupfile1.bak。备份设备的物理文件一定不能直接保存在磁盘根目录下。

2）使用“对象资源管理器”创建永久备份设备。在“对象资源管理器”中展开“服务器对象”，选择“备份设备”。在“备份设备”列表上可以看到例 10-1 中使用系统存储过程创建的备份设备。右击鼠标，在弹出的快捷菜单中选择“新建备份设备”菜单项。

在打开的“备份设备”窗口中分别输入备份设备的名称和完整的物理路径名，单击“确定”按钮，完成备份设备的创建，如图 10-1 所示。

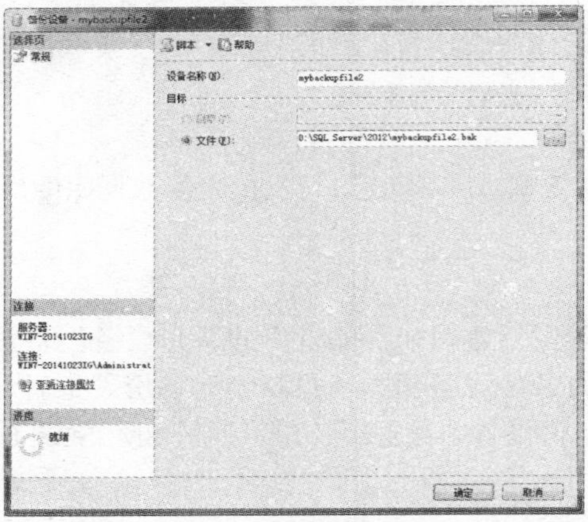

图 10-1　备份设备

当创建的“命名备份设备”不再需要时，可以用系统存储过程 sp_dropdevice 将其删除。例如：

```
EXEC sp_dropdevice 'mybackupfile1', DELFILE
```

2. 创建临时备份设备

临时备份设备，顾名思义，就是只做临时性存储之用，对这种设备只能使用物理名来引用。如果不准备重用备份设备，就可以使用临时备份设备。例如，如果只要进行数据库的一次性备份或测试自动备份操作，就用临时备份设备。

在创建临时备份设备时，要指定介质类型（一般为磁盘）、完整的路径名及文件名称。可使用 T-SQL 的 BACKUP DATABASE 语句创建临时备份设备。对使用临时备份设备进行的备份，SQL Server 系统将创建临时文件来存储备份的结果。

语法格式：

```
BACKUP DATABASE { 数据库名 | @ 数据库名变量 }
    TO < 备份文件 > [, …]
```

【例 10-2】 在磁盘上创建一个临时备份设备，用于备份数据库 pxscj。

```
USE pxscj
GO
BACKUP DATABASE pxscj TO  DISK= 'd:\Server\2012\tmppxscj.bak'
```

3. 使用多个备份设备

SQL Server 可以同时向多个备份设备写入数据，即进行并行备份。并行备份将需备份的数据分别备份在多个设备上，这多个备份设备构成了备份集。图 10-2 为在多个备份设备上进行备份以及由备份的各组成部分形成的备份集。

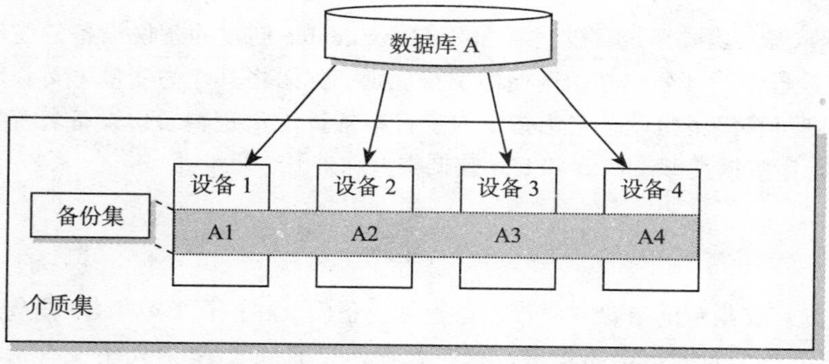

图 10-2　使用多个备份设备及备份集

使用并行备份可以减少备份操作的时间。例如，使用 3 个磁盘设备进行并行备份，比只使用一个磁盘设备进行备份，在正常情况下可以减少三分之二的时间。

在用多个备份设备进行并行备份时，要注意以下几点：

1）设备备份操作使用的所有设备必须具有相同的介质类型。

2）多设备备份操作使用的设备的存储容量和运行速度可以不同。

3）可以使用命名备份设备与临时备份设备的组合。

4）从多设备备份恢复时，不必使用与备份时相同数量的设备。

10.2.2　以命令方式备份数据库

规划了备份的策略，确定备份设备后，就可以执行实际的备份操作了。可以使用“对象资源管理器”、“备份向导”或“T-SQL 命令”执行备份操作。

本小节讨论 T-SQL 提供的备份命令——BACKUP，该命令用于备份整个数据库、差异备份数据库、备份特定的文件或文件组及备份事务日志。

1. 备份整个数据库

BACKUP DATABASE 命令的语法格式如下：

```
BACKUP DATABASE { 数据库名 | @ 数据库名变量 }          /* 被备份的数据库名 */
    TO <备份设备> [, …]                               /* 指出备份目标设备 */
[MIRROR TO <备份设备> …]
```

1）数据库名：将此名称的数据库备份到指定的备份设备。

其中，参数“数据库名”指定了一个数据库，表示从该数据库中对事务日志和完整的数据库进行备份。如果要备份的数据库以变量（@ 数据库名变量）提供，则可将该名称指定为字符串常量（@ 数据库名变量 = 数据库名）或字符串数据类型（ntext 和 text 数据类型除外）的变量。

2）TO 子句：表示伴随的备份设备组是一个非镜像媒体集，或者镜像媒体集中的镜像之一（如果声明一个或多个 MIRROR TO 子句）。

3）<备份设备>：指定备份操作时要使用的逻辑或物理备份设备，最多可指定 64 个备份设备。<备份设备>可以是下列一种或多种格式。

格式一：

```
{ 逻辑备份设备名 } | {@ 逻辑备份设备名变量 }
```

这是使用界面方式或系统存储过程 sp_addumpdevice 创建的备份设备的逻辑名称，数据库将备份到该设备中，其名称必须遵循标识符规则。如果将其作为变量（@ 逻辑备份设备名变量）提供，则可将该备份设备名称指定为字符串常量（@ 逻辑备份设备名变量 = 逻辑备份设备名）或字符串数据类型（ntext 和 text 数据类型除外）的变量。

格式二：

```
{DISK} = '物理备份设备名' | @ 物理备份设备名变量
```

这种格式允许在指定的磁盘或磁带设备上创建备份。在执行 BACKUP 语句之前，不必创建指定的物理设备。如果指定的备份设备已存在，且 BACKUP 语句中没有指定 INIT 选项，则备份将追加到该设备。

当指定 TO DISK 时，必须输入完整的路径和文件名。当指定多个文件时，可以混合逻辑文件名（或变量）和物理文件名（或变量）。

4）MIRROR TO 子句：表示伴随的备份设备组是包含 2 ～ 4 个镜像服务器的镜像媒体集中的一个镜像。若要指定镜像媒体集，则针对第一个镜像服务器设备使用 TO 子句，后面最多跟 3 个 MIRROR TO 子句。备份设备的类型和数量必须与 TO 子句中指定的设备相同。在镜像媒体集中，所有的备份设备必须具有相同的属性。

使用“对象资源管理器”查看备份设备内容的步骤如下：

在“对象资源管理器”中展开“服务器对象”→“备份设备”，选定要查看的备份设备，右击鼠标，在弹出的快捷菜单中选择“属性”菜单项，在打开的“备份设备”窗口中显示要查看的备份设备的内容。

以下是一些使用 BACKUP 语句进行完全数据库备份的例子。

【例 10-3】 使用逻辑名 test1 在 d:\Server\2012 中创建一个命名的备份设备，并将数据库 pxscj 完全备份到该设备。

```
USE pxscj
GO
EXEC sp_addumpdevice 'DISK' , 'test1', 'd:\Server\2012\test1.bak'
BACKUP DATABASE pxscj TO test1
```

以下示例将数据库 pxscj 完全备份到备份设备 test1 中，并覆盖该设备中原有的内容。

```
BACKUP DATABASE pxscj TO test1 WITH INIT
```

以下示例将数据库 pxscj 备份到备份设备 test1 上，执行追加的完全数据库备份，该设备上原有的备份内容都被保存。

```
BACKUP DATABASE pxscj TO test1 WITH NOINIT
```

【例 10-4】 将数据库 pxscj 备份到多个备份设备中。

```
USE pxscj
GO
EXEC sp_addumpdevice 'DISK','test2','d:\Server\2012\test2.bak'
EXEC sp_addumpdevice 'DISK','test3','d:\Server\2012\test3.bak'
BACKUP DATABASE pxscj TO test2, test3
    WITH NAME = 'pxscjbk'
```

2. 差异备份数据库

对于需频繁修改的数据库，进行差异备份可以缩短备份和恢复的时间。只有已经执行了完全数据库备份后，才能执行差异备份。在进行差异备份时，SQL Server 将备份从最近的完全数据库备份后数据库发生了变化的部分。

语法格式：

```
BACKUP DATABASE { 数据库名 | @数据库名变量 }
    READ_WRITE_FILEGROUPS
    [, FILEGROUP = { 逻辑文件组名 | @逻辑文件组名变量 } …]
TO <备份设备> [, …]
[MIRROR TO <备份设备> …]
```

说明：

1）DIFFERENTIAL：表示差异备份的关键字。

2）READ_WRITE_FILEGROUPS：指定在部分备份中备份所有读 / 写文件组。

3）FILEGROUP：包含在部分备份中的读写文件组的逻辑名称或变量的逻辑名称。

SQL Server 执行差异备份时需注意下列几点：

1）若在上次完全数据库备份后，数据库的某行被修改了，则执行差异备份只保存最后一次改动的值。

2）为了使差异备份设备与完全数据库备份设备区分开来，应使用不同的设备名。

【例 10-5】 创建临时备份设备并在所创建的临时备份设备上进行差异备份。

```
BACKUP DATABASE pxscj TO
    DISK ='D:\Server\2012\pxscjbk.bak' WITH DIFFERENTIAL
```

3. 备份数据库文件或文件组

当数据库非常大时，可以备份数据库文件或文件组。

语法格式：

```
BACKUP DATABASE { 数据库名 | @数据库名变量 }
```

```
    <文件或文件组> [, …]                                    /*指定文件或文件组名*/
TO  <备份设备> [, …]
[MIRROR TO <备份设备>  …]
```

其中：

```
<文件或文件组>::=
{
    FILE = { 逻辑文件名 | @逻辑文件名变量 }
    | FILEGROUP = { 逻辑文件组名 | @逻辑文件组名变量 }
}
```

说明：

1）<文件或文件组>：指定需要备份数据库文件或文件组。

2）FILE 选项：指定一个或多个包含在数据库备份中的文件命名。

3）FILEGROUP 选项：指定一个或多个包含在数据库备份中的文件组命名。

注意

只有先使用 BACKUP LOG 单独备份事务日志，才能使用文件和文件组备份来恢复数据库。

使用数据库文件或文件组备份时，要注意以下几点。

1）必须指定文件或文件组的逻辑名。

2）必须执行事务日志备份，以确保恢复后的文件与数据库其他部分的一致性。

3）应轮流备份数据库中的文件或文件组，以使数据库中的所有文件或文件组都定期得到备份。

【例 10-6】 设 TT 数据库有 2 个数据文件 t1 和 t2，事务日志存储在文件 tlog 中。将文件 t1 备份到备份设备 t1backup 中，将事务日志文件备份到 tbackuplog 中。

```
EXEC sp_addumpdevice 'DISK',  't1backup',  'd:\Server\2012\t1backup.bak'
EXEC sp_addumpdevice 'DISK',  'tbackuplog',  'd:\Server\2012\tbackuplog.bak'
GO
BACKUP DATABASE TT
    FILE ='t1'  TO  t1backup
BACKUP LOG TT TO  tbackuplog
```

其中语句 BACKUP LOG 的作用是备份事务日志，将在下面介绍。

4. 事务日志备份

备份事务日志用于记录前一次数据库备份或事务日志备份后，数据库所做的改变。事务日志备份需在一次完全数据库备份后进行，这样才能将事务日志文件与数据库备份一起用于恢复。当进行事务日志备份时，系统进行下列操作：

1）将事务日志中从前一次成功备份结束位置开始，到当前事务日志结尾处的内容进行备份。

2）标识事务日志中活动部分的开始，所谓事务日志的活动部分，是指从最近的检查点或最早的打开位置开始至事务日志的结尾处。

进行事务日志备份使用 BACKUP LOG 语句。其语法格式如下：

```
BACKUP LOG
    …                                 /*其余选项与数据库的完全备份 BACKUP 相同*/
WITH
```

```
    { NORECOVERY | STANDBY = 撤销文件名 }
    [,  NO_TRUNCATE]
```

说明：

1）NORECOVERY：该选项将内容备份到日志尾部，不覆盖原有的内容。

2）STANDBY：该选项将备份日志尾部，并使数据库处于只读或备用模式。其中“撤销文件名”指定容纳回滚（roll back）更改的存储文件。如果随后执行操作，则必须撤销这些回滚更改。如果指定的撤销文件名不存在，SQL Server 将创建该文件；如果该文件已存在，则 SQL Server 将重写它。

3）NO_TRUNCATE：若数据库被损坏，使用该选项可以备份最近的所有数据库活动，SQL Server 将保存整个事务日志。执行恢复时，可以恢复数据库和事务日志。

注意

BACKUP LOG 语句指定只备份事务日志，所备份的日志内容范围是从上一次成功执行了事务日志备份之后到当前事务日志的末尾。该语句大部分选项的含义与 BACKUP DATABASE 语句中同名选项的含义相同。

【例 10-7】 创建一个命名的备份设备 pxscjLOGBK，并备份 pxscj 数据库的事务日志。

```
USE pxscj
GO
EXEC sp_addumpdevice 'DISK' , 'pxscjLOGBK' , 'd:\Server\2012\testlog.bak'
BACKUP LOG pxscj TO pxscjLOGBK
```

10.2.3　以界面方式备份数据库

以备份 pxscj 数据库为例，在备份之前先在 d:\Server\2012 目录下创建一个备份设备，名称为 pxscjBK，备份设备的文件名为 pxscjbk.bak。

1）在“对象资源管理器”中选择“管理”，右击鼠标，在弹出的快捷菜单中选择“备份”菜单项。

或者选择需要恢复的数据库（如 pxscj），右击鼠标，在弹出的快捷菜单中选择“任务”→“备份”→“数据库”菜单项，进入“备份数据库 -pxscj”窗口。

2）在打开的“备份数据库”窗口中选择要备份的数据库名，如 pxscj；在“备份类型”栏选择备份的类型，有 3 种类型：“完整”、“差异”、“事务日志”，这里选择“完整”；在“备份组件”栏选择是备份“数据库”还是“文件或文件组”，如果选择“文件或文件组”，则可以在弹出的“选择文件或文件组”窗口中选择需要备份的文件或文件组，这里选择“数据库”；选定要备份的数据库之后，可以在“名称”栏填写备份集的名称，在“说明”栏填写备份的描述；因为介质类型默认为磁盘，所以“备份到”可采用系统默认的路径和文件名，如图 10-3 所示。

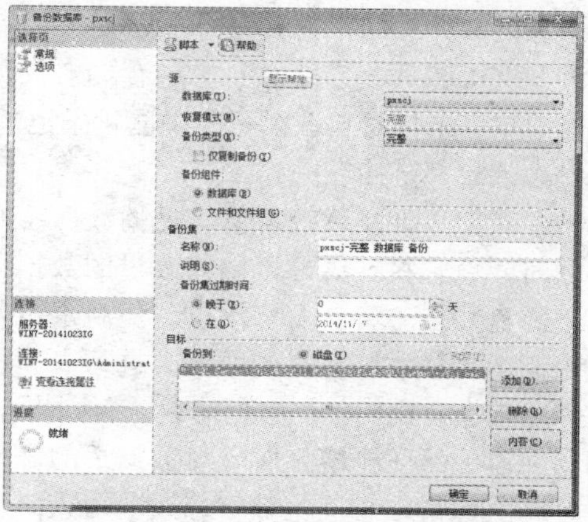

图 10-3　“备份数据库”窗口

3）用户也可在“备份到”中将系统默认的路径和文件名删除，然后添加自己的路径和文件名。单击“添加”按钮，在“选择备份目标”对话框中有两个选项：“文件名”和“备份设备”。选择“备份设备”选项，在下拉框中选择目标备份设备，如前面已经创建的“mybackupfile2”，当然，也可以选择“文件名”选项，然后选择备份设备的物理文件来进行备份。设置好后，单击“确定”按钮，如图 10-4 所示。

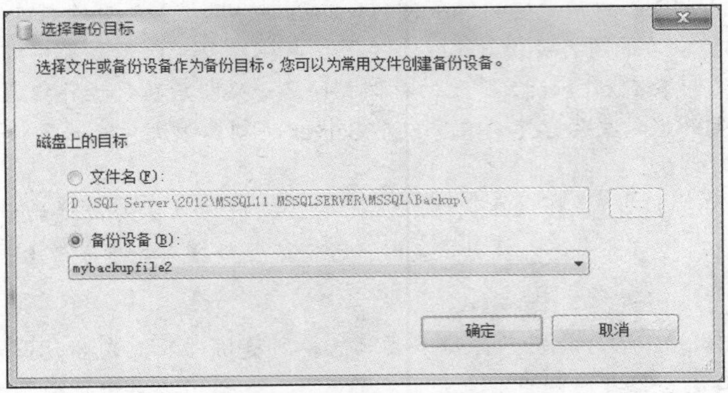

图 10-4　选择备份设备

4）选择不需要的备份目标后单击“删除”按钮删除，最后备份目标选择为“mybackupfile2”，单击“确定”按钮，执行备份操作。

在“对象资源管理器”中也可以将数据库备份到多个备份介质，只需在选择备份介质时，多次使用“添加”按钮指定多个备份介质。然后单击“备份数据库”窗口左边的“选项”页，选择“备份到新媒体集并清除所有现有备份集”，最后单击“确定”按钮。

10.3　数据库恢复

恢复是与备份相对应的操作，备份的主要目的是在系统出现异常情况（如硬件失败、系统软件瘫痪或误操作而删除了重要数据等）时，将数据库恢复到某个正常的状态。

10.3.1　检查点

先了解与数据库恢复操作关系密切的一个概念——检查点（check point）。在 SQL Server 运行过程中，数据库的大部分页存储于磁盘的主数据文件和辅数据文件中，而正在使用的数据页存储在主存储器的缓冲区中，所有对数据库的修改都记录在事务日志中。日志记录每个事务的开始和结束，并将每个修改与一个事务相关联。

SQL Server 系统在日志中存储有关信息，以便在需要时可以恢复（前滚）或撤销（回滚）构成事务的数据修改。日志中的每条记录都由一个唯一的日志序号（LSN）标识，事务的所有日志记录都链接在一起。

SQL Server 系统对修改过的数据缓冲区的内容并不是立即写回磁盘，而是控制写入磁盘的时间，它将在缓冲区内修改过的数据页存入高速缓存一段时间后再写入磁盘，从而实现优化磁盘写入。将包含修改过，但尚未写入磁盘的数据缓冲区页称为脏页，将脏页写入磁盘称为刷新页。对修改过的数据页进行高速缓存时，要确保在将相应的内存日志映像写入日志文件之前没有刷新任何数据修改，否则将不能在需要时回滚。

为了保证能恢复所有对数据页的修改，SQL Server 采用预写日志的方法，即将所有内存日志映像都在相应的数据修改前写入磁盘。只要所有日志记录都已刷新到磁盘，即使在修改的数据页未被刷新到磁盘的情况下，系统也能够恢复。这时系统恢复可以只使用日志记录，进行事务前滚或回滚，执行对数据页的修改。

SQL Server 系统定期将所有脏日志和数据页刷新到磁盘，称为检查点。检查点从当前数据库的高速缓冲存储器中刷新脏数据和日志页，以尽量减少在恢复时必须前滚的修改量。

SQL Server 恢复机制能够通过检查点在检查事务日志时保证数据库的一致性，在对事务日志进行检查时，系统将从最后一个检查点开始检查事务日志，以发现数据库中所有数据的改变。若发现有尚未写入数据库的事务，则将它们对数据库的改变写入数据库。

10.3.2 以命令方式恢复数据库

SQL Server 进行数据库恢复时，将自动执行下列操作以确保数据库迅速而完整地还原。

进行安全检查。安全检查是系统的内部机制，是数据库恢复时的必要操作，它可以防止由于偶然的误操作而使用了不完整的信息或其他数据库备份来覆盖现有的数据库。

当出现以下几种情况时，系统将不能恢复数据库：

- 使用与被恢复的数据库名称不同的数据库名来恢复数据库。
- 服务器上的数据库文件组与备份的数据库文件组不同。
- 需恢复的数据库名或文件名与备份的数据库名或文件名不同时，SQL Server 将拒绝此恢复过程。

重建数据库。当从完全数据库备份中恢复数据库时，SQL Server 将重建数据库文件，并把所重建的数据库文件置于备份数据库时这些文件所在的位置，所有的数据库对象都将自动重建，用户无须重建数据库的结构。

在 SQL Server 中，恢复数据库的语句是 RESTORE。

1. 恢复数据库的准备

在进行数据库恢复之前，RESTORE 语句要校验有关备份集或备份介质的信息，其目的是确保数据库备份介质是有效的。有以下两种方法可以得到有关数据库备份介质的信息。

（1）以界面方式查看所有备份介质的属性

在“对象资源管理器”中展开“服务器对象”，在其中的“备份设备”中选择欲查看的备份介质，右击鼠标，在弹出的快捷菜单中选择“属性”菜单项。

在打开的“备份设备”窗口中单击“媒体内容”选项，显示所选备份介质的有关信息，如备份介质所在的服务器名、备份数据库名、备份类型、备份日期、到期日及大小等信息。

（2）使用命令得到有关备份介质更详细的信息

RESTORE HEADERONLY 语句的执行结果是在特定的备份设备上检索所有备份集的所有备份首部信息。

语法格式：

```
RESTORE HEADERONLY
FROM <备份设备>                        /* 指定还原时要使用的逻辑或物理备份设备 */
…
```

RESTORE FILELISTONLY 语句可获得由备份集内包含的数据库和日志文件列表组成的结果集信息。RESTORE LABELONLY 语句可获得由有关给定备份设备所标识的备份媒体的信息组成的结果集信息。RESTORE VERIFYONLY 语句可以检查备份集是否完整以及所有卷是否都可读。其具体语法格式与 RESTORE HEADERONLY 语句类似，这里不再列出。

2. 以命令方式恢复数据库说明

使用 RESTORE 语句可以恢复用 BACKUP 命令所做的各种类型的备份，但是需要注意的是：在大多数情况下，在完整恢复模式或大容量日志恢复模式下，SQL Server 2012 要求先备份日志尾部，然后还原当前附加在服务器实例上的数据库。

“尾日志备份”可捕获尚未备份的日志（日志尾部），是恢复计划中的最后一个相关备份。除非 RESTORE 语句包含 WITH REPLACE 或 WITH STOPAT 子句，否则还原数据库而不先备份日志尾部将导致错误。

与正常日志备份相似，尾日志备份将捕获所有尚未备份的事务日志记录，但尾日志备份与正常日志备份在下列几个方面有所不同：

1）如果数据库损坏或离线，则可以尝试进行尾日志备份。仅当日志文件未损坏且数据库不包含任何大容量日志更改时，尾日志备份才会成功。如果数据库包含要备份的、在记录间隔期间执行的大容量日志更改，则仅在所有数据文件都存在且未损坏的情况下，尾日志备份才会成功。

2）尾日志备份可使用 COPY_ONLY 选项独立于定期日志备份进行创建。仅复制备份不会影响备份日志链。事务日志不会被尾日志备份截断，并且捕获的日志将包括在以后的正常日志备份中。这样就可以在不影响正常日志备份过程的情况下进行尾日志备份。

3）如果数据库损坏，则尾日志可能会包含不完整的元数据，这是因为某些通常可用于日志备份的元数据在尾日志备份中可能会不可用。使用 CONTINUE_AFTER_ERROR 进行的日志备份可能会包含不完整的元数据，这是因为此选项将通知进行日志备份，而不考虑数据库的状态。

4）在创建尾日志备份时，也可以同时使数据库变为还原状态。使数据库离线可保证尾日志备份包含对数据库所做的所有更改，并且随后不对数据库进行更改。当需要对某个文件执行离线还原以便与数据库匹配时，或按照计划故障转移到日志传送备用服务器并希望切换回来时，会用到此操作。

3. 恢复整个数据库命令

当存储数据库的物理介质被破坏、整个数据库被误删除或被破坏时，就要恢复整个数据库。在恢复整个数据库时，SQL Server 系统将重新创建数据库及与数据库相关的所有文件，并将文件存放在原来的位置。

语法格式：

```
RESTORE DATABASE { 数据库名 |  @数据库名变量 }                /* 指定被还原的目标数据库 */
[FROM <备份设备> [,…]]                                        /* 指定备份设备 */
[WITH RECOVERY | NORECOVERY | STANDBY =
    { 备用文件名 | @备用文件名变量 }
]
…
```

【例 10-8】 使用 RESTORE 语句从一个已存在的命名备份介质 pxscjBK1 中恢复整个数据库 pxscj。

首先创建备份设备 pxscjBK1。

```
USE pxscj
GO
EXEC sp_addumpdevice 'DISK', 'pxscjBK1',
        'D:\Server\2012\pxscjBK1.bak'
```

使用 BACKUP 命令对 pxscj 数据进行完全备份。

```
BACKUP DATABASE pxscj
    TO pxscjBK1
```

接着，在恢复数据库之前，用户可以对 pxscj 数据库做一些修改，如删除其中一个表，以便确认是否恢复了数据库。

恢复数据库的命令如下：

```
RESTORE DATABASE pxscj
    FROM pxscjBK1
    WITH  FILE=1, REPLACE
```

注意

在恢复前需要打开备份设备的属性页，查看数据库备份在备份设备中的位置，如果备份的位置为 2，那么 WITH 子句的 FILE 选项值就要设为 2。命令执行成功后，用户可以查看数据库是否恢复。

4. 恢复数据库的部分内容命令

应用程序或用户的误操作，如无效更新或误删表格等，往往只影响到数据库的某些相对独立的部分。在这些情况下，SQL Server 提供了将数据库的部分内容还原到另一个位置的机制，以使损坏或丢失的数据可复制回原始数据库。

5. 恢复特定的文件或文件组

若某个或某些文件被破坏或被误删除，则可以从文件或文件组备份中恢复，而不必恢复整个数据库。

6. 恢复事务日志

使用事务日志恢复，可将数据库恢复到指定的时间点。

语法格式：

```
RESTORE LOG { 数据库名 | @数据库名变量 }
[<文件或文件组> [, …]]
[FROM <备份设备> [, …]]
[WITH
    [RECOVERY | NORECOVERY | STANDBY = { 备用文件名 | @备用文件名变量 }]
    …
    | , <指定时间点>
]
```

执行事务日志恢复必须在进行完全数据库恢复以后。以下语句先从备份介质 pxscjBK1 完全恢复数据库 pxscj，再恢复事务日志，假设已经将 pxscj 数据库的事务日志备份到备份设备 pxscjLOGBK1 中。

```
RESTORE DATABASE pxscj
    FROM pxscjBK1
    WITH NORECOVERY, REPLACE
GO
RESTORE LOG pxscj
    FROM pxscjLOGBK1
```

7. 恢复到数据库快照

可以使用 RESTORE 语句将数据库恢复到创建数据库快照时的状态。此时恢复的数据库会覆盖原来的数据库。

语法格式：

```
RESTORE DATABASE { 数据库名 | @数据库名变量 }
    FROM DATABASE_SNAPSHOT = 数据库快照名
```

【例 10-9】 创建 pxscj 数据库的快照，并将数据库恢复到创建该快照时的状态。

首先创建 pxscj 数据库的快照。

```
CREATE DATABASE pxscj_1
    ON
    (
        NAME=pxscj,
        FILENAME='d:\Server\2012\pxscj_1.mdf'
    )
    AS SNAPSHOT OF pxscj
GO
```

接着对数据库做一些修改，以确定数据库是否恢复。恢复数据库的语句如下：

```
USE pxscj
GO
RESTORE DATABASE pxscj
    FROM DATABASE_SNAPSHOT='pxscj_1'
```

10.3.3 以界面方式恢复数据库

在“对象资源管理器”中展开“数据库”，选择需要恢复的数据库（如 pxscj），右击鼠标，在弹出的快捷菜单中选择“任务”→“还原”→“数据库”菜单项，进入“还原数据库 -pxscj”窗口，如图 10-5 所示。

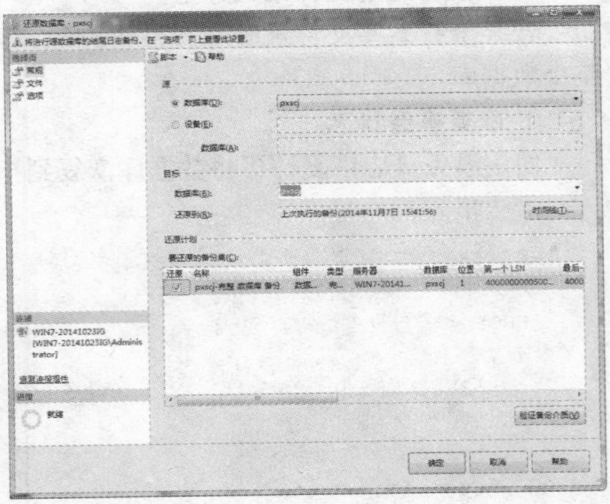

图 10-5 “还原数据库”窗口的“常规”选择页

采用默认设置，单击“确定”按钮，pxscj 数据库即可恢复。

如果需要还原的数据库在当前数据库中不存在，则可以选中“对象资源管理器”的“数据库”，右击鼠标，选择“还原数据库”菜单项，在弹出的“还原数据库”窗口中进行相应的还原操作。

如果要还原特定的文件或文件组，则可以选择“文件或文件组”菜单项，之后的操作与还原数据库类似，这里不再重复介绍。

10.4 附加数据库和复制数据库

10.4.1 附加数据库

当数据库发生异常、数据库中的数据丢失时，可以使用已经备份的数据库文件来恢复数据库。这种方法称为附加数据库。

在 SQL Server 中附加数据库通过直接复制数据库的逻辑文件和日志文件来实现。这些文件在创建数据库时建立，例如，数据库 pxscj 创建完成，在“d:\ SQL Server\2012\MSSQL11.MSSQLSERVER\MSSQL\DATA”目录下找到对应的 2 个文件，如图 10-6 所示。

图 10-6　创建后的 pxscj 数据库文件

在“对象资源管理器”中右击“数据库”，选择“附加”选项，进入“附加数据库”窗口，单击“添加”按钮，选择要导入的数据库文件，单击“确定”按钮，返回“附加数据库”窗口。此时“附加数据库”窗口中列出了要附加的数据库的原始文件和日志文件的信息，单击“确定”按钮开始附加数据库。成功后，可以在“数据库”列表中找到附加成功的数据库。

另外，通过附加数据库的方法还可以将一个服务器的数据库转移到另一个服务器中。

注意

在复制数据库文件时，一定要先通过 SQL Server 配置管理器停止 SQL Server 服务，然后才能复制数据文件，否则无法复制。

10.4.2　复制数据库

在 SQL Server 中，可以使用“复制数据库向导”将数据库复制或转移到另一个服务器中。使用“复制数据库向导”前需要启动 SQL Server 代理服务，可以使用 SQL Server 配置管理器来完成。进入 SQL Server 配置管理器后，双击 SQL Server 代理服务，弹出“SQL Server 代理属性对话框”，单击“启动”按钮，启动该服务后就可以使用“复制数据库向导”了。

也可以直接在“对象资源管理器”中启动 SQL Server 代理服务：在“对象资源管理器”中右击“SQL Server 代理”，选择“启动”选项，在弹出的“确认”对话框中单击“是”按钮即可。

习题

1. 为什么在 SQL Server 2012 中需设置备份与恢复功能？
2. 设计备份策略的指导思想是什么？主要考虑哪些因素？
3. 创建产品销售数据库（cpxs）的备份到备份设备 cpxs.bak 中。
4. 数据库恢复要执行哪些操作？
5. T-SQL 中用于数据库备份和恢复的命令选项的含义分别是什么？
6. 使用备份设备 cpxs.bak 中的产品销售数据库（cpxs）的备份集恢复数据库。

第 11 章

系统安全管理

数据的安全性管理是数据库服务器应实现的重要功能之一。SQL Server 2012 数据库采用了非常复杂的安全保护措施，其安全管理体现在如下几个方面。

1）对用户登录进行身份验证（authentication）。当用户登录到数据库系统时，系统对该用户的帐户和口令进行验证，包括确认用户帐户是否有效以及能否访问数据库系统。

2）对用户进行的操作进行权限控制。当用户登录到数据库后，只能对数据库中的数据在允许的权限内进行操作。

也就是说，一个用户如果要对某一数据库进行操作，必须满足以下 3 个条件：

1）登录 SQL Server 服务器时必须通过身份验证。

2）必须是该数据库的用户，或者是某一数据库角色的成员。

3）必须有执行该操作的权限。

下面介绍 SQL Server 是如何在这 3 方面进行管理的。

11.1 SQL Server 2012 的安全机制

11.1.1 SQL Server 身份验证模式

身份验证模式是指系统确认用户的方式。SQL Server 有两种身份验证模式：Windows 验证模式和 SQL Server 验证模式。

1. Windows 验证模式

用户登录 Windows 时进行身份验证，登录 SQL Server 时不再进行身份验证。

注意

1）必须将 Windows 帐户加入 SQL Server 中，才能采用 Windows 帐户登录 SQL Server。

2）如果使用 Windows 帐户登录到另一个网络的 SQL Server，则必须在 Windows 中设置彼此的托管权限。

2. SQL Server 验证模式

在 SQL Server 验证模式下，SQL Server 服务器要对登录的用户进行身份验证。系统管理员必须设定登录验证模式的类型为混合验证模式。当采用混合模式时，SQL Server 系统既允许使用 Windows 登录名登录，也允许使用 SQL Server 登录名登录。

11.1.2　SQL Server 安全性机制

SQL Server 的安全性机制主要是通过 SQL Server 的安全性主体和安全对象来实现的。SQL Serve 安全性主体主要有 3 个级别：服务器级别、数据库级别、架构级别。

1. 服务器级别

服务器级别包含的安全对象主要有登录名、固定服务器角色等。其中，登录名用于登录数据库服务器，固定服务器角色用于给登录名赋予相应的服务器权限。

SQL Server 中的登录名主要有两种：Windows 登录名和 SQL Server 登录名。

Windows 登录名对应 Windows 验证模式，该验证模式涉及的帐户类型主要有 Windows 本地用户帐户、Windows 域用户帐户和 Windows 组。

SQL Server 登录名对应 SQL Server 验证模式，在该验证模式下，能够使用的帐户类型主要是 SQL Server 帐户。

2. 数据库级别

数据库级别包含的安全对象主要有用户、角色、应用程序角色、证书、对称密钥、非对称密钥、程序集、全文目录、DDL 事件、架构等。

用户安全对象用来访问数据库。如果某人只拥有登录名，而没有在相应的数据库中为其创建登录名对应的用户，则该用户只能登录数据库服务器，而不能访问相应的数据库。

若此时为其创建登录名对应的数据库用户，而没有赋予相应的角色，则系统默认为该用户自动具有 public 角色。因此，该用户登录数据库后对数据库中的资源只拥有一些公共的权限。如果要让该用户对数据库中的资源拥有一些特殊的权限，则应该将该用户添加到相应的角色中。

3. 架构级别

架构级别包含的数据库有表、视图、函数、存储过程、类型、同义词、聚合函数等。在创建这些对象时可设定架构，若不设定，则系统默认架构为 dbo。

数据库用户只能对属于自己架构中的数据库对象执行相应的数据操作。至于操作的权限则由数据库角色决定。例如，某数据库中的表 A 属于架构 S1，表 B 属于架构 S2，而某用户默认的架构为 S2，如果没有授予用户操作表 A 的权限，则该用户不能对表 A 执行相应的数据操作。但是，该用户可以对表 B 执行相应的操作。

11.1.3　SQL Server 数据库安全验证

一个数据库使用者要想登录服务器上的 SQL Server 数据库，并对数据库中的表执行数据更新操作，则该使用者必须经过如图 11-1 所示的安全验证。

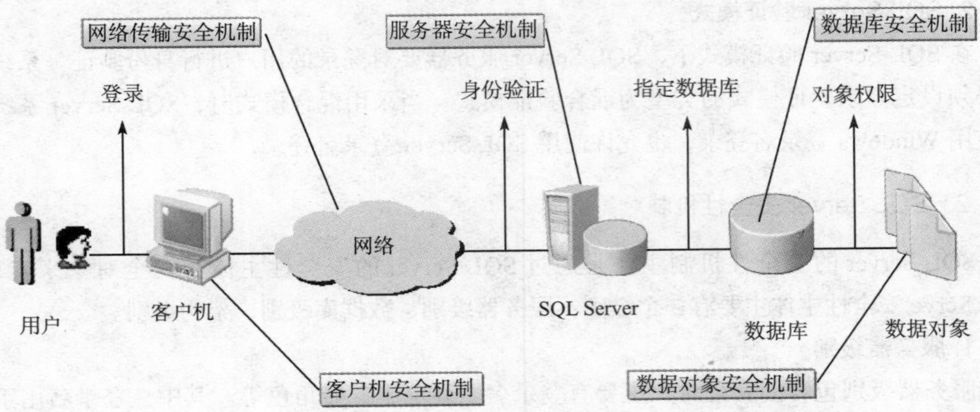

图 11-1　SQL Server 数据库安全验证

11.2　建立和管理用户帐户

不管使用哪种验证方式，用户都必须具备有效的 Windows 用户登录名。SQL Server 有两个常用的默认登录名：sa 和计算机名 \Windows 管理员帐户名。其中，sa 是系统管理员，在 SQL Server 中拥有系统和数据库的所有权限。同时，SQL Server 为每个 Windows 管理员提供的默认用户帐户，在 SQL Server 中拥有系统和数据库的所有权限。

11.2.1　以界面方式管理用户帐户

1. 建立 Windows 验证模式的登录名

在安装本地 SQL Server 2012 的过程中，选择 Windows 身份验证方式，在此情况下，如果要增加一个 Windows 的新用户 liu，那么如何授权该用户，使其能通过信任连接访问 SQL Server 呢？

（1）创建 Windows 的用户

以管理员身份登录到 Windows，打开控制面板，完成新用户 liu 的创建。

（2）将 Windows 帐户加入 SQL Server 中

以管理员身份登录到 SSMS，在“对象资源管理器”中的“安全性”下选择“登录名”项。右击鼠标，在弹出的快捷菜单中选择“新建登录名”，打开“登录名 – 新建”窗口，如图 11-2 所示。可以单击“常规”选择页的“搜索”按钮，在“选择用户或组”对话框的“输入要选择的对象名称”中输入“liu”，然后单击“检查名称”按钮，系统生成“WIN7-20141023IG\liu”，单击“确定”按钮，在登录名中显示完整名称。选择默认数据库为“pxscj”。

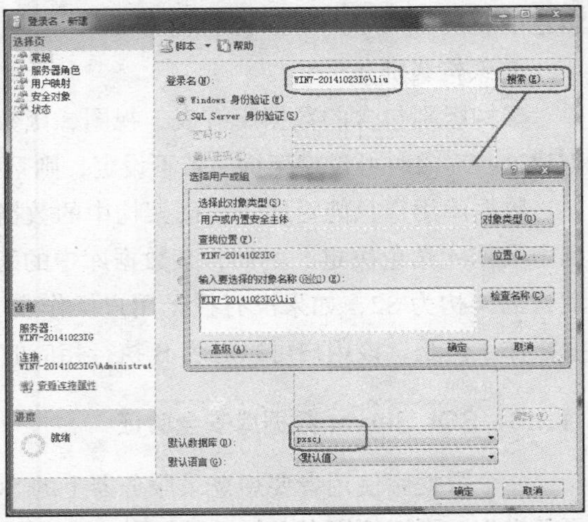

图 11-2　将 Winclows 帐户加入 SQL Server 中

最后单击“确定”按钮，Windows 的新用户 liu 帐户就加入 SQL Server 中，即新建了一个 Windows 验证方式的登录名。

2. 建立 SQL Server 验证模式的登录名

（1）将验证模式设为混合模式

如果用户在安装 SQL Server 时没有将验证模式设置为混合模式，则要先将验证模式设为混合模式。步骤如下：

以系统管理员身份登录 SSMS，在"对象资源管理器"中选择要登录的 SQL Server 服务器图标，右击鼠标，在弹出的快捷菜单中选择"属性"菜单项，打开"服务器属性"窗口。选择"安全性"选择页。选择服务器身份验证为"SQL Server 和 Windows 身份验证模式"，如图 11-3 所示。

单击"确定"按钮，保存新的配置，重启 SQL Server 服务即可。

（2）创建 SQL Server 验证模式的登录名

选中"对象资源管理器"中"安全性"下的"登录名"，单击鼠标右键，选择"新建登录名"，系统显示"登录名 - 新建"窗口。选择"SQL Server 身份验证"，输入登录名"SQL_liu"，输入密码和确认密码"123"，取消选中"强制密码过期"复选框，默认数据库为"pxscj"，如图 11-4 所示。单击"确定"按钮即可。

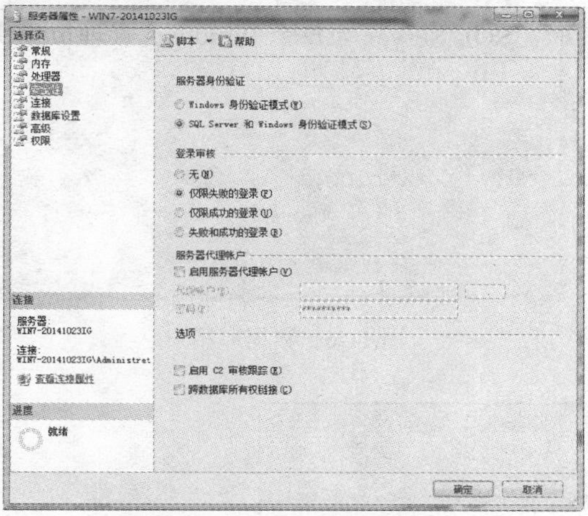

图 11-3　服务器属性

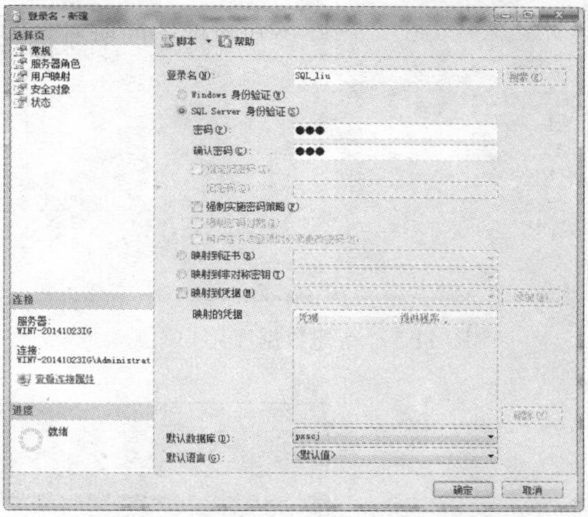

图 11-4　新建登录名

3. 管理数据库用户

在实现数据库的安全登录后，检验用户权限的下一个安全等级就是数据库的访问权。数据库的访问权是通过映射数据库的用户与登录帐户之间的关系来实现的。

一个登录名连接上 SQL Server 2012 以后，需要设置用户访问数据库的权限。为此，需要创建数据库用户帐户，然后给这些用户帐户授予权限。设置权限以后，用户可以用这个帐户连接 SQL Server 并访问能够访问的数据库。

（1）以登录名新建数据库用户

以系统管理员身份连接 SQL Server，展开"数据库"→"pxscj"→"安全性"，选择"用户"，右击鼠标，选择"新建用户"菜单项，进入"数据库用户 - 新建"窗口。在"登录名"文本框中输入一个能够登录 SQL Server 的登录名，如"SQL_liu"，在"用户名"文本框中输入一个数据库用户名“User_SQL_liu”。一个登录名在本数据库中只能创建一个数据库用户。这里可选择默认架构为 dbo，如图 11-5 所示。单击“确定”按钮完成创建。

也可采用上述方法在 pxscj 数据库下新建 Windows 登录名“liu”对应的用户“User_liu”，如图 11-6 所示。

（2）数据库用户显示

数据库用户创建成功后，在“pxscj”→“安全性”下可选择“用户”栏查看到该用户。在“用户”列表中，还可以修改现有数据库用户的属性，或者删除该用户。

（3）登录名对应数据库用户连接 SQL Server

重启 SQL Server，在弹出的对话框中，“身份验证”选择“SQL Server 身份验证”，“登录名”输入“SQL_liu”，输入密码“123”，单击“连接”按钮，即可连接 SQL Server。此时的“对象资源管理器”如图 11-7 所示。

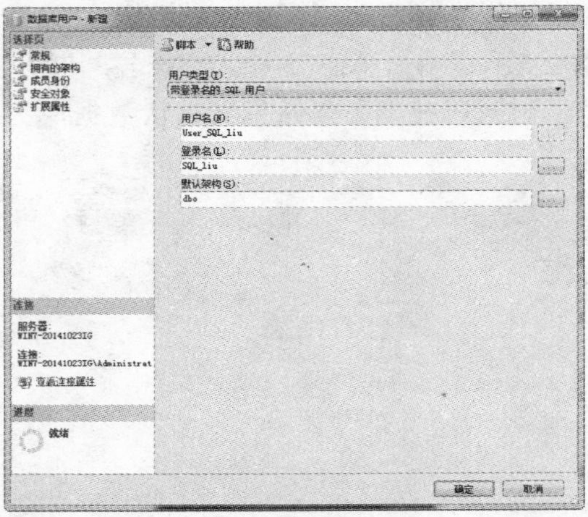

图 11-5　新建数据库用户

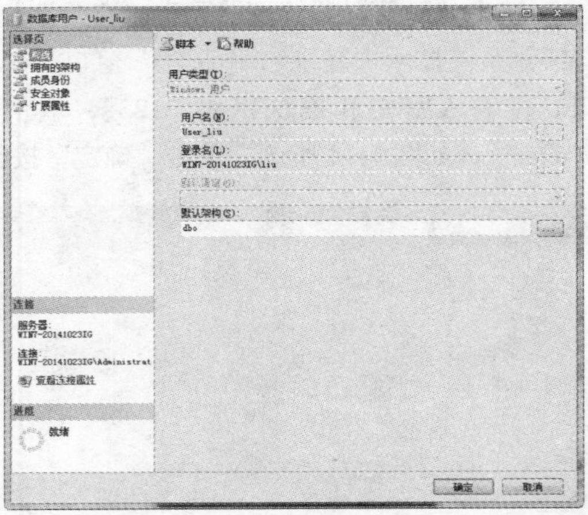

图 11-6　数据库用户

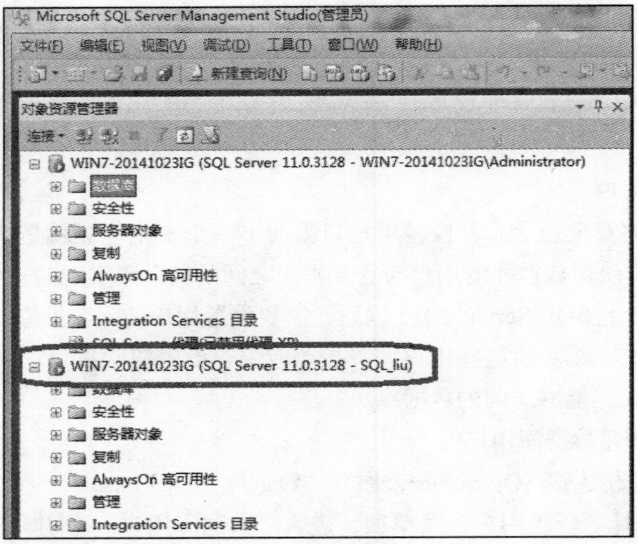

图 11-7　SSMS:SQL_liu

11.2.2　以命令方式管理用户帐户

在 SQL Server 2012 中，还可以使用命令方式操作用户帐户，如创建登录名、创建数据库用户等。

1. 登录名创建

（1）创建登录名

在 SQL Server 2012 中，创建登录名可以使用 CREATE LOGIN 命令。

语法格式：

```
CREATE LOGIN 登录名
{
    WITH PASSWORD = '密码' [HASHED] [MUST_CHANGE]
        [, <选项列表> [, ...]]          /*WITH 子句用于创建 SQL Server 登录名 */
    | FROM                              /*FROM 子句用于创建其他登录名 */
    {
        WINDOWS [WITH <Windows 选项> [, ...]]
        | CERTIFICATE 证书名
        | ASYMMETRIC KEY 非对称密钥名
    }
}
```

其中：

```
<选项列表> ::=
    SID = 登录 GUID
    | DEFAULT_DATABASE = 数据库
    | DEFAULT_LANGUAGE = 语言
    | CHECK_EXPIRATION = {ON | OFF}
    | CHECK_POLICY = {ON | OFF}
    [CREDENTIAL = 凭据名 ]
<Windows 选项> ::=
    DEFAULT_DATABASE = 数据库
    | DEFAULT_LANGUAGE = 语言
```

有 4 种类型的登录名：SQL Server 登录名、Windows 登录名、证书映射登录名和非对称密钥映射登录名，这里只具体介绍前两种。

1）创建 Windows 登录名。创建 Windows 登录名使用 FROM 子句，在 FROM 子句的语法格式中，WINDOWS 关键字指定将登录名映射到 Windows 登录名，其中，<Windows 选项>为创建 Windows 登录名的选项，DEFAULT_DATABASE 指定默认数据库，DEFAULT_LANGUAGE 指定默认语言。

注意

创建 Windows 登录名时首先要确认该 Windows 用户是否已经创建，在指定登录名时要符合“[域 \ 用户名]”的格式，“域”为本地计算机名。

【例 11-1】 使用命令方式创建 Windows 登录名 tao（假设 Windows 用户 tao 已经创建，本地计算机名为 WIN7-20141023IG），默认数据库设为 pxscj。

```
USE pxscj
GO
CREATE LOGIN [WIN7-20141023IG\tao]
    FROM WINDOWS
        WITH DEFAULT_DATABASE= pxscj
```

命令执行成功后在“登录名”→“安全性”列表中可以查看该登录名。

FROM 子句中还有另外两个选项：CERTIFICATE 选项用于指定将与登录名关联的证书名称；ASYMMETRIC KEY 选项用于指定将与此登录名关联的非对称密钥的名称。

2）创建 SQL Server 登录名。创建 SQL Server 登录名使用 WITH 子句，其中：

① PASSWORD：用于指定正在创建的登录名的密码，“'密码'”为密码字符串。HASHED 选项指定在 PASSWORD 参数后输入的密码已经过哈希运算，如果未选择此选项，则在将作为密码输入的字符串存储到数据库之前，对其进行哈希运算。如果指定 MUST_CHANGE 选项，则 SQL Server 会在首次使用新登录名时提示用户输入新密码。

② <选项列表>：用于指定在创建 SQL Server 登录名时的一些选项，选项如下。

- SID：指定新 SQL Server 登录名的全局唯一标识符，如果未选择此选项，则自动指派。
- DEFAULT_DATABASE：指定默认数据库，如果未指定此选项，则默认数据库将设置为 master。
- DEFAULT_LANGUAGE：指定默认语言，如果未指定此选项，则默认语言将设置为服务器的当前默认语言。
- CHECK_EXPIRATION：指定是否对此登录名强制实施密码过期策略，默认值为 OFF。
- CHECK_POLICY：指定应对此登录名强制实施运行 SQL Server 的计算机的 Windows 密码策略，默认值为 ON。

只有在 Windows Server 2003 及更高版本上才会强制执行 CHECK_EXPIRATION 和 CHECK_POLICY。

【例 11-2】 创建 SQL Server 登录名 sql_tao，密码为 123456，默认数据库设为 pxscj。

```
CREATE LOGIN sql_tao
    WITH PASSWORD='123456',
        DEFAULT_DATABASE=pxscj
```

（2）删除登录名

删除登录名使用 DROP LOGIN 命令。

语法格式：

```
DROP LOGIN 登录名
```

例如，删除 Windows 登录名 tao 和 SQL Server 登录名 sql_tao。

```
DROP LOGIN [WIN7-20141023IG\tao]
DROP LOGIN sql_tao
```

2. 数据库用户创建

（1）创建数据库用户

创建数据库用户使用 CREATE USER 命令。

语法格式：

```
CREATE USER 用户名
[{FOR | FROM}
{
    LOGIN 登录名
    | CERTIFICATE 证书名
    | ASYMMETRIC KEY 非对称密钥名
}
| WITHOUT LOGIN
```

```
]
[WITH DEFAULT_SCHEMA = 架构名 ]
```

说明：

1）用户名：用于指定数据库用户名。FOR 或 FROM 子句用于指定相关联的登录名。

2）LOGIN 登录名：指定要创建数据库用户的 SQL Server 登录名。“登录名”必须是服务器中有效的登录名。当此登录名进入数据库时，它将获取正在创建的数据库用户的名称和 ID。

3）WITHOUT LOGIN：指定不将用户映射到现有登录名。

4）WITH DEFAULT_SCHEMA：指定服务器为此数据库用户解析对象名称时将搜索的第一个架构，默认为 dbo。

【例 11-3】 使用 SQL Server 登录名 sql_tao（假设已经创建）在 pxscj 数据库中创建数据库用户 User_sql_tao，默认架构名使用 dbo。

```
USE pxscj
GO
CREATE USER User_sql_tao
    FOR LOGIN sql_tao
    WITH DEFAULT_SCHEMA=dbo
```

命令执行成功后，可以在数据库 pxscj“安全性”下的“用户”列表中查看该数据库用户。

（2）删除数据库用户

删除数据库用户使用 DROP USER 语句。

语法格式：

```
DROP USER 用户名
```

“用户名”为要删除的数据库用户名，在删除之前要使用 USE 语句指定数据库。

例如，删除 pxscj 数据库的数据库用户 User_sql_tao。

```
USE pxscj
GO
DROP USER User_sql_tao
```

11.3　角色管理

在 SQL Server 中，通过角色可将用户分为不同的类，相同类用户（相同角色的成员）进行统一管理，赋予相同的操作权限。一个角色就相当于 Windows 帐户管理中的一个用户组，可以包含多个用户。

SQL Server 给用户提供了预定义的服务器角色（固定服务器角色）和数据库角色（固定数据库角色），还有一种应用程序角色。固定服务器角色和固定数据库角色都是 SQL Server 内置的，不能进行添加、修改和删除。用户也可根据需要创建自己的数据库角色，以便对具有同样操作的用户进行统一管理。

11.3.1　固定服务器角色

服务器角色独立于各个数据库。如果在 SQL Server 中创建一个登录名后，要赋予该登录者管理服务器的权限，就可以设置该登录名为服务器角色的成员。SQL Server 提供了以下固定服务器角色。

1）sysadmin：系统管理员，角色成员可对 SQL Server 服务器进行所有的管理工作，为最高管理角色。这个角色一般适合于数据库管理员（DBA）。

2）securityadmin：安全管理员，角色成员可以管理登录名及其属性，可以授予、拒绝、撤销服务器级和数据库级的权限，还可以重置 SQL Server 登录名的密码。

3）serveradmin：服务器管理员，角色成员具有设置及关闭服务器的权限。

4）setupadmin：设置管理员，角色成员可以添加和删除链接服务器，并执行某些系统存储过程。

5）processadmin：进程管理员，角色成员可以终止 SQL Server 实例中运行的进程。

6）diskadmin：用于管理磁盘文件。

7）dbcreator：数据库创建者，角色成员可以创建、更改、删除或还原任何数据库。

8）bulkadmin：可执行 BULK INSERT 语句，但是这些成员对要插入数据的表具有 INSERT 权限。BULK INSERT 语句的功能是以用户指定的格式复制一个数据文件至数据库表或视图。

9）public：其角色成员可以查看任何数据库。

用户只能将一个用户登录名添加为上述某个固定服务器角色的成员，不能自行定义服务器角色。

例如，对于前面已建立的登录名“WIN7-20141023IG\tao”，如果要为其赋予系统管理员权限，则可通过“对象资源管理器”或“系统存储过程”将该登录名加入 sysadmin 角色。

1. 以界面方式添加服务器角色成员

1）以系统管理员身份登录到 SQL Server 服务器，在“对象资源管理器”中展开“安全性”→“登录名”，选择登录名，如“WIN7-20141023IG\tao”，双击或右击选择“属性”菜单项，打开“登录属性”窗口。

2）在打开的“登录属性”窗口中选择“服务器角色”选择页，在“登录属性”窗口右边列出了所有的固定服务器角色，用户可以根据需要，选择服务器角色前的复选框，为登录名添加相应的服务器角色，此处默认已经选择了“public”服务器角色。单击“确定”按钮完成添加。

2. 利用“系统存储过程”添加固定服务器角色成员

利用系统存储过程 sp_addsrvrolemember 可将一个登录名添加到某一固定服务器角色中，使其成为固定服务器角色的成员。

语法格式：

```
sp_addsrvrolemember [@登录名 =] 'login',  [@角色名 =] 'role'
```

参数含义：'login' 指定添加到固定服务器角色 'role' 的登录名，'login' 可以是 SQL Server 登录名或 Windows 登录名，对于 Windows 登录名，如果还没有授予 SQL Server 访问权限，则自动为其授予访问权限。固定服务器角色名 'role' 必须为 sysadmin、securityadmin、serveradmin、setupadmin、processadmin、diskadmin、dbcreator、bulkadmin 和 public 之一。

说明：

1）将登录名添加为固定服务器角色的成员后，该登录名就会得到与此固定服务器角色相关的权限。

2）不能更改 sa 角色成员资格。

3）不能在用户定义的事务内执行 sp_addsrvrolemember 存储过程。

4）sysadmin 固定服务器的成员可以将任何固定服务器角色添加到某个登录名，其他固定服务器角色的成员可以执行 sp_addsrvrolemember，为某个登录名添加同一个固定服务器角色。

5）如果不想让用户有任何管理权限，就不要将其指派给服务器角色，以将用户限定为普通用户。

【例 11-4】 将 Windows 登录名 WIN7-20141023IG\tao 添加到 sysadmin 固定服务器角色中。

```
EXEC sp_addsrvrolemember ' WIN7-20141023IG\tao', 'sysadmin'
```

3. 利用“系统存储过程”删除固定服务器角色成员

利用 sp_dropsrvrolemember 系统存储过程可以从固定服务器角色中删除 SQL Server 登录名或 Windows 登录名。

语法格式：

```
sp_dropsrvrolemember [@登录名 =] 'login' , [@角色名 =] 'role'
```

参数含义：'login' 为将要从固定服务器角色删除的登录名。'role' 为服务器角色名，默认值为 NULL，必须是有效的固定服务器角色名。

【例 11-5】 从 sysadmin 固定服务器角色中删除 SQL Server 登录名 sql_tao。

```
EXEC sp_dropsrvrolemember 'sql_tao', 'sysadmin'
```

也可在“对象资源管理器”中删除固定服务器角色中的登录名，请读者试一试。

11.3.2　固定数据库角色

固定数据库角色定义在数据库级别上，并且有权管理及操作特定的数据库。SQL Server 提供了以下固定数据库角色。

1）db_owner：数据库所有者，这个数据库角色的成员可执行数据库的所有管理操作。

用户发出的所有 SQL 语句均受限于该用户具有的权限。例如，CREATE DATABASE 仅限于 sysadmin 和 dbcreator 固定服务器角色的成员使用。

sysadmin 固定服务器角色的成员、db_owner 固定数据库角色的成员以及数据库对象的所有者都可授予、拒绝或废除某个用户或某个角色的权限。使用 GRANT 赋予执行 T-SQL 语句或对数据进行操作的权限；使用 DENY 拒绝权限，并防止指定的用户、组或角色从组和角色成员的关系中继承权限；使用 REVOKE 取消以前授予或拒绝的权限。

2）db_accessadmin：数据库访问权限管理者，角色成员具有添加、删除数据库使用者、数据库角色和组的权限。

3）db_securityadmin：数据库安全管理员，角色成员可管理数据库中的权限，如设置增加、删除、修改和查询数据库表等存取权限。

4）db_ddladmin：数据库 DDL 管理员，角色成员可增加、修改和删除数据库中的对象。

5）db_backupoperator：数据库备份操作员，角色成员具有执行数据库备份的权限。

6）db_datareader：数据库数据读取者，角色成员可以从所有用户表中读取数据。

7）db_datawriter：数据库数据写入者，角色成员具有对所有用户表进行增加、删除、修改的权限。

8）db_denydatareader：数据库拒绝数据读取者，角色成员不能读取数据库中任何表的内容。

9）db_denydatawriter：数据库拒绝数据写入者，角色成员不能对任何表进行增加、删修、修改操作。

10）public：一个特殊的数据库角色，每个数据库用户都是public角色的成员，因此不能将用户、组或角色指派为public角色的成员，也不能删除public角色的成员。通常将一些公共的权限赋予public角色。

创建一个数据库用户之后，可以将该数据库用户加入数据库角色中，从而授予其管理数据库的权限。

例如，对于前面建立的pxscj数据库上的数据库用户david，如果要为其赋予数据库管理员权限，可通过“对象资源管理器”或“系统存储过程”将该用户加入db_owner角色。

1. 以界面方式添加固定数据库角色成员

1）以系统管理员身份登录到SQL Server服务器，在“对象资源管理器”中展开“数据库”→“pxscj”→“安全性”→“用户”，选择一个数据库用户，如“User_tao”，双击或右击选择“属性”菜单项，打开“数据库用户”窗口。

2）在“常规”选择页中的“数据库角色成员身份”栏，可以根据需要，选中数据库角色前的复选框，为数据库用户添加相应的数据库角色，单击“确定”按钮完成添加。

3）查看固定数据库角色的成员。在“对象资源管理器”中的pxscj数据库下的“安全性”→“角色”→“数据库角色”目录下，选择“数据库角色”，如“db_owner”，右击鼠标，选择“属性”菜单项，在“属性”窗口中的“角色成员”栏下可以看到该数据库角色的成员列表。

2. 利用“系统存储过程”添加固定数据库角色成员

利用系统存储过程sp_addrolemember可以将一个数据库用户添加到某一固定数据库角色中，使其成为该固定数据库角色的成员。

语法格式：

```
sp_addrolemember [@角色名 =] 'role', [@成员名 =] 'security_account'
```

参数含义：'role'为当前数据库中的数据库角色的名称。'security_account'为添加到该角色的安全帐户，可以是数据库用户或当前数据库角色。

说明：

1）当使用sp_addrolemember将用户添加到角色时，新成员将继承所有应用到角色的权限。

2）不能将固定数据库或固定服务器角色或者dbo添加到其他角色中。例如，不能将db_owner固定数据库角色添加成为用户定义的数据库角色的成员。

3）在用户定义的事务中不能使用sp_addrolemember。

4）只有sysadmin固定服务器角色和db_owner固定数据库角色中的成员可以执行sp_addrolemember，以将成员添加到数据库角色中。

5）db_securityadmin固定数据库角色的成员可以将用户添加到任何用户定义的角色中。

【例11-6】 将pxscj数据库上的数据库用户User_sql_tao添加为固定数据库角色db_owner的成员。

```
USE pxscj
GO
EXEC sp_addrolemember 'db_owner', 'User_sql_tao'
```

3. 利用“系统存储过程”删除固定数据库角色成员

利用系统存储过程 sp_droprolemember 可以将某一成员从固定数据库角色中去除。

语法格式：

```
sp_droprolemember [@角色名 =] 'role' , [@成员名 =] 'security_account'
```

说明：删除某一角色的成员后，该成员将失去作为该角色的成员身份所拥有的任何权限。不能删除 public 角色的用户，也不能从任何角色中删除 dbo。

【例 11-7】 将数据库用户 User_sql_tao 从 db_owner 中去除。

```
USE pxscj
GO
EXEC sp_droprolemember 'db_owner', 'User_sql_tao'
```

11.3.3 自定义数据库角色

由于固定数据库角色的权限是固定的，有时有些用户需要一些特定的权限，如数据库的删除、修改和执行权限。固定数据库角色无法满足这种要求，这时就需要创建一个自定义数据库角色。

在创建数据库角色时将某些权限授予该角色，然后将数据库用户指定为该角色的成员，这样用户将继承这个角色的所有权限。

例如，要在数据库 pxscj 上定义一个数据库角色 ROLE1，在该角色中增加成员“ tao”，其对 pxscj 可进行的操作有查询、插入、删除、修改。下面将介绍如何实现这些功能。

1. 以界面方式创建数据库角色

（1）创建数据库角色

以 Windows 系统管理员身份连接 SQL Server，在“对象资源管理器”中展开“数据库”，选择要创建角色的数据库（如 pxscj），展开其中的“安全性”→“角色”，右击鼠标，在弹出的快捷菜单中选择“新建”→“新建数据库角色”菜单项，进入“数据库角色 - 新建”窗口。

在“数据库角色 - 新建”窗口中，选择“常规”选择页，输入要定义的角色名称（如 ROLE1），所有者默认为 dbo。直接单击“确定”按钮，完成数据库角色的创建，如图 11-8 所示。

（2）将数据库用户加入数据库角色

将用户加入自定义数据库角色的方法与将用户加入固定数据库角色的方法类似。例如，将 pxscj 数据库的用户 User_tao 加入 ROLE1 角色。此时数据库角色 ROLE1 的成员还没有任何的权限，当授予数据库角色权限时，这个角色的成员也将获得相同的权限。当数据库用户成为某一数据库角色的成员之后，该数据库用户就获得该数据库角色所拥有的操作数据库的权限。

2. 以命令创建数据库角色

（1）定义数据库角色

创建用户自定义数据库角色可以使用 CREATE ROLE 语句。

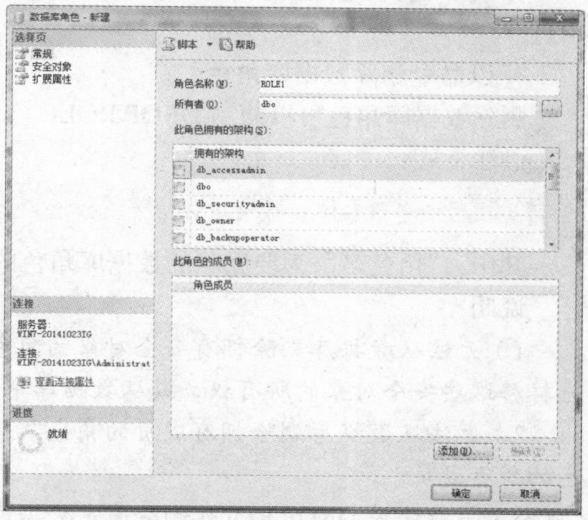

图 11-8 新建数据库角色

语法格式：

```
CREATE ROLE 角色名 [AUTHORIZATION 所有者名 ]
```

说明："角色名"为要创建的数据库角色的名称。"AUTHORIZATION 所有者名"用于指定新的数据库角色的所有者，如果未指定，则执行 CREATE ROLE 的用户将拥有该角色。

【例 11-8】 在当前数据库中创建名为 ROLE2 的新角色，并指定 dbo 为该角色的所有者。

```
USE pxscj
GO
CREATE ROLE ROLE2
    AUTHORIZATION dbo
```

（2）给数据库角色添加成员

向用户定义数据库角色添加成员也使用存储过程 sp_ addrolemember，用法与之前介绍的基本相同。

【例 11-9】 使用 Windows 身份验证模式的登录名（如 WIN7-20141023IG\tao）创建 pxscj 数据库的用户（如 User_tao），并将该数据库用户添加到 ROLE1 数据库角色中。

```
USE pxscj
GO
CREATE USER  [User_tao]
    FROM LOGIN [WIN7-20141023IG\tao]
GO
EXEC sp_addrolemember 'ROLE1', 'WIN7-20141023IG\tao'
```

【例 11-10】 将 SQL Server 登录名创建的 pxscj 数据库的数据库用户 User_sql_tao 添加到数据库角色 ROLE1 中。

```
USE pxscj
GO
EXEC sp_addrolemember 'ROLE1','User_sql_tao'
```

【例 11-11】 将数据库角色 ROLE2（假设已经创建）添加到 ROLE1 中。

```
EXEC sp_addrolemember 'ROLE1','ROLE2'
```

将一个成员从数据库角色中去除也使用系统存储过程 sp_droprolemember，之前已经介绍过。

3. 以命令删除数据库角色

删除数据库角色可以使用 DROP ROLE 语句。

语法格式：

```
DROP ROLE 角色名
```

其中，"角色名"为要删除的数据库角色的名称。

说明：

1）无法从数据库删除拥有安全对象的角色。若要删除拥有安全对象的数据库角色，必须先转移这些安全对象的所有权，或从数据库中删除它们。

2）无法从数据库删除拥有成员的角色。若要删除拥有成员的数据库角色，必须先删除角色的所有成员。

3）不能使用 DROP ROLE 删除固定数据库角色。

【例 11-12】 删除数据库角色 ROLE2。

在删除 ROLE2 之前首先需要将 ROLE2 中的成员删除，可以使用界面方式，也可以使用命令方式。若使用界面方式，只需在 ROLE2 的属性页中操作即可。命令方式在删除固定数据库成员时已经介绍，请参见前面内容。确认 ROLE2 可以删除后，使用以下命令删除 ROLE2：

```
DROP ROLE ROLE2
```

11.3.4　应用程序角色

应用程序角色相对于服务器角色和数据库角色来说比较特殊，它没有默认的角色成员。应用程序角色能够使应用程序用其自身的、类似用户的特权来运行。使用应用程序角色，可以只允许通过特定应用程序连接的用户访问特定数据，用户仅用其 SQL Server 登录名和数据库帐户将无法访问数据。

使用应用程序角色的一般过程如下：创建一个应用程序角色，并给它指派权限；用户打开批准的应用程序，并登录 SQL Server；激活应用程序角色，为此需要使用系统存储过程 sp_setapprole。

应用程序角色一旦被激活，SQL Server 就将用户作为应用程序来看待，并给用户指派应用程序角色拥有的权限。

创建应用程序角色的步骤如下：

1）以系统管理员身份连接 SQL Server，在“对象资源管理器”窗口中展开“数据库”→“pxscj”→“安全性”→“角色”，右击“应用程序角色”，选择“新建应用程序角色”，如图 11-9 所示。

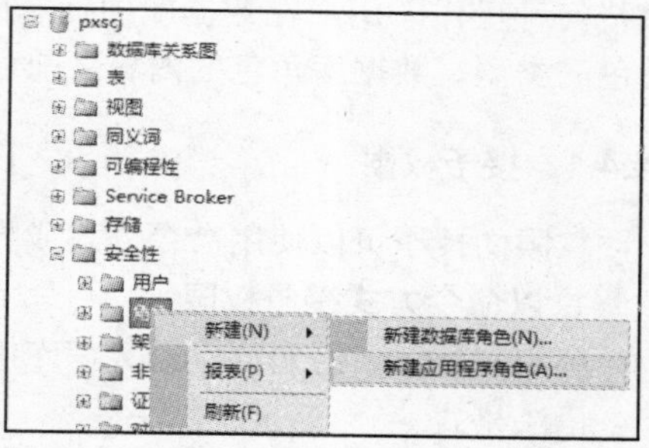

图 11-9　选择“新建应用程序角色”菜单项

2）在“应用程序角色 – 新建”窗口中输入应用程序角色名称“APPROLE”，默认架构为“dbo”，设置密码为“123”，如图 11-10 所示。

在“安全对象”选择页中，可以单击“搜索”按钮，添加“特定对象”，选择对象为表 xsb。单击“确定”按钮返回“安全对象”选择页中，授予表 xsb 的“选择”权限，如图 11-11 所示，完成后单击“确定”按钮。

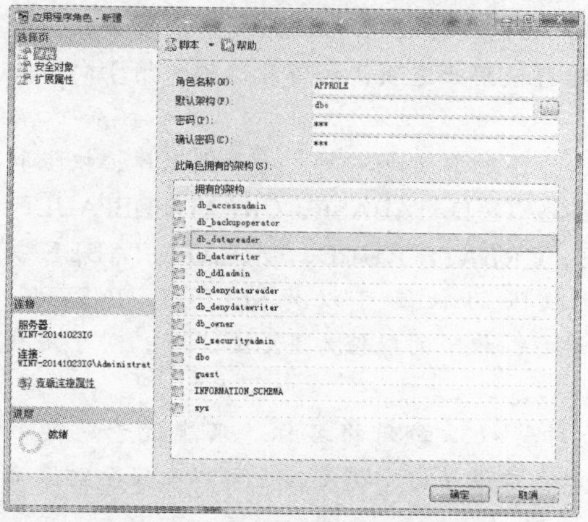

图 11-10　新建应用程序角色（常规）

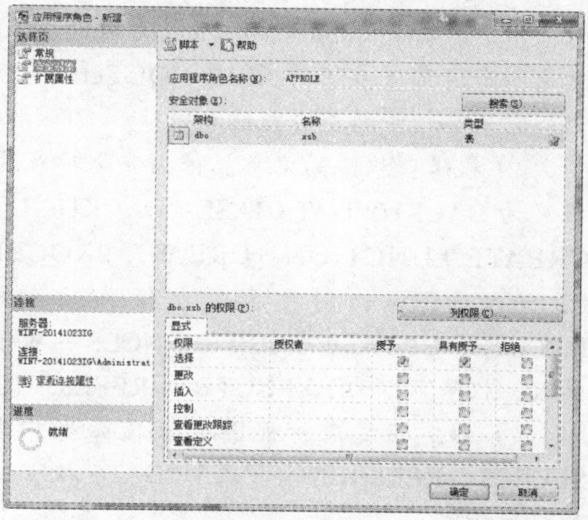

图 11-11　新建应用程序角色（安全对象）

3）添加 User_sql_tao 用户为 db_denydatareader 数据库角色的成员，使用“sql_tao”登录名连接 SQL Server。

然后，在查询窗口中输入如下语句：

```
USE pxscj
GO
SELECT * FROM xsb
```

运行结果显示出错信息。

4）使用系统存储过程 sp_setapprole 激活应用程序角色，语句如下：

```
EXEC sp_setapprole 'APPROLE', '123'
```

5）在查询窗口中重新输入步骤 3）中的查询语句，成功地执行了查询。

说明： 在此过程中，SQL Server 将用户 User_sql_tao 看成了角色 APPROLE，而角色 APPROLE 拥有表 xsb 的查询权限，所以能够查询 xsb 表。

11.4 数据库权限的管理

数据库的权限指明了用户能够获得哪些数据库对象的使用权，以及用户能够对哪些对象执行何种操作。用户在数据库中拥有的权限取决于用户帐户的数据库权限和用户所在数据库角色的类型。数据库角色的内容之前已经介绍，本节主要介绍数据库权限的内容。

11.4.1 授予权限

权限的授予可以使用命令方式或界面方式完成。

1. 以命令方式授予权限

利用 GRANT 语句可以给数据库用户或数据库角色授予数据库级别或对象级别的权限。

语法格式：

```
GRANT {ALL [PRIVILEGES]} | 权限 [(列 [, …])] [, …]
    [ON 安全对象] TO 主体 [, …]
    [WITH GRANT OPTION] [AS 主体]
```

说明：

1）ALL：表示授予所有可用的权限。ALL PRIVILEGES 是 SQL-92 标准的用法。对于语句权限，只有 sysadmin 角色成员可以使用 ALL；对于对象权限，sysadmin 角色成员和数据库对象所有者都可以使用 ALL。SQL Server 2012 不推荐使用此选项，保留此选项仅用于向后兼容，它不会授予所有可能的权限。

2）权限：权限的名称。根据安全对象的不同，权限的取值也不同。对于数据库，权限取值可为 BACKUP DATABASE、BACKUP LOG、CREATE DATABASE、CREATE DEFAULT、CREATE FUNCTION、CREATE PROCEDURE、CREATE RULE、CREATE TABLE 或 CREATE VIEW；对于表、表值函数或视图，权限的取值可以为 SELECT、INSERT、DELETE、UPDATE 或 REFERENCES；对于存储过程，权限的取值为 EXECUTE；对于用户函数，权限可以为 EXECUTE 和 REFERENCES。

3）列：指定表、视图或表值函数中要授予对其权限的列的名称。只能授予对列的 SELECT、REFERENCES 及 UPDATE 权限。列可以在权限子句中指定，也可以在安全对象名称之后指定。

4）ON 安全对象：指定将授予其权限的安全对象。例如，授予表 xsb 上的权限时，ON 子句为 ON xsb。对于数据库级的权限不需要指定 ON 子句。

5）主体：主体的名称，是指被授予权限的对象，可以为当前数据库的用户、数据库角色，指定的数据库用户、角色必须在当前数据库中存在，不能将权限授予其他数据库中的用户、角色。

6）WITH GRANT OPTION：表示允许被授权者在获得指定权限的同时，将指定权限授予其他用户、角色或 Windows 组，WITH GRANT OPTION 子句仅对对象权限有效。

7）AS 主体：指定当前数据库中执行 GRANT 语句的用户所属的角色名或组名。当对象上的权限被授予一个组或角色时，用 AS 将对象权限进一步授予不是组或角色成员的用户。

GRANT 语句可使用两个特殊的用户帐户：public 角色和 guest 用户。授予 public 角色的权限可应用于数据库中的所有用户；授予 guest 用户的权限可为所有在数据库中没有数据库用户帐户的用户使用。

【例 11-13】 给 pxscj 数据库上的用户 User_wang 和 User_sql_wang 授予创建表的权限。

用上述方法创建 Windows 登录名“wang”和 pxscj 数据库用户“User_wang”。创建 SQL Server 登录名“sql_wang”和 pxscj 数据库用户“User_sql_wang”。

以系统管理员身份登录 SQL Server，新建一个查询，输入以下语句：

```
USE pxscj
GO
GRANT CREATE TABLE
    TO User_wang, User_sql_wang
GO
```

说明：授予数据库级权限时，CREATE DATABASE 权限只能在 master 数据库中被授予。如果用户帐户含有空格、反斜杠（\），则要用引号或中括号将安全帐户括起来。

【例 11-14】 首先在数据库 pxscj 中给 public 角色授予表 xsb 的 SELECT 权限。然后，将其他一些权限授予用户 User_wang 和 User_sql_wang，使用户具有对 xsb 表的所有操作权限。

以系统管理员身份登录 SQL Server，新建一个查询，输入以下语句：

```
USE pxscj
GO
GRANT SELECT
    ON xsb
    TO public
GO
GRANT INSERT, UPDATE, DELETE, REFERENCES
    ON xsb
    TO User_wang, User_sql_wang
GO
```

【例 11-15】 将 CREATE TABLE 权限授予数据库角色 ROLE1 的所有成员。

以系统管理员身份登录 SQL Server，新建一个查询，输入以下语句：

```
GRANT CREATE TABLE
    TO ROLE1
```

【例 11-16】 以系统管理员身份登录 SQL Server，将表 xsb 的 SELECT 权限授予 ROLE2 角色（指定 WITH GRANT OPTION 子句）。用户 User_li 是 ROLE2 的成员（创建过程略），在 User_li 用户上将表 xsb 上的 SELECT 权限授予用户 User_huang（创建过程略），User_huang

不是 ROLE2 的成员。

以 Windows 系统管理员身份连接 SQL Server，授予角色 ROLE2 在 xsb 表上的 SELECT 权限。

```
USE pxscj
GO
GRANT SELECT
    ON xsb
    TO ROLE2
    WITH GRANT OPTION
```

在 SSMS 窗口上单击“新建查询”按钮旁边的“数据库引擎查询”按钮，在弹出的连接窗口中以 User_li 用户的登录名 li 登录。单击“连接”按钮连接到 SQL Server 服务器。

在“查询分析器”窗口中使用如下语句，将用户 User_li 在 xsb 表上的 SELECT 权限授予 User_huang。

```
USE pxscj
GO
GRANT SELECT
    ON xsb TO User_huang
    AS ROLE2
```

说明：由于 User_li 是 ROLE2 角色的成员，因此必须用 AS 子句为 User_huang 授予权限。

【例 11-17】 在当前数据库 pxscj 中给 public 角色赋予对表 xsb 中“学号”、“姓名”字段的 SELECT 权限。

以系统管理员身份登录 SQL Server，新建一个查询，输入以下语句：

```
USE pxscj
GO
GRANT SELECT
    (学号，姓名) ON xsb
    TO public
GO
```

2. 以界面方式授予语句权限

（1）授予数据库的权限

例如，为数据库用户 User_ 授予 pxscj 数据库的 CREATE TABLE 语句的权限（即创建表的权限）。

1）选择 pxscj 数据库，右击鼠标，选择“属性”菜单项，进入 pxscj 数据库的属性窗口，选择“权限”页。在“用户”或“角色”栏中选择需要授予权限的用户或角色（如 User_wang），在窗口下方列出的权限列表中找到相应的权限（如“创建表”），在复选框中打钩，单击“确定”按钮即可完成。

2）如果需要授予权限的用户在用户列表中不存在，则可以单击“搜索”按钮将该用户添加到列表中再选择。单击“有效”选项卡可以查看该用户在当前数据库中有哪些权限。

（2）授予数据库对象上的权限

例如，给数据库用户 User_wang 授予 kcb 表上的 SELECT、INSERT 的权限。

1）选择 pxscj 数据库→“表”→“kcb”，右击鼠标，选择“属性”菜单项进入 kcb 表的属性窗口，选择“权限”选择页。

2）单击“搜索”按钮，在弹出的“选择用户或角色”窗口中单击“浏览”按钮，选择需要授权的用户或角色（如 User_wang），选择后单击“确定”按钮，返回 kcb 表的属性窗口。

3）选择用户（如 User_huang），在权限列表中选择需要授予的权限，如“插入”、“选择”，单击“确定”按钮完成授权。

4）如果要授予用户在表的列上的 SELECT 权限，可以选择“选择”权限后单击“列权限”按钮，在弹出的“列权限”对话框中选择要授予权限的列即可。

对用户授予权限后，读者可以以该用户身份登录 SQL Server，然后对数据库执行相关的操作，以测试是否得到已授予的权限。

11.4.2　拒绝权限

使用 DENY 命令可以拒绝给当前数据库内的用户授予的权限，并防止数据库用户通过其组或角色成员资格继承权限。

语法格式：

```
DENY {ALL [PRIVILEGES]}
     | 权限 [(列 [, …])] [, …]
     [ON 安全对象 ] TO 主体 [, …]
     [CASCADE] [AS 主体 ]
```

说明：CASCADE 表示拒绝授予指定用户或角色该权限，同时对该用户或角色授予该权限的所有其他用户和角色也拒绝授予该权限。当主体具有带 WITH GRANT OPTION 的权限时，CASCADE 为必选项。DENY 命令语法格式其他各项的含义与 GRANT 命名中的相同。

注意

1）如果使用 DENY 语句禁止用户获得某个权限，那么以后将该用户添加到已得到该权限的组或角色时，该用户不能访问这个权限。

2）默认情况下，sysadmin、db_securityadmin 角色成员和数据库对象所有者具有执行 DENY 的权限。

【例 11-18】 不允许多个用户使用 CREATE VIEW 和 CREATE TABLE 语句。

```
DENY CREATE VIEW, CREATE TABLE
    TO li, huang
GO
```

【例 11-19】 拒绝用户 li、huang、[0BD7E57C949A420\liu] 对表 xsb 的一些权限，使这些用户没有对 xsb 表的操作权限。

```
USE pxscj
GO
DENY SELECT, INSERT, UPDATE, DELETE
    ON xsb TO li, huang, [0BD7E57C949A420\liu]
GO
```

【例 11-20】 对所有 ROLE2 角色成员拒绝 CREATE TABLE 权限。

```
DENY CREATE TABLE
    TO ROLE2
GO
```

说明：假设用户 wang 是 ROLE2 的成员，并显式授予了 CREATE TABLE 权限，但仍拒绝 wang 的 CREATE TABLE 权限。

以界面方式拒绝权限也是在相关的数据库或对象的属性窗口中操作的，选中相应的“拒绝”复选框即可。

11.4.3 撤销权限

利用 REVOKE 命令可撤销以前给当前数据库用户授予或拒绝的权限。

语法格式：

```
REVOKE [GRANT OPTION FOR]
{
    [ALL [PRIVILEGES]]
        | 权限 [(列 [, …])] [, …]
}
[ON 安全对象]
{TO | FROM} 主体 [, …]
[CASCADE] [AS 主体]
```

说明：

1）REVOKE 只适用于当前数据库内的权限。GRANT OPTION FOR 表示将撤销授予指定权限的能力。

2）REVOKE 只在指定的用户、组或角色上取消授予或拒绝的权限。例如，给 wang 用户帐户授予了查询 xsb 表的权限，该用户帐户是 ROLE1 角色的成员。如果取消了 ROLE1 角色查询 xsb 表的访问权，并且已显式授予 wang 查询表的权限，则 wang 仍能查询该表；若未显式授予 wang 查询 xsb 的权限，那么取消 ROLE1 角色的权限也将禁止 wang 查询该表。

3）REVOKE 权限默认授予 sysadmin 固定服务器角色成员、db_owner 和 db_securityadmin 固定数据库角色成员。

【例 11-21】 取消已授予用户 User_wang 的 CREATE TABLE 权限。

```
REVOKE CREATE TABLE
    FROM User_wang
```

【例 11-22】 取消授予多个用户的多个语句权限。

```
REVOKE CREATE TABLE, CREATE DEFAULT
    FROM User_wang, User_li
GO
```

【例 11-23】 取消以前对 User_wang 授予或拒绝的在 xsb 表上的 SELECT 权限。

```
REVOKE SELECT
    ON xsb
    FROM User_wang
```

【例 11-24】 角色 ROLE2 在 xsb 表上拥有 SELECT 权限，用户 User_li 是 ROLE2 的成员，User_li 使用 WITH GRANT OPTION 子句将 SELECT 权限转移给了用户 User_huang，用户 User_huang 不是 ROLE2 的成员。现要以用户 User_li 的身份撤销用户 User_huang 的 SELECT 权限。

以登录名 li 的身份登录 SQL Server 服务器，新建一个查询，使用如下语句撤销 User_huang 的 SELECT 权限。

```
USE pxscj
GO
```

```
REVOKE SELECT
    ON xsb
    TO User_huang
    AS ROLE2
```

11.5　数据库架构的定义和使用

在 SQL Server 2012 中，数据库架构是一个独立于数据库用户的非重复命名空间，数据库中的对象都属于某一个架构。一个架构只能有一个所有者，所有者可以是用户、数据库角色等。架构的所有者可以访问架构中的对象，并且可以授予其他用户访问该架构的权限。

可以使用“对象资源管理器”和 T-SQL 语句两种方式来创建架构，但必须具有 CREATE SCHEMA 权限。

11.5.1　以界面方式创建架构

1. 创建架构

以在 pxscj 数据库中创建架构为例，具体步骤如下：

1）以系统管理员身份登录 SQL Server，在“对象资源管理器”中展开“数据库”→“pxscj”→“安全性”，选择“架构”，右击鼠标，在弹出的快捷菜单中选择“新建架构”菜单项。

2）在打开的“架构 – 新建”窗口中选择“常规”选择页，在窗口右边“架构名称”文本框中输入架构名称（如 Sch_test）。单击“搜索”按钮，在打开的“搜索角色和用户”对话框中单击“浏览”按钮，在打开的“查找对象”对话框中选中用户“User_SQL_liu”前面的复选框，如图 11-12 所示，单击“确定”按钮，返回“搜索角色和用户”对话框。

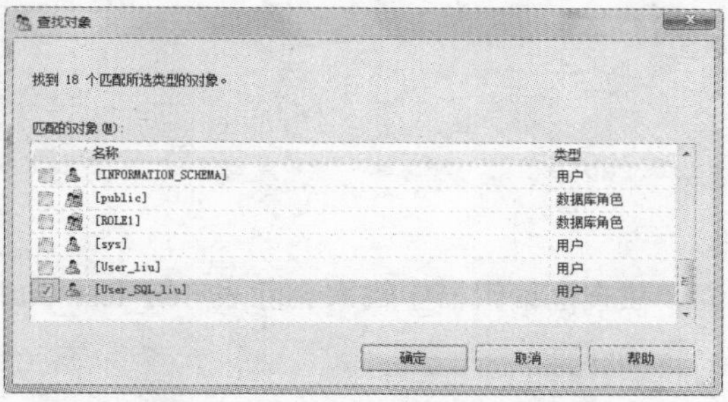

图 11-12　查找对象

单击“确定”按钮，返回“架构 – 新建”窗口，如图 11-13 所示。

单击“确定”按钮，完成架构的创建。这样就将用户 User_SQL_liu 设为架构 Sch_test 的所有者。

3）创建完后在“数据库”→“pxscj”→“安全性”→“架构”中，可以找到创建后的新架构，打开该架构的属性窗口可以更改架构的所有者。

2. 架构应用

1）架构创建完后，可以新建一个测试表来测试如何访问架构中的对象。在 pxscj 数据库中新建一个名为 table_1 的表。在创建表时，表的默认架构为 dbo，要在表的属性窗口中将其架构修改为 Sch_test。设置完成后保存该表，保存后的表可以在“对象资源管理器”中找到，此时表名已经变成 Sch_test. table_1。

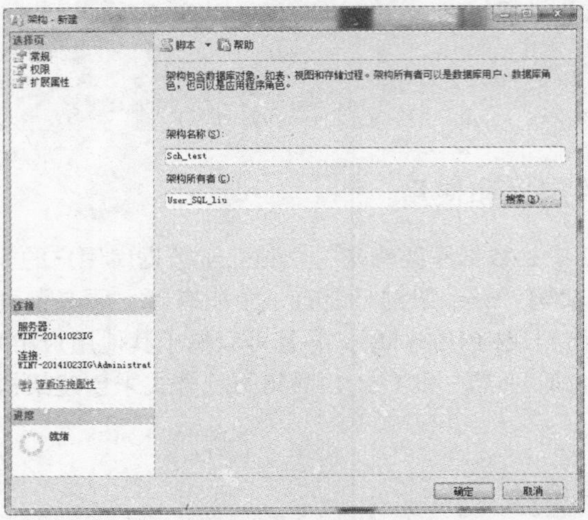

图 11-13　新建架构

2）打开表 Sch_test. table_1，在表中输入一行数据“测试架构的使用”。

3）在“对象资源管理器”中展开数据库 pxscj →“安全性”→“架构”，选择新创建的架构 Sch_test，右击鼠标，在弹出的快捷菜单中选择“属性”菜单项，打开“架构属性”窗口，在该架构属性的“权限”选择页中，单击“搜索”按钮，选择用户 User_sql_owner（假设已经创建），为用户 User_sql_owner 分配权限，如“选择”权限。单击“确定”按钮，保存上述设置。用同样的方法，还可以授予其他用户访问该架构的权限。

4）重新启动 SSMS，使用 SQL Server 身份验证方式，以 sql_owner 的登录名连接 SQL Server。连接成功后，创建一个新的查询，在“查询分析器”窗口中输入查询表 Sch_test. table_1 中数据的 T-SQL 语句。

```
USE pxscj
GO
SELECT * FROM Sch_test.table_1
```

查询成功，结果正确。

再新建一个 SQL 查询，在查询编辑器中输入删除表 Sch_test. table_1 的 T-SQL 语句。

```
DELETE FROM Sch_test.table_1
```

很明显，由于用户 User_sql_owner 所属的架构没有相应的 DELETE 权限，因此无法对表 Sch_test. table_1 执行删除操作。

说明：在创建完架构后，在创建用户时可以为用户指定新创建的架构为默认架构，或者将架构指定为用户拥有的架构。

11.5.2　以命令方式创建架构

可以使用 CREATE SCHEMA 语句创建数据库架构。

语法格式：

```
CREATE SCHEMA < 架构名子句 > [< 架构元素 > [, …]]
```

其中：

```
< 架构名子句 > ::=
```

```
{
    架构名
    | AUTHORIZATION 所有者名
    | 架构名 AUTHORIZATION 所有者名
}
<架构元素> ::=
{
    表定义 | 视图定义 | grant 语句
    revoke 语句 | deny 语句
}
```

说明：

1）架构名：在数据库内标识架构的名称，架构名称在数据库中要唯一。

2）AUTHORIZATION 所有者名：指定将拥有架构的数据库级主体（如用户、角色等）的名称。此主体还可以拥有其他架构，并且可以不使用当前架构作为其默认架构。

3）表定义：指定在架构内创建表的 CREATE TABLE 语句。执行此语句的主体必须对当前数据库具有 CREATE TABLE 权限。

4）视图定义：指定在架构内创建视图的 CREATE VIEW 语句。执行此语句的主体必须对当前数据库具有 CREATE VIEW 权限。

5）grant 语句：指定可对除新架构外的任何安全对象授予权限的 GRANT 语句。

6）revoke 语句：指定可对除新架构外的任何安全对象撤销权限的 REVOKE 语句。

7）deny 语句：指定可对除新架构外的任何安全对象拒绝授予权限的 DENY 语句。

【例 11-25】 创建架构 sch1，其所有者为用户 User_david。

以系统管理员身份登录 SQL Server，新建一个查询，输入以下语句：

```
USE pxscj
GO
CREATE SCHEMA  sch1
    AUTHORIZATION User_david
```

另外，删除架构可以使用 DROP SCHEMA 语句，例如：

```
DROP SCHEMA  sch1
```

注意

删除架构时必须保证架构中没有对象。例如，无法删除架构 Sch_test，因为表 table_1 属于架构 Sch_test，只有先删除表 table_1 才能删除架构 Sch_test。

习题

1. SQL Server 采用哪些措施实现数据库的安全管理？
2. 如何创建 Windows 身份验证模式的登录名？
3. 如何创建 SQL Server 身份验证模式的登录名？
4. 服务器角色分为哪几类？每一类有哪些权限？
5. 固定数据库角色分为哪几类？每一类有哪些操作权限？
6. 自定义一个数据库角色，并授予其产品销售数据库（cpxs）上的权限。
7. 如何给一个数据库角色、用户赋予操作权限？
8. 数据库中架构的作用是什么？使用界面方式创建数据库架构，并将架构的某些权限授予某个用户。

第 12 章

其他概念

本章主要讨论 SQL Server 中的一些其他概念，包括事务、锁定、SQL Server 自动化管理和 SQL Server 服务等。

12.1 事务

到目前为止，数据库都是假设只有一个用户在使用，但是实际情况往往是多个用户共享数据库。多个用户可能在同一时刻访问或修改同一部分数据，这样可能导致数据库中的数据不一致，这时就需要用到事务。

12.1.1 事务与 ACID 属性

事务在 SQL Server 中相当于一个执行单元，它由一系列 T-SQL 语句组成。这个单元中的每个 SQL 语句是互相依赖的，并且单元作为一个整体是不可分割的。如果单元中的一个语句不能完成，整个单元就会回滚（撤销），所有影响到的数据将返回到事务开始以前的状态。因此，只有事务中的所有语句都成功地执行，这个事务才被成功地执行。

用一个简单的例子来帮助理解事务：向公司添加一名新的雇员，如图 12-1 所示。这里的过程由 3 个基本步骤组成：在雇员数据库中为雇员创建一条记录；为雇员分配部门；建立雇员的工资记录。这三项任务构成了一个事务，任何一个任务的失败都会导致整个事务被撤销，而使系统返回到以前的状态。

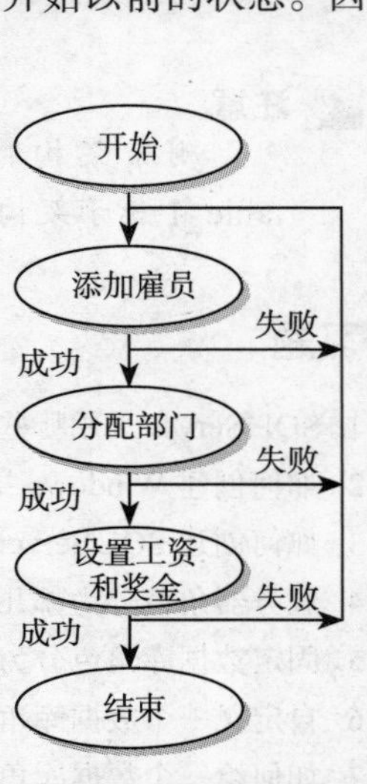

图 12-1 添加雇员事务

在形式上，每个事务的处理必须满足 ACID 原则，即原子性（atomicity）、一致性（consistency）、隔离性（isolation）和持久性（durability）。

1）原子性。原子性意味着每个事务都必须被认为是一个不可分割的单元。假设一个事务由两个或者多个任务组成，只有其中的语句同时成功，才能认为事务是成功的。如果事务失败，系统将会返回到事务以前的状态。

在添加雇员这个例子中，原子性是指如果没有创建雇员相应的工资表和部门记录，就不可能向雇员数据库添加雇员。

原子的执行是一个或者全部发生或者什么也没有发生的命题。在一个原子操作中，如果事务中的任何一个语句失败，前面执行的语句都将返回，以保证数据的整体性没有受到影响。这在一些关键系统中尤其重要，现实世界的应用程序（如金融系统）执行数据输入或更新，必须保证不出现数据丢失或数据错误，以保证数据安全性。

2）一致性。不管事务是完全成功完成还是中途失败，当事务使系统中的所有数据处于一致的状态时存在一致性。参照前面的例子，一致性是指如果从系统中删除了一个雇员，则所有和该雇员相关的数据，包括工资数据和组的成员资格都要被删除。

3）隔离性。隔离性是指每个事务在它自己的空间发生，和其他发生在系统中的事务隔离，而且事务的结果只有在它完全被执行时才能看到。即使在这样的一个系统中同时发生了多个事务，隔离性原则也会保证某个特定事务在完全完成之前，其结果是看不见的。

当系统支持多个同时存在的用户和连接时（如 SQL Server），隔离性就尤其重要。如果系统不遵循这个基本规则，就可能导致大量数据被破坏，如每个事务各自空间的完整性很快地被其他冲突事务所侵犯。

4）持久性。持久性意味着一旦事务执行成功，在系统中产生的所有变化将是永久的。即使系统崩溃，一个提交的事务仍然存在。当一个事务完成，数据库的日志已经被更新时，持久性就开始发生作用了。大多数 RDBMS 产品通过保存所有行为的日志来保证数据的持久性，这些行为是指在数据库中以任何方法更改数据。数据库日志记录了所有对于表的更新、查询、报表等。

12.1.2 多用户使用问题

当多个用户对数据库并发访问时，可能会导致丢失更新、脏读、不可重复读和幻读等问题。

- 丢失更新（lost update）：指当两个或多个事务选择同一行，然后基于最初选定的值更新该行时，由于每个事务都不知道其他事务的存在，因此最后的更新将重写由其他事务所做的更新，这将导致数据丢失。
- 脏读（dirty read）：当一个事务正在访问数据，而其他事务正在更新该数据，但尚未提交时，就会发生脏读问题，即第一个事务所读取的数据是“脏”（不正确）数据，它可能会引起错误。
- 不可重复读（unrepeatable read）：当一个事务多次访问同一行且每次读取不同的数据时，会发生此问题。不可重复读与脏读有相似之处，因为该事务也是正在读取其他事务正在更改的数据。当一个事务访问数据时，另外的事务也访问该数据并对其进行修改，因此就发生了由于第二个事务对数据的修改而导致第一个事务两次读到的数据不一样的情况，这就是不可重复读。
- 幻读（phantom read）：当一个事务对某行执行插入或删除操作，而该行属于某个事务正在读取的行的范围时，会发生幻读问题。事务第一次读的行范围显示出其中一行已不复存在于第二次读或后续读中，因为该行已被其他事务删除。同样，由于其他事务的插入操作，事务的第二次读或后续读显示有一行已不存在于原始读中。

12.1.3 事务处理

SQL Server 中的事务可以分为两类：系统提供的事务和用户定义的事务。

系统提供的事务是在执行下列语句时产生，这些语句包括 ALTER TABLE、CREATE、DELETE、DROP、FETCH、GRANT、INSERT、OPEN、REVOKE、SELECT、UPDATE、TRUNCATE TABLE。一条语句构成一个事务。

例如，执行如下创建表的语句：

```
CREATE TABLE xxx
(
    f1 int          NOT NULL,
    f2 char(10)     NOT NULL,
    f3 varchar(30) NULL
)
```

以上语句本身构成一个事务，它要么建立包含 3 列的表结构，要么对数据库没有任何影响，而不会建立包含 1 列或 2 列的表结构。

在实际应用中，大量使用的是用户自定义的事务。定义用户自定义事务的主要步骤如下。

1. 开始事务

在 SQL Server 中，显式地开始一个事务可以使用 BEGIN TRANSACTION 语句。

语法格式：

```
BEGIN {TRAN | TRANSACTION}
[
    { 事务名 | @ 事务名变量 }
    [WITH MARK ['dEscription']]
]
```

说明：

1）TRAN 是 TRANSACTION 的同义词。

2）事务名：分配给事务的名称，必须遵循标识符规则，但字符数不能大于 32。

3）@ 事务名变量：用户定义的、含有有效事务名称的变量名称。

4）WITH MARK['dEscription']：指定在日志中标记事务。dEscription 是描述该标记的字符串。如果使用了 WITH MARK，则必须指定事务名。

2. 结束事务

COMMIT TRANSCATION 语句是提交语句，它将事务开始以来所执行的所有数据都修改为数据库的永久部分，也标志一个事务的结束，其语法格式为：

```
COMMIT {TRAN | TRANSACTION}
    [ 事务名 | @ 事务名变量 ]]
```

标志一个事务的结束也可以使用 COMMIT WORK 语句。其语法格式为：

```
COMMIT [WORK]
```

此语句的功能与 COMMIT TRANSACTION 相同，但 COMMIT TRANSACTION 接受用户定义的事务名称，而 COMMIT WORK 不带参数。

3. 撤销事务

若要结束一个事务，可以使用 ROLLBACK TRANSACTION 语句。它使得事务回滚到起点，撤销自最近一条 BEGIN TRANSACTION 语句以后对数据库的所有更改，同时也标志了一个事务的结束。

语法格式：

```
ROLLBACK {TRAN | TRANSACTION}
    [事务名 | @事务名变量]
```

说明：“事务名”是为 BEGIN TRANSACTION 语句上的事务分配的名称；“@ 事务名变量”为用户定义的、含有有效事务名称的变量名称。

ROLLBACK TRANSACTION 语句不能在 COMMIT 语句之后。

另外，一条 ROLLBACK WORK 语句也能撤销一个事务，功能与 ROLLBACK TRANSACTION 语句相同，但 ROLLBACK TRANSACTION 语句接受用户定义的事务名称。

语法格式：

```
ROLLBACK [WORK] [;]
```

4. 回滚事务

ROLLBACK TRANSACTION 语句除了能够撤销整个事务外，还可以使事务回滚到某个点，不过在这之前需要使用 SAVE TRANSACTION 语句来设置一个保存点。

SAVE TRANSACTION 的语法格式：

```
SAVE {TRAN | TRANSACTION}
    {保存点名 | @保存点变量}
```

说明：“保存点名”是分配给保存点的名称；“@保存点变量”为包含有效保存点名称的用户定义变量的名称。

SAVE TRANSACTION 语句会向已命名的保存点回滚一个事务。如果在设置保存点后，当前事务对数据进行了更改，则这些更改会在回滚中撤销。

语法格式：

```
ROLLBACK {TRAN | TRANSACTION}
    [保存点名 | @保存点变量]
```

其中，“保存点名”是 SAVE TRANSACTION 语句中的保存点名。在事务中允许有重复的保存点名称，但指定保存点名称的 ROLLBACK TRANSACTION 语句只将事务回滚到使用该名称的最近的 SAVE TRANSACTION。

下面几个语句说明了有关事务的处理过程：

1）BEGIN TRANSACTION mytran1

2）UPDATE...

3）DELETE...

4）SAVE TRANSACTION S1

5）DELETE...

6）ROLLBACK TRANSACTION S1;

7）INSERT...

8）COMMIT TRANSACTION

说明：

1）开始一个事务 mytran1。

2）和 3）对数据进行修改，但没有提交。

4）设置一个保存点 S1。

5）删除了数据，但没有提交。

6）事务回滚到保存点 S1，这时语句 5 所做修改被撤销了。

7）添加数据。

8）结束这个事务 mytran1，这时只有语句 2、3、7 对数据库做的修改被持久化。

【例 12-1】 定义一个事务，向 pxscj 数据库的 xsb 表添加一行数据，然后删除该行数据。但执行后，新插入的数据行并没有删除，因为事务中使用了 ROLLBACK 语句将操作回滚到保存点 My_sav，即删除前的状态。

```
BEGIN TRANSACTION My_tran
USE pxscj
INSERT INTO xsb
    VALUES('191315', '胡新华', 1, '1996-06-27', '计算机', 50, NULL)
SAVE TRANSACTION My_sav
DELETE FROM xsb WHERE 学号='191315'
ROLLBACK TRAN My_sav
COMMIT WORK
GO
```

执行完上述语句后，使用 SELECT 语句查询 xsb 表中的记录。

```
SELECT *
    FROM xsb
    WHERE 学号='191315'
```

执行结果仍然是“胡新华”记录信息。

在 SQL Server 中，事务是可以嵌套的。例如，在 BEGIN TRANSACTION 语句之后还可以再使用 BEGIN TRANSACTION 语句在本事务中开始另外一个事务。在 SQL Server 中有一个系统全局变量 @@TRANCOUNT，这个全局变量用于报告当前等待处理的嵌套事务的数量。如果没有等待处理的事务，则这个变量值为 0。BEGIN TRANSACTION 语句将使 @@TRANCOUNT 的值加 1。ROLLBACK TRANSACTION 语句将使 @@TRANCOUNT 的值递减到 0，但 ROLLBACK TRANSACTION savepoint_name 语句不影响 @@TRANCOUNT 的值。COMMIT TRANSACTION 和 COMMIT WORK 语句将使 @@TRANCOUNT 的值减 1。

前面所提及的事务都是在一个服务器上的操作，还有一种称为分布式事务的用户定义事务。分布式事务跨越两个或多个服务器，通过建立分布式事务并执行它，通过事务管理器负责协调事务管理，以保证数据的完整性。SQL Server 中主要的事务管理器是 Microsoft 分布式事务处理协调器（MS DTC）。对于应用程序，管理分布式事务很像管理本地事务。事务结束时，应用程序请求提交或回滚事务。不同的是，分布式事务提交必须由事务管理器管理，以避免出现因网络故障而导致一个事务由某些资源管理器成功提交，但由另一些资源管理器回滚的情况。由于本书篇幅有限，有关分布式事务的具体内容不详细讨论。

12.1.4　事务隔离级

每一个事务都有一个隔离级，它定义了用户彼此之间隔离和交互的程度。前面曾提到，事务型关系型数据库管理系统的一个最重要的属性就是，它可以“隔离”在服务器上正在处理的不同会话。在单用户环境中，这个属性无关紧要，因为任意时刻只有一个会话处于活动状态。但是在多用户环境中，许多关系型数据库管理系统会话在任一给定时刻都是活动的。在这种情况下，能够隔离事务是很重要的，这样它们不互相影响，同时保证数据库性能不受到影响。

为了了解隔离的重要性，有必要花些时间来考虑如果不强加隔离会发生什么。如果没有事务的隔离性，不同的 SELECT 语句将会在同一个事务的环境中检索到不同的结果，因为在这期间，数据已经基本上被其他事务修改。这将导致不一致性，同时很难相信结果集，从而不能利用查询结果作为计算的基础。因而隔离性强制对事务进行某种程度的隔离，保证应用程序在事务中看到一致的数据。

较低的隔离级别可以增加并发，但代价是降低数据的正确性。相反，较高的隔离级别可以确保数据的正确性，但可能对并发产生负面影响。

在 SQL Server 中，可以使用 SET TRANSACTION ISQLATION LEVEL 语句来设置事务的隔离级别。

语法格式：

```
SET TRANSACTION ISQLATION LEVEL
{
    READ UNCOMMITTED
    | READ COMMITTED
    | REPEATABLE READ
    | SNAPSHOT
    | SERIALIZABLE
}
```

说明：SQL Server 提供了 5 种隔离级：未提交读（READ UNCOMMITTED）、提交读（READ COMMITTED）、可重复读（REPEATABLE READ）、快照（SNAPSHOT）和序列化（SERIALIZABLE）。

1）未提交读。未提交读提供了事务之间最小限度的隔离，允许脏读，但不允许丢失更新。如果一个事务已经开始写数据，则另外一个事务不允许同时进行写操作，但允许其他事务读取此行数据。该隔离级别可以通过“排他锁”实现。

2）提交读。提交读是 SQL Server 默认的隔离级别，处于这一级的事务可以看到其他事务添加的新记录，而且其他事务对现存记录做出的修改一旦被提交，就可以看到。也就是说，这意味着在事务处理期间，如果其他事务修改了相应的表，那么同一个事务的多个 SELECT 语句可能返回不同的结果。提交读允许不可重复读取，但不允许脏读。该隔离级别可以通过“共享锁”和“排他锁”实现。

3）可重复读。处于这一级的事务禁止不可重复读取和脏读取，但是有时可能出现幻读。读取数据的事务将会禁止写事务（但允许读事务），写事务则禁止任何其他事务。

4）快照。处于这一级别的事务只能识别在其开始之前提交的数据修改。在当前事务中执行的语句将看不到在当前事务开始以后由其他事务所做的数据修改。其效果就好像事务中的语句获得了已提交数据的快照，因为该数据在事务开始时就存在。必须在每个数据库中将 ALLOW_SNAPSHOT_ISQLATION 数据库选项设置为 ON，才能开启一个使用 SNAPSHOT 隔离级别的事务。设置的方法如下：

```
ALTER DATABASE 数据库名
    SET ALLOW_SNAPSHOT_ISQLATION ON
```

5）序列化。序列化是隔离事务的最高级别，提供严格的事务隔离。它要求事务序列化执行，事务只能一个接着一个地执行，不能并发执行。

隔离级别越高，越能保证数据的完整性和一致性，但是对并发性能的影响也越大。对于大多数应用程序，可以优先考虑把数据库的隔离级别设为提交读，它能够避免脏取，而且具有较好的并发性能。

下面以设置 pxscj 数据库的隔离级别为例进行简单示范，在 SSMS 中打开两个“查询分析器”窗口，在第一个窗口中执行如下语句，更新课程表 kcb 中的信息。

```
USE pxscj
GO
BEGIN TRANSACTION
UPDATE kcb SET 课程名 =' 计算机导论 ' WHERE 课程号 ='101'
```

由于代码中并没有执行 COMMIT 语句，所以数据变动操作实际上还没有最终完成。接下来，在另一个窗口中执行下列语句查询 kcb 表中的数据。

```
SELECT * FROM kcb
```

“结果”窗口中不显示任何查询结果，窗口底部提示“正在执行查询…”。出现这种情况的原因是，pxscj 数据库的默认隔离级别是提交读，若一个事务更新了数据，但事务尚未结束，这时就发生了脏读的情况。

在第一个窗口中使用 ROLLBACK 语句回滚以上操作。这时使用 SET 语句设置事务的隔离级别为未提交读，执行如下语句：

```
SET TRANSACTION ISQLATION LEVEL READ UNCOMMITTED
```

这时再重新执行修改和查询的操作可以查询到事务正在修改的数据行，因为未提交读隔离级别允许脏读。

12.2 锁定

当用户对数据库并发访问时，为了确保事务的完整性和数据库的一致性，需要使用锁定，它是实现数据库并发控制的主要手段。锁定可以防止用户读取正在由其他用户更改的数据，以及多个用户同时更改相同数据。如果不使用锁定，则数据库中的数据可能在逻辑上不正确，并且对数据的查询可能会产生意想不到的结果。具体地说，锁可以防止丢失更新、脏读、不可重复读和幻读。

当两个事务分别锁定某个资源，而又分别等待对方释放其锁定的资源时，就会发生死锁。

12.2.1 锁定粒度

在 SQL Server 中，可被锁定的资源从小到大分别是行、页、扩展盘区、表和数据库，被锁定的资源单位称为锁定粒度。可见，上述 5 种资源单位的锁定粒度是由小到大排列的。锁定粒度不同，系统的开销将不同，并且锁定粒度与数据库访问并发度是一对矛盾，锁定粒度大，系统开销小，但并发度会降低；锁定粒度小，系统开销大，但并发度可提高。

12.2.2 锁定模式

SQL Server 使用不同的锁模式锁定资源，这些锁模式确定了并发事务访问资源的方式。共有 6 种锁模式，分别是：排他（exclusive，X）、共享（shared，S）、更新（update，U）、意向（intent）、架构（schema）、键范围（key-range）和大容量更新（bulk update，BU）。

1）排他锁。排他锁可以防止并发事务对资源进行访问。其他事务不能读取或修改排他锁锁定的数据。

2）共享锁。共享锁允许并发事务读取一个资源。当一个资源上存在共享锁时，任何其他事务都不能修改数据。一旦读取数据完毕，资源上的共享锁便立即释放，除非将事务隔离级别设置为可重复读或更高级别，或者在事务生存周期内用锁定提示保留共享锁。

3）更新锁。更新锁可以防止通常形式的死锁。一般更新模式由一个事务组成，此事务读取记录，获取资源（页或行）的共享锁，然后修改行，此操作要求锁转换为排他锁。如果两个事务获得了资源上的共享锁，然后试图同时更新数据，则其中的一个事务将尝试把锁转换为排他锁。共享模式到排他锁的转换必须等待一段时间，因为一个事务的排他锁与其他事务的共享锁不兼容，这就是锁等待。第二个事务试图获取排他锁以进行更新。由于两个事务都要转换为排他锁，并且每个事务都等待另一个事务释放共享锁，因此会发生死锁，这就是潜在的死锁问题。

为避免这种情况的发生，可使用更新锁。一次只允许有一个事务可获得资源的更新锁，如果该事务要修改锁定的资源，则更新锁将转换为排他锁，否则为共享锁。

4）意向锁。意向锁表示 SQL Server 需要在层次结构中的某些底层资源（如表中的页或行）上获取共享锁或排他锁。例如，放置在表级的共享意向锁表示事务打算在表中的页或行上放置共享锁。在表级设置意向锁可防止另一个事务随后在包含那一页的表上获取排他锁。意向锁可以提高性能，因为 SQL Server 仅在表级检查意向锁来确定事务是否可以安全地获取该表上的锁，而无须检查表中的每行或每页上的锁，以确定事务是否可以锁定整个表。

意向锁包括意向共享（IS）、意向排他（IX）以及与意向排他共享（ISX）。

- 意向共享锁：通过在各资源上放置共享锁，表明事务的意向是读取层次结构中的部分底层资源。
- 意向排他锁：通过在各资源上放置排他锁，表明事务的意向是修改层次结构中的部分底层资源。
- 意向排他共享锁：通过在各资源上放置意向排他锁，表明事务的意向是读取层次结构中的全部底层资源并修改部分底层资源。

5）键范围锁。键范围锁用于序列化的事务隔离级别，可以保护由 T-SQL 语句读取的记录集合中隐含的行范围。键范围锁可以防止幻读，还可以防止对事务访问的记录集进行幻想插入或删除。

6）架构锁。执行表的数据定义语言操作（如增加列或删除表）时使用架构修改锁。当编译查询时，使用架构稳定性锁。架构稳定性锁不阻塞任何事务锁，包括排他锁。因此在编译查询时，其他事务（包括在表上有排他锁的事务）都能继续运行，但不能在表上执行 DDL 操作。

7）大容量更新锁。当将数据大容量复制到表，并且指定 TABLOCK 提示或者使用 sp_tableoption 设置 table lock on bulk 表选项时，将使用大容量更新锁。大容量更新锁允许进程将数据并发地大容量复制到同一表，同时可防止其他不进行大容量复制数据的进程访问该表。

12.3　自动化管理

SQL Server 提供了使任务自动化的内部功能，本节主要介绍 SQL Server 中任务自动化的基础知识，如作业、警报、操作员等。

数据库的自动化管理实际上是指对预先能够预测到的服务器事件或必须按时执行的管理任务，根据已经制定好的计划做出必要的操作。通过数据库自动化管理，可以处理一些日常的事务和事件，减轻数据库管理员的负担；当服务器发生异常时，通过自动化管理可以自动发出通知，以便让管理员及时获得信息，并做出处理。例如，如果希望在每个工作日下班后备份公司的所有服务器，就可以使该任务自动执行。将备份安排在星期一到星期五的 22:00 之后运行，如果备份出现问题将自动发出通知。

在 SQL Server 中进行自动化管理的步骤如下：

1）确定哪些管理任务或服务器事件定期执行，以及这些任务或事件是否可以通过编程方式进行管理。

2）使用自动化管理工具定义一组作业、计划、警报和操作员。

3）运行已定义的 SQL Server 代理作业。

SQL Server 自动化管理能够实现以下几种管理任务：

1）任何 T-SQL 语法中的语句。

2）操作系统命令。

3）VBScript 或 JavaScript 之类的脚本语言。

4）复制任务。

5）数据库创建和备份。

6）索引重建。

7）报表生成。

12.3.1　SQL Server 代理

要实现 SQL Server 数据库自动化管理，首先必须启动并正确配置 SQL Server 代理。SQL Server 代理是一种 Microsoft Windows 服务，它执行安排的管理任务，即“作业”。SQL Server 代理运行作业、监视 SQL Server 并处理警报。

在安装 SQL Server 时，SQL Server 代理服务默认是禁用的，要执行管理任务，首先必须启动 SQL Server 代理服务。可以在 SQL Server 配置管理器或 SSMS 的资源管理器中启动 SQL Server 代理服务。

SQL Server 代理服务启动以后需要正确配置 SQL Server 代理。SQL Server 代理的配置信息主要保存在系统数据库 msdb 的表中，使用 SQL Server 用户对象来存储代理的身份验证信息。在 SQL Server 中，必须将 SQL Server 代理配置为使用 sysadmin 固定服务器角色成员的帐户，才能执行其功能。该帐户必须拥有以下 Windows 权限：

- ❑ 调整进程的内存配额。
- ❑ 以操作系统方式操作。
- ❑ 跳过遍历检查。
- ❑ 作为批处理作业登录。
- ❑ 作为服务登录。
- ❑ 替换进程级记号。

如果需要验证帐户是否已经设置了所需的 Windows 权限，请参考有关 Windows 文档。

通常情况下，为 SQL Server 代理选择的帐户都是为此目的创建的域帐户，并且有严格控制的访问权限。使用域帐户不是必需的，但是如果使用本地计算机上的帐户，SQL Server 代理就没有权限访问其他计算机上的资源。SQL Server 需要访问其他计算机的情况很常见，例如，当它在另一台计算机上的某个位置创建数据库备份和存储文件时。

SQL Server 代理服务可以使用 Windows 身份验证或 SQL Server 身份验证连接到 SQL Server 本地实例，但是无论选择哪种身份验证，帐户都必须是 sysadmin 固定服务器角色的成员。

12.3.2 操作员

SQL Server 代理服务支持通过操作员通知管理员的功能。操作员是在完成作业或出现警报时，可以接收电子通知的人员或组的别名。操作员主要有两个属性：操作员名称和联系信息。

每一个操作员都必须具有一个唯一的名称，操作员的联系信息决定了通知操作员的方式。

12.3.3 作业

在 SQL Server 中，可以使用 SQL Server 代理作业来自动执行日常管理任务并反复运行它们，从而提高管理效率。作业是一系列由 SQL Server 代理按顺序执行的指定操作。作业可以执行一系列活动，包括运行 Transact-SQL 脚本、命令行应用程序、Microsoft ActiveX 脚本、Integration Services 包、Analysis Services 命令、查询或复制任务。作业可以运行重复任务或那些可计划的任务，它们可以通过生成警报来自动通知用户作业状态，从而极大地简化了 SQL Server 管理。作业可以手动运行，也可以配置为根据计划或响应警报来运行。

创建作业时，可以给作业添加成功、失败或完成时接收通知的操作员。当作业结束时，操作员可以收到作业的输出结果。

12.3.4 警报

对事件的自动响应称为“警报”。SQL Server 允许创建警报来解决潜在的错误问题。用户可以针对一个或多个事件定义警报，指定希望 SQL Server 代理如何响应发生的这些事件。

事件由 SQL Server 生成并输入 Microsoft Windows 应用程序日志中。SQL Server 代理读取应用程序日志，并将写入的事件与定义的警报比较。当 SQL Server 代理找到匹配项时，它将发出自动响应事件的警报。除了监视 SQL Server 事件以外，SQL Server 代理还监视性能条件和 Windows Management Instrumentation（WMI）事件。

定义警报需要指定警报的名称、触发警报的事件或性能条件、SQL Server 代理响应事件或性能条件所执行的操作。每个警报都响应一种特定的事件，事件类型可以是 SQL Server 事件、SQL Server 性能条件或 WMI 事件。事件类型决定了用于指定具体事件的参数。因此根据事件类型，警报可以分为事件警报、性能警报和 WMI 警报。

12.3.5 数据库邮件

数据库邮件（database mail）是从 SQL Server 数据库引擎中发送电子邮件的企业解决方案。通过使用数据库邮件，数据库应用程序可以向用户发送电子邮件。邮件可以包含查询结果，还可以包含来自网络中任何资源的文件。数据库邮件主要使用简单邮件传输协议（SMTP）服务器（而不是 SQL Mail 所要求的 MAPI 账号）来发送电子邮件。

在默认情况下，数据库邮件处于非活动状态。要使用数据库邮件，必须使用数据库邮件配置向导、sp_configure 存储过程或者基于策略的外围应用配置功能显式地启用数据库邮件。

可以在 SQL Server 代理中创建从 SQL Server 接收电子邮件的操作员，在要执行的作业或警报中指定以电子邮件形式通知该操作员。之后在作业执行完成或警报激活时，SQL Server 将电子邮件发送到操作员的邮箱中。

12.3.6 维护计划向导

对于企业级数据库的管理操作，如数据库的备份、优化等一些需要经常执行的操作，虽然可以使用作业来执行，但是必须为每个数据库都创建作业，这样会使工作变得很烦琐。SQL Server 提供了维护计划向导来解决这类问题。

维护计划向导用于创建 SQL Server 代理可定期运行的维护计划。维护计划向导有助于用户设置核心维护任务，从而确保数据库运行正常、定期进行备份并确保数据库一致。维护计划向导可创建一个或多个 SQL Server 代理作业，代理作业可对多服务器环境中的本地服务器或目标服务器执行这些任务。若要创建或管理维护计划，用户必须是 sysadmin 固定服务器角色的成员。

维护计划创建完成后，可以在“管理”的“维护计划”节点下看到新创建的维护计划“管理数据库”。右击该维护计划，选择“修改”菜单项，可以在打开的“管理数据库（设计）”窗口下修改；选择“查看历史记录”可以查看维护计划最后执行的工作任务。选择“执行”菜单项可以执行该维护计划。

习题

1. ACID 属性主要有哪几个？
2. 如何开始一个事务？
3. 开始一个事务，将产品销售数据库（cpxs）产品表（cpb）中的一个数据记录移动到 cpb1 表中。
4. SQL Server 中有哪几种锁定模式？
5. 创建一个作业，要求每周的星期五对产品销售数据库（cpxs）做一次备份。
6. 创建一个事件警报，当错误级别为 16 时激活警报，通知操作员 wang。
7. 使用维护计划向导对产品销售数据库（cpxs）定期执行数据库检查完整性、重新组织索引、备份数据库的任务。
8. 描述集成服务、报表服务和分析服务的作用。

第二部分

数据库管理系统实验

实验 1

SQL Server 2012 环境

目的与要求

1. 掌握 SQL Server Management Studio “对象资源管理器” 的使用方法。
2. 掌握 SQL Server Management Studio “查询分析器” 的使用方法。
3. 对数据库及其对象有基本的了解。
4. 了解 SQL Server 各种版本安装的软、硬件要求。
5. 了解 SQL Server 支持的身份验证模式。

1. 对象资源管理器（界面）的使用

（1）进入 SQL Server Management Studio

单击“开始”→“所有程序”→“Microsoft SQL Server 2012”→“SQL Server ManagementStudio”，打开“连接到服务器”对话框，使用系统默认设置连接服务器，单击“连接”按钮，系统显示 SQL Server Management Studio 窗口。

在 SQL Server Management Studio 窗口中，左边是“对象资源管理器”，它以目录树的形式组织对象。右边是操作界面，如“查询分析器”窗口、“表设计器”窗口等。

（2）了解系统数据库和数据库的对象

安装 SQL Server 2012 后，系统生成 4 个数据库：master、model、msdb 和 tempdb。

在“对象资源管理器”中单击“系统数据库”，右边显示 4 个系统数据库。选择系统数据库 master，观察 SQL Server “对象资源管理器”中数据库对象的组织方式。其中，表、视图在“数据库”节点下，存储过程、触发器、函数、类型、默认值、规则等在“可编程性”中，用户、角色、架构等在“安全性”中。

（3）试试不同数据库对象的操作方法

展开系统数据库 master→“表”→“系统表”，选择“dbo.spt_values”，单击鼠标右键，系统显示操作快捷菜单。

（4）认识表的结构

单击“dbo.spt_values”→“列”，可查看该表有哪些列。

2. 查询分析器的使用

在“SQL Server Management Studio”窗口中单击“新建查询”按钮。在“对象资源管理器”的右边出现“查询分析器”窗口。在该窗口中输入下列命令：

```
USE master
SELECT *
   FROM  dbo.spt_values
GO
```

单击“！执行”按钮，观察命令执行结果。

使用“USE master”命令选择当前数据库为“master”，如果在 SQL Server Manage Studio 面板上的可用数据库下拉框中选择当前数据库为“master”，则“USE master”命令可以省略。

3. SQL Server Management Studio 的其他窗口

单击“视图”→“模板资源管理器”菜单项，主界面右侧出现“模板资源管理器”窗口。在该窗口中找到“database”，双击“create database”，查看 CREATE DATABASE 语句的结构。

单击“视图”→“已注册服务器”菜单项，打开“已注册服务器”窗口，查看已经注册的服务器的信息。

4. 思考与练习

1）单击“开始”→“所有程序”→“Microsoft SQL Server 2012”→“文档和社区”→“SQL Server 文档”，查看 SQL Server 2012 联机丛书。

2）SQL Server 2012 主要组件及其作用。

实验 2

创建数据库和表

目的与要求

1. 了解 SQL Server 数据库的逻辑结构和物理结构。
2. 了解表的结构特点。
3. 了解 SQL Server 的基本数据类型。
4. 了解空值概念。
5. 学会在“对象资源管理器”中创建数据库和表。
6. 学会使用 T-SQL 语句创建数据库和表。

1. 实验内容

（1）创建一个新的数据库

创建用于企业管理的员工管理数据库，数据库名为 YGGL。

数据库 YGGL 的逻辑文件初始大小为 10 MB，最大大小为 50 MB，数据库自动增长，增长方式是按 5% 比例增长。日志文件初始大小为 2 MB，最大可增长到 5 MB，按 1 MB 增长。

数据库的逻辑文件名和物理文件名均采用默认值。事务日志的逻辑文件名和物理文件名也均采用默认值。要求分别使用“对象资源管理器”和 T-SQL 命令完成数据库的创建工作。

（2）在创建好的数据库 YGGL 中创建数据表

考虑到数据库 YGGL 要求包含员工的信息、部门信息以及员工的薪水信息，所以数据库 YGGL 应包含下列 3 个表：Employees（员工自然信息）表、Departments（部门信息）表和 Salary（员工薪水情况）表。各表的结构分别如表 T2-1 ～表 T2-3 所示。

表 T2-1　Employees 表结构

列名	数据类型	长度	是否可空	说明
EmployeeID	定长字符串型（char）	6	×	员工编号，主键
Name	定长字符串型（char）	10	×	姓名
Education	定长字符串型（char）	4	×	学历
Birthday	日期型（date）	系统默认	×	出生日期

（续）

列名	数据类型	长度	是否可空	说明
Sex	位型（bit）	系统默认	×	性别，默认值为 1
WorkYear	整数型（tinyint）	系统默认	√	工作时间
Address	不定长字符串型（varchar）	40	√	地址
PhoneNumber	定长字符串型（char）	12	√	电话号码
DepartmentID	定长字符串型（char）	3	×	员工部门号，外键

表 T2-2　Departments 表结构

列名	数据类型	长度	是否可空	说明
DepartmentID	定长字符串型（char）	3	×	部门编号，主键
DepartmentName	定长字符串型（char）	20	×	部门名
Note	不定长字符串（varchar）	100	√	备注

表 T2-3　Salary 表结构

列名	数据类型	长度	是否可空	说明
EmployeeID	定长字符串型（char）	6	×	员工编号，主键
InCome	浮点型（float）	系统默认	×	收入
OutCome	浮点型（float）	系统默认	×	支出

要求分别使用“对象资源管理器”和 T-SQL 语句完成数据表的创建工作。

2. 实验准备

1）能够创建数据库的用户必须是系统管理员，或是被授权使用 CREATE DATABASE 语句的用户。

2）创建数据库必须确定数据库名、所有者（即创建数据库时使用的登录名）、数据库大小（最初大小、最大大小、是否允许增长及增长方式）和存储数据库的文件。

3）确定数据库包含哪些表，以及所包含的各表的结构，还要了解 SQL Server 的常用数据类型，以创建数据库的表。

4）了解两种常用的创建数据库、表的方法，即在“对象资源管理器”中创建和使用 T-SQL 的 CREATE 语句创建。

3. 实验步骤

（1）在“对象资源管理器”中创建数据库

1）创建数据库 YGGL。

使用系统管理员用户以 Windows 身份验证方式登录 SQL Server 服务器，在“对象资源管理器”窗口中选择其中的“数据库”节点，右击鼠标，在弹出的快捷菜单中选择“新建数据库”菜单项，打开“新建数据库”窗口。

在“新建数据库”窗口的“常规”选择页中输入数据库名“YGGL”，“所有者”为默认值。在“数据库文件”下方的列表栏中，分别设置“数据文件”和“日志文件”的增长方式和增长比例。设置完成后单击“确定”按钮完成数据库的创建。

2）删除 YGGL 数据库。

在“对象资源管理器”中选择数据库 YGGL，右击鼠标，在弹出的快捷菜单中选择“删除”菜单项。在打开的“删除对象”窗口中单击“确定”按钮，执行删除操作。

使用命令方式删除数据库 YGGL 的过程是：

在 SQL Server Management Studio 界面的快捷工具栏中单击“新建查询”按钮，在“查询分析器”窗口中输入如下脚本后，单击“！执行”按钮执行。

```
USE  master
GO
DROP DATABASE YGGL
```

（2）使用 T-SQL 语句创建数据库 YGGL

在“查询分析器”窗口中输入如下语句：

```
CREATE  DATABASE  YGGL
ON
(
    NAME='YGGL_Data',
    FILENAME='C:\Program Files\Microsoft SQL Server\MSSQL10.SQL2008\MSSQL\DATA\
YGGL.mdf',
    SIZE=10 MB,
    MAXSIZE=50 MB,
    FILEGROWTH=5%
)
LOG ON
(
    NAME='YGGL_Log',
    FILENAME='C:\Program Files\Microsoft SQL Server\MSSQL10.SQL2008\MSSQL\DATA\
YGGL_Log.ldf',
    SIZE=2 MB,
    MAXSIZE=5 MB,
    FILEGROWTH=1 MB
)
GO
```

单击快捷工具栏的“！执行”按钮，执行上述语句，并在“对象资源管理器”窗口中查看执行结果。如果“数据库”列表中未列出 YGGL 数据库，则右击“数据库”，选择“刷新”选项。

（3）在“对象资源管理器”中创建表

1）创建表。

以创建 Employees 表为例，在“对象资源管理器”中展开数据库“YGGL”；选择“表”，右击鼠标，在弹出的快捷菜单中选择“新建表”菜单项；在表设计窗口中输入 Employees 表的各字段信息；单击工具栏中的“保存”按钮；在弹出的“保存”对话框中输入表名“Employees”，单击“确定”按钮即创建了表 Employees。

按同样的操作过程，创建表 Departments 和表 Salary。

2）删除表。

在“对象资源管理器”中展开“数据库”，选择其中的“YGGL”。展开“YGGL”中的“表”节点，右击其中的“dbo.Employees”表，在弹出的快捷菜单中选择“删除”菜单项，打开“删除对象”窗口。

在“删除对象”窗口中单击“显示依赖关系”按钮，打开“Employees 依赖关系”窗口。在该窗口中确认表 Employees 确实可以删除之后，单击“确定”按钮，返回“删除对象”窗口。在“删除对象”窗口单击“确定”按钮，完成表 Employees 的删除。

按同样的操作过程也可以删除表 Departments 和表 Salary。

（4）使用 T-SQL 语句创建表

在“查询分析器”窗口中输入以下 T-SQL 语句：

```
USE YGGL
GO
CREATE TABLE Employees
(   EmployeeID     char(6)         NOT NULL PRIMARY KEY,
    Name           char(10)        NOT NULL,
    Education      char(4)         NOT NULL,
    Birthday       date            NOT NULL,
    Sex            bit             NOT NULL DEFAULT 1,
    WorkYear       tinyint         NULL,
    Address        varchar(40)     NULL,
    PhoneNumber    char(12)        NULL,
    DepartmentID   char(3)         NOT NULL
)
GO
```

单击快捷工具栏的“! 执行”图标，执行上述语句，即可创建表 Employees。

按同样的方法也可以创建表 Departments 和表 Salary，并在“对象资源管理器”中查看结果。

4. 思考与练习

1）在 YGGL 数据库存在的情况下，使用 CREATE DATABASE 语句新建数据库 YGGL，查看错误信息。

2）创建数据库 YGGL1，使用界面方式或 ALTER DATABASE 语句尝试修改 YGGL1 数据库的逻辑文件的初始大小。

3）在 YGGL1 中创建表 Salary1（参照表 Salary 的结构），表 Salary1 比表 Salary 多一列计算列，列名为 ActIncome，由 InCome-OutCome 得到。

4）在 YGGL1 数据库中创建表 Employees1（结构与 Employees 相同），分别使用命令行方式和界面方式将表 Emplorees1 中的 Address 列删除，并将 Sex 列的默认值修改为 0。

5）什么是临时表？怎样创建临时表？

实验 3

表数据的插入、修改和删除

目的与要求

1. 学会在“对象资源管理器”中对数据库表进行插入、修改和删除数据操作。
2. 学会使用 T-SQL 语句对数据库表进行插入、修改和删除数据操作。
3. 了解执行数据更新操作时要注意数据完整性。

1. 实验内容

分别使用“对象资源管理器”和 T-SQL 语句，向在实验 2 中建立的数据库 YGGL 的 3 个表 Employees、Departments 和 Salary 中插入多行数据记录，然后修改和删除一些记录。使用 T-SQL 语句进行有限制的修改和删除。

2. 实验准备

1）了解对表数据的插入、删除、修改都属于表数据的更新操作。对表数据的操作可以在“对象资源管理器”中进行，也可以使用 T-SQL 语句实现。

2）要掌握 T-SQL 中用于对表数据进行插入、修改和删除的命令分别是 INSERT、UPDATE 和 DELETE（或 TRANCATE TABLE）。另外还可以使用 MERGE 语句，根据在一个表中找到的差异在另一个表中插入、更新或删除行，可以对两个表进行信息同步。要特别注意的是：在执行插入、修改、删除等数据更新操作时，必须保证数据完整性。

3）了解使用 T-SQL 语句对表数据进行插入、修改及删除，比在“对象资源管理器”中操作表数据更为灵活，功能更强大。

在实验 2 中，用于实验的 YGGL 数据库中的 3 个表已经建立，现在要将各表的样本数据添加到表中。样本数据如表 T3-1 ～ T3-3 所示。

表 T3-1　Employees 表数据样本

编号	姓名	学历	出生日期	性别	工作时间	住址	电话	部门号
000001	王林	大专	1966-01-23	1	8	中山路 32-1-508	83355668	2
010008	伍容华	本科	1976-03-28	1	3	北京东路 100-2	83321321	1
020010	王向容	硕士	1982-12-09	1	2	四牌楼 10-0-108	83792361	1

（续）

编号	姓名	学历	出生日期	性别	工作时间	住址	电话	部门号
020018	李丽	大专	1960-07-30	0	6	中山东路 102-2	83413301	1
102201	刘明	本科	1972-10-18	1	3	虎距路 100-2	83606608	5
102208	朱俊	硕士	1965-09-28	1	2	牌楼巷 5-3-106	84708817	5
108991	钟敏	硕士	1979-08-10	0	4	中山路 10-3-105	83346722	3
111006	张石兵	本科	1974-10-01	1	1	解放路 34-1-203	84563418	5
210678	林涛	大专	1977-04-02	1	2	中山北路 24-35	83467336	3
302566	李玉珉	本科	1968-09-20	1	3	热和路 209-3	58765991	4
308759	叶凡	本科	1978-11-18	1	2	北京西路 3-7-52	83308901	4
504209	陈林琳	大专	1969-09-03	0	5	汉中路 120-4-12	84468158	4

表 T3-2　Departments 表数据样本

部门号	部门名称	备注	部门号	部门名称	备注
1	财务部	NULL	4	研发部	NULL
2	人力资源部	NULL	5	市场部	NULL
3	经理办公室	NULL			

表 T3-3　Salary 表数据样本

编号	收入	支出	编号	收入	支出
000001	2100.8	123.09	108991	3259.98	281.52
010008	1582.62	88.03	020010	2860.0	198.0
102201	2569.88	185.65	020018	2347.68	180.0
111006	1987.01	79.58	308759	2531.98	199.08
504209	2066.15	108.0	210678	2240.0	121.0
302566	2980.7	210.2	102208	1980.0	100.0

3. 实验步骤

（1）使用界面初始化数据库 YGGL 中所有表的数据

1）在“对象资源管理器”中展开“数据库 YGGL”节点，选择要进行操作的表“Employees”，右击鼠标，在弹出的快捷菜单中选择“编辑前 200 行”菜单项，进入“表数据”窗口。

在此窗口中，表中的记录按行显示，每个记录占一行。用户可通过“表数据”窗口向表中加入表 T3-1 中的记录，输完一行记录后，将光标移到下一行，即保存了上一行记录。

2）用同样的方法向 Departments 表和 Salary 表中分别插入表 T3-2 和表 T3-3 中的记录。

注意

插入的数据要符合列的类型。试着在 tinyint 型的列中插入字符型数据（如字母），查看发生的情况。

bit 类型的列在用界面方式插入数据时，只能插入 True 或 False。True 表示 1，False 表示 0。

不能插入两行有相同主键的数据。例如，如果编号为 000001 的员工信息已经在 Employees 中存在，则不能向 Employees 表再插入编号为 000001 的数据行。

思考与练习：将 3 个样本数据表中的数据都存入数据库 YGGL 的表中。

（2）使用界面修改数据库 YGGL 中的表数据

1）在“对象资源管理器”中删除表 Employees 的第 1 行和表 Salary 的第 1 行。注意进行删除操作时作为两表主键的 EmployeeID 的值，以保持数据完整性。

方法：在“对象资源管理器”中选择表 Employees，右击鼠标，在弹出的快捷菜单中选择“编辑前 200 行”菜单项，在打开的“表数据”窗口中选中要删除的行，右击鼠标，在弹出的快捷菜单中选择“删除”菜单项。Salary 表中数据的删除方法与此相同。

2）在“对象资源管理器”中将表 Employees 中编号为 020018 的记录的部门号改为 4。

方法：在“对象资源管理器”中右击表 Employees，选择“编辑前 200 行”菜单项，在“表数据”窗口中将光标定位至编号为 020018 的记录的 DepartmentID 字段，将值 1 改为 4。将光标移出本行即保存了修改。

（3）使用 T-SQL 命令插入表数据

1）向表 Employees 中插入步骤 2 中删除的一行数据，在“查询分析器”窗口中输入以下 T-SQL 语句：

```
USE YGGL
GO
INSERT INTO Employees VALUES('000001', '王林', '大专', '1966-01-23', 1 , 8,
                             '中山路32-1-508', '83355668', '2')
```

单击快捷工具栏的“！执行”按钮，执行上述语句，在验证操作是否成功时，可以在“对象资源管理器”中打开 Employees 表观察数据的变化。

2）向表 Salary 插入步骤 2 中删除的一行数据。

```
INSERT INTO Salary(EmployeeID, InCome, OutCome)
    VALUES ('000001', 2100.8, 123.09)
```

思考与练习：INSERT INTO 语句还可以通过 SELECT 子句来添加其他表中的数据，但是 SELECT 子句中的列要与添加表的列数目和数据类型都一一对应。假设有另一个空表 Employees2，结构和 Employees 表相同，使用 INSERT INTO 语句将 Employees 表中的数据添加到 Employees2 中。语句如下：

```
INSERT INTO Employees2  SELECT * FROM Employees
```

查看 Employees2 表中的变化。

（4）使用 T-SQL 语句修改表数据

1）使用 T-SQL 命令修改表 Salary 中某个记录的字段值。

```
UPDATE Salary
    SET InCome = 2890
    WHERE EmployeeID = '000001'
```

执行上述语句，将编号为 000001 的职工收入改为 2890。

2）将所有职工收入增加 100。

```
UPDATE Salary
   SET InCome = InCome +100;
```

执行完上述语句，打开 Salary 表查看数据的变化。可见，使用 SQL 语句操作表数据比在界面管理工具中操作表数据更为灵活。

3）使用 SQL 命令删除表 Employees 中编号为 000001 的职工信息。

```
DELETE FROM Employees
    WHERE EmployeeID= '000001'
```

4）删除所有女性员工信息。

```
DELETE FROM Employees
    WHERE Sex=0
```

5）使用 TRANCATE TABLE 语句删除表中的所有行。

```
TRUNCATE TABLE Salary
```

执行上述语句，将删除 Salary 表中的所有行。

注意

实验时一般不要轻易做这个操作，因为后面的实验还要用到这些数据。如要查看该命令的效果，可建一个临时表，输入少量数据后进行。

6）创建一个 Employees3 表，使用 MERGE 语句使 Employees3 表中的数据和 Employees 表中的数据同步。

```
MERGE INTO Employees3
    USING Employees ON Employees3.EmployeeID= Employees.EmployeeID
    WHEN MATCHED
        THEN UPDATE SET Employees3.Name= Employees.Name,
                    Employees3.Education=Employees.Education,
                    Employees3.Birthday= Employees.Birthday,
                    Employees3.Sex=Employees.Sex,
                    Employees3.WorkYear= Employees.WorkYear,
                    Employees3.Address=Employees.Address,
                    Employees3.PhoneNumber= Employees.PhoneNumber,
                    Employees3.DepartmentID= Employees. DepartmentID
    WHEN NOT MATCHED
        THEN INSERT VALUES(Employees.EmployeeID, Employees.Name, Employees.Education,
                        Employees.Birthday, Employees.Sex, Employees.WorkYear,
                        Employees.Address,Employees.PhoneNumber,
                        Employees. DepartmentID)
    WHEN NOT MATCHED BY SOURCE
        THEN DELETE;
```

4. 思考与练习

使用 INSERT、UPDATE 语句将实验 3 中所有对表的修改恢复到原来的状态，方便在以后的实验中使用。

实验 4

查询和视图

目的与要求

1. 掌握 SELECT 语句的基本语法。
2. 掌握子查询的表示。
3. 掌握连接查询的表示。
4. 掌握 SELECT 语句的 GROUP BY 子句的作用和使用方法。
5. 掌握 SELECT 语句的 ORDER BY 子句的作用和使用方法。
6. 熟悉视图的概念和作用。
7. 掌握视图的创建方法。
8. 掌握如何查询和修改视图。

实验 4.1　数据库的查询

1. 基本查询

1）对于实验 2 给出的数据库表结构，查询每个雇员的所有数据。

新建一个查询，在“查询分析器”中输入如下语句并执行：

```
USE YGGL
GO
SELECT  *
    FROM Employees
```

思考与练习：用 SELECT 语句查询 Departments 和 Salary 表中所有的数据信息。

为了方便，后面的语句可能省略打开 YGGL 数据库命令。

```
USE YGGL
GO
```

2）用 SELECT 语句查询 Employees 表中每个雇员的地址和电话。

新建一个查询，在“查询分析器”中输入如下语句并执行：

```
SELECT  Address,  PhoneNumber
    FROM Employees
```

思考与练习：

- ❑ 用 SELECT 语句查询 Departments 和 Salary 表的一列或若干列。
- ❑ 查询 Employees 表中的部门号和性别，要求使用 DISTINCT 消除重复行。

3）查询 EmployeeID 为 000001 的雇员的地址和电话。

```
SELECT  Address,  PhoneNumber
    FROM   Employees
    WHERE  EmployeeID = '000001'
GO
```

思考与练习：

- ❑ 查询月收入高于 2000 元的员工号码。
- ❑ 查询 1970 年以后出生的员工的姓名和住址。
- ❑ 查询所有财务部员工的号码和姓名。

4）查询 Employees 表中女雇员的地址和电话，使用 AS 子句将结果中各列的标题分别指定为地址、电话。

```
SELECT  Address AS 地址，  PhoneNumber AS 电话
    FROM   Employees
    WHERE  Sex = 0
```

思考与练习：查询 Employees 表中男员工的姓名和出生日期，要求将各列标题用中文表示。

5）查询 Employees 表中员工的姓名和性别，要求 Sex 值为 1 时显示“男”，为 0 时显示“女”。

```
SELECT Name AS 姓名，
        CASE
            WHEN Sex= 1 THEN '男'
            WHEN Sex= 0 THEN '女'
        END AS 性别
    FROM Employees
```

思考与练习：查询 Employees 员工的姓名、住址和收入水平，2000 元以下显示“低收入”，2000 ~ 3000 元显示“中等收入”，3000 元以上显示“高收入”。

6）计算每个雇员的实际收入。

```
SELECT  EmployeeID , 实际收入 = InCome - OutCome
    FROM Salary
```

思考与练习：使用 SELECT 语句进行简单的计算。

7）获得员工总数。

```
SELECT COUNT(*)
    FROM Employees
```

思考与练习：

- ❑ 计算 Salary 表中员工的平均月收入。
- ❑ 获得 Employees 表中最大的员工号码。
- ❑ 计算 Salary 表中所有员工的总支出。
- ❑ 查询财务部雇员的最高和最低实际收入。

8）找出所有姓王的雇员的部门号。

```
SELECT  DepartmentID
```

```
    FROM   Employees
    WHERE  Name LIKE '王%'
```

思考与练习：

- ❑ 找出所有其地址中含有“中山”的雇员的号码及部门号。
- ❑ 查找员工号码中倒数第二个数字为“0”的员工的姓名、地址和学历。

9）找出所有收入在 2000 ～ 3000 元的员工号码。

```
SELECT EmployeeID
    FROM Salary
    WHERE InCome BETWEEN 2000 AND 3000
```

思考与练习：找出所有在部门“1”或“2”工作的雇员的号码。

注意

了解在 SELECT 语句中 LIKE、BETWEEN...AND、IN、NOT 及 CONTAIN 谓词的作用。

10）使用 INTO 子句，由表 Salary 创建“收入在 1500 元以上的员工”表，包括编号和收入。

```
SELECT EmployeeID as 编号, InCome as 收入
    INTO   收入在1500元以上的员工
    FROM   Salary
    WHERE  InCome > 1500
```

思考与练习：使用 INTO 子句，由表 Employees 创建“男员工”表，包括编号和姓名。

2. 子查询

1）查找在财务部工作的雇员的情况。

```
SELECT  *
    FROM   Employees
    WHERE  DepartmentID =
        (
            SELECT DepartmentID
                FROM   Departments
                WHERE  DepartmentName = '财务部'
        )
```

思考与练习：用子查询的方法查找所有收入在 2500 元以下的雇员的情况。

2）查找财务部年龄不低于研发部雇员年龄的雇员的姓名。

```
SELECT  Name
    FROM   Employees
    WHERE  DepartmentID  IN
    (
        SELECT  DepartmentID
            FROM Departments
            WHERE DepartmentName = '财务部'
    )
    AND
    Birthday !> ALL
    (
        SELECT Birthday
            FROM Employees
```

```
            WHERE DepartmentID IN
            (
                SELECT  DepartmentID
                FROM   Departments
                WHERE  DepartmentName = '研发部'
            )
)
```

思考与练习：用子查询的方法查找研发部比财务部所有雇员收入都高的雇员的姓名。

3）查找比财务部所有雇员收入都高的雇员的姓名。

```
SELECT Name
    FROM   Employees
    WHERE  EmployeeID  IN
    (
        SELECT EmployeeID
            FROM   Salary
            WHERE  InCome >ALL
            (
                SELECT InCome
                    FROM   Salary
                    WHERE  EmployeeID  IN
                    (
                        SELECT  EmployeeID
                            FROM   Employees
                            WHERE  DepartmentID =
                            (
                          SELECT  DepartmentID
                             FROM   Departments
                             WHERE  DepartmentName = '财务部'
                    )
                )
            )
    )
```

思考与练习：用子查询的方法查找年龄比研发部所有雇员年龄都大的雇员的姓名。

3. 连接查询

1）查询每个雇员的情况及其薪水的情况。

```
SELECT  Employees . * ,  Salary . *
    FROM   Employees , Salary
    WHERE  Employees.EmployeeID = Salary.EmployeeID
```

思考与练习：查询每个雇员的情况及其工作部门的情况。

2）使用内连接的方法查询“王林”所在的部门。

```
SELECT DepartmentName
      FROM Departments JOIN Employees ON Departments. DepartmentID=Employees.
DepartmentID
    WHERE Employees.Name='王林'
```

思考与练习：

- 使用内连接方法查找出不在财务部工作的所有员工信息。
- 使用外连接方法查找出所有员工的月收入。

3）查找财务部收入在2000元以上的雇员姓名及其薪水详情。

新建一个查询，在“查询分析器”中输入如下语句并执行：

```
SELECT Name,  InCome,  OutCome
    FROM   Employees , Salary , Departments
    WHERE  Employees.EmployeeID = Salary.EmployeeID
        AND  Employees.DepartmentID = Departments.DepartmentID
        AND  DepartmentName = '财务部'
        AND  InCome > 2000
```

思考与练习：查询研发部在1976年以前出生的雇员姓名及其薪水详情。

4. 使用聚合函数查询

1）求财务部雇员的平均收入。

新建一个查询，在“查询分析器”中输入如下语句并执行：

```
SELECT  AVG(InCome) AS '财务部平均收入'
    FROM   Salary
    WHERE  EmployeeID  IN
    (
        SELECT EmployeeID
            FROM   Employees
            WHERE  DepartmentID =
            (
                SELECT  DepartmentID
                    FROM   Departments
                    WHERE  DepartmentName = '财务部'
            )
    )
```

思考与练习：查询财务部雇员的最高和最低收入。

2）求财务部雇员的平均实际收入。

新建一个查询，在“查询分析器”中输入如下语句并执行：

```
SELECT AVG(InCome-OutCome) AS '财务部平均实际收入'
    FROM   Salary
    WHERE  EmployeeID  IN
    (
        SELECT  EmployeeID
            FROM   Employees
            WHERE  DepartmentID =
            (
                SELECT DepartmentID
                    FROM   Departments
                    WHERE  DepartmentName = '财务部'
            )
    )
```

思考与练习：查询财务部雇员的最高和最低实际收入。

3）求财务部雇员的总人数。

新建一个查询，在“查询分析器”中输入如下语句并执行：

```
SELECT  COUNT( EmployeeID )
```

```
    FROM   Employees
    WHERE  DepartmentID =
    (
        SELECT  DepartmentID
            FROM   Departments
            WHERE  DepartmentName = '财务部'
    )
```

思考与练习：统计财务部收入在 2500 元以上的雇员人数。

5. 查询结果分组和排序

1）查找 Employees 表中男性和女性的人数。

```
SELECT Sex, COUNT(Sex)
    FROM Employees
    GROUP BY Sex;
```

思考与练习：

- ❑ 按部门列出在该部门工作的员工的人数。
- ❑ 按员工的学历分组，排列出本科、大专和硕士的人数。

2）查找员工超过 2 人的部门名称和员工数量。

```
SELECT Employees.DepartmentID, COUNT(*) AS 人数
    FROM Employees, Departments
    WHERE Employees.DepartmentID=Departments.DepartmentID
    GROUP BY Employees.DepartmentID
        HAVING COUNT(*)>2
```

思考与练习：按员工的工作年份分组，统计各个工作年份的人数，如工作 1 年的有多少人，工作 2 年的有多少人。

3）将各雇员的情况按收入由低到高排列。

新建一个查询，在“查询分析器”中输入如下语句并执行。

```
SELECT  Employees . *, Salary . *
    FROM   Employees, Salary
    WHERE  Employees. EmployeeID = Salary.EmployeeID
    ORDER BY  InCome
```

思考与练习：

- ❑ 将员工信息按出生时间从小到大排列。
- ❑ 在 ODER BY 子句中使用子查询，查询员工姓名、性别和工龄信息，要求按实际收入从大到小排列。

实验 4.2　视图的使用

1. 创建视图

1）创建 YGGL 数据库上的视图 DS_VIEW，视图包含 Departments 表的全部列。

```
CREATE VIEW DS_VIEW
    AS SELECT *  FROM Departments
```

2）创建 YGGL 数据库上的视图 Employees_view，视图包含“员工号码”、“姓名”和“实

际收入”三列。

使用如下 SQL 语句：

```
CREATE VIEW Employees_view(EmployeeID, Name, RealIncome)
      AS
      SELECT Employees. EmployeeID, Name, InCome-OutCome
            FROM Employees, Salary
             WHERE Employees. EmployeeID= Salary. EmployeeID
```

思考与练习：

- ❑ 在创建视图时，SELECT 语句有哪些限制？
- ❑ 创建视图有哪些注意事项？
- ❑ 创建视图，包含员工号码、姓名、所在部门名称和实际收入这几列。

2. 查询视图

1）从视图 DS_VIEW 中查询出部门号为“3”的部门名称。

```
SELECT DepartmentName
    FROM DS_VIEW
    WHERE DepartmentID='3'
```

2）从视图 Employees_view 中查询出“王林”的实际收入。

```
SELECT RealIncome
    FROM Employees_view
    WHERE Name='王林'
```

思考与练习：

- ❑ 若视图关联了某表中的所有字段，而此时该表中添加了新的字段，则在视图中能否查询到该字段？
- ❑ 创建一个视图，并查询视图中的字段。

3. 更新视图

在更新视图前需要了解可更新视图的概念，了解什么视图是不可以修改的。更新视图真正更新的是和视图关联的表。

1）向视图 DS_VIEW 中插入一行数据“6，广告部，广告业务”。

```
INSERT INTO DS_VIEW VALUES('6', '广告部', '广告业务')
```

执行完该命令，使用 SELECT 语句分别查看视图 DS_VIEW 和基本表 Departments 中发生的变化。

尝试向视图 Employees_view 中插入一行数据，看看会发生什么情况。

2）修改视图 DS_VIEW，将部门号为“5”的部门名称修改为“生产车间”。

```
UPDATE DS_VIEW
    SET DepartmentName='生产车间'
    WHERE DepartmentID='5'
```

执行完该命令，使用 SELECT 语句分别查看视图 DS_VIEW 和基本表 Departments 中发生的变化。

3）将视图 Employees_view 中员工号为“000001”的员工姓名修改为“王浩”。

```
UPDATE Employees_view
    SET Name='王浩'
    WHERE EmployeeID='000001'
```

4）删除视图 DS_VIEW 中部门号为“1”的一行数据。

```
DELETE FROM DS_VIEW
    WHERE DepartmentID='1'
```

注意

为了便于以后的操作，请将删除的数据尽快恢复到原来的状态。

思考与练习：视图 Employees_view 中无法插入和删除数据，其中的 RealIncome 字段也无法修改，为什么？

4. 删除视图

删除视图 DS_VIEW。

```
DROP VIEW DS_VIEW
```

5. 在界面工具中操作视图

（1）创建视图

启动 SQL Server Management Studio，在“对象资源管理器”中展开“数据库”→“YGGL”，选择其中的“视图”项，右击鼠标，在弹出的快捷菜单中选择“新建视图”菜单项。在随后出现的“添加表”窗口中，添加所需关联的基本表。在视图窗口的关系图窗口显示了基本表的全部列信息。根据需要在窗口中选择创建视图所需的字段，完成后单击“保存”按钮保存。

（2）查询视图

新建一个查询，输入 T-SQL 查询命令即可像查询表一样查询视图。

（3）删除视图

展开“YGGL 数据库”→“视图”，选择要删除的视图，右击鼠标，选择“删除”选项，确认即可。

6. 思考与练习

总结视图与基本表的差别。

实验 5

T-SQL 编程

目的与要求

1. 掌握用户自定义类型的使用。
2. 掌握变量的分类及其使用。
3. 掌握各种运算符的使用。
4. 掌握各种控制语句的使用。
5. 掌握系统函数及用户自定义函数的使用。
6. 了解 T-SQL 支持的各种基本数据类型。
7. 了解自定义数据类型使用的一般步骤。
8. 了解 T-SQL 各种运算符、控制语句的功能及使用方法。

1. 自定义数据类型的使用

1）对于实验 2 给出的数据库表结构，再自定义一个数据类型 ID_type，用于描述员工编号。在“查询分析器”窗口中输入如下程序并执行：

```
USE YGGL
EXEC sp_addtype 'ID_type',
    char(6)','not null'
GO
```

注意

不能漏掉单引号。

思考与练习：在“对象资源管理器”中展开“数据库”→“ pxscj”→“可编程性”，右击“类型”，选择“新建”选项，在“新建数据类型”窗口中使用界面方式创建一个用户自定义数据类型。

2）在 YGGL 数据库中创建表 Employees3，表结构与 Employees 类似，只是 EmployeeID 列使用的数据类型为用户自定义数据类型 ID_type。

```
USE YGGL
GO
```

```
IF EXISTS (SELECT name FROM sysobjects  WHERE  name='Employees3')
    DROP table employees3
/* 首先在系统表中查看Employees3表是否存在，若存在，则删除该表 */
CREATE TABLE Employees3
(   EmployeeID ID_type,                   /* 定义字段EmployeeID的类型为ID_type */
    Name            char(10)       NOT NULL,
    Education       char(4)        NOT NULL,
    Birthday        date           NOT NULL,
    Sex             bit            NOT NULL DEFAULT 1,
    WorkYear        tinyint        NULL,
    Address         varchar(40) NULL,
    PhoneNumber char(12)  NULL,
    DepartmentID char(3)  NOT NULL,
    PRIMARY KEY(EmployeeID)
)
GO
```

2. 变量的使用

1）对于实验 2 给出的数据库表结构，创建一个名为 female 的用户变量，并在 SELECT 语句中使用该局部变量查找表中所有女员工的编号、姓名。

```
USE YGGL
DECLARE @female bit
SET @female=0
/* 变量赋值完毕，使用以下语句查询 */
SELECT EmployeeID, Name
    FROM Employees
    WHERE Sex=@female
```

2）定义一个变量，用于获取号码为 102201 的员工的电话号码。

```
DECLARE @phone char(12)
SET @phone=(SELECT PhoneNumber
                FROM Employees
                WHERE EmployeeID='102201')
SELECT @phone
```

执行完该语句后可以得到变量 phone 的值。

思考与练习：定义一个变量，用于描述 YGGL 数据库的 Salary 表中 000001 号员工的实际收入，然后查询该变量。

3. 运算符的使用

1）使用算术运算符“-”查询员工的实际收入。

```
SELECT InCome-OutCome
    FROM Salary
```

2）使用比较运算符“>”查询 Employees 表中工作时间大于 5 年的员工信息。

```
SELECT *
    FROM Employees
    WHERE WorkYear > 5
```

思考与练习：熟悉各种常用运算符的功能和用法，如 LIKE、BETWEEN 等。

4. 流程控制语句

1）判断 Employees 表中是否存在编号为 111006 的员工，如果存在，则显示该员工信息，不存在则显示“查无此人”。

```
IF EXISTS(SELECT Name FROM Employees WHERE EmployeeID= '111006')
    SELECT * FROM Employees WHERE EmployeeID= '111006'
ELSE
    SELECT '查无此人'
```

思考与练习：判断“王林”的实际收入是否高于 3000 元，如果是则显示其收入，否则显示“收入不高于 3000”。

2）假设变量 *X* 的初始值为 0，每次加 1，直至 *X* 变为 5。

```
DECLARE @X INT
SET @X=1
WHILE @X<5
    BEGIN
        SET @X=@X+1
        PRINT 'X='+CONVERT(char(1),@X)
    END
GO
```

思考与练习：使用循环输出一个由“*”组成的三角形。

3）使用 CASE 语句对 Employees 表按部门进行分类。

```
USE YGGL
GO
SELECT  EmployeeID , Name, Address, DepartmentID=
    CASE DepartmentID
        WHEN 1  THEN  '财务部'
        WHEN 2  THEN  '人力资源部'
        WHEN 3  THEN  '经理办公室'
        WHEN 4  THEN  '研发部'
        WHEN 5  THEN  '市场部'
    END
    FROM  Employees
```

思考与练习：使用 IF 语句实现以上功能。

5. 自定义函数的使用

1）定义一个函数实现如下功能：对于一个给定的 DepartmentID 值，查询该值在 Departments 表中是否存在，若存在则返回 0，否则返回 −1。

新建一个查询，在“查询分析器”中输入如下程序并执行：

```
CREATE FUNCTION CHECK_ID(@departmentid char(3))
    RETURNS integer AS
    BEGIN
        DECLARE @num int
        IF EXISTS (SELECT departmentID FROM departments WHERE @departmentid =departmentID)
            SELECT @num=0
        ELSE
            SELECT @num=-1
        RETURN @num
    END
GO
```

2）编写一段 T-SQL 程序调用上述函数。当向表 Employees 插入一行记录时，首先调用函数 CHECK_ID 检索该记录的 DepartmentID 值在表 Departments 的 DepartmentID 字段中是否存在对应值，若存在则将该记录插入表 Employees。

在“查询分析器”中输入如下程序并执行：

```
    USE YGGL
    GO
    DECLARE @num int
    SELECT @num=dbo.CHECK_ID('2')
    IF @num=0
        INSERT Employees
            VALUES('990210','张英' ,'本科', '1982-03-24', 0, 4, '南京市镇江路2号',
'8497534', '2')
    GO
```

思考与练习：自定义一个函数，计算一个数的阶乘。

6. 系统内置函数的使用

（1）求一个数的绝对值

```
SELECT ABS(-123)
```

思考与练习：

- ❑ 使用 RAND() 函数产生一个 0 ～ 1 的随机值。
- ❑ 使用 SQUARE() 函数获得一个数的平方。
- ❑ 使用 SQRT() 函数返回一个数的平方根。

（2）求财务部雇员的总人数

```
USE YGGL
SELECT COUNT( EmployeeID ) AS 财务部人数
    FROM Employees
    WHERE DepartmentID =
        ( SELECT DepartmentID
            FROM Departments
            WHERE DepartmentName = '财务部')
```

思考与练习：

- ❑ 求财务部收入最高的员工姓名。
- ❑ 查询员工收入的平均数。
- ❑ 聚合函数如何与 GROUP BY 函数一起使用？

（3）使用 ASCII 函数返回字符表达式最左端字符的 ASCII 值

```
SELECT ASCII('abc')
```

思考与练习：

- ❑ 使用 CHAR() 函数将 ASCII 码代表的字符组成字符串。
- ❑ 使用 LEFT() 函数返回从字符串 'abcdef' 左边开始的 3 个字符。

（4）获得当前的日期和时间

```
SELECT getdate()
```

查询 YGGL 数据库中员工号为 000001 的员工出生的年份。

```
SELECT YEAR(Birthday)
    FROM Employees
    WHERE EmployeeID= '000001';
```

思考与练习：

- ❑ 使用 DAY() 函数返回指定日期时间的天数。
- ❑ 列举出其他的时间日期函数。
- ❑ 使用其他类型的系统内置函数。

实验 6

索引和数据完整性

目的与要求

1. 掌握索引的使用方法。
2. 掌握数据完整性的实现方法。
3. 了解索引的作用与分类。
4. 掌握索引的创建方法。
5. 理解数据完整性的概念及分类。

实验 6.1　索引

1. 建立索引

（1）使用 CREATE INDEX 语句创建索引

1）对 YGGL 数据库的 Employees 表中的 DepartmentID 列建立索引。

在“查询分析器”中输入如下程序并执行：

```
USE YGGL
GO
CREATE INDEX depart_ind
    ON  Employees (DepartmentID)
GO
```

2）在 Employees 表的 Name 列和 Address 列上建立复合索引。

```
CREATE INDEX Ad_ind
    ON Employees(Name, Address)
```

3）对 Departments 表上的 DepartmentName 列建立唯一非聚集索引。

```
CREATE UNIQUE INDEX  Dep_ind
    ON Departments (DepartmentName)
```

思考与练习：

❑ 索引创建完后，在“对象资源管理器”中查看表中的索引。

❏ 了解索引的分类情况。
❏ 使用 CREATE INDEX 语句能创建主键吗？
❏ 在什么情况下可以看到建立索引的好处？

（2）使用界面方式创建索引

在 Employees 表的 PhoneNumber 列上创建索引，步骤如下。

启动 SQL Server Management Studio，在“对象资源管理器”中展开数据库 YGGL→Employees，右击“索引”，选择“新建索引”选项。在新建索引的窗口中填写索引的名称和类型，单击“添加”按钮，在列表框中选择要创建索引的列。选择完成后，单击“确定”按钮即完成创建工作。

思考与练习：

❏ 使用界面方式创建一个复合索引。
❏ 在 Employees 表的表设计窗口中选择 Address 列，右击鼠标，选择“索引 / 键”菜单项，在新窗口中为 Address 列创建一个唯一索引。
❏ 创建一个数据量很大的新表，查看使用索引和不使用索引的区别。

2. 重建索引

重建表 Employees 中的所有索引。

```
USE YGGL
GO
ALTER INDEX ALL
    ON Employees REBUILD
```

思考与练习：重建表 Employees 中 EmployeeID 列上的索引。

3. 删除索引

使用 DROP INDEX 语句删除表 Employees 上的索引 depart_ind。

```
DROP INDEX depart_ind ON Employees
```

思考与练习：

❏ 使用 DROP INDEX 一次性删除 Employees 表上的多个索引。
❏ 使用界面方式删除表 Departments 上的索引。

实验 6.2　数据完整性

1）创建一个表 Employees5，只含 EmployeeID、Name、Sex 和 Education 列。将 Name 设为主键，作为列 Name 的约束。对 EmployeeID 列进行 UNIQUE 约束，并作为表的约束。

```
CREATE TABLE Employees5
(
    EmployeeID char(6)     NOT NULL,
    Name       char(10)    NOT NULL PRIMARY KEY,
    Sex        tinyint,
    Education  char(4),
    CONSTRAINT UK_id UNIQUE(EmployeeID)
)
```

2）删除上面创建的 UNIQUE 约束。

```
ALTER TABLE  Employees5
    DROP    CONSTRAINT UK_id
GO
```

思考与练习：

- ❑ 使用 T-SQL 命令创建一个新表，使用一个复合列作为主键和表的约束，并为其命名。
- ❑ 使用 ALTER TABLE 语句为表 Employees5 添加一个新列 Address，并为该列定义 UNIQUE 约束。
- ❑ 使用界面方式为一个新表定义主键和 UNIQUE 约束，并了解如何使用图形向导方式删除主键和 UNIQUE 约束。

3）创建新表 student，只考虑“号码”和“性别”两列，性别只能包含男或女。

```
CREATE TABLE student
(
    号码 char(6)    NOT NULL,
    性别 char(2)    NOT NULL
        CHECK(性别 IN ('男', '女'))
)
```

思考与练习：向该表插入数据，“性别”列插入“男”和“女”以外的字符，查看会发生什么情况。

4）创建新表 Salary2，结构与 Salary 相同，但 Salary2 表不允许 OutCome 列大于 Income 列。

```
CREATE TABLE Salary2
(
    EmployeeID char(6)    NOT NULL,
    Income     float      NOT NULL,
    OutCome    float      NOT NULL,
    CHECK(Income>=OutCome)
)
```

思考与练习：

- ❑ 向表中插入数据，查看 OutCome 值比 Income 值大时会发生什么情况。
- ❑ 创建一个表 Employees6，只考虑“学号”和“出生日期”两列，出生日期必须晚于 1980 年 1 月 1 日。

5）修改 YGGL 数据库中的 Employees 表，为其增加“DepartmentID”字段的 CHECK 约束。

在“查询分析器”窗口中输入如下程序并执行：

```
USE YGGL
GO
ALTER TABLE Employees
    ADD CONSTRAINT depart CHECK (DepartmentID >=1 AND DepartmentID <=5)
```

思考与练习：测试 CHECK 约束的有效性。

6）创建一个规则对象，用以限制输入该规则所绑定的列中的值只能是该规则中列出的值。

```
CREATE RULE list_rule
    AS @list IN ('财务部', '研发部', '人力资源部', '销售部')
GO
EXEC sp_bindrule 'list_rule', 'Departments.DepartmentName'
GO
```

思考与练习：

- ❑ 建立一个规则对象，限制值为 0 ～ 20，然后把它绑定到 Employees 表的 WorkYear 字段上。
- ❑ 删除上述建立的规则对象。

7）创建一个表 Salary3，要求所有 Salary3 表上 EmployeeID 列的值都要出现在 Salary 表中，利用参照完整性约束实现，要求当删除或修改 Salary 表上的 EmployeeID 列时，Salary3 表中的 EmployeeID 值也随之变化。

SQL 语句如下：

```
CREATE TABLE Salary3
(
    EmployeeID char(6)     NOT NULL PRIMARY KEY,
    InCome     float       NOT NULL,
    OutCome    float (8)   NOT NULL,
    FOREIGN KEY(EmployeeID)
        REFERENCES Salary(EmployeeID)
            ON  UPDATE  CASCADE
            ON  DELETE   CASCADE
)
```

思考与练习：

- ❑ 创建完 Salary3 表后，初始化该表的数据与 Salary 表相同。删除 Salary 表中的一行数据，再查看 Salary3 表的内容会发生什么情况。
- ❑ 使用 ALTER TABLE 语句向 Salary 表中的 EmployeeID 列添加一个外键，要求当 Empolyees 表中要删除或修改与 EmployeeID 值有关的行时，检查 Salary 表有没有与该 EmployeeID 值相关的记录，如果存在，则拒绝更新 Employees 表。
- ❑ 在“对象资源管理器”中建立 Departments、Employees 和 Salary 三个表之间的参照关系。

实验 7
存储过程和触发器

目的与要求

1. 掌握存储过程的使用方法。
2. 掌握触发器的使用方法。
3. 了解 inserted 逻辑表和 deleted 逻辑表的使用。
4. 了解如何编写 CRL 存储过程与触发器。

实验 7.1 存储过程

1）创建存储过程，使用 Employees 表中的员工人数来初始化一个局部变量，并调用这个存储过程。

```
USE YGGL
GO
CREATE PROCEDURE TEST @NU MBER1 int OUTPUT
    AS
    BEGIN
        DECLARE @NU MBER2 int
        SET @NU MBER2=(SELECT COUNT(*) FROM Employees)
        SET @NU MBER1=@NU MBER2
    END
GO
```

执行该存储过程，并查看结果。

```
DECLARE @num int
EXEC TEST @num OUTPUT
SELECT @num
```

2）创建存储过程，比较两个员工的实际收入，若前者比后者高就输出 0，否则输出 1。

```
CREATE PROCEDURE COMPA @ID1 char(6), @ID2 char(6), @BJ int OUTPUT
    AS
    BEGIN
        DECLARE @SR1 float, @SR2 float
```

```
            SELECT @SR1=InCome-OutCome FROM Salary WHERE EmployeeID=@ID1
            SELECT @SR2=InCome-OutCome FROM Salary WHERE EmployeeID=@ID2
            IF @ID1>@ID2
                SET @BJ=0
            ELSE
                SET @BJ=1
        END
    GO
```

执行该存储过程，并查看结果。

```
DECLARE @BJ int
EXEC COMPA '000001', '108991', @BJ OUTPUT
SELECT @BJ
```

3）创建添加职员记录的存储过程 EmployeeAdd。

```
USE YGGL
GO
CREATE  PROCEDURE EmployeeAdd
(
    @employeeid char(6),@name char(10), @education char(4), @birthday datetime,
    @workyear tinyint, @sex bit,@address char(40) ,@phonenumber char(12),
    @departmentID char(3)
)   AS
    BEGIN
    INSERT INTO Employees
        VALUES( @employeeid , @name, @education, @birthday, @workyear,
                @sex, @address, @phonenumber, @departmentID )
    END
    RETURN
GO
```

执行该存储过程：

```
EXEC EmployeeAdd '990230','刘 朝', '本 科', '840909', 2, 1,'武 汉 小 洪 山5号',
'85465213', '3'
```

4）创建一个带有 OUTPUT 游标参数的存储过程，在 Employees 表中声明并打开一个游标。

```
USE YGGL
GO
CREATE PROCEDURE em_cursor @em_cursor cursor VARYING OUTPUT
    AS
    BEGIN
        SET @em_cursor = CURSOR  FORWARD_ONLY STATIC
            FOR
                SELECT *  FROM Employees
        OPEN @em_cursor
    END
GO
```

声明一个局部游标变量，执行上述存储过程，并将游标赋值给局部游标变量，然后通过该游标变量读取记录。

```
DECLARE @MyCursor cursor
EXEC em_cursor @em_cursor = @MyCursor OUTPUT            /* 执行存储过程 */
```

```
FETCH NEXT FROM @MyCursor
WHILE (@@FETCH_STATUS = 0)
    BEGIN
        FETCH NEXT FROM @MyCursor
    END
CLOSE @MyCursor
DEALLOCATE @MyCursor
GO
```

5）创建存储过程，使用游标确定一个员工的实际收入是否排在前三名。结果为1表示是，结果为0表示否。

```
CREATE PROCEDURE TOP_THREE @EM_ID char(6), @OK bit OUTPUT
    AS
    BEGIN
        DECLARE @X_EM_ID char(6)
        DECLARE @ACT_IN int, @SEQ int
        DECLARE SALARY_DIS cursor FOR                         /* 声明游标 */
            SELECT EmployeeID, InCome-OutCome
                FROM Salary
                ORDER BY InCome-OutCome DESC
        SET @SEQ=0
        SET @OK=0
        OPEN SALARY_DIS
        FETCH SALARY_DIS INTO @X_EM_ID, @ACT_IN               /* 读取第一行数据 */
        WHILE @SEQ<3 AND @OK=0                                /* 比较前三行数据 */
        BEGIN
            SET @SEQ=@SEQ+1
            IF @X_EM_ID=@EM_ID
                SET @OK=1
            FETCH SALARY_DIS INTO @X_EM_ID, @ACT_IN
        END
        CLOSE SALARY_DIS
        DEALLOCATE SALARY_DIS
    END
```

执行该存储过程，并查看结果。

```
DECLARE @OK BIT
EXEC TOP_THREE '108991',@OK OUTPUT
SELECT @OK
```

思考与练习：

- 创建存储过程，要求当一个员工的工作时间大于6年时将其转到经理办公室工作。
- 创建存储过程，根据每个员工的学历将收入提高500元。
- 创建存储过程，使用游标计算本科及以上学历的员工在总员工中所占的比例。
- 使用命令方式修改存储过程的定义。

实验 7.2 触发器

对于YGGL数据库，表Employees的DepartmentID列与表Departments的DepartmentID列应满足参照完整性规则，即：

- 向Employees表添加记录时，该记录的DepartmentID字段值在Departments表中应存在。

- 修改 Departments 表的 DepartmentID 字段值时，也应修改该字段在 Employees 表中的对应值。
- 删除 Departments 表中的记录时，该记录的 DepartmentID 字段值在 Employees 表中对应的记录也应删除。

对于上述参照完整性规则，在此通过触发器实现。

在“查询分析器”中输入各触发器的代码并执行。

1）向 Employees 表插入或修改一个记录时，通过触发器检查记录的 DepartmentID 值在 Departments 表中是否存在，若不存在，则取消插入或修改操作。

```
USE YGGL
GO
CREATE TRIGGER EmployeesIns ON dbo.Employees
    FOR INSERT , UPDATE
    AS
    BEGIN
        IF ((SELECT DepartmentID from inserted)  NOT IN
            (SELECT DepartmentID FROM Departments))
            ROLLBACK                          /* 对当前事务回滚，即恢复到插入前的状态 */
    END
GO
```

向 Employees 表插入或修改一行记录，查看效果。

2）修改 Departments 表的 DepartmentID 字段值时，该字段在 Employees 表中的对应值也做相应修改。

```
USE YGGL
GO
CREATE TRIGGER DepartmentsUpdate ON dbo.Departments
    FOR UPDATE
    AS
    BEGIN
        UPDATE Employees
            SET DepartmentID=(SELECT DepartmentID FROM  inserted)
            WHERE  DepartmentID=(SELECT DepartmentID FROM deleted)
    END
GO
```

3）删除 Departments 表中记录的同时删除该记录 DepartmentID 字段值在 Employees 表中对应的记录。

```
CREATE TRIGGER DepartmentsDelete ON dbo.Departments
    FOR DELETE
    AS
    BEGIN
        DELETE FROM Employees
            WHERE  DepartmentID=(SELECT DepartmentID FROM deleted)
    END
GO
```

4）创建 INSTEAD OF 触发器，当向 Salary 表中插入记录时，先检查 EmployeeID 列上的值在 Employees 中是否存在，如果存在则执行插入操作，否则提示“员工号不存在”。

```
CREATE TRIGGER EM_EXISTS ON Salary
    INSTEAD OF INSERT
```

```
    AS
    BEGIN
        DECLARE @EmployeeID char(6)
        SELECT @EmployeeID= EmployeeID   FROM inserted
        IF(@EmployeeID IN(SELECT EmployeeID FROM Employees))
            INSERT INTO Salary SELECT * FROM inserted
        ELSE
            PRINT '员工号不存在'
    END
```

向 Salary 表中插入一行记录查看效果。

```
INSERT INTO Salary VALUES('111111',2500.3,123.2)
```

5）创建 DDL 触发器，当删除 YGGL 数据库的一个表时，提示“不能删除表”，并回滚删除表的操作。

```
USE YGGL
GO
CREATE TRIGGER table_delete
    ON DATABASE
    AFTER DROP_TABLE
    AS
        PRINT '不能删除该表'
        ROLLBACK TRANSACTION
```

思考与练习：

- 对于 YGGL 数据库，表 Employees 的 EmployeeID 列与表 Salary 的 EmployeeID 列应满足参照完整性规则，请用触发器实现两个表间的参照完整性。
- 当修改表 Employees 时，若将 Employees 表中员工的工作时间增加 1 年，则将收入增加 500 元，若增加 2 年则增加 1000 元，依次增加。若工作时间减少，则无变化。
- 创建 UPDATE 触发器，当 Salary 表中 InCome 值增加 500 时，OutCome 值增加 50。
- 创建 INSTEAD OF 触发器，实现向不可更新视图插入数据。
- 创建 DDL 触发器，当删除数据库时，提示“无法删除”并回滚删除操作。

实验 8

备份和恢复

目的与要求

1. 掌握在“对象资源管理器”中创建命名备份设备的方法。
2. 掌握在“对象资源管理器”中进行备份的操作步骤。
3. 掌握使用 T-SQL 语句对数据库进行完全备份的方法。
4. 掌握在“对象资源管理器”中进行数据库恢复的步骤。
5. 掌握使用 T-SQL 语句进行数据库恢复的方法。

实验 8.1 数据库的备份

1. 在对象资源管理器中对数据库进行完全备份

（1）创建备份设备

以系统管理员身份连接 SQL Server，打开“对象资源管理器”，展开“服务器对象”，在“服务器对象”中选择“备份设备”，右击鼠标，在弹出的快捷菜单中选择“新建备份设备”菜单项，打开“备份设备”窗口。

在“备份设备”窗口的“常规”选择页中分别输入备份设备的名称（如 ygglbk）和完整的物理路径名（可单击该文本框右侧的 ... 按钮选择路径，这里保持默认设置），输入完毕后，单击“确定”按钮，完成备份设备的创建。

（2）数据库完全备份

在“对象资源管理器”中展开“服务器对象”，选择其中的“备份设备”项，右击鼠标，在弹出的快捷菜单中选择“备份数据库”菜单项，打开“备份数据库”窗口。

在“备份数据库”窗口中的“选项”列表中选择“常规”选择页，在窗口右边的“常规”选项中选择“源数据库”为 YGGL，在“备份类型”下拉列表中选择“备份类型”为“完整”。

单击“添加”按钮选择要备份的目标备份设备。其他常规属性采用系统默认设置。如果需要覆盖备份设备中的原有备份集，则需要在“选项”选择页中选择“覆盖所有现有备份集”。设置完成后，单击“确定”按钮，系统开始执行备份。

思考与练习：

- 了解如何使用“对象资源管理器”进行差异备份、事务日志备份。
- 如何进行文件和文件组备份？
- 如果在一个备份设备中已经备份，那么如何使新的备份覆盖旧的备份？
- 如何将数据库一次备份到多个备份设备中？
- 使用“复制数据库向导”创建数据库 YGGL 的一个副本 YGGL_new。

2. 使用 T-SQL 语句对数据库进行备份

1）使用逻辑名 CPYGBAK 创建一个命名的备份设备，并将数据库 YGGL 完全备份到该设备。在“查询分析器”中输入如下语句并执行：

```
USE master
GO
EXEC sp_addumpdevice 'disk' , 'CPYGBK', 'E:\data\CPYGBK.bak'
BACKUP DATABASE YGGL TO CPYGBK
```

2）将数据库 YGGL 完全备份到备份设备 test，并覆盖该设备上原有的内容。

```
EXEC sp_addumpdevice 'disk' , 'test', 'E:\data\test.bak'
BACKUP DATABASE YGGL TO test WITH INIT
```

3）创建一个命名的备份设备 YGGLLOGBK，并备份 PXSCJ 数据库的事务日志。

```
USE master
GO
EXEC sp_addumpdevice 'disk' , 'YGGLLOGBK' , 'E:\data\YGGLlog.bak'
BACKUP LOG YGGL TO YGGLLOGBK
```

思考与练习：

- 写出将数据库 YGGL 完全备份到备份设备 CPYGBK，并覆盖该设备上原有内容的 T-SQL 语句，并执行该语句。
- 使用差异备份方法将数据库 YGGL 备份到备份设备 CPYGBK 中。
- 将 YGGL 数据库的文件和文件组备份到备份设备 CPYGBK 中。

实验 8.2　数据库的恢复

1. 在“对象资源管理器”中对数据库进行完全恢复

在“对象资源管理器”中右击“数据库”节点，选择“还原数据库”菜单项，在出现的窗口中填写要恢复的数据库名称，在“源设备”栏中选择备份设备（如 CPYGBAK），此时在设备集框中显示该设备中包含的备份集，选择要恢复的备份集，单击“确定”按钮即可恢复数据库。如果数据库中存在与要恢复的数据库同名的数据库，则需要选择“选项”选择页中的“覆盖现有数据库”。

2. 使用 T-SQL 语句恢复数据库

（1）恢复整个数据库 YGGL

在“查询分析器”中输入如下语句并执行：

```
RESTORE DATABASE YGGL
    FROM CPYGBK
    WITH REPLACE
```

（2）使用事务日志恢复数据库 YGGL

```
RESTORE DATABASE YGGL
    FROM CPYGBK
    WITH NORECOVERY, REPLACE
GO
RESTORE LOG YGGL
    FROM YGGLLOGBK
```

思考与练习：

- 如何恢复数据库中的部分数据？
- 使用“对象资源管理器”中附加数据库的方法将从其他服务器中复制来的数据库文件附加到当前数据库服务器中。

实验 9

数据库的安全性

目的与要求

1. 掌握 Windows 登录名的建立与删除方法。
2. 掌握 SQL Server 登录名的建立与删除方法。
3. 掌握数据库用户创建与管理的方法。
4. 了解 Windows 身份验证模式与 SQL Server 身份验证模式的原理。
5. 了解服务器角色的分类。
6. 了解每类服务器角色的功能。
7. 掌握数据库权限的分类。
8. 掌握数据库权限授予、拒绝和撤销的方法。

实验 9.1 数据库用户的管理

1. Windows 登录名

1）使用界面方式创建 Windows 身份模式的登录名。方法如下：

第 1 步 以管理员身份登录到 Windows，打开“控制面板”中的“性能和维护”，选择其中的“管理工具”，双击“计算机管理”，进入“计算机管理”窗口。

在该窗口中选择“本地用户和组”中的“用户”图标右击，在弹出的快捷菜单中选择“新用户”菜单项，打开“新用户”窗口，新建一个用户 zheng。

第 2 步 以管理员身份登录到 SQL Server Management Studio，在“对象资源管理器”中选择“安全性”，右击“登录名”，在弹出的快捷菜单中选择“新建登录名”菜单项。在“新建登录名”窗口中单击“搜索”按钮添加 Windows 用户名 zheng。选择“ Windows 身份验证模式”，单击“确定”按钮完成。

2）使用命令方式创建 Windows 身份模式的登录名，语句如下：

```
USE master
GO
CREATE LOGIN [0BD7E57C949A420\zheng]
    FROM WINDOWS
```

说明：0BD7E57C949A420 为计算机名。

思考与练习：使用用户 zheng 登录 Windows，然后启动 SQL Server Management Studio，以 Windows 身份验证模式连接。看看与以系统管理员身份登录时有什么不同。

2. SQL Server 登录名

1）使用界面方式创建 SQL Server 登录名。

在“对象资源管理器”的“安全性”中，右击“登录名”，在弹出的快捷菜单中选择“新建登录名”菜单项。在“新建登录名”窗口中输入要创建的登录名 yan，选择“SQL Server 身份验证模式”，输入密码，取消选择“用户在下次登录时必须更改密码”选项，单击“确定”按钮。

2）以命令方式创建 SQL Server 登录名，语句如下：

```
CREATE LOGIN yan
    WITH PASSWORD='123456'
```

思考与练习：在“对象资源管理器”中重新连接数据库引擎，使用 SQL Server 身份验证模式登录，登录名使用 yan，查看与使用 Windows 系统管理员身份模式登录时的有何不同。

3. 数据库用户

1）使用界面方式创建 YGGL 的数据库用户。

在“对象资源管理器”中右击数据库 YGGL 的“安全性”节点下的“用户”，在弹出的快捷菜单中选择“新建用户”菜单项，在“数据库用户”窗口中输入要新建的数据库用户的用户名 yan，输入使用的登录名 yan。“默认架构”为 dbo，单击“确定”按钮。

2）使用命令方式创建 YGGL 的数据库用户，语句如下：

```
USE YGGL
GO
CREATE USER yan
    FOR LOGIN yan
    WITH DEFAULT_SCHEMA=dbo
```

思考与练习：分别使用界面方式和命令方式删除数据库用户。

实验 9.2 服务器角色的应用

1. 固定服务器角色

1）通过“对象资源管理器”添加固定服务器角色成员。

以系统管理员身份登录 SQL Server，展开“安全性”→“登录名”，选择要添加的登录名（如 yan），右击鼠标，选择“属性”，在“登录名属性”窗口中选择“服务器角色”选择页，选择要添加到的服务器角色，单击“确定”按钮即可。

2）使用系统存储过程 sp_addsrvrolemember 将登录名添加到固定服务器角色中。

```
EXEC sp_addsrvrolemember 'yan', 'sysadmin'
```

2. 固定数据库角色

1）以界面方式为固定数据库角色添加成员。

在数据库 YGGL 中展开“安全性”→“角色”→“数据库角色”，选择“db_owner”，右击鼠标，在弹出的快捷菜单中选择“属性”菜单项，进入“数据库角色属性”窗口，单击“添加”按钮可以为该固定数据库角色添加成员。

2）使用系统存储过程 sp_addrolemember 将 YGGL 的数据库用户添加到固定数据库角色 db_owner 中，语句如下：

```
USE YGGL
GO
EXEC sp_addrolemember 'db_owner', 'yan'
```

3. 自定义数据库角色

1）以界面方式创建自定义数据库角色，并为其添加成员。

以系统管理员身份登录 SQL Server，在数据库 YGGL 中展开“安全性”下的“角色”节点，右击“数据库角色”，选择“新建数据库角色”菜单项，在新建窗口中输入要创建的角色名 myrole，单击“确定”按钮。

在新建角色 myrole 的“属性”窗口中单击“添加”按钮可以为其添加成员。

2）以命令方式创建自定义数据库角色。

```
USE YGGL
GO
CREATE ROLE myrole
    AUTHORIZATION dbo
```

思考与练习：

- 在“对象资源管理器”中为数据库角色 myrole 添加成员。
- 如何在“对象资源管理器”中删除数据库角色成员 myrole?

实验 9.3 数据库权限管理

1. 授予数据库权限

1）以界面方式授予数据库用户 YGGL 数据库上的 CREATE TABLE 权限。

以系统管理员身份登录到 SQL Server，在“对象资源管理器”中右击数据库“YGGL”，在弹出的快捷菜单中选择“属性”菜单项，进入 YGGL 数据库的“属性”窗口，选择“权限”选择页。在“权限”选择页中选择数据库用户 yan，在下方的权限列表中选择相应的数据库级别上的权限，如“创建表”，选中“授予”复选框即可。选择完成后单击“确定”按钮。

2）以界面方式授予数据库用户在 Employees 表上的 SELECT、DELETE 权限。

以系统管理员身份登录到 SQL Server，找到 Employees 表，右击鼠标，选择“属性”菜单项进入表 Employees 的“属性”窗口，选择“权限”选择页，单击“搜索”按钮选择要授予权限的用户或角色，然后在权限列表中选择要授予的权限，如“选择”和“删除”。

3）以命令方式授予用户 yan 在 YGGL 数据库上的 CREATE TABLE 权限。

```
USE YGGL
GO
GRANT CREATE TABLE
    TO yan
GO
```

4）以命令方式授予用户 yan 在 YGGL 数据库上 Salary 表中的 SELECT、DELETE 权限。

```
USE YGGL
GO
GRANT SELECT, DELETE
    ON Salary
```

```
    TO yan
GO
```

思考与练习：

- ❑ 授予用户权限后，以该用户身份登录 SQL Server，新建一个查询，查看能否使用相应的权限。
- ❑ 创建数据库架构 yg_test，其所有者为用户 yan。接着授予用户 wei 对架构 yg_test 进行查询、添加的权限。

2. 拒绝和撤销数据库权限

1）以命令方式拒绝用户 yan 在 Departments 表上的 DELETE 和 UPDATE 权限。

```
USE YGGL
GO
DENY DELETE, UPDATE
    ON Departments TO yan
GO
```

2）以命令方式撤销用户 yan 在 Salary 表中的 SELECT、DELETE 权限。

```
REVOKE SELECT, DELETE
    ON Salary
    FROM yan
```

思考与练习：

- ❑ 使用界面方式拒绝用户 yan 在 Employees 表中的 INSERT 权限，并撤销其在数据库 YGGL 中的 CREATE TABLE 权限。
- ❑ 如何使用命令方式拒绝多个用户在表 Employees 中的 SELECT、DELETE 权限？

第三部分

数据库应用实习

实习 0

创建实习数据库

实习 0.1　创建数据库及其对象

1. 创建数据库

数据库名称：PXSCJ；存储路径：D:\DATA。

启动 SQL Server Management Studio，连接到数据库服务器。右击“对象资源管理器”中服务器目录下的“数据库”目录，在弹出菜单中选择“新建数据库”，打开如图 P0-1 所示的“新建数据库”窗口。

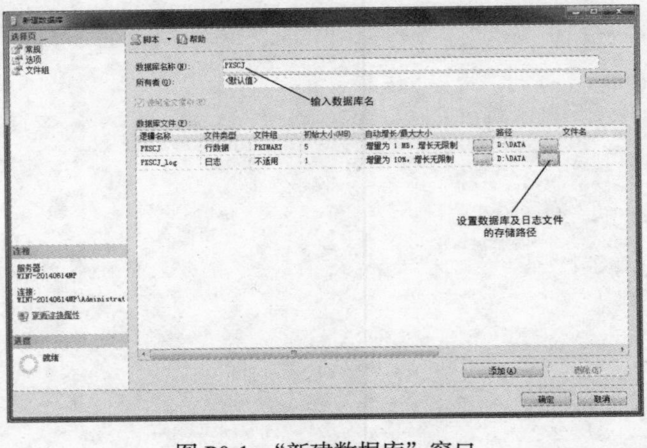

图 P0-1　“新建数据库”窗口

在“数据库名称”文本框中填写要创建的数据库名称（PXSCJ），单击“路径”标签栏下的 ... 按钮自定义路径，这里设置数据库文件及其日志文件的存盘路径均为 D:\DATA。其他设置保留默认值，确认后单击“确定”按钮，数据库创建成功。

2. 创建表

在“对象资源管理器”中，展开“数据库”目录，右击新建的 PXSCJ 数据库目录下的“表”子项，在弹出的菜单中选择“新建表”，打开表设计窗口，如图 P0-2 所示。

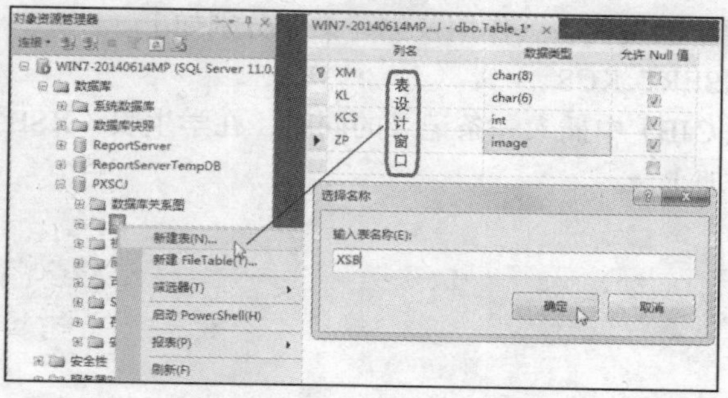

图 P0-2　表设计窗口

本书实习部分用到两个表：学生表和成绩表，结构分别设计如下。

1）学生表 XSB 的结构如表 P0-1 所示。

表 P0-1　学生表（XSB）结构

项目名	列名	数据类型	是否允许为空	说明
姓名	XM	char(8)	×	主键
口令	KL	char(6)		
已学课程数	KCS	int		
照片	ZP	image		

2）成绩表 CJB 的结构如表 P0-2 所示。

表 P0-2　成绩表（CJB）结构

项目名	列名	数据类型	是否允许为空	说明
姓名	XM	char(8)	×	主键
课程名	KC	char(20)	×	主键
成绩	CJ	int		0<=CJ<=100

根据以上设计好的表结构，在图 P0-2 所示的表设计窗口中分别输入或选择各列的名称、数据类型、是否允许为空等属性。在表的各列属性均编辑完成后，单击工具栏中的 按钮保存，出现“选择名称”对话框，在其中输入表名，单击“确定”按钮即可创建表。

3. 创建触发器

在“对象资源管理器”中展开目录“数据库→ PXSCJ →表→ dbo.CJB”，右击其中的“触发器”目录，在弹出的快捷菜单中选择“新建触发器”，在打开的触发器脚本编辑窗口输入相应的创建触发器的语句，如图 P0-3 所示。

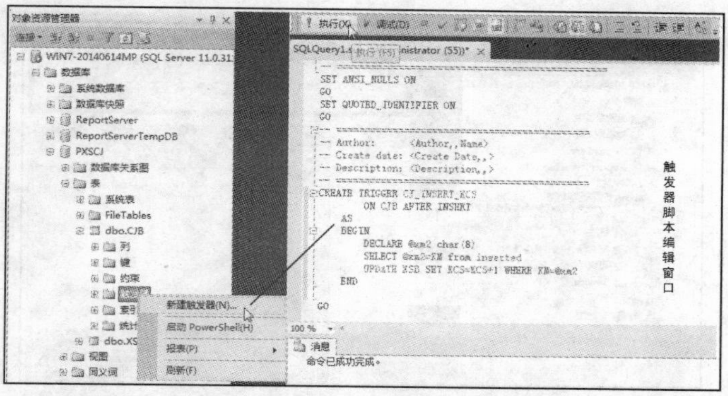

图 P0-3　编辑创建触发器的语句

本书实习要创建两个触发器，其作用及创建语句分别如下。

（1）触发器 CJ_INSERT_KCS

作用：在成绩表（CJB）中插入一条记录的同时，在学生表（XSB）中将该学生记录的已学课程数（KCS）字段加 1。

创建的语句如下：

```
CREATE TRIGGER CJ_INSERT_KCS
        ON CJB AFTER INSERT
    AS
    BEGIN
        DECLARE @xm2 char(8)
        SELECT @xm2=XM from inserted
        UPDATE XSB SET KCS=KCS+1 WHERE XM=@xm2
    END
```

（2）触发器 CJ_DELETE_KCS

作用：在成绩表（CJB）中删除一条记录时，在学生表（XSB）中将该学生记录的已学课程数（KCS）字段减 1。

创建的语句如下：

```
CREATE TRIGGER CJ_DELETE_KCS
        ON CJB FOR DELETE
    AS
    BEGIN
        DECLARE @xm3 char(8)
        SELECT @xm3=XM from deleted
        UPDATE XSB SET KCS=KCS-1 WHERE XM=@xm3
    END
```

输入完成后，单击 执行(X) 按钮，若执行成功，则触发器创建完成。

4. 创建完整性

本书实习所用数据库的完整性包括以下两点：

1）在成绩表（CJB）中插入一条记录，如果学生表中没有姓名对应的记录，则不插入。

2）在学生表（XSB）中删除某学生记录，同时删除成绩表（CJB）中该学生的所有记录。

创建完整性的操作步骤如下。

第 1 步　在“对象资源管理器”中展开“数据库→ PXSCJ”，右击“数据库关系图”，在弹出的快捷菜单中选择“新建数据库关系图”，在弹出对话框中单击“是”按钮，打开“添加表”对话框，如图 P0-4 所示。

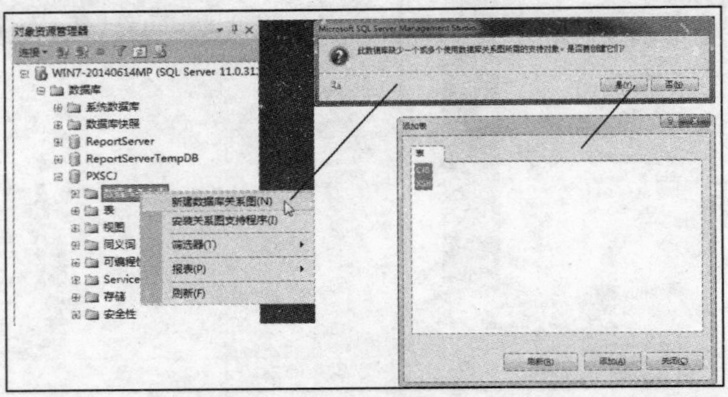

图 P0-4　添加表对象

选择要添加的表，本例中同时选择 CJB 表和 XSB 表，单击“添加”按钮完成表的添加，之后单击“关闭”按钮退出窗口。

第 2 步　在出现的“数据库关系图设计”窗口中，将 XSB 表中的 XM（姓名）字段拖动到 CJB 表中的 XM（姓名）字段。在弹出的“表和列”对话框中输入关系名、设置主键表和列名，如图 P0-5 所示，单击“确定”按钮。

第 3 步　在图 P0-6 所示的“外键关系”对话框中，设置“INSERT 和 UPDATE 规范”的“更新规则”为“不执行任何操作”，“删除规则”为“级联”，单击“确定”按钮。

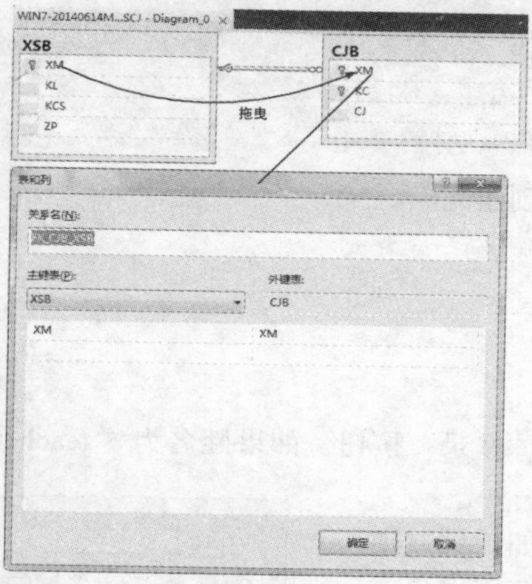

图 P0-5　设置参照完整性

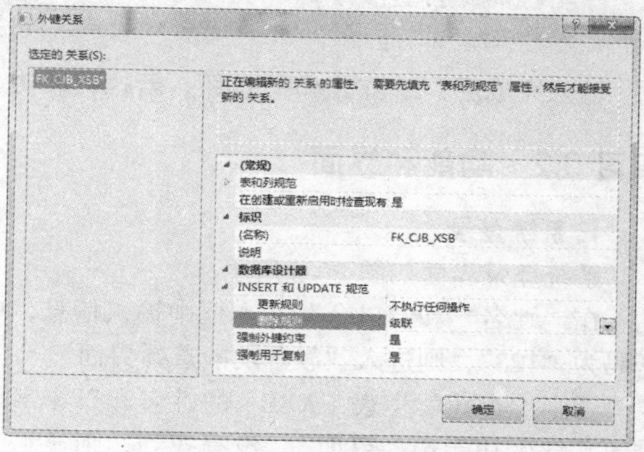

图 P0-6　设置外键关系

第 4 步　单击工具栏中的 按钮保存，在弹出的“选择名称”对话框中输入关系图名称（这里取默认名）。单击“确定”按钮，在弹出的“保存”对话框中单击“是”按钮，保存设置。至此，完整性参照关系创建完成。读者可以在主表（XSB）和从表（CJB）中插入或删除数据来验证它们之间的参照关系。

5. 创建存储过程和视图

在“对象资源管理器”中展开目录“数据库→PXSCJ→可编程性”，右击其中的“存储过程”目录，在弹出的快捷菜单中选择“新建存储过程”，在打开的存储过程脚本编辑窗口输入要创建的存储过程的代码，如图 P0-7 所示。

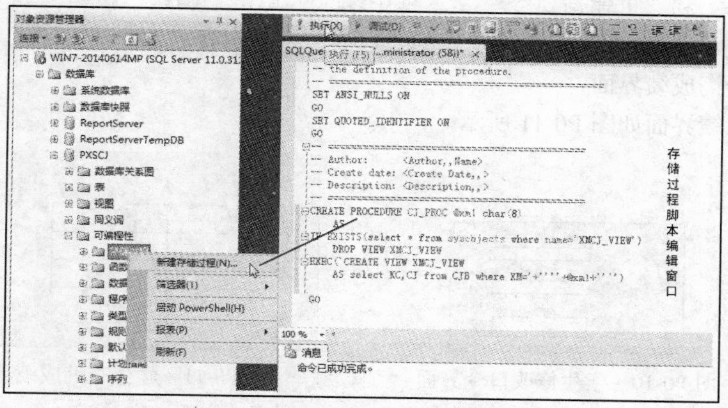

图 P0-7　编辑创建存储过程的代码

本书实习要创建的存储过程如下。

过程名：CJ_PROC；参数：姓名 1（@xm1）。

实现功能：创建视图 XMCJ_VIEW。

视图 XMCJ_VIEW 用于查询成绩表（CJB）以得到某个学生的成绩，查询条件为：姓名 = @xm1；返回字段为：课程名，成绩。

创建存储过程的代码如下：

```
CREATE PROCEDURE CJ_PROC @xm1 char(8)
    AS
IF EXISTS(select * from sysobjects where name='XMCJ_VIEW')
    DROP VIEW XMCJ_VIEW
EXEC('CREATE VIEW XMCJ_VIEW
    AS select KC,CJ from CJB where XM='+''''+@xm1+'''')
```

输入完成后，单击 ! 执行(X) 按钮，若执行成功，则创建完成。

实习 0.2 功能和界面

1. 系统登录

系统登录界面如图 P0-8 所示。

在“姓名”和“口令”文本框中输入信息，单击“登录”按钮。如果姓名为“teacher”，密码为“123”，则进入“教师功能选择界面”。

否则，查找学生表（XSB）的姓名和口令字段，如找到，则进入“学生功能选择界面”。没有找到，则显示“没有该用户或密码错误！”

在“口令”文本框中输入的字符显示“*”。

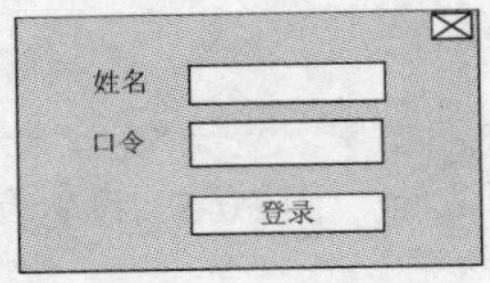

图 P0-8 系统登录界面

2. 学生功能界面

（1）学生功能选择界面

学生功能选择界面如图 P0-9 所示。

1）单击“修改口令”按钮，进入“修改口令界面”。

2）单击“查询成绩”按钮，进入“查询成绩界面”。

图 P0-9 学生功能选择界面

（2）学生修改口令界面

学生修改口令界面如图 P0-10 所示。

在“新口令”和“重输新口令”文本框中输入，单击“确认”按钮，如果两个文本框内容相同，则修改学生表（XSB）中该学生的“口令”字段内容。

（3）学生查询成绩界面

学生查询成绩界面如图 P0-11 所示。

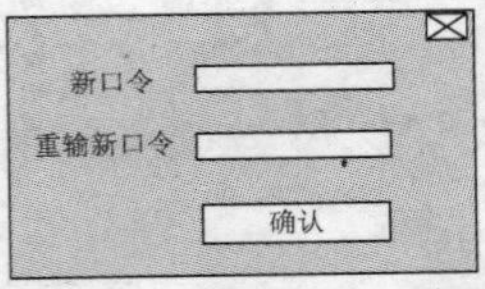

图 P0-10 学生修改口令界面

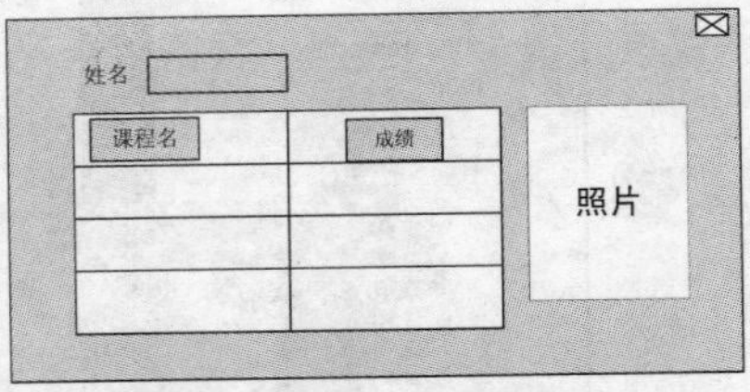

图 P0-11 学生查询成绩界面

表格数据通过调用存储过程产生的视图绑定，同时显示该学生的照片。

3. 教师功能界面

（1）教师功能选择界面

教师功能选择界面如图 P0-12 所示。

1）单击“增减学生”按钮，进入“增减学生界面”。

2）单击“输入成绩”按钮，进入“输入成绩界面”。

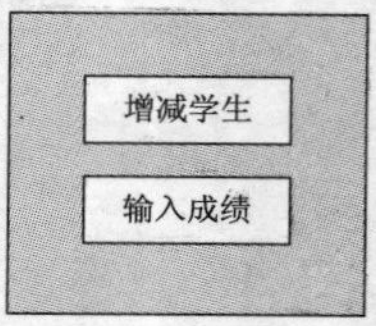

图 P0-12　教师功能选择界面

（2）教师增减学生界面

教师增减学生界面如图 P0-13 所示。

“口令”文本框中的字符显示“*”。单击“浏览”按钮，弹出对话框，选择学生照片上传，在“照片”框中显示预览。

1）在“姓名”文本框输入信息，单击“加入”按钮，功能如下：

如果学生表（XSB）中的“姓名”字段没有找到，则在学生表中插入一条记录，“姓名”字段填入文本框内容，“口令”字段填入“888888”。若选择了照片，则将照片以二进制形式存入数据库（学生表“照片”字段）。

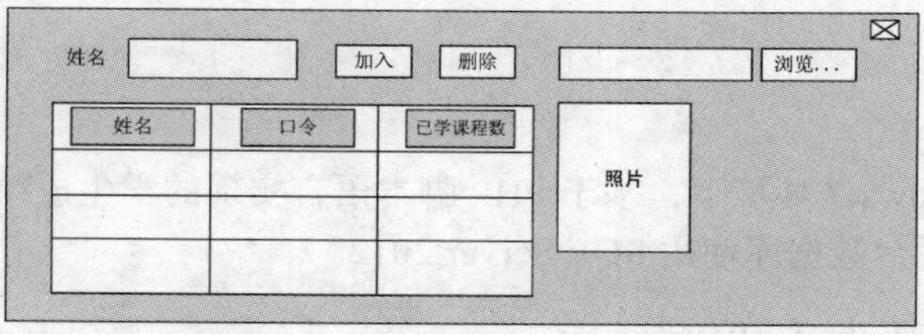

图 P0-13　教师增减学生界面

2）在“姓名”文本框中输入信息，单击“删除”按钮，功能如下：

如果学生表（XSB）中的“姓名”字段找到，在学生表中删除该学生记录，同时删除成绩表（CJB）中该学生的所有记录（完整性保证），否则显示“该姓名记录不存在”。

（3）教师输入成绩界面

教师输入成绩界面如图 P0-14 所示。

1）“课程名”和“姓名”文本框中输入信息，单击“加入”按钮，判断成绩表（CJB）中的该记录是否存在。如果存在，则显示“该记录已经存在！”，否则插入该记录，学生表（XSB）中对应的学生“课程数”加 1（触发器实现）。刷新表格显示。

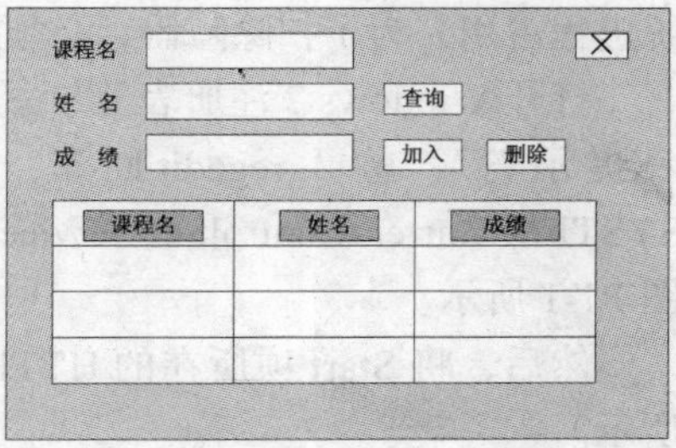

图 P0-14　教师输入成绩界面

2）在“课程名”和“姓名”文本框中输入信息，单击“删除”按钮，判断成绩表（CJB）中的该记录是否存在。如果存在，删除该记录，学生表（XSB）中对应的学生“课程数”减 1（触发器实现），否则显示“该记录不存在！”。刷新表格显示。

3）在“课程名”和“姓名”文本框中输入信息，单击“查询”按钮，表格显示符合条件记录。

在“课程名”文本框中输入信息，“姓名”文本框空，单击“查询”按钮，表格显示符合课程名条件的记录。

在“姓名”文本框中输入信息，“课程名”文本框空，单击“查询”按钮，表格显示符合姓名条件的记录。

实习 1

PHP 5/SQL Server 2012 学生成绩管理系统

本系统是在 Windows 7 环境下，基于 PHP 脚本语言实现的学生成绩管理系统，Web 服务器使用 Apache 2.2，后台数据库使用 SQL Server 2012。

实习 1.1　PHP 开发平台搭建

实习 1.1.1　创建 PHP 环境

1. 操作系统准备

由于 PHP 环境需要使用操作系统 80 端口，而 Windows 7 的 80 端口默认被 PID 为 4 的系统进程占用，为了扫除障碍，必须预先对操作系统进行如下一些设置。

打开 Windows 7 注册表（方法为：单击 Windows“开始”→“所有程序”→“附件”→“命令提示符”，输入 regedit 回车，调出注册表编辑器），找到 HKEY_LOCAL_MACHINE\SYSTEM\CurrentControlSet\Services\HTTP，找到一个 DWORD 值 Start，将其值改为 0，如图 P1-1 所示。

然后，将 Start 项所在的 HTTP 文件夹 SYSTEM 的权限设置为拒绝，具体操作如图 P1-2 所示。

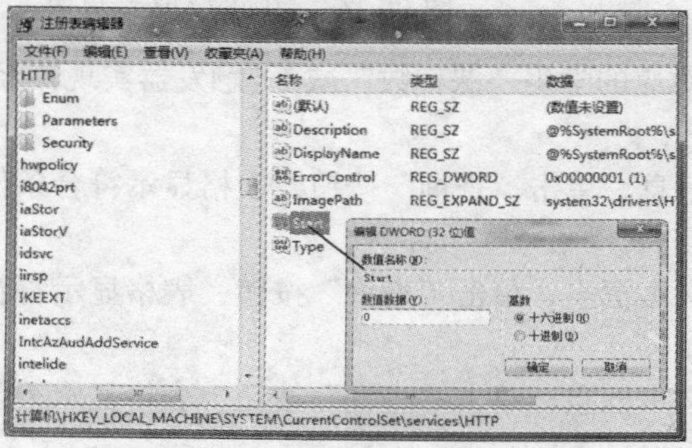

图 P1-1　修改注册表 Start 项的值

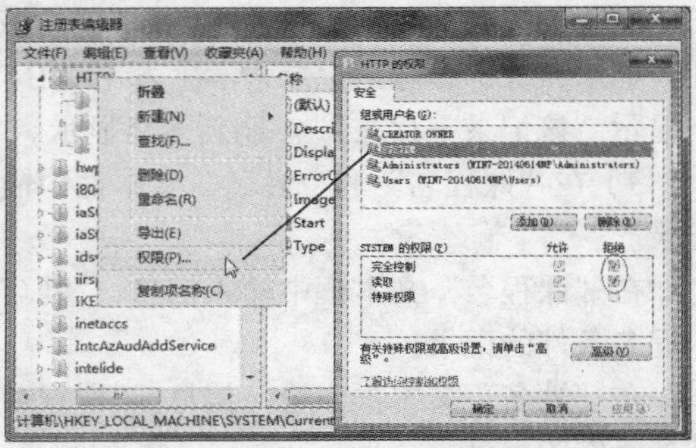

图 P1-2　设置 SYSTEM 的权限

经以上设置，Windows 7 系统进程对 80 端口的占用被彻底解除，下面就可以非常顺利地安装 Apache 服务器和 PHP 了。

2. 安装 Apache 服务器

Apache 是开源软件，用户可以在其官网（http://httpd.apache.org/download.cgi）免费下载。本书选用 openssl 安装版，下载得到的安装包文件名为 httpd-2.2.25-win32-x86-openssl-0.9.8y，双击启动安装向导，如图 P1-3 所示。单击 Next 按钮进入如图 P1-4 所示的软件协议对话框，选择同意安装协议，单击 Next 按钮。

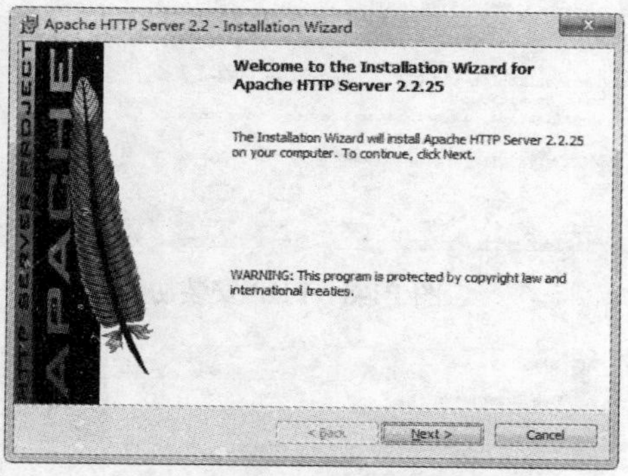

图 P1-3　Apache 安装向导

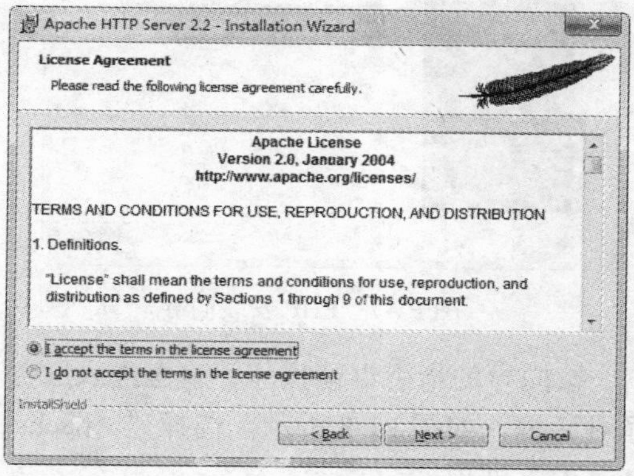

图 P1-4　软件协议对话框

设置服务器信息选项如图 P1-5 所示，安装过程的其余步骤都保持默认设置，按向导提示操作即可。Apache 安装成功后在任务栏右下角会出现一个图标，图标内的三角形为绿色时，表示服务正在运行，为红色时表示服务停止。双击该图标弹出 Apache 服务管理界面，如图 P1-6 所示。

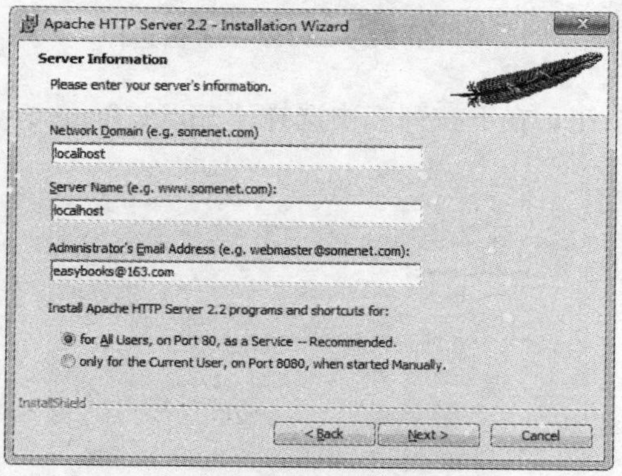

图 P1-5　服务器信息设置

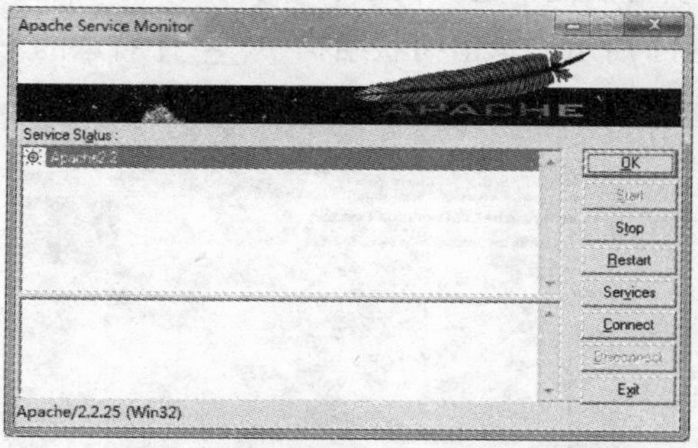

图 P1-6　Apache 服务管理界面

单击 Start、Stop 和 Restart 按钮分别表示开始、停止和重启 Apache 服务。

Apache 安装完成后可以测试看能否运行。在 IE 地址栏中输入 http://localhost 或 http://127.0.0.1 回车，如果测试成功会出现显示“It works!”的页面。

3. 安装 PHP 插件

Apache 安装完成后，还需要为其安装 PHP 插件。PHP 官网有时只提供源代码或压缩包，若想获得可在 Windows 下直接安装的 installer 包，最好访问 Windows 版 PHP 下载站点 http://windows.php.net/download/，目前支持的最高版本为 PHP 5.3.29。下载得到的安装文件名为 php-5.3.29-Win32-VC9-x86，双击进入安装向导，如图 P1-7 所示。单击 Next 按钮进入如图 P1-8 所示的安装协议对话框，选择同意安装协议。

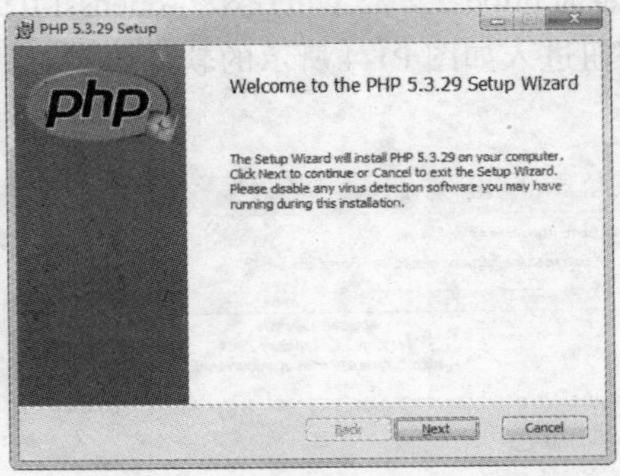

图 P1-7　PHP 安装向导

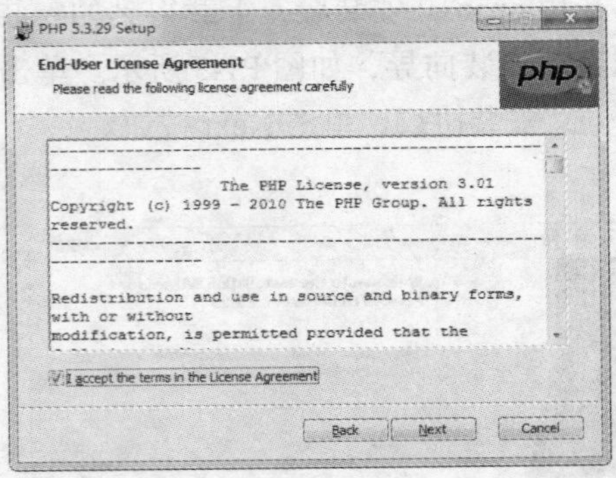

图 P1-8　PHP 安装协议

按向导的指引继续操作，直至进入服务器选择对话框，如图 P1-9 所示，选择“Apache 2.2.x Module”选项。

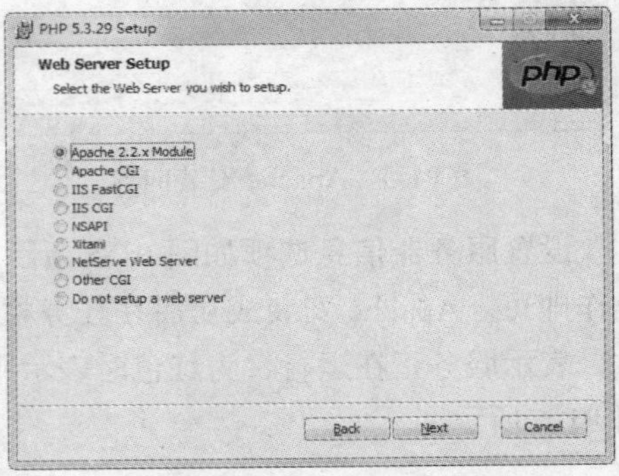

图 P1-9　PHP 服务器选择

单击 Next 按钮，进入服务器配置目录对话框，在“Folder name”文本框中需要输入 Apache 安装路径的 conf 文件夹的路径。单击 Browse 按钮，找到 conf 文件夹，如图 P1-10 所示，单击 OK 确定修改。

修改配置目录后，单击 Next 按钮进入安装选项对话框，建议初学者安装所有的组件，如图 P1-11 所示，单击树状结构中  右边的下拉按钮，在下拉列表中选择“Entire feature will be installed on local hard drive”即可。

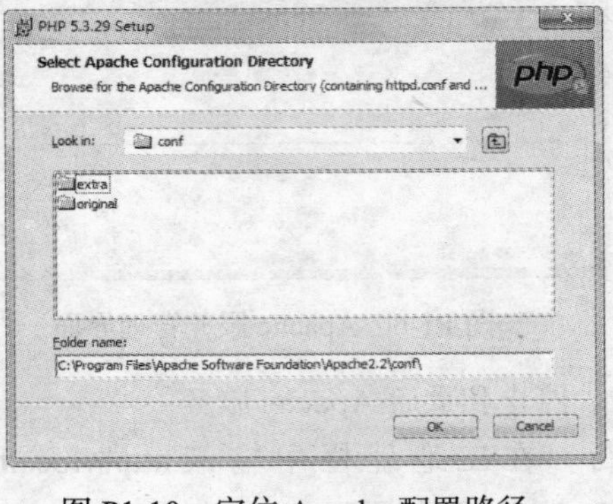

图 P1-10　定位 Apache 配置路径

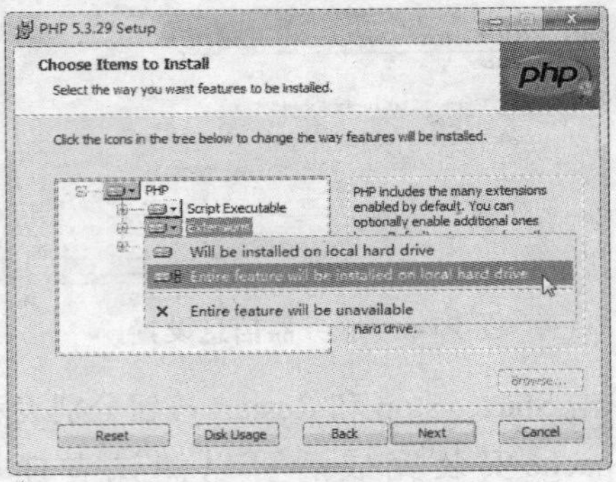

图 P1-11　安装全部功能组件

安装完后重启 Apache 服务管理器，其下方的状态栏显示“Apache/2.2.25（Win32）PHP/5.3.29”，如图 P1-12 所示（注意与图 P1-6 比较），这说明 PHP 已经安装成功。

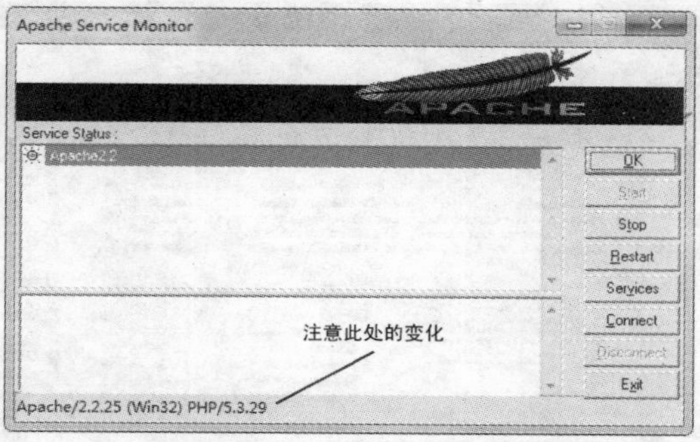

图 P1-12　Apache 已支持 PHP

实习 1.1.2　Eclipse 安装与配置

1. 安装 JRE

Eclipse 需要 JRE 的支持，而 JRE 包含在 JDK 中，故安装 JDK 即可。本书安装的版本是 JDK 8 Update 20，安装可执行文件为 jdk-8u20-windows-i586，双击启动安装向导，如图 P1-13 所示。

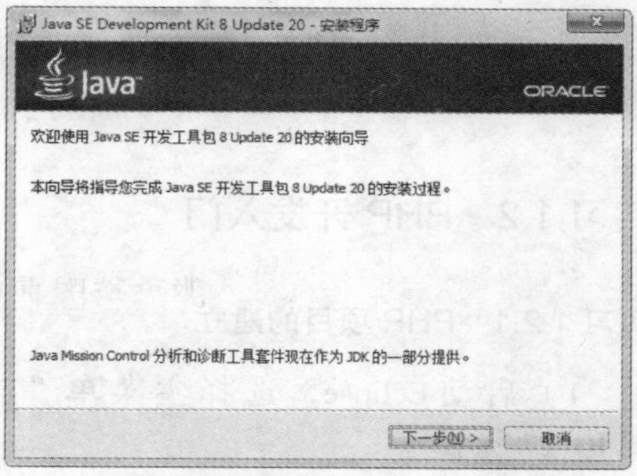

图 P1-13　安装 JDK

按照向导的步骤操作，将 JRE 安装到目录 “C:\Program Files\Java\jre1.8.0_20” 下。

2. 安装 Eclipse PDT

Eclipse PDT 下载地址为：http://www.zend.com/en/company/community/pdt/downloads/。本书选择 Zend Eclipse PDT 3.2.0（Windows 平台），即 Eclipse 和 PDT 插件的打包版，将下载的文件解压到 D:\eclipse 文件夹，双击其中的 zend-eclipse-php 文件，即可运行 Eclipse。

Eclipse 启动画面如图 P1-14 所示。软件启动后会自动进行配置，并提示选择工作空间，如图 P1-15 所示，单击 Browse 按钮可修改 Eclipse 的工作空间。

图 P1-14　Eclipse 启动画面

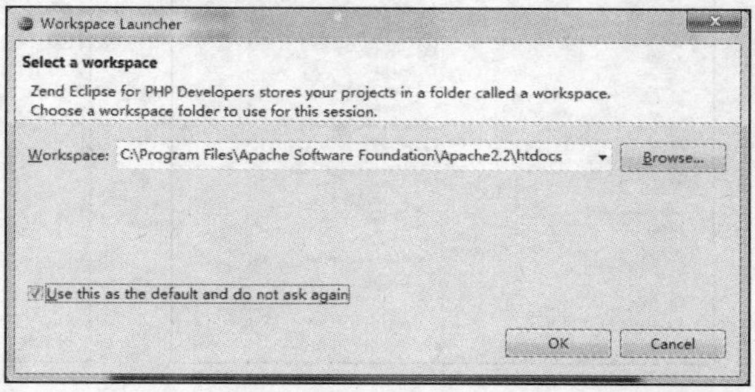

图 P1-15　选择 Eclipse 工作空间

本书开发使用的路径为 “C:\Program Files\Apache Software Foundation\Apache2.2\htdocs”。单击 OK 按钮，进入 Eclipse 的主界面，如图 P1-16 所示。

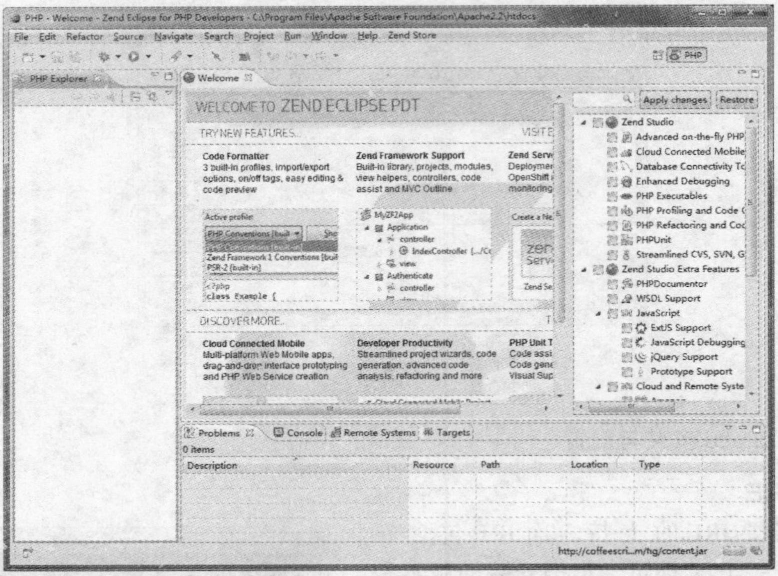

图 P1-16　Eclipse 主界面

实习 1.2　PHP 开发入门

实习 1.2.1　PHP 项目的建立

1）启动 Eclipse，选择主菜单“File”→“New”→“Local PHP Project”项，如图 P1-17 所示。

2）在弹出的项目信息对话框的“Project Name”文本框中输入项目名称“xscj”，如图 P1-18 所示，所用 PHP 版本选择“php5.3”（与本书安装的版本一致）。

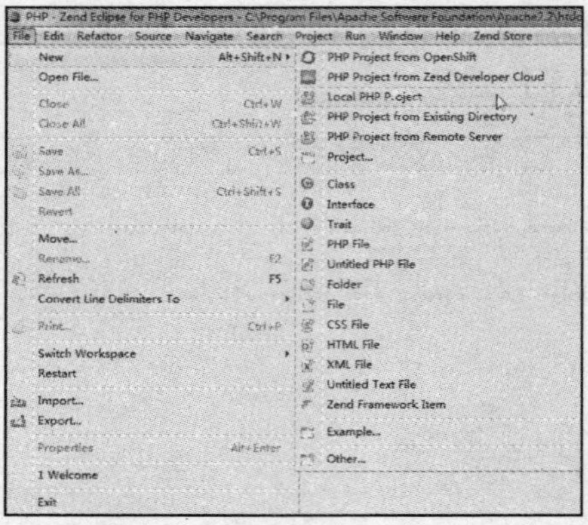

图 P1-17　新建 PHP 项目

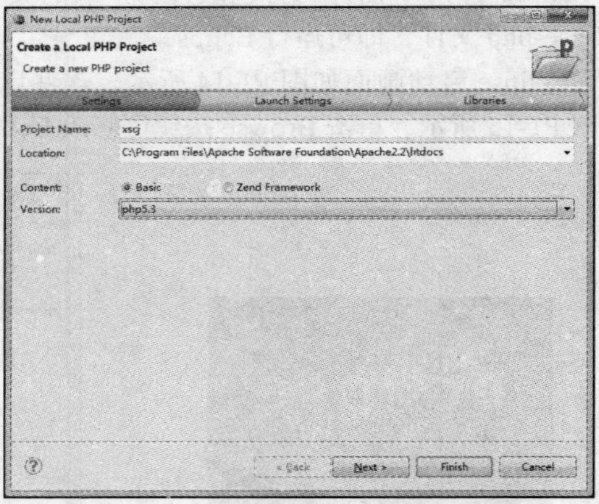

图 P1-18　项目信息对话框

3）单击 Next 按钮，进入如图 P1-19 所示的项目路径信息对话框，系统默认项目位于本机 localhost，基准路径为 /xscj，因此项目启动运行的 URL 是 http://localhost/xscj/，本例采用这个默认的路径地址。

4）完成后单击 Finish 按钮，Eclipse 会在 Apache 安装目录的 htdocs 文件夹下自动创建一个名为“xscj”的文件夹，并创建项目设置和缓存文件。

5）项目创建完成后，工作界面 PHP Explorer 区域会出现一个 xscj 项目树，右击选择“New”→“PHP File”，如图 P1-20 所示，即可创建 .php 源文件。

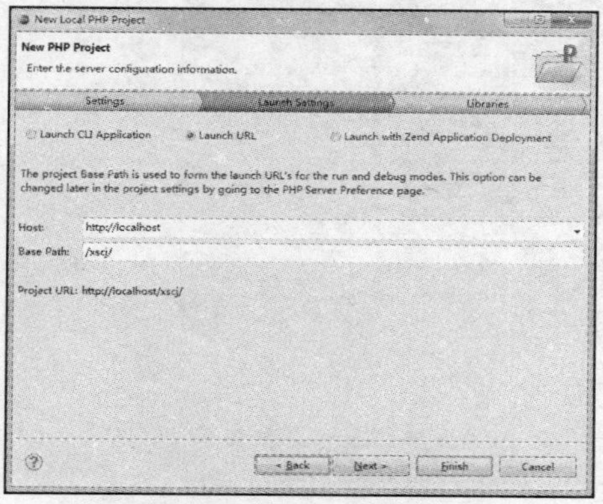

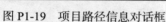

图 P1-19　项目路径信息对话框

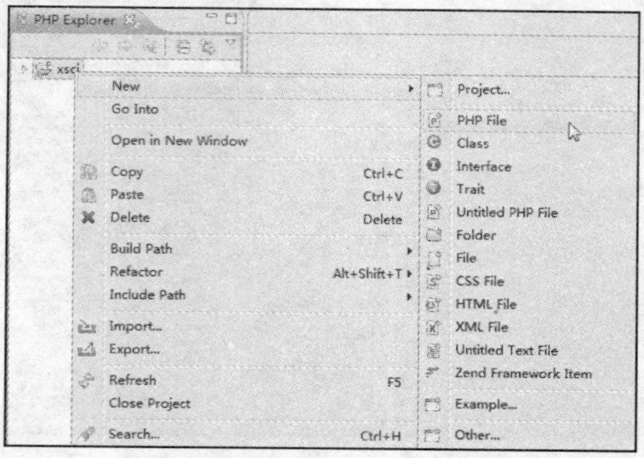

图 P1-20　新建 PHP 源文件

实习 1.2.2　PHP 项目的运行

创建新项目时，Eclipse 默认在项目树下建立一个 index.php 文件供用户编写 PHP 代码，当然用户也可以自己创建源文件。这里先使用现成的 index.php 进行测试，在其中输入 PHP 代码：

```
<?php
    phpinfo();
?>
```

接下来修改 PHP 的配置文件，打开 C:\Program Files\PHP 的文件 php.ini，在其中找到如下一段内容：

```
short_open_tag = Off
; Allow ASP-style <% %> tags.
; http://php.net/asp-tags
asp_tags = Off
```

将其中的 Off 都改为 On，以使 PHP 能支持 <??> 和 <%%> 的标记方式。确认修改后，保存配置文件，重启 Apache 服务。

单击工具栏中的 按钮，在弹出的对话框中单击 OK 按钮，在中央的主工作区显示 PHP 版本信息页，见图 P1-21 中的“运行方法①”。也可以单击 按钮右边的下拉按钮，从下拉列表中选择“Run As”→“PHP Web Application”运行程序，见图 P1-21 中的“运行方法②”。

除了使用 Eclipse 在 IDE 中运行 PHP 程序外，还可以直接从浏览器运行。打开 IE 浏览器，输入 http://localhost/xscj/index.php 回车，浏览器中也显示出 PHP 版本信息页，如图 P1-22 所示。

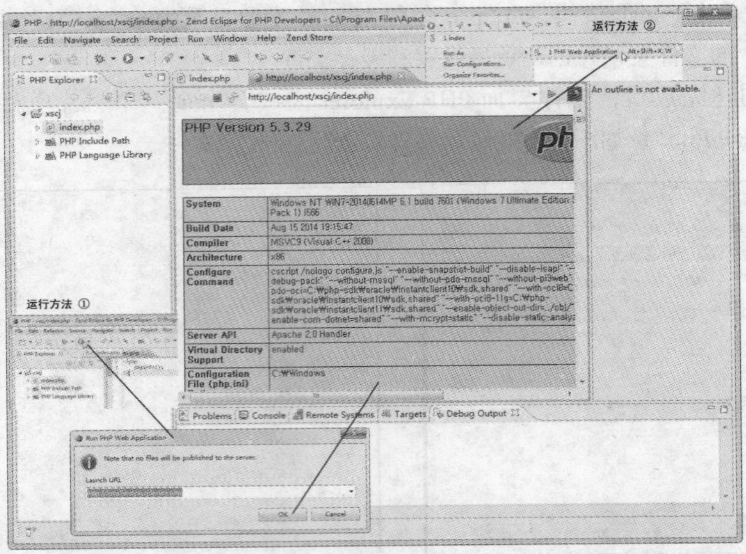

图 P1-21　Eclipse 运行 PHP 程序

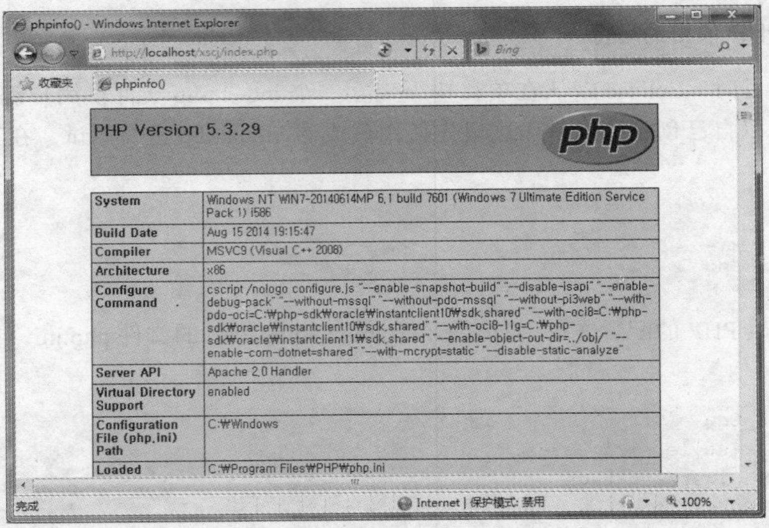

图 P1-22　浏览器运行 PHP 程序

实习 1.2.3　PHP 连接 SQL Server 2012

从微软官网下载 PHP 的 SQL Server 2012 扩展库 SQLSRV30.EXE，安装并解压后，将其中的 php_pdo_sqlsrv_53_ts.dll 和 php_sqlsrv_53_ts.dll 复制到 C:\Program Files\PHP\ext 下，再在配置文件 php.ini 末尾添加：

```
extension=php_pdo_sqlsrv_53_ts.dll
extension=php_sqlsrv_53_ts.dll
```

完成后重启 Apache，打开 IE，输入 http://localhost/xscj/index.php 回车，如果页面中有如图 P1-23 所示内容，就表示 PHP 的 SQL Server 2012 扩展库加载成功。

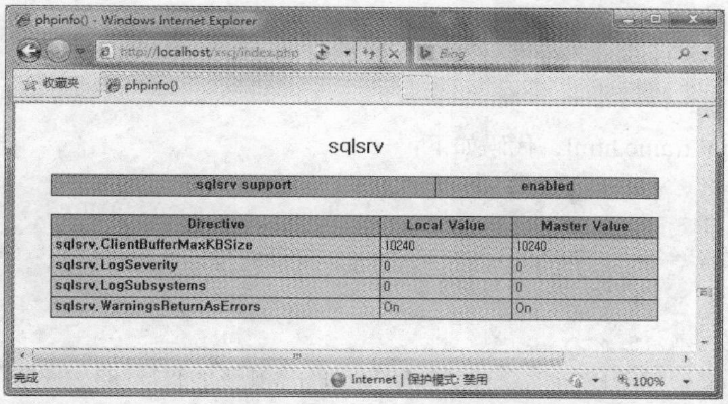

图 P1-23　SQL Server 2012 扩展库加载成功

新建 fun.php 源文件，编写如下代码测试数据库连接：

```
<?php
$serverName = "localhost";                                         //服务器名
$connectionInfo = array("Database"=>"PXSCJ","ConnectionPooling"=>false);
                                                                   //连接参数
$conn = sqlsrv_connect( $serverName,$connectionInfo);              //连接服务器
if( $conn == false)                                                //返回 false 表示连接出错
{
    echo "连接失败！";
    die( print_r( sqlsrv_errors(), true));                         //输出错误信息
}
?>
```

实习 1.3　界面设计及系统登录

实习 1.3.1　主界面

本系统主界面采用框架网页实现，下面先给出各前端网页的 HTML 源码。

1. 启动页

启动页面为 index.html，代码如下：

```
<html>
<head>
    <title>学生成绩管理系统</title>
</head>
<body topMargin="0" leftMargin="0" bottomMargin="0" rightMargin="0">
    <table width="675" border="0" align="center" cellpadding="0" cellspacing="0">
    <tr>
        <td><img src="images/学生成绩管理系统.gif" width="790" height="97"></td>
    </tr>
    <tr>
        <td><iframe src="main_frame.html" width="790" height="313"></iframe></td>
    </tr>
    <tr>
        <td><img src="images/底端图片.gif" width="790" height="32"></td>
    </tr>
    </table>
</body>
</html>
```

页面分上中下 3 部分，其中上下两部分都只是一张图片，中间部分为一个框架页（加黑代码为源文件名），在框架页中加载具体的导航页和功能页。

2. 框架页

框架页为 main_frame.html，代码如下：

```
<html>
<head>
    <meta http-equiv="Content-type" content="text/html; charset=GB2312"/>
    <title> 学生成绩管理系统 </title>
</head>
<frameset cols="215,*">
     <frame frameborder=0 src="http://localhost/xscj/login.php" name="frmleft"
scrolling="no" noresize>
    <frame frameborder=0 src="body.html" name="frmmain" scrolling="no" noresize>
</frameset>
</html>
```

其中，加黑处“http://localhost/xscj/login.php”为系统登录页的启动 URL，页面装载后位于左部框架中。

右部框架用于显示系统各个功能页，默认为 body.html，源码如下：

```
<html>
<head>
    <title>content 网页 </title>
</head>
<body topMargin="0" leftMargin="0" bottomMargin="0" rightMargin="0">
    <img src="images/ 主页 .gif" width="678" height="500">
</body>
</html>
```

这只是一个填充了背景图片的空白页，在运行中，系统会根据用户的操作，往右部框架中动态加载不同的 php 功能页来替换该页。

在项目根目录下创建 images 文件夹，其中放入用到的三幅图片资源：“学生成绩管理系统 .gif”、“底端图片 .gif”和“主页 .gif”。

实习 1.3.2　登录功能

以教师和学生不同身份登录，分别进入各自的功能选择界面，如图 P1-24 所示。

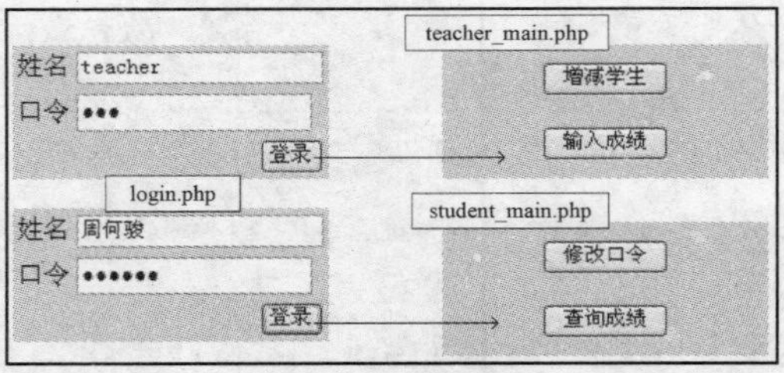

图 P1-24　登录与功能选择界面

源文件 login.php 实现登录界面及口令验证功能，代码如下：

```
<html>
<head>
```

```
    <title>用户登录</title>
</head>
<body bgcolor="D9DFAA" >
<form action="" method="post">
    <table bgcolor="D9DFAA">
    <tr>
        <td>姓名</td>
        <td><input type="text" name="xm"></td>
    </tr>
    <tr>
        <td>口令</td>
        <td><input type="password" name="kl"></td>
    </tr>
    <tr>
        <td></td>
        <td align="right"><input type="submit" name="btn_lgn" value="登录"></td>
    </tr>
    </table>
<?php
include "fun.php";                                  //包含此文件以连接数据库
if (isset($_POST['btn_lgn']))                       //单击"登录"按钮
{
    $xm=$_POST['xm'];                               //获取姓名
    $kl=$_POST['kl'];                               //获取口令
    if ($xm=="teacher")                             //教师登录
    {
        if ($kl=="123")                             //教师默认口令为"123"
            header("location:teacher_main.php");    //定位到教师功能选择界面
        else
            echo "口令错！";
    }
    else                                            //学生登录
    {
        $sql="select * from XSB where XM='$xm'";    //查找该生信息
        $result=sqlsrv_query($conn,$sql);           //返回结果集
        if ($row=sqlsrv_fetch_array($result))       //结果集不为空表示存在该学生
        {
            if ($row['KL']==$kl)                    //口令验证
            {
                session_start();
                $_SESSION['xm']=$xm;                //姓名存储于会话中
                header("location:student_main.php");  //定位到学生功能选择界面
            }
            else
                echo "口令错！";
        }
        else
            echo "没有该用户！";
    }
}
?>
</form>
</body>
</html>
```

源文件 teacher_main.php 实现教师功能选择界面，代码如下：

```
<html>
<head>
    <title> 教师功能选择 </title>
</head>
<body bgcolor="D9DFAA">
<table bgcolor="D9DFAA" width="200" height="85">
<tr>
    <td align="center"><input type="button" value=" 增减学生 " onclick=parent.frmmain.
location="stuInsDel.php"> </td>
</tr>
<tr>
    <td align="center"><input type="button" value=" 输入成绩 " onclick=parent.frmmain.
location="cjInsDel.php"> </td>
</tr>
</table>
</body>
</html>
```

源文件 student_main.php 实现学生功能选择界面，代码结构与教师功能选择界面完全相同（相同部分省略）。

```
…
    <title> 学生功能选择 </title>
…
<td align="center"><input type="button" value=" 修改口令 " onclick=parent.frmmain.
location="updateKl.php"></td>
…
<td align="center"><input type="button" value=" 查询成绩 " onclick=parent.frmmain.
location="stuQuery.php"></td>
…
```

打开 IE，在地址栏输入 http://localhost/xscj/index.html，显示如图 P1-25 所示页面。

图 P1-25　登录主页面

实习 1.4　学生功能

实习 1.4.1　修改口令

修改口令功能界面如图 P1-26 所示。

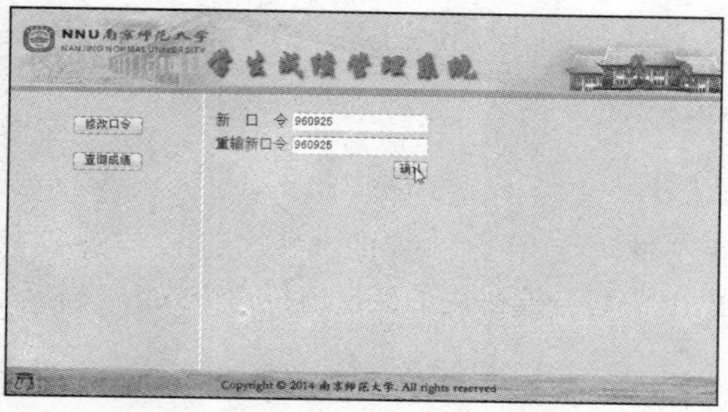

图 P1-26 修改口令功能界面

修改口令功能界面由源文件 updateKl.php 实现，代码如下：

```
<html>
<head>
    <title> 修改口令 </title>
</head>
<body bgcolor="D9DFAA">
<?php
session_start();                                            // 启动会话
$xm=@$_SESSION['xm'];                                       // 取得会话中的学生姓名
?>
<form action="" method="post">
    <table bgcolor="D9DFAA">
    <tr>
        <td> 新    口    令 </td>
        <td><input type="text" name="newkl"></td>
    </tr>
    <tr>
        <td> 重输新口令 </td>
        <td><input type="text" name="renewkl"></td>
    </tr>
    <tr>
        <td></td>
        <td align="right"><input type="submit" name="btn_confirm" value=" 确认 "></td>
    </tr>
    </table>
<?php
if (isset($_POST['btn_confirm']))                                 // 单击 " 确认 " 按钮
{
    include "fun.php";
    $newkl=$_POST['newkl'];                                       // 新口令
    $renewkl=$_POST['renewkl'];                                   // 重输的新口令
    if ($newkl==$renewkl)                                         // 两次输入的口令相同
    {
        $update_sql="update XSB set KL='$newkl' where XM='$xm'";// 修改口令
        $result=sqlsrv_query($conn,$update_sql);                  // 执行修改操作
        if (sqlsrv_rows_affected($result)>0)      // 返回值 ( 影响的行数 )>0 表示操作成功
            echo " 修改成功！ ";
        else
            echo " 修改失败！ ";
    }
    else
        echo " 两次输入不一致！ ";
```

```
}
?>
</form>
</body>
</html>
```

此处使用会话，将登录页上用户输入的“姓名”值传递到修改口令页：$xm=@$_SESSION ['xm'];，这是 PHP 编程普遍采用的变量值传递方式。

实习 1.4.2　查询成绩

查询成绩功能界面如图 P1-27 所示。

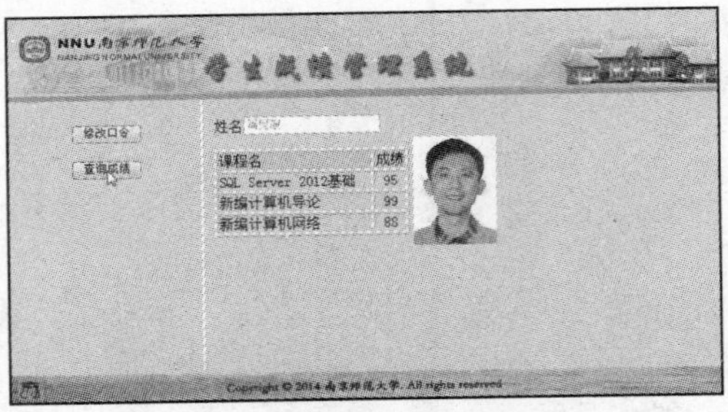

图 P1-27　查询成绩功能界面

该界面由源文件 stuQuery.php 实现，代码如下：

```
<html>
<head>
    <title>查询成绩</title>
</head>
<body bgcolor="D9DFAA">
<?php
session_start();                                    //启动会话
$xm=@$_SESSION['xm'];                               //取得会话中的学生姓名
?>
<table bgcolor="D9DFAA">
<tr>
    <td align="left">姓名<input type="text" name="xm" value="<?php echo $xm;?>" disabled></td>
</tr>
<tr>
<td align="left">
<?php
include "fun.php";
$cj_sql="EXEC CJ_PROC '$xm'";                       //执行存储过程
$result=sqlsrv_query($conn,$cj_sql);
//视图已生成
$xmcj_sql="select * from XMCJ_VIEW";                //从生成视图中查询出学生成绩信息
$cj_rs=sqlsrv_query($conn,$xmcj_sql);
//输出表格
echo "<table border=1>";
echo "<tr bgcolor=#CCCCC0>";
echo "<td>课程名</td><td align=center>成绩</td></tr>";
while($row=sqlsrv_fetch_array($cj_rs))              //获取成绩结果集
{
```

```
        list($KC,$CJ)=$row;                              //取得结果值
        echo "<tr><td>$KC </td><td align=center>$CJ</td></tr>";        /*在表格中
显示输出"课程-成绩"信息*/
    }
    echo "</table>";
    ?>
    </td>
    <td align="center">
    <?php
    /*调用 showpicture.php 页面用于显示照片*/
    echo "<img src='showpicture.php?time=".time()."'>";
    ?>
    </td>
    </tr>
    </table>
    </body>
    </html>
```

这里调用 showpicture.php 页面用于显示照片，showpicture.php 文件通过从会话中接收"姓名"值查找到学生照片并显示。

showpicture.php 源文件的代码如下：

```
<?php
header('Content-type:image/jpg');                         //输出 HTTP 头信息
session_start();                                          //启动 SESSION
include "fun.php";
$xm=$_SESSION['xm'];                                      //接收姓名值
$sql="select ZP from XSB where XM='$xm'";                 //根据姓名查找照片
$result=sqlsrv_query($conn,$sql);                         //执行查询
$row=sqlsrv_fetch_array($result);                         //取得结果集
$image=$row['ZP'];
echo $image;                                              //输出图片
session_destroy();                                        //删除 SESSION
?>
```

实习 1.5　教师功能

实习 1.5.1　增减学生

增减学生功能界面如图 P1-28 所示。

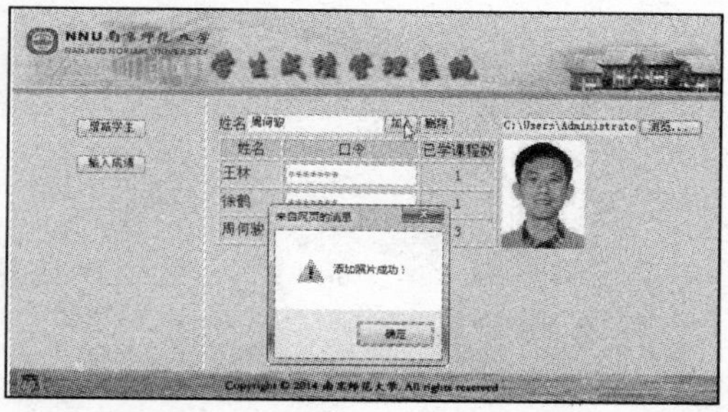

图 P1-28　增减学生功能界面

该界面由源文件 stuInsDel.php 实现，代码如下：

```
<html>
<head>
    <title>增减学生</title>
</head>
<body bgcolor="D9DFAA">
<form method="post">
<table bgcolor="D9DFAA">
<tr>
    <td align="left">姓名<input type="text" name="xm"><input name="btn"
type="submit" value="加入"> <input name="btn" type="submit" value="删除"></td>
    <td><input type="file" name="file"></td>
</tr>
<tr>
<td align="left">
<?php
include "fun.php";
$stu_sql="select * from XSB";                                //查询所有学生
$result=sqlsrv_query($conn,$stu_sql);                        //执行查询
//输出表格
echo "<table border=1>";
echo "<tr bgcolor=#CCCCC0>";
echo "<td align=center>姓名</td><td align=center>口令</td><td>已学课程数</td></tr>";
while($row=sqlsrv_fetch_array($result))                      //获取学生信息结果集
{
    list($XM,$KL,$KCS)=$row;                                 //取得结果值
    //在表格中输出"姓名-口令-已学课程数"信息，其中口令加密显示
    echo "<tr><td>$XM </td><td><input type=password value=$KL 
disabled></td><td align= center>$KCS</td></tr>";
}
echo "</table>";
?>
</td>
<td>
<?php
/*调用 showpicture.php 页面用于显示照片*/
echo "<img src='showpicture.php?time=".time()."'>";
?>
</tr>
</table>
</form>
</body>
</html>
<?php
$xm=$_POST['xm'];                                   //获取提交的姓名
$_SESSION['xm']=$xm;                                //姓名存储于会话中
$tmp_file=@$_FILES["file"]["tmp_name"];             //文件被上传后保存在服务端的临时文件中
$handle=@fopen($tmp_file,'r');                      //打开文件
$picture=fread($handle, filesize($tmp_file));       //将图片文件转化为二进制流
$stu_sql="select * from XSB where XM='$xm'";        //先查询数据库中有无该生记录
$result=sqlsrv_query($conn,$stu_sql);               //执行查询
if(@$_POST["btn"]=='加入')                          //单击"加入"按钮
{
    if ($row=sqlsrv_fetch_array($result))           //该生记录已经存在
    {
        //若已有该生记录，则只需添加照片
```

```
            $update_sql="update XSB set ZP='$picture' where XM='$xm'";      //添加照片
            $update_result=sqlsrv_query($conn,$update_sql);
            if(sqlsrv_rows_affected($update_result)>0)       //返回值>0表示添加成功
                echo "<script>alert('添加照片成功！');location.href='stuInsDel.php';</script>";
            else
                echo "<script>alert('添加失败，请检查输入信息！');location.href='stuInsDel.
php';</script>";
        }
        else                                                 //加入的是原本没有的新生记录
        {
          //添加全新学生记录（含照片）
          $insert_sql="insert into XSB(XM,KL,KCS,ZP) values('$xm','888888',0,'$picture')";
            $insert_result=sqlsrv_query($conn,$insert_sql); //执行添加操作
            if(sqlsrv_rows_affected($insert_result)>0)       //返回值>0表示添加成功
              echo "<script>alert('添加成功！');location.href='stuInsDel.php';</script>";
          else
              echo "<script>alert('添加失败，请检查输入信息！');location.href='stuInsDel.
php'; </script>";
        }
    }
    if(@$_POST["btn"]=='删除')                               //单击"删除"按钮
    {
        if ($row=sqlsrv_fetch_array($result))                //存在该生记录，可以删除
        {
            $delete_sql="delete from XSB where XM='$xm'";   //删除指定姓名的学生记录
            $delete_result=sqlsrv_query($conn,$delete_sql); //执行删除操作
            if(sqlsrv_rows_affected($delete_result)>0)       //返回值>0表示删除成功
              echo "<script>alert('删除成功！');location.href='stuInsDel.php';</script>";
            else
                echo "<script>alert('删除失败，请检查操作权限！');location.href='stuInsDel.php';
</script>";
        }
        else                                         //该生记录不存在，无法执行删除操作
            echo "<script>alert('该姓名记录不存在！');location.href='stuInsDel.php';</script>";
    }
    ?>
```

实习 1.5.2　输入成绩

输入成绩功能界面如图 P1-29 所示。

图 P1-29　输入成绩功能界面

该界面由源文件 cjInsDel.php 实现，代码如下：

```
<html>
<head>
    <title> 输入成绩 </title>
</head>
<body bgcolor="D9DFAA">
<form method="post">
<table bgcolor="D9DFAA">
<tr>
    <td align="left"> 课程名 <input type="text" name="kc"></td>
</tr>
<tr>
    <td align="left"> 姓    名 <input type="text" name="xm"><input
name="btn" type="submit" value=" 查询 "></td>
</tr>
<tr>
    <td align="left"> 成    绩 <input type="text" name="cj"><input
name="btn" type="submit" value=
" 加入 "><input name="btn" type="submit" value=" 删除 "></td>
</tr>
<tr><td align="left">
<?php
include "fun.php";
if(@$_POST["btn"]==' 查询 ')                              // 单击 " 查询 " 按钮
{
    $kc=$_POST['kc'];                                      // 获取提交的课程名
    $xm=$_POST['xm'];                                      // 获取提交的姓名
    if(($kc!="")&&($xm!=""))                               // 查询某学生某门课程的成绩
    {
        $cj_sql="select * from CJB where KC='$kc' and XM='$xm'";
    }
    elseif ($kc!="")                                       // 查询某门课程所有学生的成绩
    {
        $cj_sql="select * from CJB where KC='$kc'";
    }
    elseif ($xm!="")                                       // 查询某个学生所有课程的成绩
    {
        $cj_sql="select * from CJB where XM='$xm'";
    }
    else
        echo "<script>alert(' 请输入查询条件! ');location.href='cjInsDel.php';</script>";
}
else
{
    $cj_sql="select * from CJB";                           // 默认查询出成绩表中的全部记录
}
$result=sqlsrv_query($conn,$cj_sql);                       // 执行查询
// 输出表格
echo "<table border=1>";
echo "<tr bgcolor=#CCCCC0>";
echo "<td align=center> 课程名 </td><td align=center> 姓名 </td><td> 成绩 </td></tr>";
while($row=sqlsrv_fetch_array($result))                    // 获取查询结果集
{
    list($XM,$KC,$CJ)=$row;                                // 取得结果值
    // 在表格中显示输出 " 课程名 - 姓名 - 成绩 " 信息
    echo "<tr><td>$KC </td><td>$XM </td><td align=center>$CJ</td></tr>";
```

```
    }
    echo "</table>";
    ?>
    </td></tr>
    </table>
    </form>
    </body>
    </html>
    <?php
    $kc=$_POST['kc'];                                          //获取提交的课程名
    $xm=$_POST['xm'];                                          //获取提交的姓名
    $cj=$_POST['cj'];                                          //获取提交的成绩
    $cj_sql="select * from CJB where KC='$kc' and XM='$xm'";
                                                       /*先从数据库中查询该生该门课的成绩*/
    $result=sqlsrv_query($conn,$cj_sql);
    if(@$_POST["btn"]=='加入')                                 //单击"加入"按钮
    {
        if ($row=sqlsrv_fetch_array($result)) //查询结果不为空，表示该成绩记录已经存在
            echo "<script>alert('该记录已经存在！');location.href='cjInsDel.php';</script>";
        else                                                   //只有不存在才可以添加
        {
            $insert_sql="insert into CJB(XM,KC,CJ) values('$xm','$kc','$cj')";
                                                               //添加新记录
            $insert_result=sqlsrv_query($conn,$insert_sql); //执行操作
            if(sqlsrv_rows_affected($insert_result)>0)        //返回值>0表示添加操作成功
                echo "<script>alert('添加成功！');location.href='cjInsDel.php';</script>";
            else
                echo "<script>alert('添加失败，请确保有此学生！');location.href='cjInsDel.
php';</script>";
        }
    }
    if(@$_POST["btn"]=='删除')                                 //单击"删除"按钮
    {
        if ($row=sqlsrv_fetch_array($result))      //查询结果不为空，该成绩记录存在可删除
        {
            $delete_sql="delete from CJB where XM='$xm' and KC='$kc'";//删除该记录
            $delete_result=sqlsrv_query($conn,$delete_sql); //执行操作
            if(sqlsrv_rows_affected($delete_result)>0)        //返回值>0表示删除操作成功
                echo "<script>alert('删除成功！');location.href='cjInsDel.php';</script>";
            else
                echo "<script>alert('删除失败，请检查操作权限！');location.href='cjInsDel.
php';</script>";
        }
        else                                                   //不存在该记录，无法删
            echo "<script>alert('该记录不存在！');location.href='cjInsDel.php';</script>";
    }
    ?>
```

至此，基于 Windows 7 平台 PHP 5/SQL Server 2012 的学生成绩管理系统开发完成。

实习 2

Java EE/SQL Server 2012 学生成绩管理系统

本实习基于 Java EE（Struts 2）实现学生成绩管理系统，Web 服务器使用 Tomcat 8.x，访问后台数据库 SQL Server 2012。

实习 2.1　Java EE 开发平台搭建

实习 2.1.1　安装软件

1. 安装 JDK 8

在实习 1 中已安装过 JDK，这里设置环境变量以便后面使用。下面是具体设置方法。

（1）打开“环境变量”对话框

右击桌面上的“计算机”图标，选择“属性”，在弹出的控制面板主页中单击“高级系统设置”链接项，弹出“系统属性”对话框，单击“环境变量”按钮，弹出“环境变量”对话框，操作如图 P2-1 所示。

（2）新建系统变量 JAVA_HOME

在“系统变量”列表下单击“新建”按钮，弹出“新建系统变量”对话框。在“变量名”文本框中输入“JAVA_HOME”，在“变量值”文本框中输入 JDK 安装路径“C:\Program Files\Java\jdk1.8.0_20”，如图 P2-2a）所示，单击“确定”按钮。

（3）设置系统变量 Path

在“系统变量”列表中找到名为 Path 的变量，单击“编辑”按钮，在“变量值”字符串中加入路径“%JAVA_HOME%\bin;”，如图 P2-2b）所示，单击“确定”按钮。

选择任务栏中的“开始”→“运行”命令，打开“运行”对话框，输入“cmd”回车，在命令行输入“java -version”，如果环境变量设置成功，就会出现 Java 的版本信息，如图 P2-3 所示。

2. 安装 Tomcat 8

本书采用 Tomcat 8.x 作为承载 Java EE 应用的服务器，可在其官网 http://tomcat.apache.org/ 下载，图 P2-4 为 Tomcat 的下载发布页。

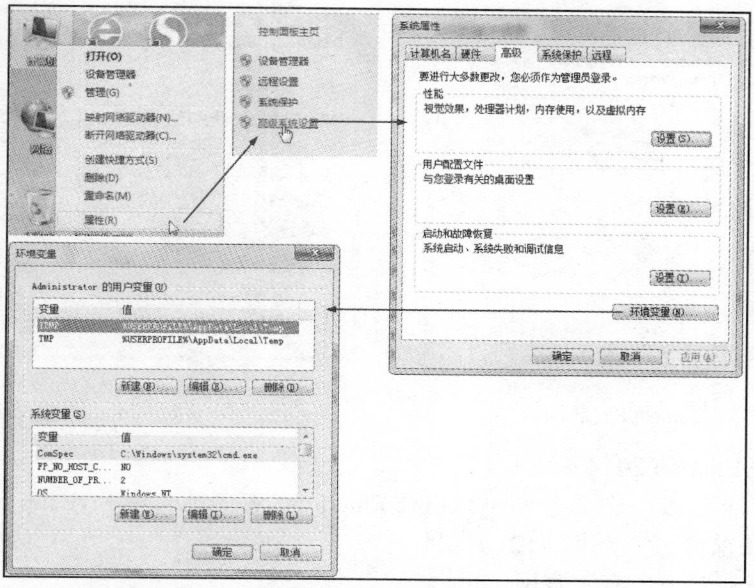

图 P2-1　打开“环境变量”对话框

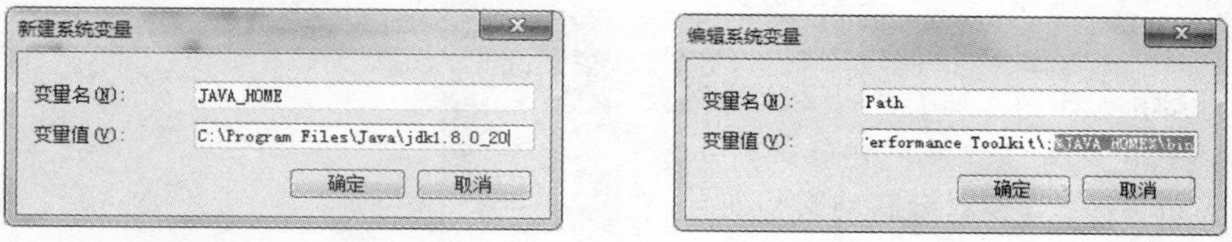

a）新建 JAVA_HOME 变量　　b）编辑 Path 变量

图 P2-2　设置环境变量

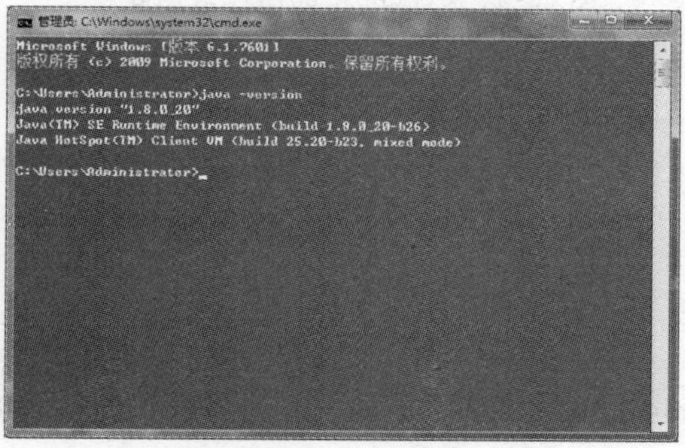

图 P2-3　JDK 8 安装成功

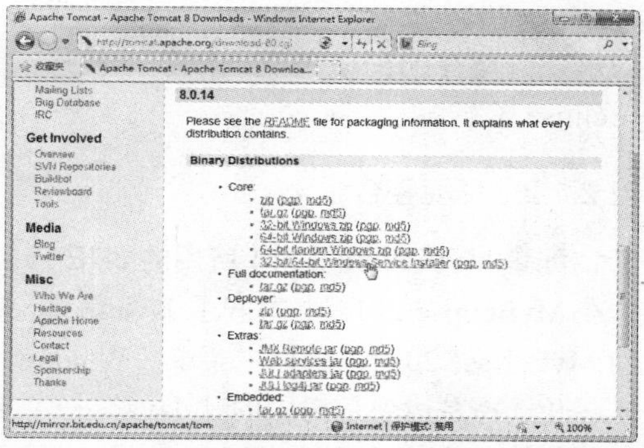

图 P2-4　Apache 官网上的 Tomcat 发布页

其中 Core 下的 Windows Service Installer（手形鼠标所指）是一个安装版软件，下载获得执行文件 apache-tomcat-8.0.14.exe，双击启动安装向导，如图 P2-5 所示，安装过程均保持默认选项，不再详细说明。

安装完毕 Tomcat 会自行启动，打开浏览器输入“ http://localhost:8080”回车测试，若呈现如图 P2-6 所示的页面，就表明安装成功。

图P2-5　Tomcat 8安装向导

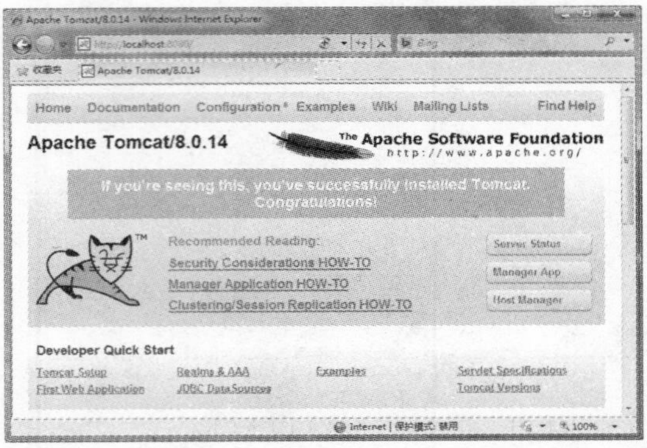

图P2-6　Tomcat 8安装成功

3. 安装 MyEclipse 2014

MyEclipse 企业级工作平台（MyEclipse Enterprise Workbench，MyEclipse）是一个功能强大的 Java EE 集成开发环境（IDE）。目前，MyEclipse 在国内也有了官网：http://www.myeclipseide.cn/index.html，提供中文 Windows 版 MyEclipse 的注册破解，极大地方便了广大 Java EE 初学者。本书使用 MyEclipse 2014，从官网下载安装包执行文件 myeclipse-pro-2014-GA-offline-installer-windows.exe，双击启动安装向导，如图 P2-7 所示。

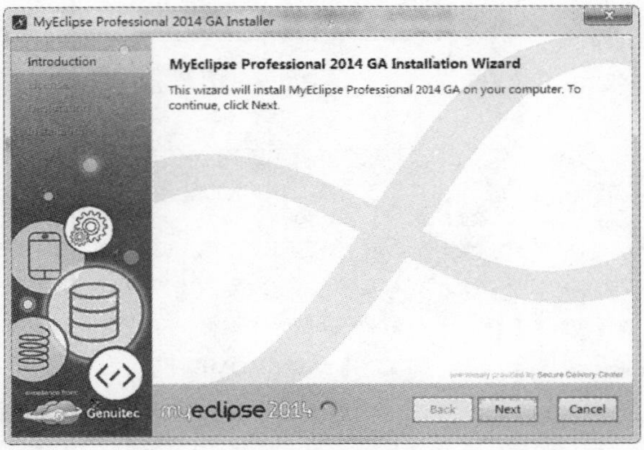

图 P2-7　MyEclipse 2014 安装向导

按照向导的指引往下操作，安装过程从略。安装完再从官网免费下载《Myeclipse2014 激活教程》，请读者自己学习破解，破解注册完就可以无限期地使用 MyEclipse 了。

实习 2.1.2　环境整合

1. 配置 MyEclipse 2014 所用的 JRE

在 MyEclipse 2014 中内嵌了 Java 编译器，但为了使用我们安装的 JDK，需要手动配置。启动 MyEclipse 2014，选择主菜单“Window”→“Preferences”，出现如图 P2-8 所示的窗口。

展开选择左边项目树中的“Java”→“Installed JREs”项，单击右边的 Add 按钮，添加自己安装的 JDK 并命名为 jdk8。

2. 集成 MyEclipse 2014 与 Tomcat 8

启动 MyEclipse 2014，选择主菜单“Window”→“Preferences”，展开单击左边项目树中的“MyEclipse”→“Servers”→“Tomcat”→“Tomcat 8.x”项，在右面激活 Tomcat 8.x，设置 Tomcat 的安装路径，如图 P2-9 所示。

进一步展开项目树，选择“Tomcat 8.x”→“JDK”项，将其设置为前面刚设置的名为 jdk8 的 Installed JRE（从下拉列表中选择），如图 P2-10 所示。

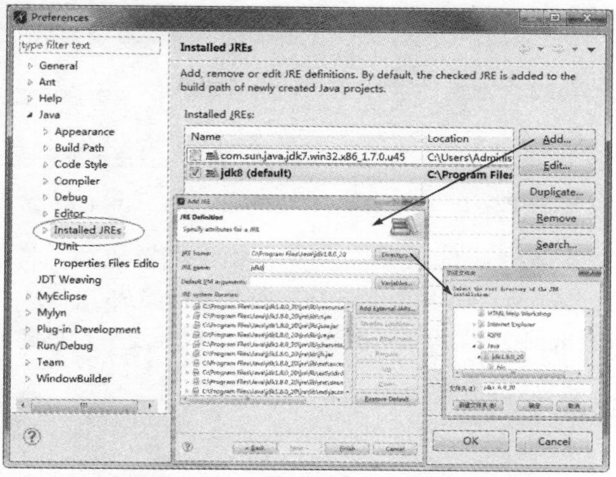

图 P2-8　配置 MyEclipse 2014 的 JRE

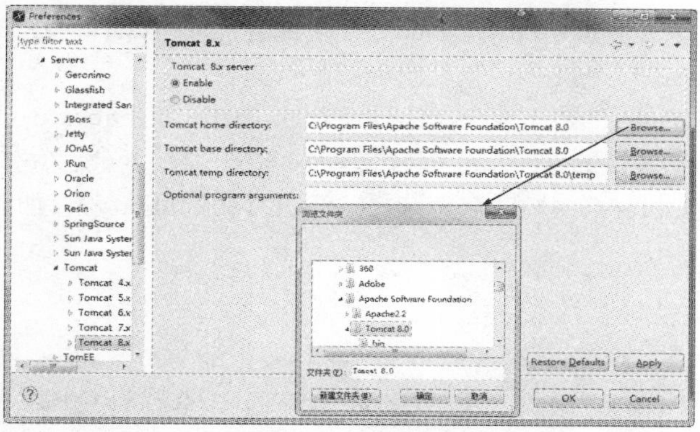

图 P2-9　配置 MyEclipse 2014 服务器

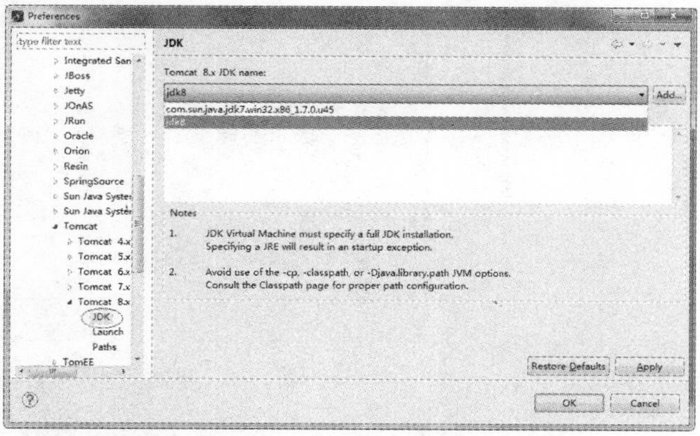

图 P2-10　配置 Tomcat 使用的 JDK

在 MyEclipse 2014 工具栏上单击“Run/Stop/Restart MyEclipse Servers”复合按钮  右边的下拉按钮，选择“Tomcat 8.x”→“Start”，主界面下方控制台区输出 Tomcat 的启动信息，如图 P2-11 所示，说明服务器已经开启了。

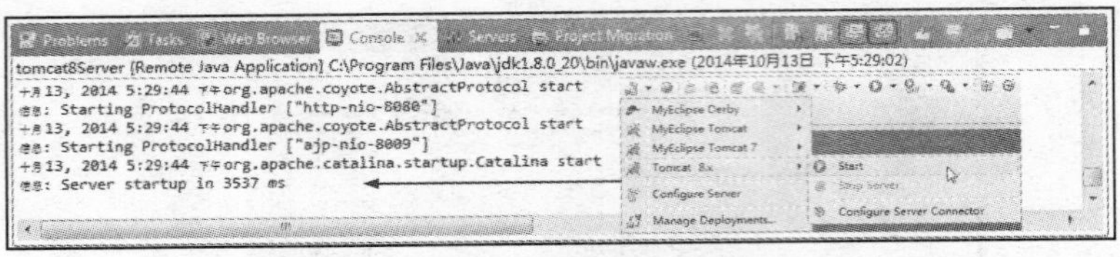

图 P2-11 由 MyEclipse 2014 来启动 Tomcat 8

打开浏览器，输入 http://localhost:8080 回车，如果配置成功，将出现与图 P2-6 相同的 Tomcat 8 首页，表示 MyEclipse 2014 已经与 Tomcat 8 紧密集成了。

至此，一个以 MyEclipse 2014 为核心的 Java EE 应用开发平台搭建成功。

实习 2.2 创建 Struts 2 项目

实习 2.2.1 创建 Java EE 项目

启动 MyEclipse 2014，选择主菜单“File”→“New”→“Web Project”，出现如图 P2-12 所示的对话框，设置“Project Name”（项目名）为“xscj”，在“Java EE version”下拉列表中选择“Java EE 7 - Web 3.1”，其余保持默认。

单击 Next 按钮继续，在“Web Module”页选中“Generate web.xml deployment descriptor”（自动生成项目的 web.xml 配置文件）；在“Configure Project Libraries”页选中“Java EE 7.0 Generic Library”，同时取消选择“JSTL 1.2.2 Library”，如图 P2-13 所示。

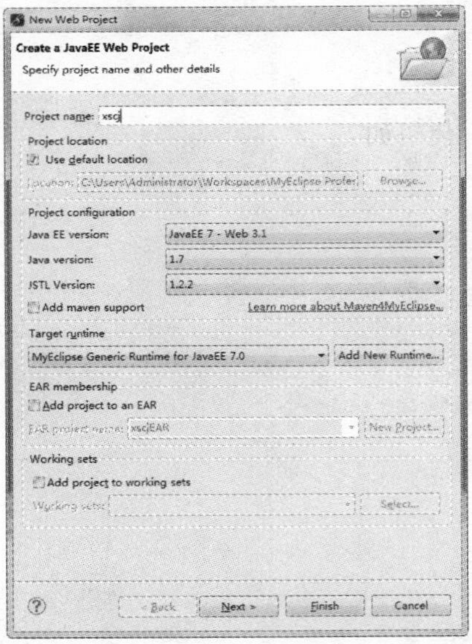

图 P2-12 创建 Java EE 项目

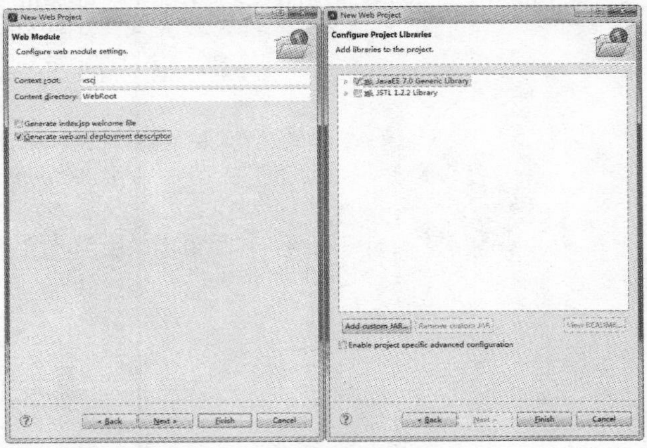

图 P2-13 项目设置

设置完成，单击 Finish 按钮，MyEclipse 自动生成一个 Java EE 项目。

实习 2.2.2 加载 Struts 2 包

登录 http://struts.apache.org/，下载 Struts 2 完整版，本书使用的是 Struts 2.3.16.3。将下载的文件 struts-2.3.16.3-all.zip 解压缩，得到文件夹包含的目录结构如图 P2-14 所示，这是一个

典型的 Web 结构。

apps：包含基于 Struts 2 的示例应用，对学习者来说是非常有用的资料。

docs ：包含 Struts 2 的相关文档，如 Struts 2 的快速入门、Struts 2 的 API 文档等内容。

lib：包含 Struts 2 框架的核心类库，以及 Struts 2 的第三方插件类库。

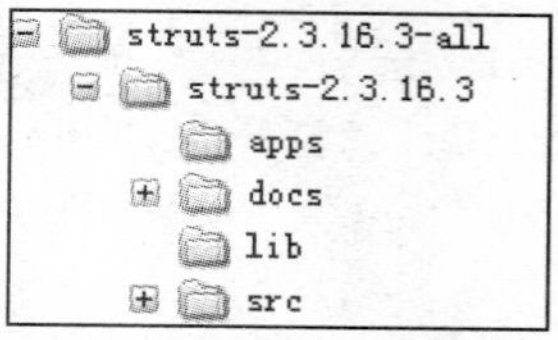

图 P2-14　Struts 2.3.16.3 目录

src：包含 Struts 2 框架的全部源代码。

大部分时候，使用 Struts 2 的 Java EE 应用并不需要用到 Struts 2 的全部特性，开发 Struts 2 程序只需用到 lib 下的 9 个 jar 包。

1）传统 Struts 2 的 5 个基本类库。

```
struts2-core-2.3.16.3.jar
xwork-core-2.3.16.3.jar
ognl-3.0.6.jar
commons-logging-1.1.3.jar
freemarker-2.3.19.jar
```

2）附加的 4 个库。

```
commons-io-2.2.jar
commons-lang3-3.1.jar
javassist-3.11.0.GA.jar
commons-fileupload-1.3.1.jar
```

将它们一起复制到项目的 \WebRoot\WEB-INF\lib 路径下，右击项目名，从弹出的快捷菜单中选择“Refresh”选项刷新即可。

然后在 WebRoot/WEB-INF 目录下配置 web.xml 文件，代码如下：

```
<?xml version="1.0" encoding="UTF-8"?>
<web-app xmlns:xsi="http://www.w3.org/2001/XMLSchema-instance" xmlns="http://
java.sun.com/xml/ns/javaee" xmlns:web="http://java.sun.com/xml/ns/javaee/web-app_2_5.
xsd" xsi:schemaLocation="http://java.sun.com/xml/ns/javaee http://java.sun.com/
xml/ns/javaee/web-app_3_0.xsd" id="WebApp_ID" version="3.0">
<filter>
    <filter-name>struts2</filter-name>
    <filter-class>org.apache.struts2.dispatcher.ng.filter.StrutsPrepareAndExecute
Filter</filter-class>
    <init-param>
        <param-name>actionPackages</param-name>
        <param-value>com.mycompany.myapp.actions</param-value>
    </init-param>
</filter>
<filter-mapping>
    <filter-name>struts2</filter-name>
    <url-pattern>/*</url-pattern>
</filter-mapping>
  <display-name>xscj</display-name>
  <welcome-file-list>
    <welcome-file>login.jsp</welcome-file>
  </welcome-file-list>
</web-app>
```

实习 2.2.3　连接 SQL Server 2012

1）选择主菜单 "Window" → "Open Perspective" → "MyEclipse Database Explorer"，打开 MyEclipse 2014 的 DB Browser（"数据库浏览器" 模式），右击鼠标，选择菜单项 "New"，出现如图 P2-15 所示的窗口，在其中编辑数据库连接驱动。

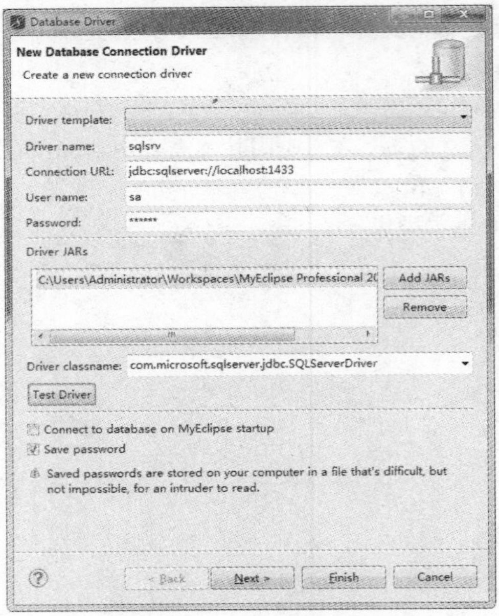

图 P2-15　配置 SQL Server 驱动

2）在 DB Browser 中右击打开连接 sqlsrv，若能看到 PXSCJ 数据库中的表，就说明 MyEclipse 2014 已成功地与 SQL Server 2012 相连了。

3）编写用于连接 SQL Server 的 Java 类，在项目 src 下建立 org.easybooks.xscj.jdbc 包，在该包下创建 SqlsrvConn.java，代码如下：

```
package org.easybooks.xscj.jdbc;
import java.sql.*;
public class SqlsrvConn {
    private Statement stmt;                                //SQL 语句对象
    private Connection conn;                               // 数据连接
    ResultSet rs;                                          // 结果集
    public SqlsrvConn(){
        stmt=null;                                         // 语句对象初始为空
        this.conn=this.getConnection();                    // 获取数据库连接
        rs=null;                                           // 结果集初始为空
    }
    public Connection getConnection(){
        try{
            /* 加载并注册 SQL Server 2012 的 JDBC 驱动 */
            Class.forName("com.microsoft.sqlserver.jdbc.SQLServerDriver");
                    /* 创建到 SQLServer 2012 的连接 */
                    conn=DriverManager.getConnection("jdbc:sqlserver://localhost:
1433
;databaseName=PXSCJ", "sa", "123456");
        }catch(Exception e){
```

```
            e.printStackTrace();
        }
        return conn;
    }
    public Connection getConn(){return conn;}     //返回连接对象
    public ResultSet executeQuery(String sql)     //执行查询类的 SQL 语句，有返回集
    {
        try{
                    stmt=conn.createStatement(ResultSet.TYPE_SCROLL_SENSITIVE
                                            , ResultSet.CONCUR_UPDATABLE);
            rs=stmt.executeQuery(sql);              //执行查询返回结果集
        }catch(SQLException e){
            System.err.println("Data.executeQuery:"+e.getMessage());
        }
        return rs;
    }
    public void closeStmt()
    {
        try{
            stmt.close();                           //关闭语句对象
        }catch(SQLException e){
            System.err.println("Data.executeQuery:"+e.getMessage());
        }
    }
    public void closeConn()
    {
        try{
            conn.close();                           //关闭连接
        }catch(SQLException e){
            System.err.println("Data.executeQuery:"+e.getMessage());
        }
    }
}
```

4）为了能用 Java 面向对象方式访问数据库，要预先创建“学生”和“成绩记录”的值对象，它位于 src 下的 org.easybooks.xscj.vo 包中。

Student.java 构建“学生”的值对象，代码如下：

```
public class Student implements java.io.Serializable {
    private String xm;                      //姓名
    private String kl;                      //口令
    private int kcs;                        //课程数
    private byte[] zp;                      //照片
    //构造方法
    public Student(){}
    public Student (String xm,String kl,int kcs,byte[] zp){
        this.xm=xm;
        this.kl=kl;
        this.kcs=kcs;
        this.zp=zp;
    }
    //各属性的 get/set 方法
    public String getXm(){
        return this.xm;
```

```
    }
    public void setXm(String xm){
        this.xm=xm;
    }
    public String getKl(){
        return this.kl;
    }
    public void setKl(String kl){
        this.kl=kl;
    }
    public int getKcs(){
        return this.kcs;
    }
    public void setKcs(int kcs){
        this.kcs=kcs;
    }
    public byte[] getZp(){
        return this.zp;
    }
    public void setZp(byte[] zp){
        this.zp=zp;
    }
}
```

Score.java 构建“成绩记录”值对象（代码格式与“学生”值对象相似，参考上述内容），代码如下：

```
public class Score implements java.io.Serializable{
    private String xm;                          //姓名
    private String kc;                          //课程名
    private int cj;                             //成绩
    //构造方法（参考前面相似代码，这里不再列出）
        …
    //各属性的get/set方法（参考前面相似代码，这里不再列出）
        …
}
```

实习 2.3 界面设计及系统登录

实习 2.3.1 主界面

本系统主界面采用框架网页实现，下面先给出各前端网页的 HTML 源码。

1. 启动页

启动页面为 index.html，代码如下：

```
<html>
<head>
    <title>学生成绩管理系统</title>
</head>
<body topMargin="0" leftMargin="0" bottomMargin="0" rightMargin="0">
    <table width="675" border="0" align="center" cellpadding="0" cellspacing="0"
style="width: 778px; ">
    <tr>
```

```
        <td><img src="images/学生成绩管理系统.gif" width="790" height="97"></td>
    </tr>
    <tr>
        <td><iframe src="main_frame.html" width="790" height="313"></iframe></td>
    </tr>
    <tr>
        <td><img src="images/底端图片.gif" width="790" height="32"></td>
    </tr>
    </table>
</body>
</html>
```

页面分上中下 3 部分，其中上下两部分都只是一张图片，中间部分为一个框架页（加黑代码为源文件名），在框架页中加载具体的导航页和功能页。

2. 框架页

框架页为 main_frame.html，代码如下：

```
<html>
<head>
    <meta http-equiv="Content-type" content="text/html; charset=GB2312"/>
    <title>学生成绩管理系统</title>
</head>
<frameset cols="217,*">
      <frame frameborder=0 src="http://localhost:8080/xscj" name="frmleft"
scrolling="no" noresize>
    <frame frameborder=0 src="body.html" name="frmmain" scrolling="no" noresize>
</frameset>
</html>
```

其中，加黑处“http://localhost:8080/xscj”为系统登录页的启动 URL，页面装载后位于左部框架中。

右部框架用于显示系统各个功能页，默认为 body.html，源码如下：

```
<html>
<head>
    <title>content 网页</title>
</head>
<body topMargin="0" leftMargin="0" bottomMargin="0" rightMargin="0">
    <img src="images/主页.gif" width="678" height="500">
</body>
</html>
```

这只是一个填充了背景图片的空白页，在运行中，系统会根据用户的操作，向右部框架动态加载不同的 JSP 功能页来替换该页。

在项目 \WebRoot 目录下创建 images 文件夹，其中放入用到的 3 幅图片资源：“学生成绩管理系统.gif”、“底端图片.gif”和“主页.gif”。

实习 2.3.2　登录功能

1. 登录控制流程

以教师和学生不同身份登录，分别进入各自的功能导航页，单击按钮加载对应的 JSP 页，触发其上的 Action，在 Struts 2 统一控制下，调用不同的功能模块来完成程序功能。整个控制流程如图 P2-16 所示。

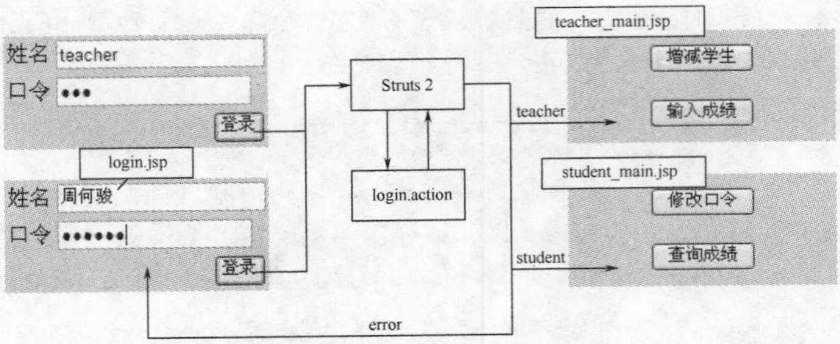

图 P2-16 登录控制流程

login.jsp 显示登录页面，代码如下：

```
<%@ page language="java" pageEncoding="utf-8"%>
<%@ taglib prefix="s" uri="/struts-tags" %>
<html>
<head>
    <title>用户登录</title>
</head>
<body bgcolor="D9DFAA">
<form action="login.action" method="post">
    <table bgcolor="D9DFAA">
    <tr>
        <td>姓名</td>
        <td><input type="text" name="xm"></td>
    </tr>
    <tr>
        <td>口令</td>
        <td><input type="password" name="kl"></td>
    </tr>
    <tr>
        <td></td>
        <td align="right"><input type="submit" name="btn_lgn" value="登录"></td>
    </tr>
    </table>
    <s:property value="err"/>
</form>
</body>
</html>
```

teacher_main.jsp 实现教师功能选择界面，代码如下：

```
<%@ page language="java" pageEncoding="gb2312"%>
<html>
<head>
    <title>教师功能选择</title>
</head>
<body bgcolor="D9DFAA">
<table bgcolor="D9DFAA" width="200" height="85">
<tr>
    <td align="center"><input type="button" value="增减学生" onclick="parent.
frmmain.location= 'stuInsDel.jsp'"> </td>
</tr>
<tr>
    <td align="center"><input type="button" value="输入成绩" onclick="parent.
```

```
frmmain.location= 'cjInsDel.jsp'"> </td>
    </tr>
    </table>
    </body>
    </html>
```

加黑部分为按钮的触发代码，向主框架加载对应功能页。

学生功能选择页 student_main.jsp 的代码结构与教师功能选择页的完全一样，仅页标题和按钮、加载页的名称不同，代码如下（相同部分省略）：

```
    …
        <title>学生功能选择</title>
    …
    <td align="center"><input type="button" value="修改口令" onclick="parent.frmmain.
location='updateKl.jsp'"> </td>
    …
    <td align="center"><input type="button" value="查询成绩" onclick="parent.frmmain.
location='stuQuery.jsp'"> </td>
    …
```

打开 IE，在地址栏中输入 http://localhost:8080/xscj/index.html，显示如图 P2-17 所示的页面。

图 P2-17　登录主页面

2. 实现控制器

登录功能用类名 Login 的控制器实现，在 src 下创建 org.easybooks.xscj.action 包，在包下创建 Login.java，代码如下：

```
    //导入所需的类库和包
    package org.easybooks.xscj.action;
    import java.sql.*;
    import java.util.Map;
    import org.easybooks.xscj.jdbc.SqlsrvConn;
    import com.opensymphony.xwork2.ActionContext;
    import com.opensymphony.xwork2.ActionSupport;
    public class Login extends ActionSupport {
        //以下这几个变量均是用于设置、保存、获取网页上控件的输入值
        private String xm;
        private String kl;
        private String err;
        public String execute() throws Exception{
            String usr=getXm();                         //获取提交的姓名
            String pwd=getKl();                         //获取提交的口令
```

```
        if(usr.equals("teacher"))                  //用户名“teacher”表示以教师身份登录
        {
            if(pwd.equals("123"))                  //教师口令默认“123”
            {
                return "teacher";                  //教师验证通过返回字符串“teacher”
            }
            else
            {
                setErr("口令错！");
                return "error";
            }
        }
        else                                                      //以学生身份登录
        {
            boolean validated=false;                              //验证通过标识
            SqlsrvConn SqlConn=new SqlsrvConn();                  //创建连接对象
            String sql="select * from XSB";                       //查询 XSB 表中的记录
            SqlConn.getConn();    //调用 SqlsrvConn 中加载 JDBC 驱动的方法
            ResultSet result=SqlConn.executeQuery(sql);
            while(result.next())                                  //遍历结果中的记录
            {
                String username=result.getString("XM");           //获取姓名字段
                String password=result.getString("KL");           //获取口令字段
                //验证姓名和口令
                if((username.trim().compareTo(usr)==0)&&(password.compareTo(pwd)==0))
                {
                    ActionContext actionContext = ActionContext.getContext();
                    Map session = actionContext.getSession();
                    session.put("xm",username);//将姓名存储在会话中
                    validated=true;                //标识为 true 表示验证通过
                }
            }
            //关闭结果集和数据连接
            resu lt.close();                       //关闭结果集
            SqlConn.closeStmt();                   //关闭语句对象
            SqlConn.closeConn();                   //关闭连接
            if(validated)
            {
                return "student";                  //学生验证通过返回字符串“student”
            }
            else{
                setErr("没有该用户或口令错！");
                return "error";
            }
        }
    }
    //Action 属性的 get/set 方法
    public String getXm(){
        return xm;
    }
    public void setXm(String xm){
        this.xm=xm;
    }
    public String getKl(){
        return kl;
```

```
    }
    public void setKl(String kl){
        this.kl=kl;
    }
    public String getErr(){
        return err;
    }
    public void setErr(String err){
        this.err=err;
    }
}
```

3. 配置 struts.xml

在 src 下创建 struts.xml 文件，它是 Struts 2 的核心配置文件，负责管理各 Action 控制器到 JSP 页间的跳转，配置如下：

```
<?xml version="1.0" encoding="utf-8"?>
<!DOCTYPE struts PUBLIC
    "-//Apache Software Foundation//DTD Struts Configuration 2.0//EN"
    "http://struts.apache.org/dtds/struts-2.0.dtd">
<struts>
    <package name="default" extends="struts-default">
        <!-- 用户登录 -->
        <action name="login" class="org.easybooks.xscj.action.Login">
            <result name="teacher">/teacher_main.jsp</result>
            <result name="student">/student_main.jsp</result>
            <result name="error">/login.jsp</result>
        </action>
    </package>
    <constant name="struts.multipart.saveDir" value="/tmp"></constant>
</struts>
```

说明：配置代码中定义 name 为 login 的 Action。当客户端发出 login.actionURL 请求时，Struts 2 根据 class 属性调用相应的 Action 类（这里是 org.easybooks.xscj.action.Login 类）。该类中有一个 execute() 方法，Struts 2 会默认调用此方法处理用户请求，如果 execute() 方法返回"teacher"字符串，则请求被转发到 /teacher_main.jsp 页；如果返回"student"字符串，则请求被转发到 /student_main.jsp；如果返回"error"字符串，就转回最初的 login.jsp 登录页，并通过 Action 的 err 属性及其 get/set 方法在页面上显示出错信息。

实习 2.4 学生功能

实习 2.4.1 修改口令

1. 创建 JSP 页面

修改口令功能界面如图 P2-18 所示。

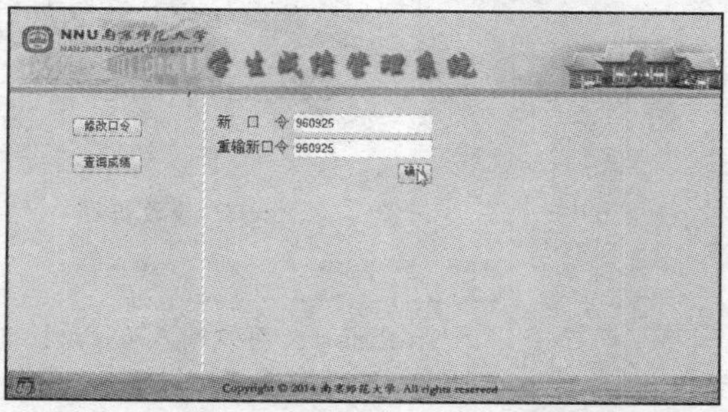

图 P2-18 修改口令功能界面

该界面用 updateKl.jsp 实现，代码如下：

```
...
<body bgcolor="D9DFAA">
<form action="updatekl.action" method="post">
    <table bgcolor="D9DFAA">
```

```
    <tr>
        <td> 新      口      令 </td>
        <td><input type="text" name="newkl"></td>
    </tr>
    <tr>
        <td> 重输新口令 </td>
        <td><input type="text" name="renewkl"></td>
    </tr>
    <tr>
        <td></td>
        <td align="right"><input type="submit" name="btn_confirm" value=" 确认 "></td>
    </tr>
    </table>
    <s:property value="msg"/>
</form>
</body>
…
```

2. 实现控制器

修改口令功能的控制器由 UpdateKl.java 实现，代码如下：

```
// 导入所需的类库和包（参考前面相似代码，这里不再列出）
…
public class UpdateKl extends ActionSupport{
    private String xm;                                          // 姓名
    private String newkl;                                       // 新口令
    private String renewkl;                                     // 重输新口令
    private String msg;                                         // 页面提示消息
    private Student student;                                    // 学生值对象
    public String execute() throws Exception{
        String kl1=getNewkl();                                  // 获取提交的新口令
        String kl2=getRenewkl();                                // 获取重输确认的口令
        Map map=ActionContext.getContext().getSession();
        setXm((String)map.get("xm"));                           // 获取保存在会话中的姓名
        if(kl1.equals(kl2)){                                    // 两次输入口令相同
            StudentJdbc studentJ=new StudentJdbc();
            student=new Student();
            student.setXm(xm);                                  // 给学生值对象赋值
            student.setKl(kl1);
            if(studentJ.updateKl(student)!=null) // 通过业务逻辑类执行修改口令操作
            {
                setMsg(" 修改成功！ ");
            }
            else
                setMsg(" 修改失败！ ");
        }
        else
            setMsg(" 两次输入不一致！ ");
        return "result";
    }
    //Action 属性的 get/set 方法
}
```

3. 实现业务逻辑

业务逻辑中的方法直接与 JDBC 接口打交道，以实现对 SQL Server 的操作，它位于 org.

easybooks.xscj.jdbc 包下，源文件 StudentJdbc.java 的代码如下：

```
//导入业务逻辑所需的类库
package org.easybooks.xscj.jdbc;
import java.sql.*;
import java.util.ArrayList;
import java.util.List;
import org.easybooks.xscj.vo.*;
public class StudentJdbc {
    //初始化和获取数据库连接
    private Connection conn=null;
    private PreparedStatement psmt=null;
    private ResultSet rs=null;
    public StudentJdbc(){}
    public Connection getConn(){
        try{
            if(this.conn==null||this.conn.isClosed()){
                SqlsrvConn mc=new SqlsrvConn();
                this.conn=mc.getConn();
            }
        }catch(SQLException e){
            e.printStackTrace();
        }
        return conn;
    }
    /*修改口令*/
    public Student updateKl(Student student){
        String sql="update XSB set KL=? where XM='"+student.getXm()+"'";
        try{
            psmt=this.getConn().prepareStatement(sql);
            psmt.setString(1, student.getKl());
            psmt.execute();
        //Java 异常处理
        }catch(Exception e){
            e.printStackTrace();
        }finally{
            try{
                psmt.close();
            }catch(SQLException e){
                e.printStackTrace();
            }
            try{
                conn.close();
            }catch(SQLException e){
                e.printStackTrace();
            }
        }
        return student;
    }
}
```

4. 配置 struts.xml

在 struts.xml 中加入如下代码：

```
<action name="updatekl" class="org.easybooks.xscj.action.UpdateKl">
    <result name="result">/updateKl.jsp</result>
</action>
```

实习 2.4.2　查询成绩

1. 创建 JSP 页面

查询成绩功能界面如图 P2-19 所示。

图 P2-19　查询成绩功能界面

在 stuQuery.jsp 页上布置一个 Action，代码如下：

```
…
<body bgcolor="D9DFAA">
    <s:action name="showStuScore" executeResult="true"/>
</body>
…
```

在 struts.xml 中配置：

```
<action name="showStuScore" class="org.easybooks.xscj.action.ShowStuScore">
    <result name="result">/showScore.jsp</result>
</action>
<action name="getImage" class="org.easybooks.xscj.action.ShowStuScore"
method="getImage"></action>
```

控制器 showStuScore 执行后会自动加载 showScore.jsp 页，代码如下：

```
…
    <title>查询成绩</title>
…
<body>
<table bgcolor="D9DFAA">
<tr>
     <td align="left">姓 名<input type="text" name="xm" value="<s:property
value="#session.xm"/>" disabled> </td>
</tr>
<tr>
    <td align="left">
        <table border=1>
        <tr bgcolor=#CCCCC0>
            <td>课程名</td>
            <td align=center>成绩</td>
        </tr>
        <s:iterator value="#request.scoreList" id="sco">
        <tr>
            <td><s:property value="#sco.kc"/> </td>
            <td align="center"><s:property value="#sco.cj"/></td>
        </tr>
```

```
            </s:iterator>
            </table>
        </td>
        <td>
            <img src="getImage.action?xm=<s:property value="#session.xm"/>" width="120"
height="150">
        </td>
    </tr>
    </table>
    </body>
    …
```

其中，控制器 getImage.action（加黑部分）用于显示该学生的照片，其实现代码在 showStuScore 控制块的 getImage 方法中。

在 struts.xml 中配置：

```
    <action name="getImage" class="org.easybooks.xscj.action.ShowStuScore"
method="getImage"></action>
```

2. 实现控制器

源文件 ShowStuScore.java 的代码如下：

```
// 导入所需的类库和包（参考前面相似代码，这里不再列出）
…
public class ShowStuScore extends ActionSupport{
    private String xm;
    private Score score;
    private Student student;
    private List<Score> scoreList;                          // 定义 List 引用
    public String execute() throws Exception{
        Map map=ActionContext.getContext().getSession();
        setXm((String)map.get("xm"));
        ScoreJdbc scoreJ=new ScoreJdbc();
        score=new Score();
        score.setXm(xm);
        try{
            scoreList=scoreJ.showScore(score);          // 查询该学生所有课程的成绩
        }catch(SQLException e){
            e.printStackTrace();
        }
        Map request=(Map)ActionContext.getContext().get("request");
        request.put("scoreList",scoreList);             // 将查询的成绩记录放到 Map 容器中
        return "result";
    }
    // 获取照片
    public String getImage() throws Exception{
        HttpServletResponse response=ServletActionContext.getResponse();
        Map map=ActionContext.getContext().getSession();
        setXm((String)map.get("xm"));                   // 从会话中获取该生姓名
        StudentJdbc studentJ=new StudentJdbc();
        student=new Student();
        student.setXm(xm);
        byte[] img=studentJ.getStudentZp(student);  // 以字节数组形式获取该生的照片数据
        response.setContentType("image/jpeg");       // 指定 HTTP 响应的编码
        ServletOutputStream os=response.getOutputStream();      // 返回一个输出流
        if(img!=null && img.length!=0){
```

```
            for(int i=0;i<img.length;i++){
                os.write(img[i]);                                    //向流中写入数据
            }
            os.flush();
        }
        return NONE;
    }
    //Action属性的get/set方法
}
```

3. 实现业务逻辑

本例操作学生成绩记录的业务逻辑都写在ScoreJdbc.java中，代码如下：

```
//导入业务逻辑所需的类库（参考前面相似代码，这里不再列出）
…
public class ScoreJdbc {
    //初始化和获取数据库连接（参考前面相似代码，这里不再列出）
    …
    /*查询成绩*/
    public List showScore(Score score) throws SQLException{
        CallableStatement stmt=null;
        try{
            conn=this.getConn();
            stmt=conn.prepareCall("{call CJ_PROC(?)}"); //调用 CJ_PROC 存储过程
            stmt.setString(1, score.getXm());           //输入存储过程参数
            stmt.executeUpdate();
        } //Java异常处理（参考前面相似代码，这里不再列出）
        …
        String sql="select * from XMCJ_VIEW";           //视图已生成
              //创建一个 ArrayList 容器，将从视图中查询的学生成绩记录存放在容器中
        List scoreList=new ArrayList();
        try{
            psmt=this.getConn().prepareStatement(sql);
            rs=psmt.executeQuery();                //执行语句，返回所查询的学生成绩
            while(rs.next()){              //读取ResultSet 中的数据，放入ArrayList中
                Score kcscore=new Score();
                kcscore.setKc(rs.getString("KC"));
                kcscore.setCj(rs.getInt("CJ"));
                scoreList.add(kcscore);           //将 kcscore 对象放入 ArrayList 中
            }
            return scoreList;
        }//Java异常处理（参考前面相似代码，这里不再列出）
        …
        return scoreList;
    }
}
```

本例操作学生信息的业务逻辑都写在StudentJdbc.java中，其中获取学生照片功能的代码如下：

```
/*获取某个学生的照片*/
public byte[] getStudentZp(Student student){
    String sql="select ZP from XSB where XM='"+student.getXm()+"'";
    try{
        psmt=this.getConn().prepareStatement(sql);
        rs=psmt.executeQuery();                        //执行语句，返回所获得的学生照片
```

```
        if(rs.next()){
            student.setZp(rs.getBytes("ZP"));
        }
        return student.getZp();
    }//Java 异常处理（参考前面相似代码，这里不再列出）
    …
    return student.getZp();
}
```

实习 2.5 教师功能

实习 2.5.1 增减学生

1. 创建 JSP 页面

增减学生功能界面如图 P2-20 所示。

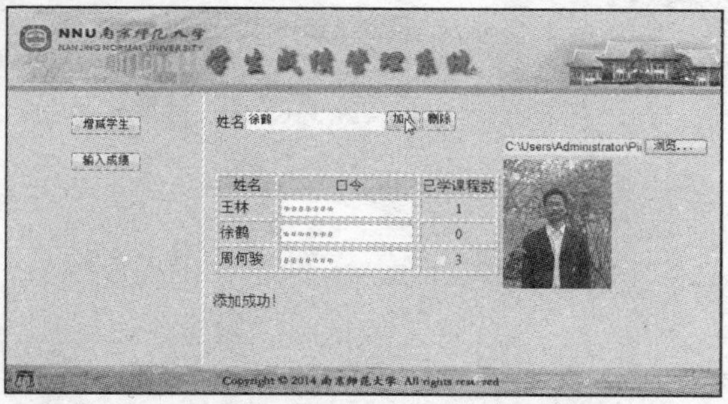

图 P2-20 增减学生功能界面

在 stuInsDel.jsp 页上布置一个 Action，代码如下：

```
…
<body bgcolor="D9DFAA">
    <s:action name="showStu" executeResult="true"/>
</body>
…
```

在 struts.xml 中配置：

```
<action name="showStu" class="org.easybooks.xscj.action.ShowStu">
    <result name="result">/showStu.jsp</result>
</action>
```

该 Action 执行后会自动加载 showStu.jsp 页，代码如下：

```
…
    <title>增减学生</title>
…
<body>
<form name="frm" method="post" enctype="multipart/form-data">
<table bgcolor="D9DFAA">
<tr>
    <td align="left">姓  名<input type="text" name="xm"><input name="btn1" type="button" value="加入" onclick="add()"><input name="btn2" type="button" value="删除" onclick="del()"></td>
```

```
        <td><s:file name="photo" accept="image/*" onchange="document.all['image'].
src=this.value;"></s:file></td>
    </tr>
    <tr>
        <td align="left">
            <table border=1>
            <tr bgcolor=#CCCCC0>
                <td align="center">姓名</td>
                <td align="center">口令</td>
                <td>已学课程数</td>
            </tr>
            <s:iterator value="#request.studentList" id="stu">
            <tr>
                <td><s:property value="#stu.xm"/> </td>
                <td><input type="password" value="#stu.kl" disabled/> </td>
                <td align="center"><s:property value="#stu.kcs"/></td>
            </tr>
            </s:iterator>
            </table>
        </td>
        <s:set name="student" value="#request.student"></s:set>
        <td>
              <img id="image" src="getStuZp.action?xm=<s:property value="#student.
xm"/>" width="120" height= "150"/>
        </td>
    </tr>
    </table>
    <s:property value="msg"/>
    </form>
    </body>
    …
    <script type="text/javascript">
    function add(){
    document.frm.action="addStu.action";
    document.frm.submit();
    }
    function del(){
    document.frm.action="delStu.action";
    document.frm.submit();
    }
    </script>
```

这里，在网页源码的最后定义一段 JavaScript 脚本（加黑部分），通过调用不同的函数来在一个页面的多个按钮各自触发不同的 Action 功能。

页面的控制器 getStuZp.action（加黑部分）用于实时显示当前新加入的学生的照片，实现代码在 AddStu 控制块的 getStuZp 方法中。

需要在 struts.xml 中添加配置：

```
    <action name="getStuZp" class="org.easybooks.xscj.action.AddStu"
method="getStuZp"></action>
```

2. 实现控制器

源文件 ShowStu.java 的代码如下：

```
    //导入所需的类库和包（参考前面相似代码，这里不再列出）
```

```
…
public class ShowStu extends ActionSupport{
    private Student student;
    private List<Student> studentList;          //定义 List 引用
    public String execute() throws Exception{
        StudentJdbc studentJ=new StudentJdbc();
        student=new Student();
        try{
            studentList=studentJ.showStudent(); //查询所有的学生信息
        }catch(SQLException e){
            e.printStackTrace();
        }
        Map request=(Map)ActionContext.getContext().get("request");
        request.put("studentList",studentList); //将查询的学生信息放到 Map 容器中
        return "result";
    }
    //Action 属性的 get/set 方法（参考前面相似代码，这里不再列出）
    …
}
```

源文件 AddStu.java 的代码如下：

```
//导入所需的类库和包（参考前面相似代码，这里不再列出）
…
public class AddStu extends ActionSupport{
    private String xm;
    private String msg;
    private Student student;
    private File photo;
    public String execute() throws Exception{
        String usr=getXm();                               //获取提交的姓名
        setXm(usr);
        //先检查 XSB 中是否已经有该学生的记录
        SqlsrvConn SqlConn=new SqlsrvConn();      //创建连接对象
        String sql="select * from XSB where XM='"+usr+"'";
        SqlConn.getConn();                //调用 SqlsrvConn 中加载 JDBC 驱动的方法
        ResultSet result=SqlConn.executeQuery(sql);
        while(result.next())
        {
            String username=result.getString("XM");
            if(username.trim().compareTo(usr)==0)
            {
                setMsg("该姓名记录已经存在！");
                return "result";
            }
        }
        result.close();
        SqlConn.closeStmt();
        SqlConn.closeConn();
        StudentJdbc studentJ=new StudentJdbc();
        student=new Student();
        student.setXm(xm);                                //收集表单数据
        student.setKl("888888");
        if(this.getPhoto()!=null){
            FileInputStream fis=new FileInputStream(this.getPhoto());/*创建文件输入
流，用于读取图片内容*/
```

```
                byte[] buffer=new byte[fis.available()];/* 创建字节类型的数组，用于存放图片
的二进制数据 */
                fis.read(buffer);                        // 将图片内容读入字节数组中
                student.setZp(buffer);
            }
            if(studentJ.addStudent(student)!=null)   // 传给业务逻辑类以执行添加操作
            {
                setMsg(" 添加成功！ ");
                Map request=(Map)ActionContext.getContext().get("request");
                // 将新加入的学生信息放到请求中，以便在页面上回显该学生的照片
                request.put("student",student);
            }
            else
                setMsg(" 添加失败，请检查输入信息！ ");
            return "result";
        }
        // 获取照片
        public String getStuZp() throws Exception{
            HttpServletResponse response=ServletActionContext.getResponse();
            String usr=getXm();                                    // 获取提交的姓名
            setXm(usr);
            StudentJdbc studentJ=new StudentJdbc();
            student=new Student();
            student.setXm(xm);
            byte[] img=studentJ.getStudentZp(student);         // 获取该学生的照片
            response.setContentType("image/jpeg");
            ServletOutputStream os=response.getOutputStream();
            if(img!=null && img.length!=0){
                for(int i=0;i<img.length;i++){
                    os.write(img[i]);
                }
                os.flush();
            }
            return NONE;
        }
        //Action 属性的 get/set 方法（参考前面相似代码，这里不再列出）
        …
    }
```

源文件 DelStu.java 的代码如下：

```
// 导入所需的类库和包（参考前面相似代码，这里不再列出）
…
public class DelStu extends ActionSupport{
    private String xm;
    private String msg;
    private Student student;
    public String execute() throws Exception{
        String usr=getXm();                            // 获取提交的姓名
        setXm(usr);
        // 先检查 XSB 中是否存在该学生的记录
        boolean exist=false;                           // 验证存在标识
        SqlsrvConn SqlConn=new SqlsrvConn();       // 创建连接对象
        String sql="select * from XSB where XM='"+usr+"'";
        SqlConn.getConn();                     // 调用 SqlsrvConn 中加载 JDBC 驱动的方法
        ResultSet result=SqlConn.executeQuery(sql);
        while(result.next())
```

```
            {
                String username=result.getString("XM");
                if(username.trim().compareTo(usr)==0)
                {
                    exist=true;                          //标识为 true 表示存在该学生的记录
                }
            }
            //关闭结果集和数据连接(参考前面相似代码，这里不再列出)
            …
            if(exist)                                    //存在即可执行删除操作
            {
                StudentJdbc studentJ=new StudentJdbc();
                student=new Student();
                student.setXm(usr);
                if(studentJ.delStudent(student)!=null)
                {
                    setMsg("删除成功!");
                }
                else
                    setMsg("删除失败，请检查操作权限!");
            }
            else{
                setMsg("该姓名记录不存在!");
            }
            return "result";
        }
        //Action 属性的 get/set 方法(参考前面相似代码，这里不再列出)
        …
}
```

3. 实现业务逻辑

本例操作学生信息的业务逻辑都写在 StudentJdbc.java 中，代码如下：

```
/*查询学生*/
public List showStudent() throws SQLException{
    String sql="select * from XSB";
    //创建一个 ArrayList 容器，将从 XSB 中查询的学生记录存放在容器中
    List studentList=new ArrayList();
    try{
        psmt=this.getConn().prepareStatement(sql);
        rs=psmt.executeQuery();                         //执行语句，返回所查询的学生信息
        //读取 ResultSet 中的数据，放入到 ArrayList 中
        while(rs.next()){
            Student student=new Student();
            student.setXm(rs.getString("XM"));
            student.setKl(rs.getString("KL"));
            student.setKcs(rs.getInt("KCS"));
            studentList.add(student);                  //将 student 对象放入 ArrayList 中
        }
        return studentList;
    }//Java 异常处理(参考前面相似代码，这里不再列出)
    …
    return studentList;
}
/*加入学生*/
public Student addStudent(Student student){
    String sql="insert into XSB(XM,KL,KCS,ZP) values(?,?,?,?)";
```

```
    try{
        psmt=this.getConn().prepareStatement(sql);           // 预编译语句
        psmt.setString(1, student.getXm());                  // 开始收集数据
        psmt.setString(2, student.getKl());
        psmt.setInt(3, student.getKcs());
        psmt.setBytes(4, student.getZp());
        psmt.execute();                                      // 执行语句
    }//Java 异常处理（参考前面相似代码，这里不再列出）
    …
    return student;                                          // 返回 Student 对象给 Action
}
/* 删除学生 */
public Student delStudent(Student student){
    String sql="delete from XSB where XM='"+student.getXm()+"'";
    try{
        psmt=this.getConn().prepareStatement(sql);
        psmt.execute();
    }//Java 异常处理（参考前面相似代码，这里不再列出）
    …
    return student;
}
```

4. 配置 struts.xml

在 struts.xml 中加入如下代码：

```
<!-- 加入学生 -->
<action name="addStu" class="org.easybooks.xscj.action.AddStu">
    <result name="result">/stuInsDel.jsp</result>
</action>
<!-- 删除学生 -->
<action name="delStu" class="org.easybooks.xscj.action.DelStu">
    <result name="result">/stuInsDel.jsp</result>
</action>
```

实习 2.5.2 输入成绩

1. 创建 JSP 页面

输入成绩功能界面如图 P2-21 所示。

图 P2-21 输入成绩功能界面

在 cjInsDel.jsp 页上布置一个 Action，代码如下：

```
…
<body bgcolor="D9DFAA">
    <s:action name="showAllScore" executeResult="true"/>
```

```
</body>
…
```

在 struts.xml 中配置：

```
<action name="showAllScore" class="org.easybooks.xscj.action.ShowAllScore">
    <result name="result">/showAllScore.jsp</result>
</action>
```

该 Action 执行后会自动加载 showAllScore.jsp 页，代码如下：

```
…
    <title>输入成绩</title>
…
<body bgcolor="D9DFAA">
<form name="frm" method="post">
<table bgcolor="D9DFAA">
<tr>
    <td align="left">课程名<input type="text" name="kc"></td>
</tr>
<tr>
      <td align="left">姓    名<input type="text"
name="xm"><input name="btn1" type="button" value="查询" onclick="que()"></td>
</tr>
<tr>
<td align="left">成    绩<input type="text" name="cj"><input
name="btn2" type= "button" value="加 入" onclick="add()"><input name="btn3"
type="button" value="删除" onclick="del()"></td>
</tr>
<tr>
    <td align="left">
        <table border=1>
        <tr bgcolor=#CCCCC0>
            <td align="center">课程名</td>
            <td align="center">姓名</td>
            <td>成绩</td>
        </tr>
        <s:iterator value="#request.scoreAllList" id="scoall">
        <tr>
            <td><s:property value="#scoall.kc"/> </td>
            <td><s:property value="#scoall.xm"/> </td>
            <td align="center"><s:property value="#scoall.cj"/></td>
        </tr>
        </s:iterator>
        </table>
    </td>
</tr>
</table>
<s:property value="msg"/>
</form>
</body>
…
<script type="text/javascript">
function que(){
document.frm.action="queSco.action";
document.frm.submit();
}
```

```
function add(){
document.frm.action="addSco.action";
document.frm.submit();
}
function del(){
document.frm.action="delSco.action";
document.frm.submit();
}
</script>
```

这里同样使用 JavaScript 脚本函数，实现多按钮触发不同 Action 的功能。

2. 实现控制器

源文件 ShowAllScore.java 的代码如下：

```
//导入所需的类库和包
...
public class ShowAllScore extends ActionSupport{
    private Score score;
    private List<Score> scoreAllList;                           //定义 List 引用
    public String execute() throws Exception{
        ScoreJdbc scoreJ=new ScoreJdbc();
        score=new Score();
        try{
            scoreAllList=scoreJ.showAllScore();                 //查询所有的成绩记录
        }catch(SQLException e){
            e.printStackTrace();
        }
        Map request=(Map)ActionContext.getContext().get("request");
        request.put("scoreAllList",scoreAllList);  //将查询的成绩信息放到 Map 容器中
        return "result";
    }
    //Action 属性的 get/set 方法（参考前面相似代码，这里不再列出）
    ...
}
```

源文件 QuerySco.java，代码如下：

```
//导入所需的类库和包（参考前面相似代码，这里不再列出）
...
public class QuerySco extends ActionSupport{
    private String kc;
    private String xm;
    private Score score;
    private List<Score> scoreAllList;                    //定义 List 引用
    public String execute() throws Exception{
        ScoreJdbc scoreJ=new ScoreJdbc();
        score=new Score();
        score.setKc(getKc());
        score.setXm(getXm());
        try{
            scoreAllList=scoreJ.queryScore(score);       //查询符合条件的成绩记录
        }catch(SQLException e){
            e.printStackTrace();
        }
        Map request=(Map)ActionContext.getContext().get("request");
        request.put("scoreAllList",scoreAllList);  //将查询的成绩记录放到 Map 容器中
```

```
            return "result";
        }
        //Action 属性的 get/set 方法（参考前面相似代码，这里不再列出）
        …
    }
```

源文件 AddSco.java 的代码如下：

```
//导入所需的类库和包（参考前面相似代码，这里不再列出）
…
public class AddSco extends ActionSupport{
    private String kc;
    private String xm;
    private int cj;
    private String msg;
    private Score score;
    public String execute() throws Exception{
        setKc(getKc());                                    //获取提交的课程名
        setXm(getXm());                                    //获取提交的姓名
        setCj(getCj());                                    //获取提交的成绩
        //先检查 CJB 中是否已经有该学生该门课成绩的记录
        SqlsrvConn SqlConn=new SqlsrvConn();               //创建连接对象
        String sql="select * from CJB where KC='"+getKc()+"' and XM='"+getXm()
+"'";
        SqlConn.getConn();                 //调用 SqlsrvConn 中加载 JDBC 驱动的方法
        ResultSet result=SqlConn.executeQuery(sql);
        if(result.next()){
            setMsg("该记录已经存在！");
            return "result";
        }
        //关闭结果集和数据连接（参考前面相似代码，这里不再列出）
        …
        ScoreJdbc scoreJ=new ScoreJdbc();
        score=new Score();
        score.setXm(xm);
        score.setKc(kc);
        score.setCj(cj);
        if(scoreJ.addScore(score)!=null)
        {
            setMsg("添加成功！");
        }
        else
            setMsg("添加失败，请确保有此学生！");
        return "result";
    }
    //Action 属性的 get/set 方法（参考前面相似代码，这里不再列出）
    …
}
```

源文件 DelSco.java 的代码如下：

```
//导入所需的类库和包（参考前面相似代码，这里不再列出）
…
public class DelSco extends ActionSupport{
    private String kc;
    private String xm;
    private String msg;
```

```
    private Score score;
    public String execute() throws Exception{
        setKc(getKc());                                          //获取提交的课程名
        setXm(getXm());                                          //获取提交的姓名
        //先检查 CJB 中是否存在该学生该门课的成绩记录
        SqlsrvConn SqlConn=new SqlsrvConn();                     //创建连接对象
        String sql="select * from CJB where KC='"+getKc()+"' and XM='"+getXm()
+"'";
        SqlConn.getConn();                    //调用 SqlsrvConn 中加载 JDBC 驱动的方法
        ResultSet result=SqlConn.executeQuery(sql);
        if(!result.next()){
            setMsg("该记录不存在！");
            return "result";
        }
        //关闭结果集和数据连接（参考前面相似代码，这里不再列出）
        …
        ScoreJdbc scoreJ=new ScoreJdbc();                        //存在即可进行删除操作
        score=new Score();
        score.setXm(xm);
        score.setKc(kc);
        if(scoreJ.delScore(score)!=null)
        {
            setMsg("删除成功！");
        }
        else
            setMsg("删除失败，请检查操作权限！");
        return "result";
    }
    //Action 属性的 get/set 方法（参考前面相似代码，这里不再列出）
    …
}
```

3. 实现业务逻辑

业务逻辑位于 ScoreJdbc.java 中，添加代码如下：

```
/*查询所有成绩*/
public List showAllScore() throws SQLException{
    String sql="select * from CJB";
    //创建一个 ArrayList 容器，将从 CJB 中查询的成绩记录存放在容器中
    List scoreAllList=new ArrayList();
    try{
        psmt=this.getConn().prepareStatement(sql);
        rs=psmt.executeQuery();                        //执行语句，返回所查询的成绩信息
        while(rs.next()){
            Score score=new Score();
            score.setXm(rs.getString("XM"));
            score.setKc(rs.getString("KC"));
            score.setCj(rs.getInt("CJ"));
            scoreAllList.add(score);                   //将 score 对象放入 ArrayList 中
        }
        return scoreAllList;
    }//Java 异常处理（参考前面相似代码，这里不再列出）
    …
    return scoreAllList;
}
/*查询符合条件的成绩*/
```

```
public List queryScore(Score score) throws SQLException{
    String sql="select * from CJB";
    String kc=score.getKc();
    String xm=score.getXm();
    if((!kc.isEmpty())&&(!xm.isEmpty()))        //查询某学生某门课的成绩
    {
        sql=sql+" where KC='"+kc+"' and XM='"+xm+"'";
    }
    else if (!kc.isEmpty())                      //查询某门课程的所有成绩记录
    {
        sql=sql+" where KC='"+kc+"'";
    }
    else                                         //查询某个学生的所有课程成绩记录
    {
        sql=sql+" where XM='"+xm+"'";
    }
   //创建一个 ArrayList 容器，将从 CJB 中查询的成绩记录存放在容器中
    List scoreAllList=new ArrayList();
    try{
        psmt=this.getConn().prepareStatement(sql);
        rs=psmt.executeQuery();                  //执行语句，返回所查询的成绩信息
        while(rs.next()){          //读取 ResultSet 中的数据，放入 ArrayList 中
            Score quescore=new Score();
            quescore.setXm(rs.getString("XM"));
            quescore.setKc(rs.getString("KC"));
            quescore.setCj(rs.getInt("CJ"));
            scoreAllList.add(quescore);  //将 quescore 对象放入 ArrayList 中
        }
        return scoreAllList;
    }//Java 异常处理（参考前面相似代码，这里不再列出）
    …
    return scoreAllList;
}
/*输入成绩*/
public Score addScore(Score score){
    String sql="insert into CJB(XM,KC,CJ) values(?,?,?)";
    try{
        psmt=this.getConn().prepareStatement(sql);
        psmt.setString(1, score.getXm());
        psmt.setString(2, score.getKc());
        psmt.setInt(3, score.getCj());
        psmt.execute();
    }//Java 异常处理（参考前面相似代码，这里不再列出）
    …
    return score;
}
/*删除成绩*/
public Score delScore(Score score){
     String sql="delete from CJB where XM='"+score.getXm()+"' and KC='"+score.
getKc()+"'";
    try{
        psmt=this.getConn().prepareStatement(sql);
        psmt.execute();
    }//Java 异常处理（参考前面相似代码，这里不再列出）
    …
```

```
    return score;
}
```

4. 配置 struts.xml

在 struts.xml 中加入如下代码：

```
<!-- 查询符合条件的成绩 -->
<action name="queSco" class="org.easybooks.xscj.action.QuerySco">
    <result name="result">/showAllScore.jsp</result>
</action>
<!-- 输入成绩 -->
<action name="addSco" class="org.easybooks.xscj.action.AddSco">
    <result name="result">/cjInsDel.jsp</result>
</action>
<!-- 删除成绩 -->
<action name="delSco" class="org.easybooks.xscj.action.DelSco">
    <result name="result">/cjInsDel.jsp</result>
</action>
```

至此，基于 Windosw 7 平台 Java EE（Struts 2）/SQL Server 2012 的学生成绩管理系统开发完成。

实习 3

ASP.NET 4.5/SQL Server 2012 学生成绩管理系统

近年来微软 .NET 越来越流行，已成为与 PHP、Java EE 并驾齐驱的三大主流 Web 应用开发平台之一。本实习基于 ASP.NET 4.5，采用 C# 编程语言实现学生成绩管理系统，开发工具用 Visual Studio 2012，仍以 SQL Server 2012 作为后台数据库。

实习 3.1　ADO.NET 架构原理

ASP.NET 提供了 ADO.NET 技术，它提供了面向对象的数据库视图，封装了许多数据库属性和关系，隐藏了数据库访问的细节。ASP.NET 应用程序可以在完全“不知道”这些细节的情况下连接到各种数据源，并检索、操作和更新数据。图 P3-1 为 ADO.NET 架构。

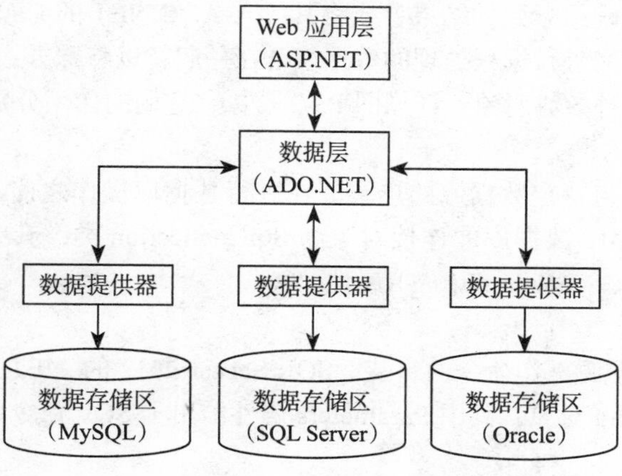

图 P3-1　ADO.NET 架构

在 ADO.NET 中，数据集（DataSet）与数据提供器（Provider）是两个非常重要而又相互关联的核心组件。它们之间的关系如图 P3-2 所示，左图代表数据提供器（Provider），右图代表数据集（DataSet）。

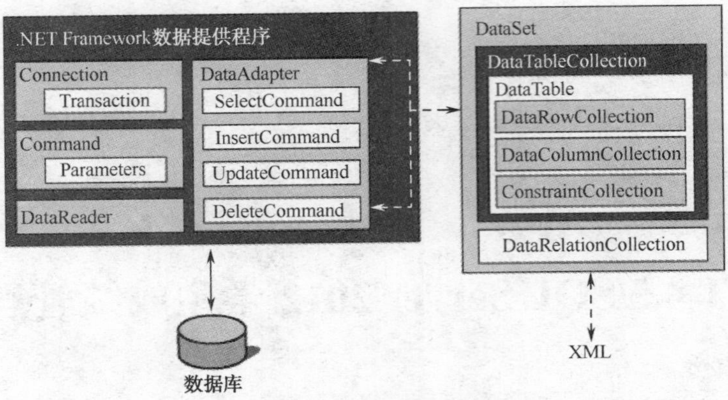

图 P3-2 数据集与数据提供器关系图

1. 数据集（DataSet）

数据集相当于内存中暂存的数据库，不仅可以包括多张数据表，还可以包括数据表之间的关系和约束。ADO.NET 允许将不同类型的数据表复制到同一个数据集中，甚至还允许将数据表与 XML 文档组合到一起协同操作。

一个 DataSet 由 DataTableCollection（数据表集合）和 DataRelationCollection（数据关系集合）两部分组成。其中，DataTableCollection 包含该 DataSet 中的所有 DataTable 对象，DataTable 类在 System.Data 命名空间中定义，表示内存驻留数据的单个表。每个 DataTable 对象都包含一个由 DataColumnCollection 表示的列集合以及由 ConstraintCollection 表示的约束集合，这两个集合共同定义了表的架构；此外还包含了一个由 DataRowCollection 所表示的行的集合，其中包含表中的数据。DataRelationCollection 则包含该 DataSet 中所有存在的表与表之间的关系。

2. 数据提供器（Provider）

数据提供器（即 .NET Framework 数据提供程序）用于连接到数据库、执行命令和检索结果，可以使用它直接处理检索到的结果，或将其放入 ADO.NET 的 DataSet 对象，以便与来自多个源的数据或在层之间进行远程处理的数据组合在一起，以特殊方式向用户公开。

数据提供器包含 4 种核心对象，详见图 P3-2（左），它们的作用分别介绍如下。

（1）Connection

Connection 是建立与特定数据源的连接。在进行数据库操作之前，首先要建立对数据库的连接，SQL Server 2012 数据库的连接对象为 SqlConnection 类，其中包含了建立数据库连接所需的连接字符串（ConnectionString）属性。

（2）Command

Command 是对数据源操作命令的封装。SQL Server 2012 的 .NET Framework 数据提供程序包括一个 SqlCommand 对象，其中 Parameters 属性给出了 SQL 命令参数集合。

（3）DataReader

使用 DataReader 可以实现对特定数据源中的数据进行高速、只读、只向前的数据访问。SQL Server 2012 数据提供器包括一个 SqlDataReader 对象。

（4）DataAdapter

数据适配器（DataAdapter）利用连接对象（Connection）连接数据源，使用命令对象（Command）规定的操作（SelectCommand、InsertCommand、UpdateCommand 或 DeleteCommand）

从数据源中检索出数据送往数据集，或者将数据集中经过编辑后的数据送回数据源。

微软 SQL Server 2012 的数据提供器使用 System.Data.SqlClient 命名空间。

实习 3.2　创建 ASP.NET 项目

实习 3.2.1　ASP.NET 项目的建立

启动 Visual Studio 2012，选择“文件”→“新建”→“项目”，打开如图 P3-3 所示的“新建项目”对话框。在左边窗口中的“已安装”树状列表中展开“ Visual C#”类型节点，选择“Web”子节点模板，此时在中间窗口显示可以创建的 Web 项目类型列表。选择第一个“ASP.NET 空 Web 应用程序”，在下方的“名称”文本框中输入项目名“ xscj”，单击“确定”按钮即可创建一个新的 ASP.NET 项目。

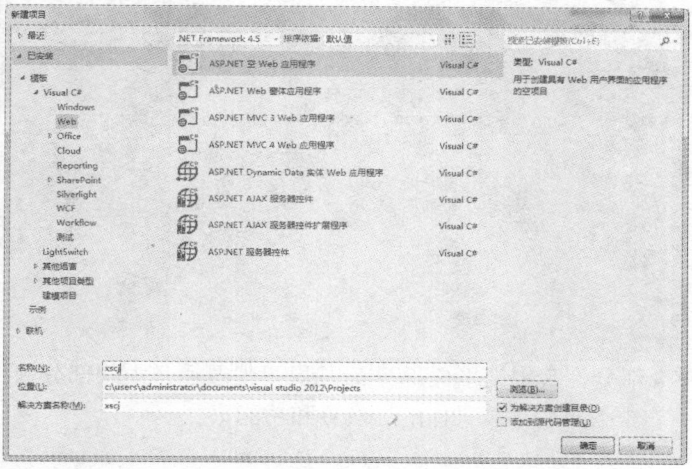

图 P3-3　新建 ASP.NET 项目

实习 3.2.2　ASP.NET 连接 SQL Server 2012

在“解决方案资源管理器”中展开项目 xscj 的树状列表，双击后打开配置文件“ Web.config”，在其中配置 <connectionStrings> 节点，利用“键 / 值”对存储数据库连接字符串，代码如下：

```
<?xml version="1.0" encoding="utf-8"?>
…
<configuration>
    <connectionStrings>
        <add name="SqlsrvCon" connectionString="Data Source=.;Initial Catalog=PXSCJ;User ID=sa; Password=123456"/>
    </connectionStrings>
    <system.web>
        <compilation debug="true" targetFramework="4.5" />
    </system.web>
</configuration>
```

在编程时只需导入命名空间 System.Data.SqlClient 即可编写连接、访问 SQL Server 2012 数据库的代码。

实习 3.3　界面设计及系统登录

实习 3.3.1　主界面

本系统主界面采用框架网页实现，下面先给出各前端网页的 HTML 源码。

1. 启动页

启动页面为 index.html，代码如下：

```
<html>
<head>
    <title> 学生成绩管理系统 </title>
</head>
<body topMargin="0" leftMargin="0" bottomMargin="0" rightMargin="0">
    <table width="675" border="0" align="center" cellpadding="0" cellspacing="0">
    <tr>
        <td><img src="images/ 学生成绩管理系统 .gif" width="670" height="97"></td>
    </tr>
    <tr>
        <td><iframe src="main_frame.html" width="670" height="313"></iframe></td>
    </tr>
    <tr>
        <td><img src="images/ 底端图片 .gif" width="670" height="32"></td>
    </tr>
    </table>
</body>
</html>
```

页面分上中下 3 部分，其中上下两部分都只是一张图片，中间部分为一个框架页（加黑代码为源文件名），在框架页中加载具体的导航页和功能页。

2. 框架页

框架页为 main_frame.html，代码如下：

```
<html>
<head>
    <meta http-equiv="Content-type" content="text/html; charset=GB2312"/>
    <title> 学生成绩管理系统 </title>
</head>
<frameset cols="215,*">
      <frame frameborder=0 src="http://localhost:1319/login.aspx" name="frmleft"
scrolling="no" noresize>
    <frame frameborder=0 src="body.html" name="frmmain" scrolling="no" noresize>
</frameset>
</html>
```

其中，加黑处“ http://localhost:1319/login.aspx ”为系统登录页的启动 URL，页面装载后位于左部框架中。

右部框架用于显示系统各个功能页，默认为 body.html，源码如下：

```
<html>
<head>
    <title>content 网页 </title>
</head>
<body topMargin="0" leftMargin="0" bottomMargin="0" rightMargin="0">
```

```
        <img src="images/ 主页 .gif" width="678" height="500">
    </body>
    </html>
```

这只是一个填充了背景图片的空白页，在运行中，系统会根据用户的操作，往右部框架中动态加载不同的 .aspx 功能页来替换该页。

在项目树状列表下添加新建文件夹 images，其中放入用到的 3 幅图片资源：“学生成绩管理系统 .gif”、“底端图片 .gif” 和 “主页 .gif”。

实习 3.3.2　登录功能

以教师和学生不同身份登录，分别进入各自的功能选择界面，如图 P3-4 所示。

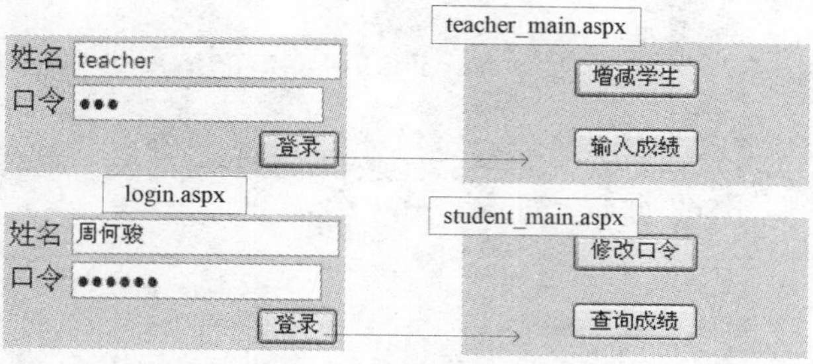

图 P3-4　登录与功能选择界面

在“解决方案资源管理器”中，右击项目“ xscj”，选择“添加”→“新建项”，弹出如图 P3-5 所示“添加新项”对话框。

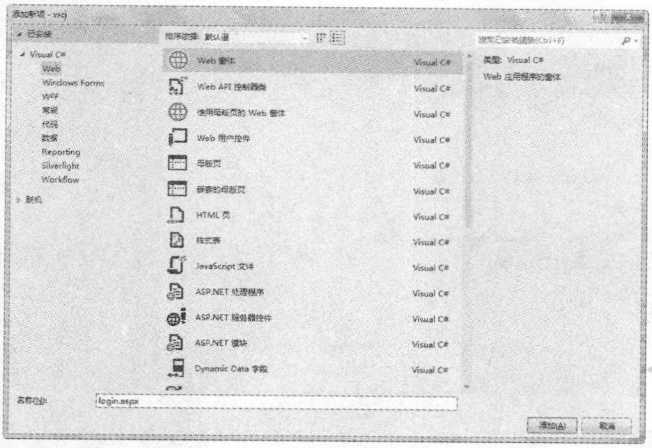

图 P3-5　新建 Web 窗体及其源文件

选择“ Web 窗体”，在“名称”文本框中输入“ login.aspx”，单击“添加”按钮，在项目中创建一个 .aspx 文件（后面创建源文件也都是同样的操作方式，不再赘述）。

在项目树状列表中双击 login.aspx，单击中央设计区左下角的 源 图标，编辑其页面源码，代码如下：

```
    <%@ Page Language="C#" AutoEventWireup="true" CodeBehind="login.aspx.cs"
Inherits="xscj.login" %>
    …
```

```
<html xmlns="http://www.w3.org/1999/xhtml">
<head runat="server">
    <title>用户登录</title>
</head>
<body bgcolor="D9DFAA">
    <form id="form1" runat="server">
    <table bgcolor="D9DFAA">
    <tr>
        <td>姓名</td>
        <td><asp:TextBox ID="xm" runat="server"></asp:TextBox></td>
    </tr>
    <tr>
        <td>口令</td>
        <td><asp:TextBox ID="kl" runat="server" TextMode="Password"></asp:TextBox>
</td>
    </tr>
    <tr>
        <td></td>
        <td align="right"><asp:Button ID="btn_lgn" runat="server" Text="登录"
                onclick="btn_lgn_Click"/></td>
    </tr>
    </table>
    <asp:Label ID="Lbl_Msg" runat="server"></asp:Label>
    </form>
</body>
</html>
```

单击左下角的 设计 图标，可看到登录页的效果；双击 登录 按钮，进入过程代码编辑区，输入登录时实现口令验证功能的代码（加黑语句需要用户自己编写），代码如下：

```
using System;
using System.Data;
using System.Collections.Generic;
using System.Linq;
using System.Web;
using System.Web.Configuration;
using System.Web.UI;
using System.Web.UI.WebControls;
using System.Data.SqlClient;                              // 导入命名空间
namespace xscj
{
    public partial class login : System.Web.UI.Page
    {
        protected void Page_Load(object sender, EventArgs e){}
        protected void btn_lgn_Click(object sender, EventArgs e)
        {
            //从配置文件中获取连接字符串
            String constr = WebConfigurationManager.ConnectionStrings["SqlsrvCon"].
ConnectionString;
            SqlConnection myConnection = new SqlConnection(constr);// 创建连接
            myConnection.Open();                          // 打开连接
            if (xm.Text == "teacher")                     // 以教师身份登录
            {
                if (kl.Text == "123")                     // 验证教师身份默认口令“123”
                    Response.Redirect("teacher_main.aspx");     /* 验证通过即定向到教
师功能选择页 */
```

```
                else
                    Lbl_Msg.Text = "口令错！";
            }
            else                                            //以学生身份登录
            {
                //查询该姓名和口令的学生
                String sqlstr = "select * from XSB where XM='" + xm.Text + "' and
KL='" + kl.Text + "'";
                SqlDataAdapter mda = new SqlDataAdapter(sqlstr, myConnection);
                DataSet ds = new DataSet();
                mda.Fill(ds, "XSB");                        //返回结果集
                if (ds.Tables[0].Rows.Count > 0)//结果记录数>0表示有该生信息，验证通过
                {
                    Response.Redirect("student_main.aspx?xm="+xm.Text);/*定向到学
生功能选择页*/
                }
                else
                    Lbl_Msg.Text = "没有该用户或密码错误！";
            }
        }
    }
}
```

创建源文件 teacher_main.aspx，实现教师功能选择界面，代码如下：

```
<%@ Page Language="C#" AutoEventWireup="true" CodeBehind="teacher_main.aspx.cs"
Inherits="xscj.teacher_ main" %>
…
<html xmlns="http://www.w3.org/1999/xhtml">
<head runat="server">
    <title>教师功能选择</title>
</head>
<body bgcolor="D9DFAA">
<form id="form1" runat="server">
<table bgcolor="D9DFAA" width="200" height="85">
<tr>
     <td align="center"><asp:Button ID="btn_stuInsDel" runat="server" Text="增减学
生"/></td>
</tr>
<tr>
    <td align="center"><asp:Button ID="btn_cjInsDel" runat="server" Text="输入成绩
"/></td>
</tr>
</table>
</form>
</body>
</html>
```

创建源文件 student_main.aspx，实现学生功能选择界面，代码结构与教师功能选择界面的完全相同（相同部分省略），代码如下：

```
…
    <title>学生功|能选择</title>
…
    <td align="center"><asp:Button ID="btn_updateKl" runat="server" Text="修改口令
"/></td>
…
```

```
    <td align="center"><asp:Button ID="btn_stuQuery" runat="server" Text="查询成绩
"/></td>
    …
```

选中项目树状列表中的 index.html 项，单击 ▶ 按钮启动项目，系统自动打开 IE，显示如图 P3-6 所示的页面。

图 P3-6　登录主页面

实习 3.4　学生功能

实习 3.4.1　修改口令

修改口令功能界面如图 P3-7 所示。

图 P3-7　修改口令功能界面

双击 student_main.aspx，单击 设计 图标切换到设计页，双击 修改口令 按钮，进入编辑区编写代码（加黑语句），代码如下：

```
    protected void btn_updateKl_Click(object sender, EventArgs e)
    {
        Response.Write("<script>parent.frmmain.location='updateKl.aspx?xm="
            + Request.QueryString["xm"] + "'</script>");
    }
```

创建 updateKl.aspx，编写页面源代码如下：

```
    <%@ Page Language="C#" AutoEventWireup="true" CodeBehind="updateKl.aspx.cs"
Inherits="xscj.updateKl" %>
    …
    <html xmlns="http://www.w3.org/1999/xhtml">
    <head runat="server">
        <title>修改口令</title>
    </head>
```

```
<body bgcolor="D9DFAA">
    <form id="form1" runat="server">
    <table bgcolor="D9DFAA">
    <tr>
        <td> 新      口      令 </td>
        <td><asp:TextBox ID="newkl" runat="server"></asp:TextBox></td>
    </tr>
    <tr>
        <td> 重输新口令 </td>
        <td><asp:TextBox ID="renewkl" runat="server"></asp:TextBox></td>
    </tr>
    <tr>
        <td></td>
        <td align="right"><asp:Button ID="btn_confirm" runat="server" Text=" 确认 "/></td>
    </tr>
    </table>
    <asp:Label ID="Lbl_Msg" runat="server"></asp:Label>
    </form>
</body>
</html>
```

切换到设计视图，双击 确认 按钮，进入代码编辑区，编写实现修改口令功能的代码，代码如下：

```
…
using System.Web.Configuration;
…
using System.Data.SqlClient;                                    // 导入命名空间
namespace xscj
{
    public partial class updateKl : System.Web.UI.Page
    {
        …
        protected void btn_confirm_Click(object sender, EventArgs e)
        {
            // 从配置文件中获取连接字符串
            String constr = WebConfigurationManager.ConnectionStrings["SqlsrvCon"].
ConnectionString;
            SqlConnection myConnection = new SqlConnection(constr);     // 创建连接
            myConnection.Open();                                         // 打开连接
            if (newkl.Text == renewkl.Text)                   // 两次输入口令相等
            {
                String sqlstr = "update XSB set KL='" + newkl.Text + "' where
XM='" + Request.QueryString ["xm"] + "'";
                // 执行更新口令操作
                SqlCommand myCommand = new SqlCommand(sqlstr, myConnection);
                if (myCommand.ExecuteNonQuery() > 0)     // 返回值 >0 表示操作执行成功
                    Lbl_Msg.Text = " 修改成功！ ";
                else
                    Lbl_Msg.Text = " 修改失败！ ";
            }
            else
                Lbl_Msg.Text = " 两次输入不一致！ ";
        }
    }
}
```

此处使用请求 Request 对象，将登录页上用户输入的“姓名”值传递到修改口令页中的 Request.QueryString["xm"]，这是 ASP.NET 编程普遍采用的变量值传递方式。

实习 3.4.2　查询成绩

查询成绩功能界面如图 P3-8 所示。

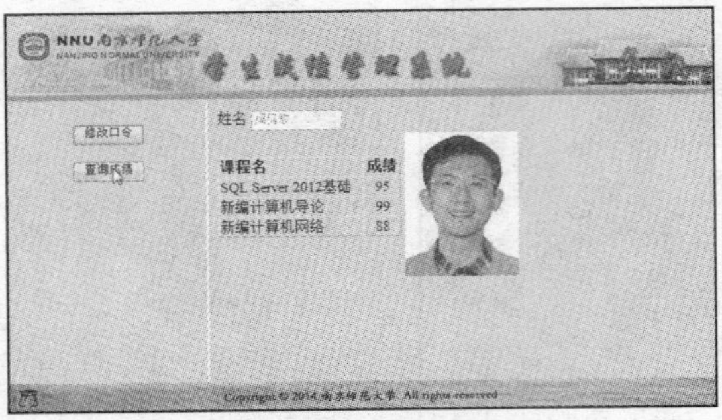

图 P3-8　查询成绩功能界面

双击 student_main.aspx，单击 设计 图标切换到设计页，双击 查询成绩 按钮，进入编辑区编写代码（加黑语句），代码如下：

```
protected void btn_stuQuery_Click(object sender, EventArgs e)
{
    Response.Write("<script>parent.frmmain.location='stuQuery.aspx?xm="
        + Request.QueryString["xm"] + "'</script>");
}
```

1. GridView 控件的应用

这里使用 ASP.NET 4.5 内置的 GridView 控件来显示学生成绩单。GridView 是一个全方位的网格控件，能够显示一整张表的数据，它功能极为强大，是 ASP.NET 框架中最为重要的数据控件，其使用和配置方法如下。

（1）在页面中安置 GridView 控件

创建 stuQuery.aspx，编写源码如下：

```
<%@ Page Language="C#" AutoEventWireup="true" CodeBehind="stuQuery.aspx.cs"
Inherits="xscj.stuQuery" %>
<!DOCTYPE html PUBLIC "-//W3C//DTD XHTML 1.0 Transitional//EN" "http://www.
w3.org/TR/xhtml1/DTD/ xhtml1-transitional.dtd">
<html xmlns="http://www.w3.org/1999/xhtml">
<head runat="server">
    <title> 查询成绩 </title>
    <style type="text/css">
        .style1
        {
            text-align: left;
            width: 414px;
        }
        .style2
        {
            width: 414px;
        }
    </style>
```

```
    </head>
    <body bgcolor="D9DFAA" style="width: 374px">
        <form id="form1" runat="server">
        <table bgcolor="D9DFAA" style="height: 192px; width: 215px">
        <tr>
            <td class="style1">
                    <asp:Label ID="Label1" runat="server" Text=" 姓名 " height="16px"></
asp:Label>
                    <asp:TextBox ID="TBx_Xm" runat="server" Enabled="False"
ReadOnly="True"
                    width="92px"></asp:TextBox>
                <br />
            </td>
            <td> </td>
        </tr>
        <tr>
            <td class="style2">
                <asp:GridView ID="GridView1" runat="server"></asp:GridView>
                <br />
            </td>
            <td>
        <asp:Image ID="Image1" runat="server" Height="160px" Width="122px" />
            </td>
        </tr>
        </table>
        </form>
    </body>
    </html>
```

其中的两条加黑语句，前一条语句在页面上放置了一个 ID 为“GridView1”的 GridView 控件，第二条语句则放置一个 ID 为“Image1”的图片框控件，用来显示学生照片。单击左下方的 设计 图标，切换到设计模式，到的页面设计效果如图 P3-9 所示。

（2）为 GridView 控件配置数据源

1）在设计页上选中 GridView 控件，单击其右上角的 > 按钮，选择“新建数据源”，启动如图 P3-10 所示的“数据源配置向导”对话框，选中“数据库”图标。

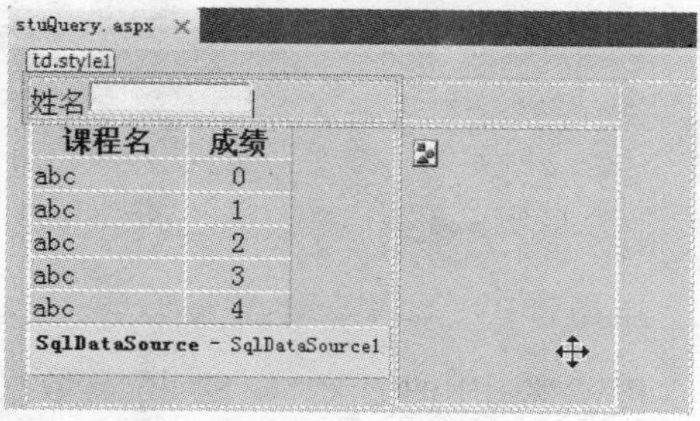

图 P3-9　页面的设计

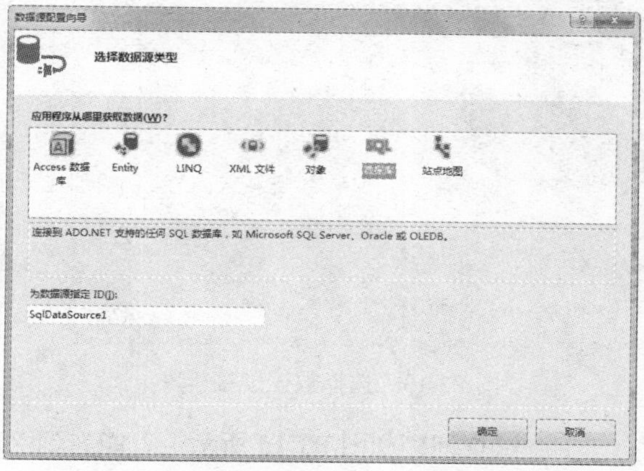

图 P3-10　“数据源配置向导”对话框

2）单击“确定”按钮，弹出如图 P3-11 所示的“选择数据源”对话框；选择“Microsoft

SQL Server”，单击“继续”按钮，在图 P3-12 所示的“添加连接”对话框中设置数据连接参数。

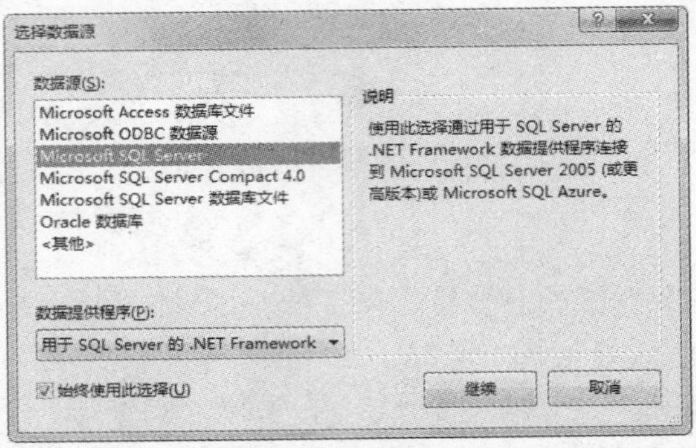

图 P3-11　选择数据源

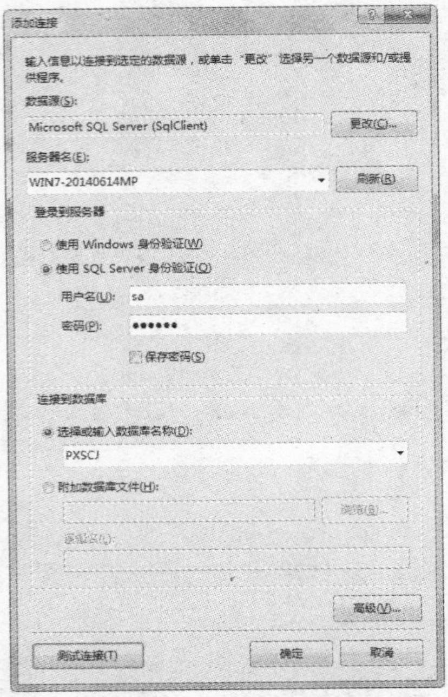

图 P3-12　设置连接参数

3）在如图 P3-13 所示的“配置数据源”对话框中，选择刚刚设置的连接，单击“下一步”按钮，按照向导提示操作。

4）在如图 P3-14 所示的“配置 Select 语句”对话框中，选中“指定来自表或视图的列”，选择“名称”为“XMCJ_VIEW”，“列”为“*”(所有)。

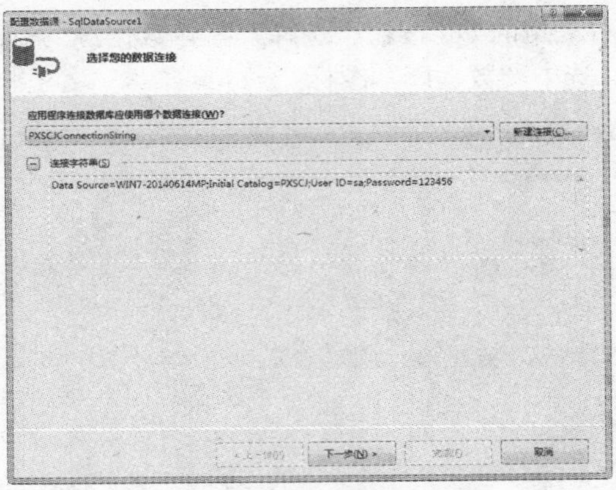

图 P3-13　选择数据连接

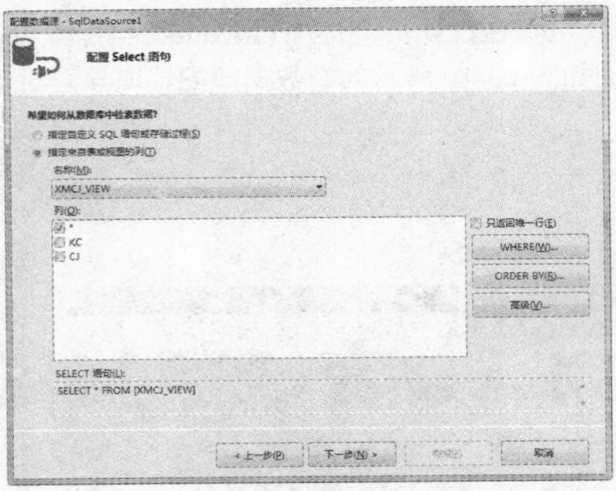

图 P3-14　配置 Select 语句

5）测试查询，如图 P3-15 所示，若能看到 XMCJ_VIEW 视图中的记录，则说明配置数据源成功。

（3）编辑列

单击 GridView 控件右上角的 ▷ 按钮，如图 P3-16 所示，选择“编辑列”，弹出如图 P3-17 所示的“字段”对话框，在其中编辑表格各列标题的中文名称（“HeaderText”属性）。

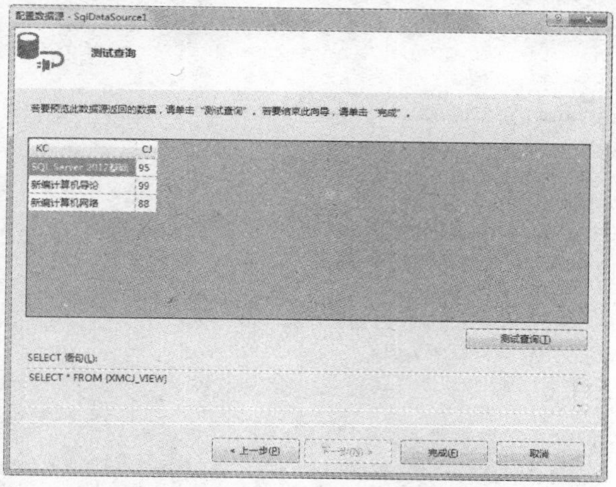

图 P3-15　配置数据源成功

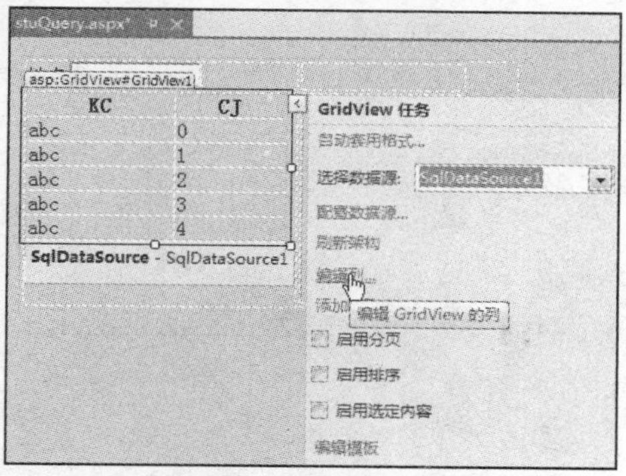

图 P3-16　“编辑列”菜单项

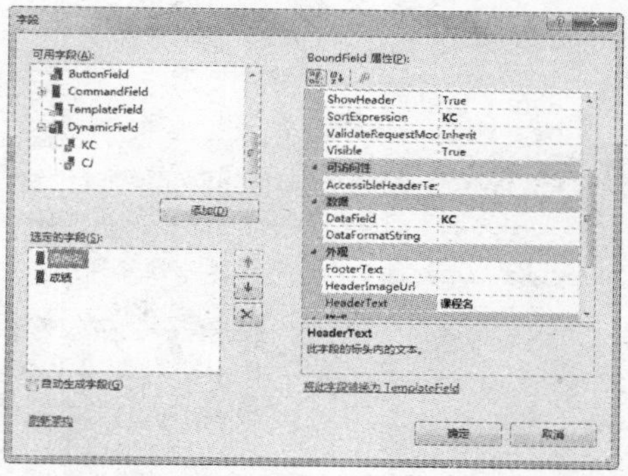

图 P3-17　编辑表格各列标题的中文名称

经过上述一系列的配置，用户可以在几乎不编写代码的情况下，在页面上快速显示当前数据库表或视图中的数据，最终运行的效果见图 P3-8 中的成绩表格。

2. 生成视图

在项目树状列表中双击 stuQuery.aspx.cs，在页面加载方法 Page_Load 中编写如下代码：

```
…
using System.Data;
…
using System.Web.Configuration;
…
using System.Data.SqlClient;                                    // 导入命名空间
using System.IO;

namespace xscj
{
    public partial class stuQuery : System.Web.UI.Page
    {
        protected void Page_Load(object sender, EventArgs e)
        {
```

```
            //从配置文件中获取连接字符串
            String constr = WebConfigurationManager.ConnectionStrings["SqlsrvCon"].
ConnectionString;
            SqlConnection myConnection = new SqlConnection(constr);     //创建连接
            myConnection.Open();                                        //打开连接
            SqlCommand proCommand = new SqlCommand();              //创建SQL命令对象
            try
            {
                //设置SQL命令参数
                proCommand.Connection = myConnection;             //所用的数据连接
                proCommand.CommandType = CommandType.StoredProcedure;  /*命令类型
为“存储过程”*/
                proCommand.CommandText = "CJ_PROC";               //存储过程名
                //添加存储过程的参数
                SqlParameter SqlXm = proCommand.Parameters.Add("@xm1", SqlDbType.
Char, 8);
                SqlXm.Direction = ParameterDirection.Input;
                SqlXm.Value = Request.QueryString["xm"];//请求 Request 对象传递姓名值
                proCommand.ExecuteNonQuery();                     //执行命令，生成视图
                TBx_Xm.Text = Request.QueryString["xm"];

                //读取照片
                    String sqlstr = "select ZP from XSB where XM='" + Request.
QueryString["xm"] + "'";
                SqlCommand myCommand = new SqlCommand(sqlstr, myConnection);
                SqlDataReader zpreader = myCommand.ExecuteReader();
                /*创建 SqlDataReader 对象*/
                if (zpreader.Read())                              //读操作
                {
                    if (zpreader["ZP"] == DBNull.Value)           //无照片读取内容为空
                    {
                        Image1.AlternateText = "尚无照片";
                        zpreader.Close();
                        return;
                    }
                    byte[] zpdata = (byte[])zpreader["ZP"];  //以字节数组存储照片数据
                    MemoryStream memStream = new MemoryStream(zpdata);
                    //照片以文件形式暂存在项目images文件夹下
                    FileStream fso = new FileStream(Server.MapPath("～/images/")
+ Request.QueryString ["xm"] + ".jpg", FileMode.Create);
                    byte[] arrayByte = new byte[1024];
                    int l=0;
                    int imgLong = (int)memStream.Length;
                    while (l < imgLong)
                    {
                        int i = memStream.Read(arrayByte, 0, 1024);
                        fso.Write(arrayByte,0,i);        //将照片数据写入照片文件
                        l += i;
                    }
                    memStream.Close();
                    fso.Close();
                      Image1.ImageUrl = "~/images/" + Request.QueryString["xm"] +
".jpg";
                    //显示照片
                }
            }
```

```
                catch
                {
                        Response.Write("<script>alert('调用 CJ_PROC 存储过程出错! ')</
script>");
                }
                finally
                {
                    myConnection.Close();
                }
            }
        }
    }
```

实习 3.5　教师功能

实习 3.5.1　增减学生

增减学生功能界面如图 P3-18 所示。

双击 teacher_main.aspx，单击 设计 图标切换到设计页，双击 增减学生 按钮，进入编辑区编写如下代码（加黑语句）：

```
    protected void btn_stuInsDel_Click(object sender, EventArgs e)
    {
        Response.Write("<script>parent.frmmain.location='stuInsDel.aspx'</script>");
    }
```

1. 创建 GridView 控件

这里的学生记录显示功能同样使用 GridView 控件来实现。

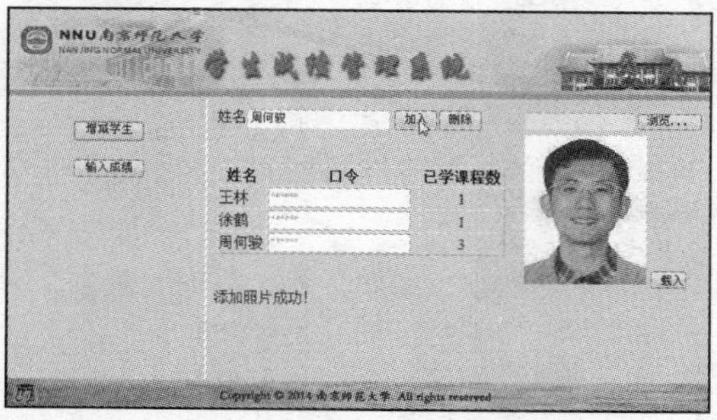

图 P3-18　增减学生功能界面

（1）安置 GridView 控件

创建 stuInsDel.aspx，编写源码如下：

```
    <%@ Page Language="C#" AutoEventWireup="true" CodeBehind="stuInsDel.aspx.cs"
Inherits="xscj.stuInsDel" %>
    …
    <html xmlns="http://www.w3.org/1999/xhtml">
    <head runat="server">
        <title>增减学生</title>
    </head>
    <body bgcolor="D9DFAA">
        <form id="form1" runat="server">
        <table bgcolor="D9DFAA">
```

```
        <tr>
                <td align="left">姓　名<asp:TextBox ID="xm" runat="server"></
asp:TextBox><asp:Button ID="btn_ stuIns" runat="server" Text="加　入"/><asp:Button
ID="btn_stuDel" runat="server" Text="删除"/></td>
        </tr>
        <tr>
            <td align="left">
                <asp:GridView ID="GridView1" runat="server"></asp:GridView>
            </td>
        </tr>
        </table>
        <asp:Label ID="Lbl_Msg" runat="server"></asp:Label>
        </form>
    </body>
    </html>
```

其中，加黑语句在页面上放置了一个 ID 为“GridView1”的 GridView 控件，用来显示系统中已有学生的信息。

（2）配置 GridView 数据源

具体操作方法与“实习 3.4.2 节”相同，唯一不同的只是“配置 Select 语句”页，选中“指定来自表或视图的列”后要选择“XSB”，“列”为 XM、KL、KCS（ZP 列不选）。

（3）编辑列和模板

单击 GridView 控件右上角的 [>] 按钮，如图 P3-19 所示；选择“编辑列”，弹出如图 P3-20 所示的“字段”对话框，在其中编辑表格各列标题的中文名称（“HeaderText”属性）。

在“字段”对话框中，将“口令”字段转换为模板域（方法为：在“选定的字段”中选择“口令”，单击右下方的“将此字段转换为 TemplateField”链接）。

单击 GridView 控件右上角的 [>] 按钮，如图 P3-19 所示，选择“编辑模板”，在设计区拖入一个 TextBox 控件。

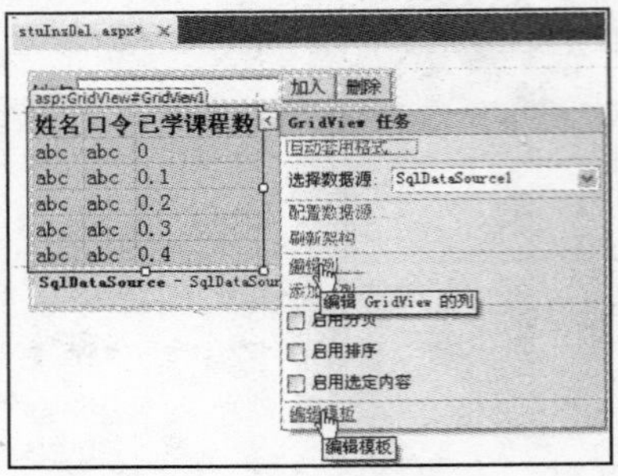

图 P3-19　“编辑列”和“编辑模板”菜单项

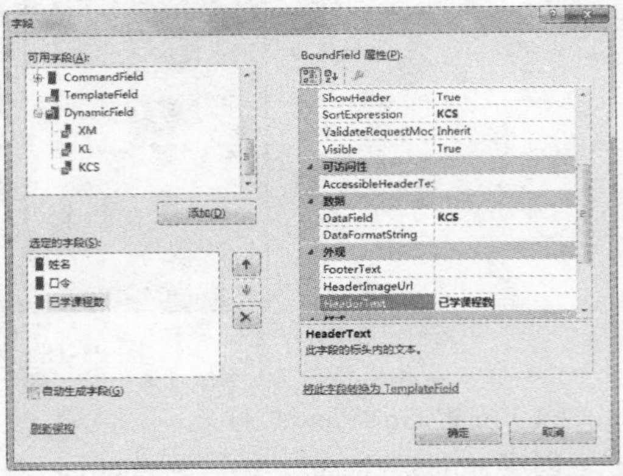

图 P3-20　编辑表格各列标题的中文名称

单击 TextBox 控件右上角的 [>] 按钮，选择“编辑 DataBindings”，出现如图 P3-21 所示的对话框，将 Text 绑定到 KL 字段。设置 TextBox 控件属性：TextMode 设为“Password”，Text 设为“******”，Enabled 设为“False”。

经过上述一系列的配置，用户可以在几乎不编写代码的情况下，在页面上快速显示当前数据库 XSB 表中的所有学生记录信息，运行效果见图 P3-18。

2. 照片上传

本例可向服务器上传学生照片并存入数据库。上传照片使用 ASP.NET 提供的 FileUpload 控件，它包含一个文本框控件和一个按钮控件，如图 P3-22 所示。用户可以在文本框中输入希望上传到服务器的照片（图片文件）的完整路径，也可以单击“浏览”按钮浏览并选择需要上传的照片。

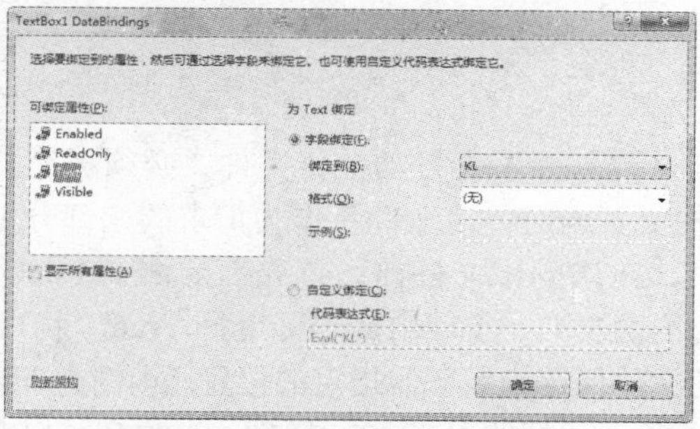

图 P3-21　将口令文本框绑定到 KL 字段

图 P3-22　FileUpload 控件

在设计模式下，在 FileUpload 控件下方放置了一个图片框和一个按钮控件，按钮名称为“载入”，双击 载入 按钮，编写事件代码如下：

```
protected void btnLoad_Click(object sender, EventArgs e)
{
    Boolean imageOK = false;
    String path = Server.MapPath("~/images/");
    //判断是否有文件被上传
    if (FileUpload1.HasFile)
    {
        //检查上传的是否为图片
        String fileExtension = Path.GetExtension(FileUpload1.FileName).ToLower();
        String[] allowedExtensions = { ".bmp", ".jpeg", ".jpg", ".gif", ".png" };
        for (int i = 0; i < allowedExtensions.Length; i++)
        {
            if (fileExtension == allowedExtensions[i])
                imageOK = true;
        }
    }
    else
    {
        Lbl_Msg.Text = "请选择照片！";
        return;
    }
    if (imageOK)                    //上传的是图片
    {
        try
        {
            //将上传后的照片保存到指定的文件夹中
            imageByte = FileUpload1.FileBytes;
            FileUpload1.PostedFile.SaveAs(path + FileUpload1.FileName);
            Image1.ImageUrl = "~/images/" + FileUpload1.FileName;
            hasFile = true;
        }
        catch (Exception ex)
```

```
            {
                Lbl_Msg.Text = "载入失败！ ";
            }
        }
        else
        {
            Lbl_Msg.Text = "只能载入图片！ ";
            return;
        }
    }
```

用户选择好要上传的文件后，FileUpload 控件并不会自动上传文件，必须提交页面并进行相应的处理。用户选定要上传的文件并提交页面时，该文件将作为请求的一部分上传。上传后的文件被完整地缓存在服务器内存中。在访问该文件前，首先需要测试 FileUpload 控件的 HasFile 属性，检查该控件是否有上传的文件。如果 HasFile 返回 True，就可以调用 HttpPostedFile 对象的 SaveAs 方法将上传的文件保存到服务器指定的位置（本例为 /images/ 文件夹），然后将此位置的路径加上文件名赋值给图片框的 ImageUrl 属性，这样就可以在页面上显示学生照片了。

3. 加入学生

切换到设计视图，双击 加入 按钮进入代码编辑区，编写实现增加学生功能的代码，代码如下：

```
    protected void btn_stuIns_Click(object sender, EventArgs e)
    {
        //从配置文件中获取连接字符串
         String constr = WebConfigurationManager.ConnectionStrings["SqlsrvCon"].
ConnectionString;
        SqlConnection myConnection = new SqlConnection(constr);           //创建连接
        myConnection.Open();                                              //打开连接
        //先判断是否已经存在该学生的记录
        String sqlstr = "select * from XSB where XM='" + xm.Text + "'";
        SqlDataAdapter mda = new SqlDataAdapter(sqlstr, myConnection);
        DataSet ds = new DataSet();
        mda.Fill(ds, "XSB");
        if (ds.Tables[0].Rows.Count > 0)              //结果记录数 >0 表示存在该生记录
        {
            //看是否需要补传照片
            if (hasFile)
            {
                sqlstr = "update XSB set ZP=@zp where XM='" + xm.Text + "'";
                SqlCommand cmd = new SqlCommand(sqlstr, myConnection);     /*创建 SQL 命
令对象*/
                SqlParameter parPwd = new SqlParameter("@zp", SqlDbType.Image);
                /*添加命令参数*/
                parPwd.Value = imageByte;
                cmd.Parameters.Add(parPwd);
                if (cmd.ExecuteNonQuery() > 0)              //命令执行返回 >0 表示操作成功
                {
                    Lbl_Msg.Text = "添加照片成功！ ";
                    hasFile = false;
                }
            }
            else
```

```
                Lbl_Msg.Text = "该姓名记录已经存在! ";
        }
        else
        {
            String insstr = "insert into XSB(XM,KL,KCS) values('" + xm.Text +
"','888888',0)";
            SqlCommand myCommand = new SqlCommand(insstr, myConnection);   /* 创建 SQL 命
令对象 */
            if (myCommand.ExecuteNonQuery() > 0)      // 命令执行返回 >0 表示操作成功
            {
                Lbl_Msg.Text = "添加成功! ";
                // 查看是否有照片需要上传
                if (hasFile)
                {
                    sqlstr = "update XSB set ZP=@zp where XM='" + xm.Text + "'";
                    SqlCommand cmd = new SqlCommand(sqlstr, myConnection);
                    SqlParameter parPwd = new SqlParameter("@zp", SqlDbType.Image);
/* 添加命令参数 */
                    parPwd.Value = imageByte;
                    cmd.Parameters.Add(parPwd);
                    if(cmd.ExecuteNonQuery()>0)       // 操作成功, hasFile 重置为 false
                        hasFile = false;
                }
                Response.Redirect(Request.Url.ToString());
            }
            else
                Lbl_Msg.Text = "添加失败, 请检查输入信息! ";
        }
        myConnection.Close();
    }
```

4. 删除学生

切换到设计视图，双击 删除 按钮进入代码编辑区，编写实现删除学生功能的代码如下：

```
    protected void btn_stuDel_Click(object sender, EventArgs e)
    {
        // 从配置文件中获取连接字符串
         String constr = WebConfigurationManager.ConnectionStrings["SqlsrvCon"].
ConnectionString;
        SqlConnection myConnection = new SqlConnection(constr);           // 创建连接
        myConnection.Open();                                              // 打开连接
        // 先判断是否存在该学生的记录
        String sqlstr = "select * from XSB where XM='" + xm.Text + "'";
        SqlDataAdapter mda = new SqlDataAdapter(sqlstr, myConnection);
        DataSet ds = new DataSet();
        mda.Fill(ds, "XSB");
        if (ds.Tables[0].Rows.Count > 0)               // 结果记录数 >0 表示存在该学生记录
        {
            String delstr = "delete from XSB where XM='" + xm.Text + "'";
            SqlCommand myCommand = new SqlCommand(delstr, myConnection);
            if (myCommand.ExecuteNonQuery() > 0)      // 命令执行返回 >0 表示操作成功
            {
                Lbl_Msg.Text = "删除成功! ";
                Response.Redirect(Request.Url.ToString());
            }
            else
                Lbl_Msg.Text = "删除失败, 请检查操作权限! ";
```

```
        }
        else
            Lbl_Msg.Text = "该姓名记录不存在！";
    }
```

实习 3.5.2　输入成绩

输入成绩功能界面如图 P3-23 所示。

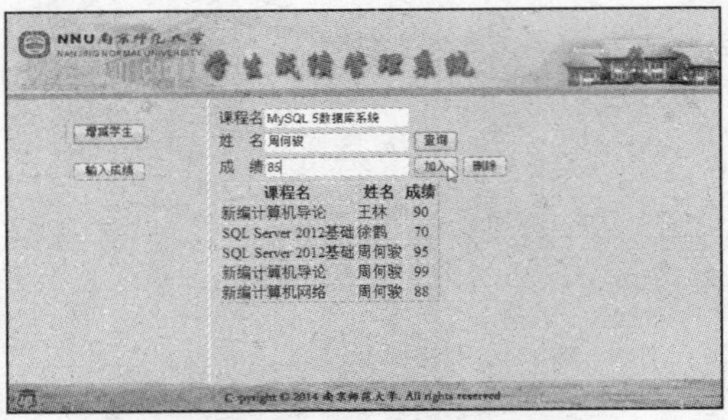

图 P3-23　输入成绩功能界面

双击 teacher_main.aspx，单击 [设计] 图标切换到设计页，双击 [输入成绩] 按钮，进入编辑区编写代码（加黑语句）如下：

```
    protected void btn_cjInsDel_Click(object sender, EventArgs e)
    {
        Response.Write("<script>parent.frmmain.location='cjInsDel.aspx'</script>");
    }
```

1. 创建 GridView 控件

这里的成绩记录显示功能同样使用 GridView 控件来实现。

（1）安置 GridView 控件

创建 cjInsDel.aspx，编写源码如下：

```
    <%@ Page Language="C#" AutoEventWireup="true" CodeBehind="cjInsDel.aspx.cs"
Inherits="xscj.cjInsDel" %>
    …
    <html xmlns="http://www.w3.org/1999/xhtml">
    <head runat="server">
        <title>输入成绩</title>
    </head>
    <body bgcolor="D9DFAA">
        <form id="form1" runat="server">
        <table bgcolor="D9DFAA">
        <tr>
            <td align="left">课程名<asp:TextBox ID="kc" runat="server"></asp:TextBox>
</td>
        </tr>
        <tr>
            <td align="left">姓    名<asp:TextBox ID="xm" runat=
"server"></asp:TextBox>
                <asp:Button ID="btn_cjQue" runat="server" Text="查询"/></td>
        </tr>
        <tr>
```

```
            <td align="left"> 成      绩 <asp:TextBox ID="cj" runat=
"server"></asp:TextBox>
                <asp:Button ID="btn_cjIns" runat="server" Text=" 加入 "/>
                <asp:Button ID="btn_cjDel" runat="server" Text=" 删除 "/></td>
        </tr>
        <tr>
            <td align="left">
                <asp:GridView ID="GridView1" runat="server"></asp:GridView>
            </td>
        </tr>
        <tr>
            <td align="left">
                <asp:GridView ID="GridView2" runat="server"></asp:GridView>
            </td>
        </tr>
        </table>
        <asp:Label ID="Lbl_Msg" runat="server"></asp:Label>
        </form>
    </body>
    </html>
```

本页设置了两个 GridView 控件（ID 分别为 GridView1 和 GridView2），其中 GridView1 用于最初加载页面时显示 CJB 中的全部课程成绩记录，GridView2 则是在程序运行的过程中，由用户单击“查询”按钮后，根据用户给出的检索条件，动态地显示符合要求的课程成绩记录。

（2）配置 GridView 数据源

由于 GridView2 的数据源是在运行时动态生成的，故此处只需要为 GridView1 配置数据源。具体操作方法与“实习 3.4.2”章节相同，唯一不同的只是“配置 Select 语句”页，选中“指定来自表或视图的列”后要选择 CJB，“列”为“*”(所有)。

（3）编辑列

此处也只需要为 GridView1 编辑列名，操作方法同“实习 3.4.2”章节，这里编辑表格各列标题的名称分别为：课程名、姓名、成绩，如图 P3-24 所示。

它们都是普通域，不用编辑模板。

配置完成后的设计视图，如图 P3-25 所示。

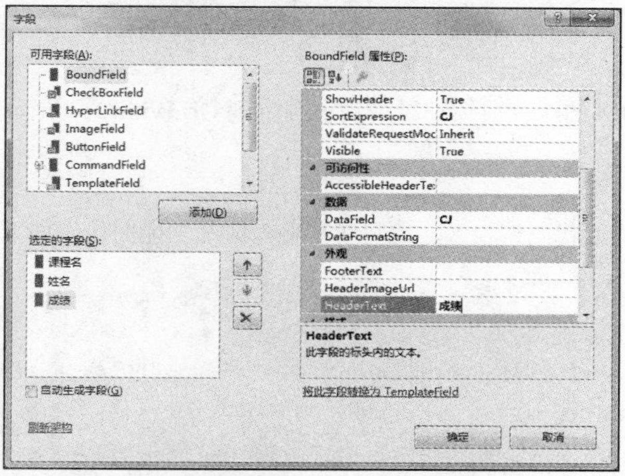

图 P3-24　编辑 GridView1 各列标题名称

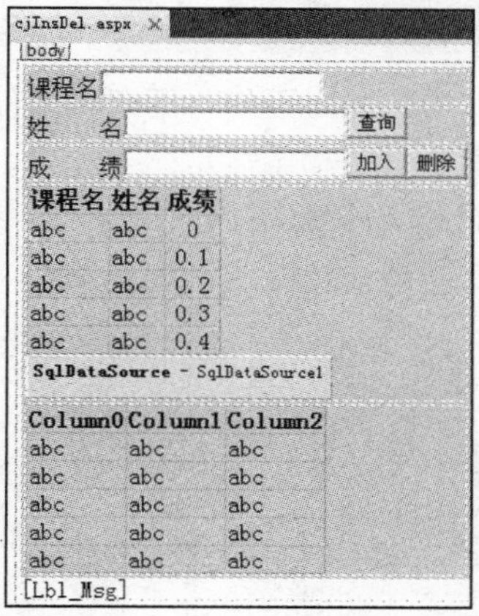

图 P3-25　完成的 cjInsDel.aspx 页设计视图

2. 查询成绩

在设计视图上双击 查询 按钮，进入代码编辑区，编写实现成绩条件查询功能的代码如下：

```
protected void btn_cjQue_Click(object sender, EventArgs e)
{
    //从配置文件中获取连接字符串
     String constr = WebConfigurationManager.ConnectionStrings["SqlsrvCon"].
ConnectionString;
    SqlConnection myConnection = new SqlConnection(constr);          //创建连接
    myConnection.Open();                                              //打开连接
    String sqlstr="";
    //生成查询语句
    if ((kc.Text != "") && (xm.Text != ""))                 //查询某个学生某门课的成绩
    {
        sqlstr = "select KC,XM,CJ from CJB where KC='" + kc.Text + "' and XM='" +
xm.Text + "'";
    }
    else if (kc.Text != "")                                  //查询某门课程的所有学生成绩
    {
        sqlstr = "select KC,XM,CJ from CJB where KC='" + kc.Text + "'";
    }
    else if (xm.Text != "")                                  //查询某个学生所有课的成绩
    {
        sqlstr = "select KC,XM,CJ from CJB where XM='" + xm.Text + "'";
    }
    else
    {
        Response.Write("<script>alert('请输入查询条件！')</script>");
        return;
    }
    GridView1.Visible = false;                               //隐藏GridView1
    SqlDataAdapter mda = new SqlDataAdapter(sqlstr, myConnection);
    DataSet ds = new DataSet();
    mda.Fill(ds, "CJB");
    //设置数据源各列的中文标题
    ds.Tables[0].Columns[0].ColumnName = "课程名";
    ds.Tables[0].Columns[1].ColumnName = "姓名";
    ds.Tables[0].Columns[2].ColumnName = "成绩";
    GridView2.DataSource = ds;                               //动态设置GridView2的数据源
    GridView2.DataBind();                                    //绑定数据源
}
```

其中的加黑语句，用于将条件查询得到的课程成绩记录集动态绑定到GridView2，从而实现页面数据的动态显示。

3. 输入成绩

切换到设计视图，双击 加入 按钮，进入代码编辑区，编写实现输入成绩功能的代码如下：

```
protected void btn_cjIns_Click(object sender, EventArgs e)
{
    //从配置文件中获取连接字符串
     String constr = WebConfigurationManager.ConnectionStrings["SqlsrvCon"].
ConnectionString;
    SqlConnection myConnection = new SqlConnection(constr);          //创建连接
    myConnection.Open();                                              //打开连接
    //先判断是否已经存在该记录
```

```
         String sqlstr = "select * from CJB where KC='" + kc.Text + "' and XM='" +
xm.Text + "'";
        SqlDataAdapter mda = new SqlDataAdapter(sqlstr, myConnection);
        DataSet ds = new DataSet();
        mda.Fill(ds, "CJB");
        if (ds.Tables[0].Rows.Count > 0)                        //结果记录数>0表示存在该记录
            Lbl_Msg.Text = "该记录已经存在！";
        else                                                    //若不存在则可添加
        {
             String insstr = "insert into CJB(XM,KC,CJ) values('" + xm.Text + "','" +
kc.Text + "'," + cj.Text + ")";
            SqlCommand myCommand = new SqlCommand(insstr, myConnection);
            if (myCommand.ExecuteNonQuery() > 0)                //命令执行返回>0表示操作成功
            {
                Lbl_Msg.Text = "添加成功！";
                Response.Redirect(Request.Url.ToString());
            }
            else
                Lbl_Msg.Text = "添加失败，请确保有此学生！";
        }
    }
```

4. 删除成绩

切换到设计视图，双击 删除 按钮，进入代码编辑区，编写实现删除成绩功能的代码如下：

```
    protected void btn_cjDel_Click(object sender, EventArgs e)
    {
        //从配置文件中获取连接字符串
         String constr = WebConfigurationManager.ConnectionStrings["SqlsrvCon"].
ConnectionString;
        SqlConnection myConnection = new SqlConnection(constr);          //创建连接
        myConnection.Open();                                              //打开连接
        //先判断是否存在该记录
         String sqlstr = "select * from CJB where KC='" + kc.Text + "' and XM='" +
xm.Text + "'";
        SqlDataAdapter mda = new SqlDataAdapter(sqlstr, myConnection);
        DataSet ds = new DataSet();
        mda.Fill(ds, "CJB");
        if (ds.Tables[0].Rows.Count > 0)                        //结果记录数>0表示存在该记录
        {
             String delstr = "delete from CJB where XM='" + xm.Text + "' and KC='" +
kc.Text + "'";
            SqlCommand myCommand = new SqlCommand(delstr, myConnection);
            if (myCommand.ExecuteNonQuery() > 0)                //命令执行返回>0表示操作成功
            {
                Lbl_Msg.Text = "删除成功！";
                Response.Redirect(Request.Url.ToString());
            }
            else
                Lbl_Msg.Text = "删除失败，请检查操作权限！";
        }
        else
            Lbl_Msg.Text = "该记录不存在！";
    }
```

至此，这个基于 ASP.NET 4.5/SQL Server 2012 的学生成绩管理系统开发完成。

实习 4

VB 6.0/SQL Server 2012 学生成绩管理系统

微软提供了 ADO（ActiveX 数据对象）支持对数据库进行操作，Visual Basic 6.0（简称 VB 6.0）可作为 SQL Server 2012 的前端开发工具，用于开发数据库应用软件。

实习 4.1 VB 数据库开发准备

实习 4.1.1 创建 ODBC 数据源

与 Windows XP 及更早版本不同，Windows 7 的“管理工具”不在控制面板中，不那么好找，为方便使用，需要进行设置：在桌面最下方任务栏单击鼠标右键→“属性”，弹出对话框切换到“开始菜单”选项卡，单击“自定义”按钮，在弹出对话框中找到“系统管理工具”项，选中“在 " 所有程序 " 菜单和开始菜单上显示”，然后在“开始”菜单中就可以看到“管理工具”了，如图 P4-1 所示。

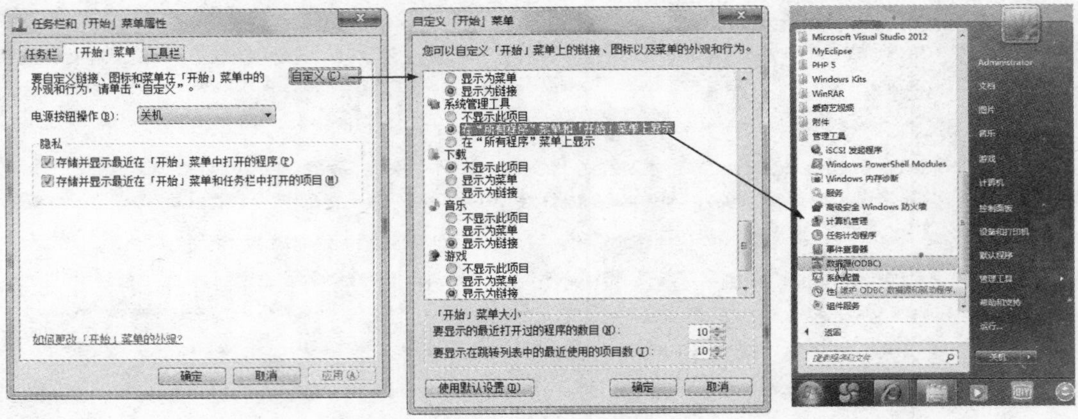

图 P4-1　Windows 7 下找到“管理工具”

接下来的操作就与 Windows XP 的一样了，步骤如下：

1）桌面单击“开始”按钮，选择“管理工具”→“数据源（ODBC)”，打开“ ODBC 数据源管理器”对话框，如图 P4-2 所示；单击“添加”按钮，进入如图 P4-3 的界面，选择安装的驱动程序为“SQL Server”。

2）单击“完成”按钮，出现如图 P4-4 所示的界面；为数据源命名“PXSCJ”，选择所在服务器为本计算机名，单击“下一步”按钮，出现如图 P4-5 所示界面。

3）选择 SQL Server 服务器登录认证方式，在此选择为需要用户输入登录 ID 和密码的方式，输入默认系统管理员 ID 为“sa”，密码为“123456”，单击“下一步”按钮，出现如图 P4-6 所示的界面；选择“更改默认的数据库为”项为“PXSCJ”，然后跟着向导完成剩余步骤的操作。最后创建成功，可在图 P4-7 所示的“用户数据源”列表中看到新添加的“PXSCJ”项。

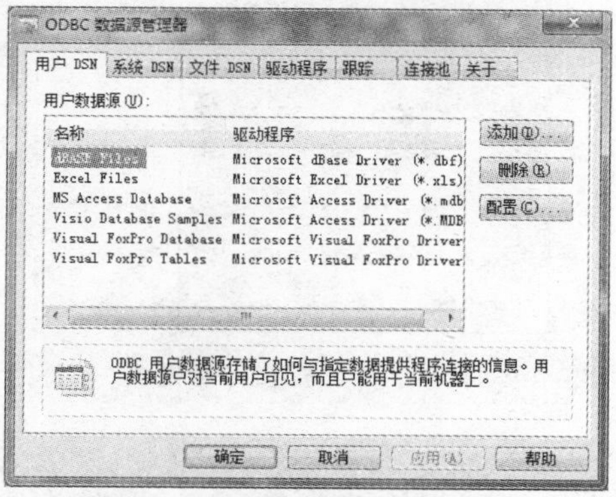

图 P4-2　已有的用户数据源

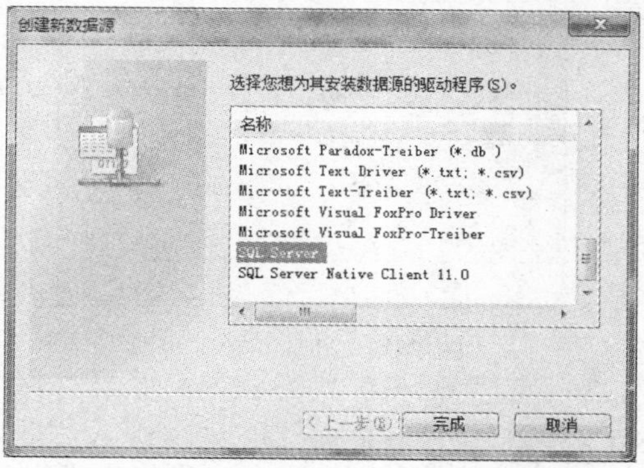

图 P4-3　选择数据源驱动程序

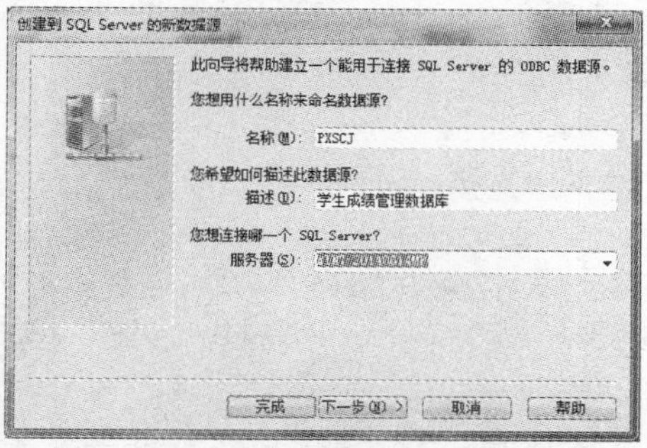

图 P4-4　为数据源命名和选择服务器

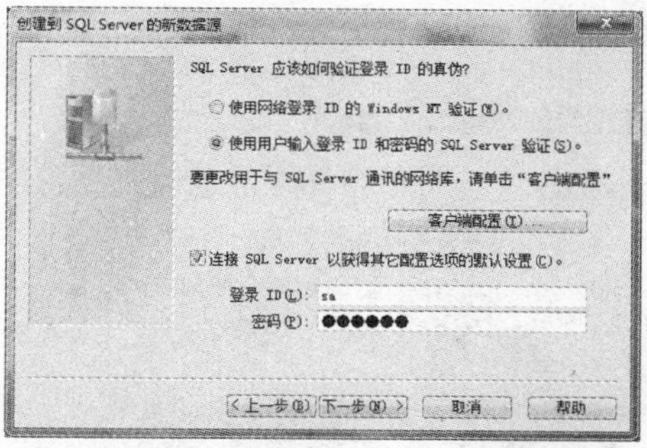

图 P4-5　选择 SQL Server 服务器登录认证方式

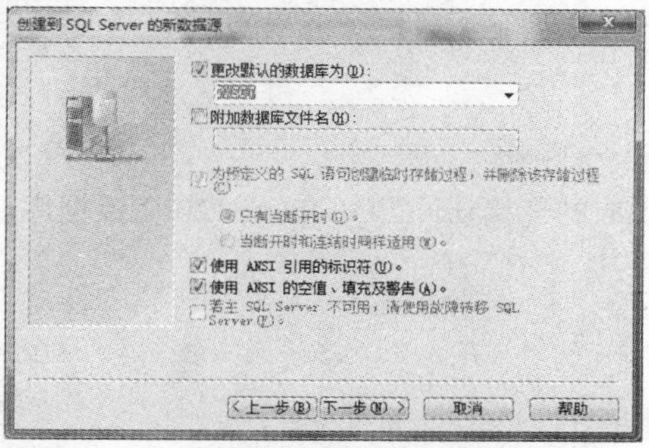

图 P4-6　更改默认数据库

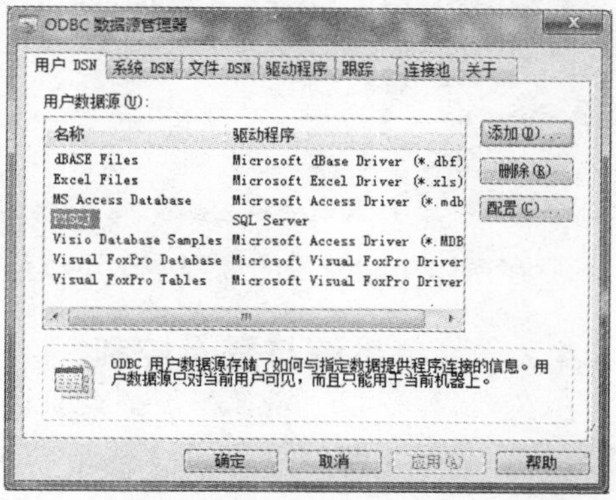

图 P4-7　数据源创建成功

实习 4.1.2　新建 VB 6.0 项目

启动 Visual Basic 6.0 中文版，在弹出的“新建工程”对话框中，选中“标准 EXE”图标，单击“打开”按钮，如图 P4-8 所示，即创建了一个标准 VB 工程。

按图 P4-9 所示操作，右击右侧“工程”窗口中的新工程，选择“添加”→“添加窗体”或“添加模块”，可以向项目中添加任意数量的窗体和程序模块。本实习项目一共包括 7 个窗体和 1 个模块。

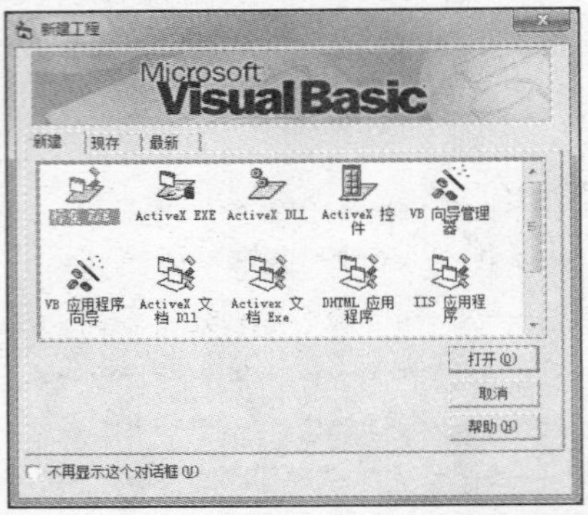

图 P4-8　新建 VB 工程

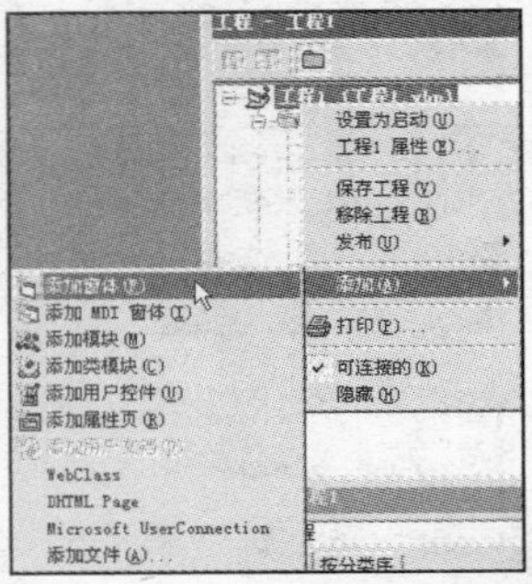

图 P4-9　向项目中添加窗体和模块

实习 4.1.3　连接数据库

在项目中添加模块 Module1，在其中定义全局变量。

```
Public SqlCon As New ADODB.Connection
Public SqlRes As New ADODB.Recordset
Public SqlCmd As New ADODB.Command
```

本程序中，每个窗体在加载时都要首先打开一个数据库连接。

```
Private Sub Form_Load()
    SqlCon.Provider = "MSDASQL.1"        '窗体加载时打开数据库连接
    SqlCon.Open "User ID=sa;Password=123456;Initial Catalog=PXSCJ;Data
Source=PXSCJ;"
End Sub
```

关闭（卸载）时，则要断开相应的连接。

```
Private Sub Form_Unload(Cancel As Integer)
    If (SqlRes.State = 1) Then                    '如果是打开状态，则关闭 Recordset
        SqlRes.Close
    End If
    SqlCon.Close
End Sub
```

然后在窗体功能模块的编程中，可以使用这个现成的连接访问 SQL Server 2012 数据库。

实习 4.2　菜单系统与登录控制

实习 4.2.1　设计主菜单

向项目中添加窗体 FormXSCJ 作为主窗体。

菜单编辑器是 VB 提供的用于设计菜单的编辑器。选择“工具”菜单中的“菜单编辑器”命令即可打开菜单编辑器。通过菜单编辑器建立本程序的菜单系统，如图 P4-10a 所示。需要在“菜单编辑器”对话框中进行如图 P4-10b 所示的设置。

其中，各个菜单及其子菜单项的具体设置内容如表 P4-1 所示。

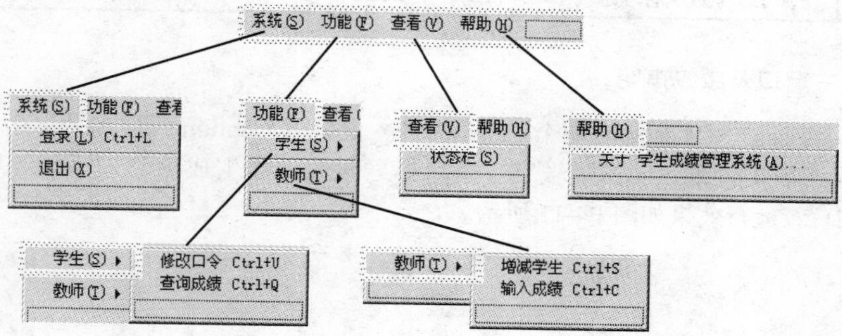

a）设计完成的菜单系统

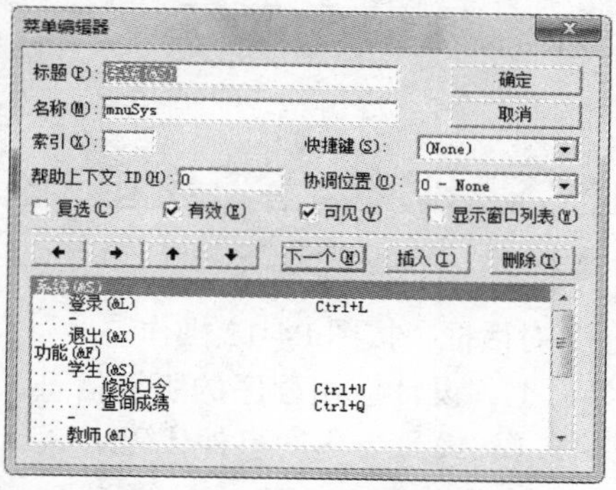

b）“菜单编辑器”的设置

图 P4-10　菜单设计

表 P4-1　“学生成绩管理系统”菜单项属性

级别	标题	名称	快捷键	其他
主菜单	系统（&S）	mnuSys		
子菜单	登录（&L）	mnuSysLog	Ctrl+L	
	-	mnuSysMNU		
	退出（&X）	mnuSysExit		
主菜单	功能（&F）	mnuFun		
子菜单	学生（&S）	mnuFunStu		
次级子菜单	修改口令	mnuFunStuUpdKl	Ctrl+U	无效
	查询成绩	mnuFunStuQueCj	Ctrl+Q	无效
子菜单	-	mnuFunMNU		
子菜单	教师（&T）	mnuFunTea		
次级子菜单	增减学生	mnuFunTeaStuInsDel	Ctrl+S	无效
	输入成绩	mnuFunTeaCjInsDel	Ctrl+C	无效
主菜单	查看（&V）	mnuView		

（续）

级别	标题	名称	快捷键	其他
子菜单	状态栏（&S）	mnuViewStatus		复选
主菜单	帮助（&H）	mnuHelp		
子菜单	关于学生成绩管理系统（&A）...	mnuHelpAbout		

实习 4.2.2 主窗口及版权声明

在主窗体 FormXSCJ 上拖动一个 Label 控件，设置其 Caption 属性为“学生成绩管理系统”，字体为“华文行楷”、“28”号字。窗口标题设为“学生成绩管理系统（基于 VB 6.0/MSSQL 2012)”，运行效果如图 P4-11 所示。

图 P4-11 “学生成绩管理系统”主界面

向项目中添加一个“关于”对话框，按图 P4-12 操作。

在“关于”对话框窗体界面上，设计应用程序的版权信息，如图 P4-13 所示，完成后为菜单项“关于 学生成绩管理系统（&A）...”编写事件代码。

```
Private Sub mnuHelpAbout_Click()
    frmAbout.Show
End Sub
```

其中，frmAbout 为“关于”对话框的名称。

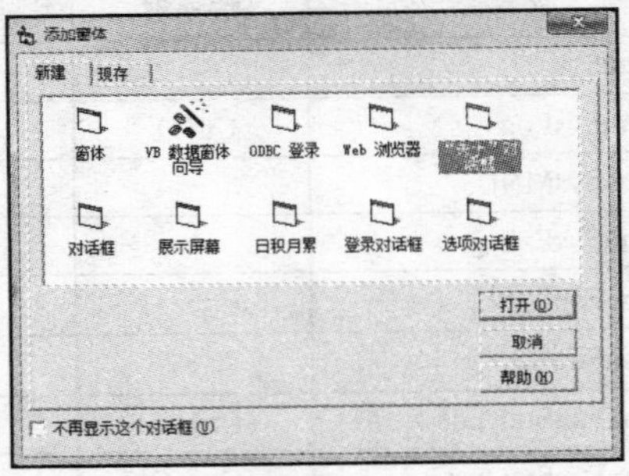

图 P4-12 添加“关于”对话框

图 P4-13 应用程序版权声明

实习 4.2.3 登录功能

以教师和学生不同的身份登录，分别进入各自的功能选择模式，如图 P4-14 所示，对菜单的可用性进行控制。

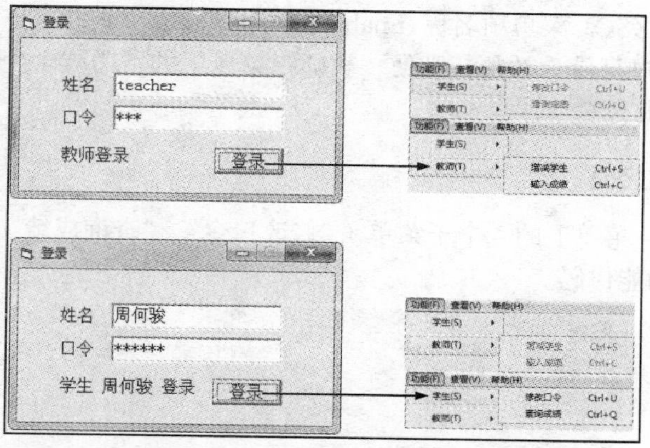

图 P4-14　登录与菜单功能可用性控制

为了能让程序准确识别登录的用户，在模块 Module1 中定义全局变量。

```
Public UserName As String                                    '用于保存登录用户名
```

双击 登录 按钮，编写其事件过程代码如下：

```
Private Sub Command_Login_Click()
If Text_Xm.Text = "teacher" Then                             '以教师身份登录
    If Text_Kl = "123" Then                                  '教师默认口令为 123
        Label_Msg.Caption = "教师登录"
        '菜单可用性控制
        FormXSCJ.mnuFunStuUpdKl.Enabled = False
        FormXSCJ.mnuFunStuQueCj.Enabled = False
        FormXSCJ.mnuFunTeaStuInsDel.Enabled = True
        FormXSCJ.mnuFunTeaCjInsDel.Enabled = True
    Else
        Label_Msg.Caption = "口令错！"
    End If
Else                                                         '以学生身份登录
    SqlStr = "select * from XSB where XM='" + Text_Xm.Text + "'"
    SqlCmd.ActiveConnection = SqlCon                         '设置所用连接
    SqlCmd.CommandText = SqlStr                              '设置 SQL 语句
    Set SqlRes = SqlCmd.Execute                              '执行命令
    If Not SqlRes.EOF Then
        If SqlRes("KL") = Text_Kl.Text Then                  '验证通过
            UserName = Text_Xm.Text
            Label_Msg.Caption = "学生 " + Text_Xm.Text + " 登录"
            '菜单可用性控制
            FormXSCJ.mnuFunStuUpdKl.Enabled = True
            FormXSCJ.mnuFunStuQueCj.Enabled = True
            FormXSCJ.mnuFunTeaStuInsDel.Enabled = False
            FormXSCJ.mnuFunTeaCjInsDel.Enabled = False
        Else
            Label_Msg.Caption = "口令错！"
        End If
    Else
        Label_Msg.Caption = "没有该用户！"
    End If
End If
End Sub
```

其中，如“ FormXSCJ. 菜单项名称 .Enabled = True/False” 的语句，用于控制菜单项功能的可用性。若登录用户身份为教师，则使“教师”菜单下的“增减学生”、“输入成绩”两个子菜单可用；若登录者为学生，则相反。

实习 4.2.4 菜单功能代码

为程序“功能”主菜单下的 4 个子菜单（“修改口令”、“查询成绩”、“增减学生”和“输入成绩”）分别编写功能代码。

```
Private Sub mnuFunStuQueCj_Click()
    Form_StuQuery.Show                          '"查询成绩"菜单项
End Sub

Private Sub mnuFunStuUpdKl_Click()
    Form_UpdateKl.Show                          '"修改口令"菜单项
End Sub

Private Sub mnuFunTeaCjInsDel_Click()
    Form_CjInsDel.Show                          '"输入成绩"菜单项
End Sub

Private Sub mnuFunTeaStuInsDel_Click()
    Form_StuInsDel.Show                         '"增减学生"菜单项
End Sub
```

为“登录”、“退出”菜单项编写代码。

```
Private Sub mnuSysExit_Click()
    Unload Me                                   '"退出"菜单项
End Sub

Private Sub mnuSysLog_Click()
    Form_Login.Show                             '"登录"菜单项
End Sub
```

这样，在运行程序时，单击某个菜单项会弹出相应功能的窗口。

实习 4.3 学生功能

实习 4.3.1 修改口令

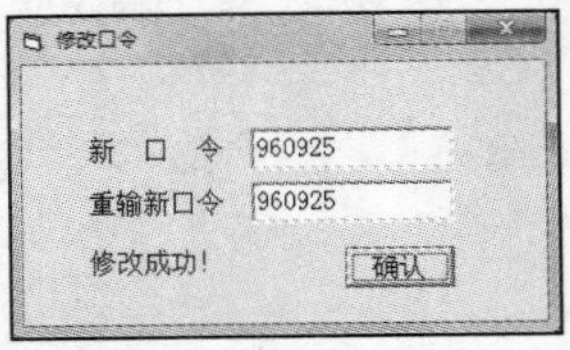

图 P4-15 “修改口令”对话框

“修改口令”对话框如图 P4-15 所示。

双击 确认 按钮，编写事件过程代码。

```
Private Sub Command_Confirm_Click()
If Text_Newkl.Text = Text_ReNewkl.Text Then          '两次输入口令相同
    SqlStr = "update XSB set KL='" + Text_Newkl.Text + "' where XM='" + UserName
+ "'"
    SqlCmd.ActiveConnection = SqlCon                  '设置所用连接
    SqlCmd.CommandText = SqlStr                       '设置 SQL 语句
    SqlCmd.Execute                                    '执行命令
    Label_Msg.Caption = "修改成功！ "
Else
    Label_Msg.Caption = "两次输入不一致！ "
```

```
    End If
    End Sub
```

实习 4.3.2　查询成绩

查询成绩功能用于显示当前登录学生的成绩（含照片），界面如图 P4-16 所示。

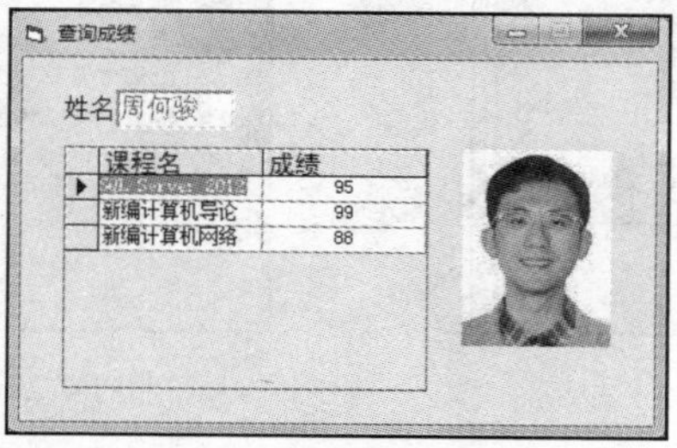

图 P4-16　显示当前登录学生的成绩

1. 添加 ActiveX 控件

实现该功能的窗口是 Form_StuQuery，在其上用到了微软 ADODC 和 DataGrid 控件，它们是第三方 ActiveX 控件，需要额外添加，操作步骤如下：

1）在 VB 中选“工程”→“部件”，打开“部件”对话框，如图 P4-17 所示，选中其中两个 ADO 控件：Microsoft ADO Data Control 6.0（SP6）(OLEDB）和 Microsoft DataGrid Control 6.0（SP6）(OLEDB)（前者简称 ADODC，用于连接数据库；后者简称 DataGrid，以表格形式显示指定的数据内容），再单击“确定”按钮，在 VB 工具栏中添加这两个控件的图标。

2）双击 （ADODC 图标），在窗体上放置 ADODC 控件，命名为 QueAdodc；再双击 (DataGrid 图标），在窗体上放置 DataGrid 控件。

3）设置控件 QueAdodc 的 ConnectionString 属性，如图 P4-18 所示，在“属性”窗口选择该属性，单击 ... 按钮，系统打开“属性页”对话框，如图 P4-19 所示。单击“生成”按钮，弹出“数据链接属性”对话框，如图 P4-20 所示。

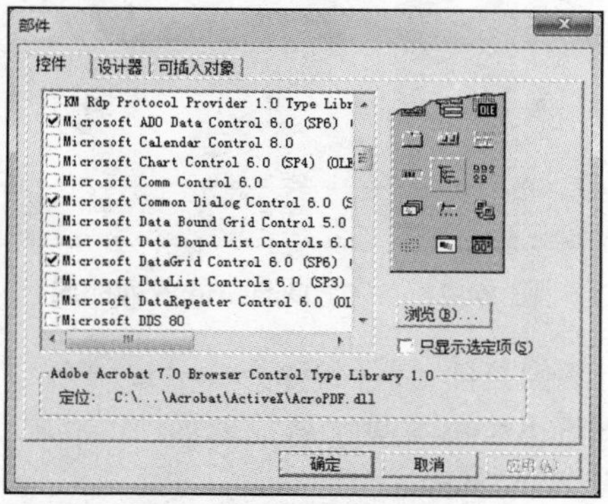

图 P4-17　添加 ActiveX 控件

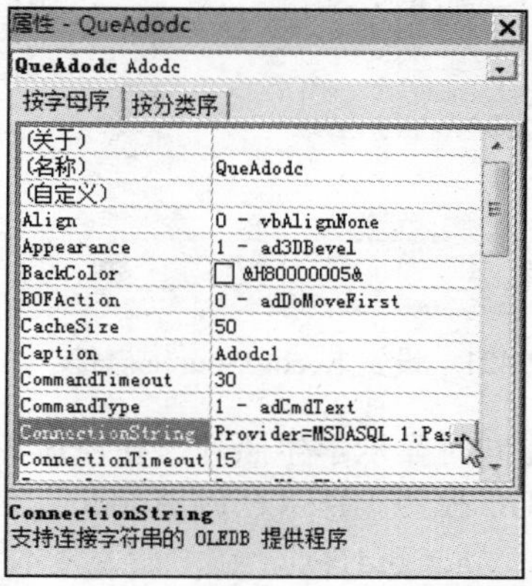

图 P4-18　设置 ConnectionString 属性

在“连接”选项卡中指定数据源名称为 PXSCJ，输入登录服务器的用户名 sa 和密码 123456，选择初始数据库为 PXSCJ。完成后可单击“测试连接”按钮，测试能否连上，最后单击“确定”按钮。

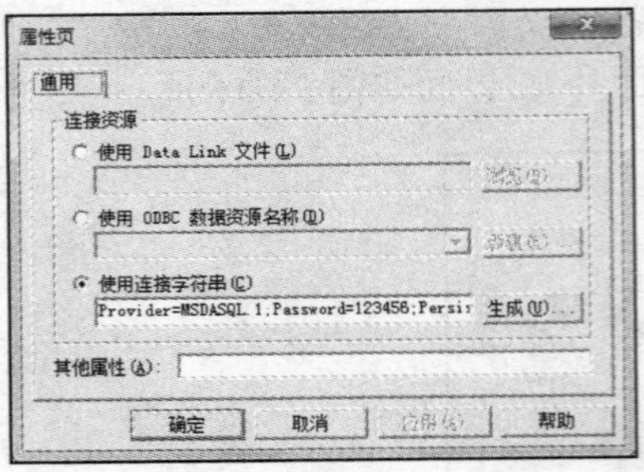

图 P4-19　“属性页”对话框

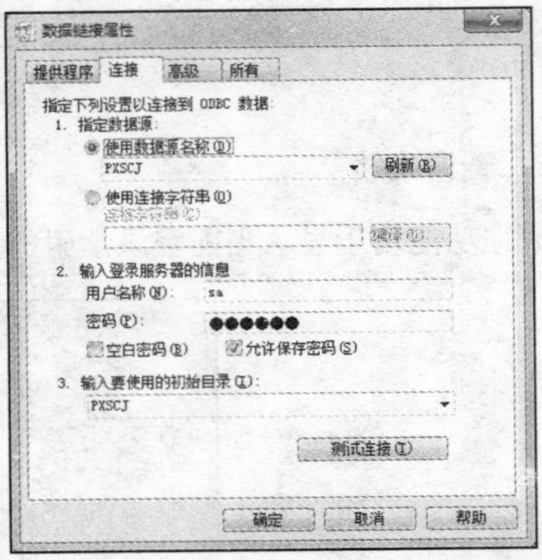

图 P4-20　配置数据连接

4）设置控件 QueAdodc 的 RecordSource 属性，打开“属性页”对话框，如图 P4-21 所示，选择命令类型：1 – adCmdText，表示命令为 SQL 语句。在“命令文本”列表框中输入 SQL 语句：

```
select * from XMCJ_VIEW
```

它表示从视图 XMCJ_VIEW 获取数据。最后单击“确定”按钮。

5）设置窗体上 DataGrid 控件的 DataSource 属性为 QueAdodc，将 DataGrid 控件与 QueAdodc（ADODC）控件关联起来。右击 DataGrid 控件，选择“属性”项，打开如图 P4-22 所示的“属性页”对话框，在其中设置 DataGrid 要显示的各列标题、对应数据库表字段以及列标题的字体、对齐方式和布局。

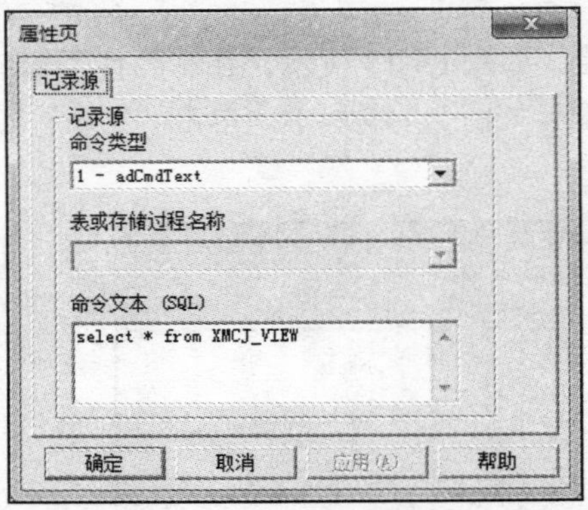

图 P4-21　设置 RecordSource 属性

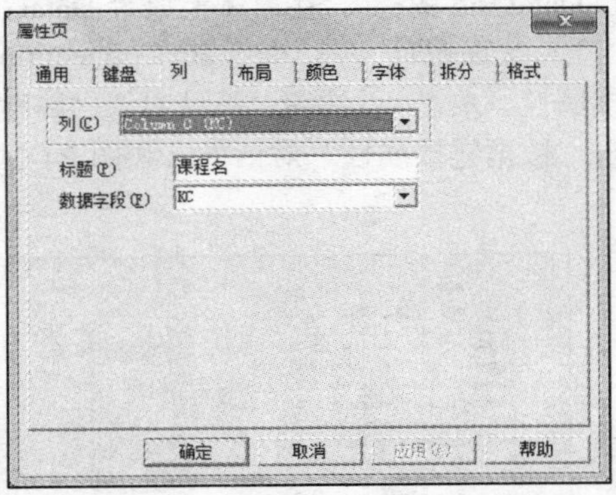

图 P4-22　设置 DataGrid 各列的属性

为了能同时显示学生照片，在窗体上拖动一个图像控件（名称为 StuPic）以及与之对应的 ADODC 控件（名称为 PicAdodc）。ADODC 控件 RecordSource 属性页选择记录源“命令类型”为 1 – adCmdText，在“命令文本”列表框中输入 SQL 语句。

```
select * from XSB
```

设置图像控件的 DataSource 属性为 PicAdodc，DataField 属性为 ZP，将图像控件与对应 ADODC 控件关联起来。

最后完成设计的窗体外观如图 P4-23 所示，要将 QueAdodc 和 PicAdodc 的 Visible 属性设为 False（运行时不显示）。

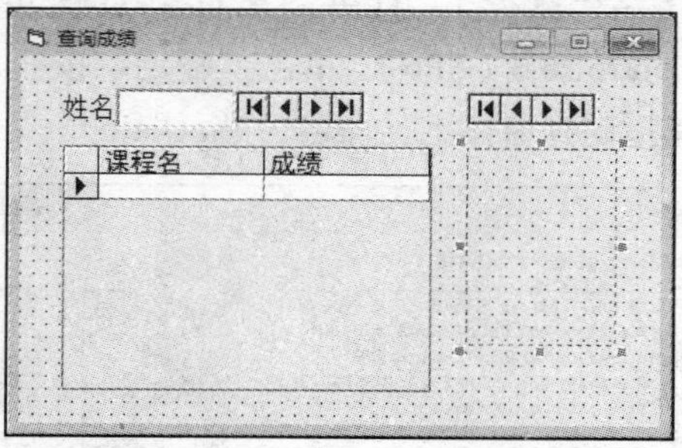

图 P4-23　设计模式的“查询成绩”窗体

两个教师功能界面上的 ADODC 及 DataGrid 控件的安置、配置方式与上述类似，读者自己模仿完成设计，这里不再赘述。

2. 编写代码

学生成绩的显示在窗体 Form_StuQuery 加载的事件过程中完成，代码如下：

```
    Private Sub Form_Load()
        Text_Xm.Text = UserName
        SqlCon.Provider = "MSDASQL.1"                              '窗体加载时打开数据库连接
          SqlCon.Open  "User  ID=sa;Password=123456;Initial  Catalog=PXSCJ;Data
Source=PXSCJ;"
        SqlCmd.ActiveConnection = SqlCon                           '设置所用连接
        SqlCmd.CommandText = "CJ_PROC"                             '设置为执行存储过程
        SqlCmd.CommandType = adCmdStoredProc
        Set StXm = SqlCmd.CreateParameter("@xml", adVarChar, adParamInput, 8)    '添加
存储过程参数
        SqlCmd.Parameters.Append (StXm)
        SqlCmd("@xml") = UserName
        SqlCmd.Execute                                             '执行命令
        QueAdodc.RecordSource = "select * from XMCJ_VIEW" '视图已经生成，将其设为控件数据源
        QueAdodc.Refresh                                           '刷新显示视图
        PicAdodc.RecordSource = "select * from XSB where XM='" + Text_Xm.Text + "'"
        PicAdodc.Refresh
        SqlCmd.Parameters.Delete ("@xml")
        SqlCmd.Cancel
    End Sub
```

最终运行时的实际显示效果，如图 P4-16 所示。

实习 4.4　教师功能

实习 4.4.1　增减学生

“增减学生”功能界面如图 P4-24 所示。

实现该功能的窗口是 Form_StuInsDel，ADODC 控件 RecordSource 属性页选择记录源“命令类型”为 2 – adCmdTable，这里选择 XSB。

1. 浏览和选择照片

在窗体上拖动一个图像控件（名称 StuPic）和

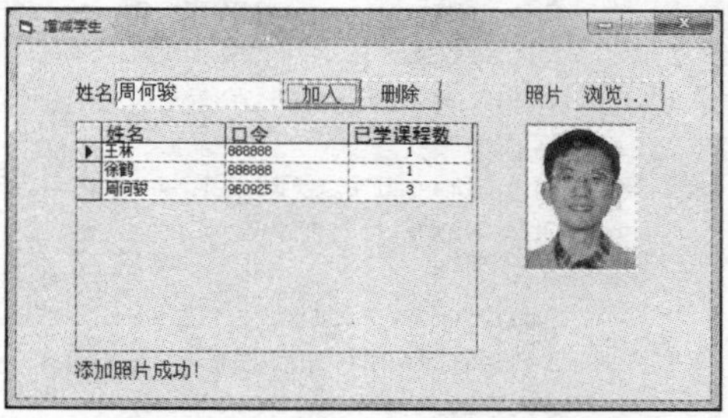

图 P4-24　“增减学生”功能界面

一个浏览按钮，其中图像控件的 BorderStyle 属性设为 1-Fixed Single（带固定边框）。

在 VB 中选择“工程”→“部件”，打开“部件”对话框，如图 P4-25 所示，选中 Microsoft Common Dialog Control 6.0（SP6），单击“确定”按钮，在 VB 工具栏添加通用对话框控件（图标），并将其拖动到窗体上，命名为 PicDialog。

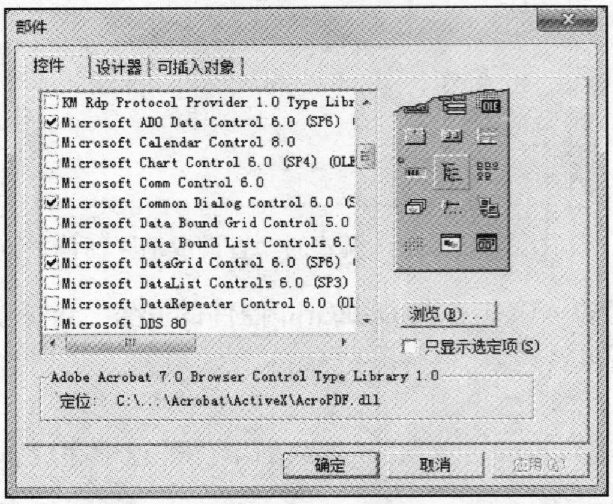

图 P4-25　添加“通用对话框”控件

为了保存照片文件名和路径，在模块 Module1 中定义全局变量。

```
Public FileName As String                                   '选择学生照片的文件名和路径
```

双击 浏览... 按钮，编写事件过程代码。

```
Private Sub Command_View_Click()
    '显示打开文件的公用对话框，选择需要加入数据库的照片
    PicDialog.Filter = "图像(*.jpg)|*.jpg|位图(*.bmp)|*.bmp"
    PicDialog.ShowOpen
    FileName = PicDialog.FileName
    If FileName <> "" Then
        StuPic.Picture = LoadPicture(FileName)              '预览照片
    End If
End Sub
```

2. 增加学生

双击 加入 按钮，编写事件过程代码。

```
Private Sub Command_Ins_Click()
    '获取照片
    Dim iStm As ADODB.Stream
    Set iStm = New ADODB.Stream
    With iStm
    .Type = adTypeBinary                                    '二进制模式
    .Open
    .LoadFromFile FileName
    End With

    SqlStr = "select * from XSB where XM='" + Text_Xm.Text + "'"
    SqlRes.Open SqlStr, SqlCon, adOpenDynamic, adLockPessimistic
    If Not SqlRes.EOF Then                          '看是否有此学生记录，有就修改，没则添加
        '已有记录的学生，只需添加照片
        SqlRes("ZP") = iStm.Read
```

```
        SqlRes.Update
        Label_Msg.Caption = "添加照片成功! "
    Else                                                        '添加新学生记录
        SqlRes.AddNew
        SqlRes("XM") = Text_Xm.Text
        SqlRes("KL") = "888888"
        SqlRes("KCS") = 0
        SqlRes("ZP") = iStm.Read
        SqlRes.Update
        StuAdodc.Refresh
        Label_Msg.Caption = "添加成功! "
    End If
    SqlRes.Close
    iStm.Close
End Sub
```

3. 删除学生

双击 删除 按钮，编写事件过程代码。

```
Private Sub Command_Del_Click()
    SqlStr = "select * from XSB where XM='" + Text_Xm.Text + "'"
    SqlCmd.ActiveConnection = SqlCon                            '设置所用连接
    SqlCmd.CommandText = SqlStr                                 '设置 SQL 语句
    Set SqlRes = SqlCmd.Execute                                 '执行命令
    If Not SqlRes.EOF Then                                      '看是否有此学生记录，有才能删除
        DelStr = "delete from XSB where XM='" + Text_Xm.Text + "'"
        SqlCmd.ActiveConnection = SqlCon
        SqlCmd.CommandText = DelStr
        SqlCmd.Execute
        StuAdodc.Refresh
        Label_Msg.Caption = "删除成功! "
    Else
        Label_Msg.Caption = "该姓名记录不存在! "
    End If
End Sub
```

实习 4.4.2 输入成绩

“输入成绩”功能界面如图 P4-26 所示。

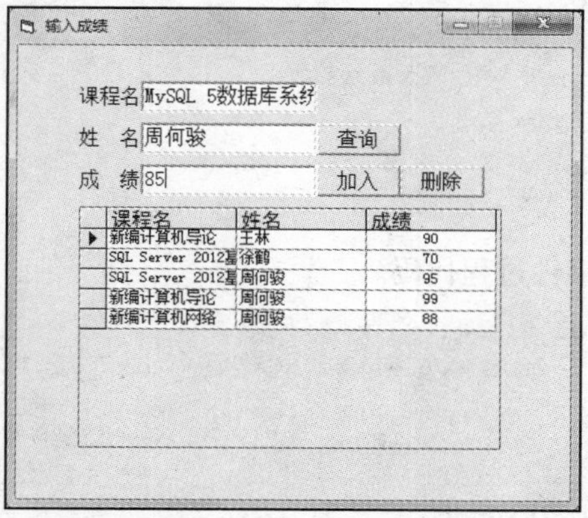

图 P4-26 “输入成绩”功能界面

实现该功能的窗口是Form_CjInsDel，ADODC控件RecordSource属性页选择记录源“命令类型”为1 – adCmdText，在“命令文本”列表框中输入SQL语句。

```
select * from CJB
```

1. 查询成绩

双击 查询 按钮，编写事件过程代码。

```
Private Sub Command_Que_Click()
If Not Text_Kc.Text = "" And Not Text_Xm.Text = "" Then '查询某学生某门课的成绩
    CjStr = "select * from CJB where KC='" + Text_Kc.Text + "' and XM='" + Text_
Xm.Text + "'"
ElseIf Not Text_Kc.Text = "" Then                    '查询某门课的所有学生成绩
    CjStr = "select * from CJB where KC='" + Text_Kc.Text + "'"
ElseIf Not Text_Xm.Text = "" Then                    '查询某个学生的所有课程成绩
    CjStr = "select * from CJB where XM='" + Text_Xm.Text + "'"
Else
    Call MsgBox("请输入查询条件！", vbOKOnly, "提示")
    CjStr = "select * from CJB"
End If
CjAdodc.RecordSource = CjStr                         '绑定到控件显示查询结果
CjAdodc.Refresh
End Sub
```

2. 输入成绩

双击 加入 按钮，编写事件过程代码。

```
Private Sub Command_Ins_Click()
    SqlStr = "select * from CJB where KC='" + Text_Kc.Text + "' and XM='" + Text_
Xm.Text + "'"
    SqlCmd.ActiveConnection = SqlCon               '设置所用连接
    SqlCmd.CommandText = SqlStr                    '设置SQL语句
    Set SqlRes = SqlCmd.Execute                    '执行命令
    If Not SqlRes.EOF Then                         '若该记录已经存在，则无法重复添加
        Label_Msg.Caption = "该记录已经存在！"
    Else                                           '添加新的成绩记录
         InsStr = "insert into CJB(XM,KC,CJ) values('" + Text_Xm.Text + "','" +
Text_Kc.Text + "','" + Text_ Cj.Text + "')"
        SqlCmd.ActiveConnection = SqlCon
        SqlCmd.CommandText = InsStr
        SqlCmd.Execute
        CjAdodc.Refresh
        Label_Msg.Caption = "添加成功！"
    End If
End Sub
```

3. 删除成绩

双击 删除 按钮，编写事件过程代码。

```
Private Sub Command_Del_Click()
    SqlStr = "select * from CJB where KC='" + Text_Kc.Text + "' and XM='" + Text_
Xm.Text + "'"
    SqlCmd.ActiveConnection = SqlCon               '设置所用连接
    SqlCmd.CommandText = SqlStr                    '设置SQL语句
    Set SqlRes = SqlCmd.Execute                    '执行命令
    If Not SqlRes.EOF Then                         '只有该记录存在才能删除
```

```
            DelStr = "delete from CJB where XM='" + Text_Xm.Text + "' and KC='" +
Text_Kc.Text + "'"
            SqlCmd.ActiveConnection = SqlCon
            SqlCmd.CommandText = DelStr
            SqlCmd.Execute
            CjAdodc.Refresh
            Label_Msg.Caption = "删除成功！"
        Else
            Label_Msg.Caption = "该记录不存在！"
        End If
    End Sub
```

至此，这个基于 VB 6.0 和 SQL Server 2012 的学生成绩管理系统开发完成。

附录

学生成绩数据库表样本数据

学生信息表 (xsb) 样本数据

学号	姓名	性别	出生时间	专业	总学分	备注
191301	王林	男	1995-2-10	计算机	50	
191302	程明	男	1996-2-1	计算机	50	
191303	王燕	女	1994-10-6	计算机	50	
191304	韦严平	男	1995-8-26	计算机	50	
191306	李方方	男	1995-11-20	计算机	50	
191307	李明	男	1995-5-1	计算机	54	提前修完“数据结构”
191308	林一帆	男	1994-8-5	计算机	52	班长
191309	张强民	男	1994-8-11	计算机	50	
191310	张蔚	女	1996-7-22	计算机	50	三好生
191311	赵琳	女	1995-3-18	计算机	50	
191313	严红	女	1994-8-11	计算机	48	C++ 语言不及格，待补考
221301	王敏	男	1994-6-10	通信工程	42	
221302	王林	男	1994-1-29	通信工程	40	C++ 语言不及格，待补考
221303	王玉民	男	1995-3-26	通信工程	42	
221304	马琳琳	女	1995-2-10	通信工程	42	
221306	李计	男	1995-9-20	通信工程	42	
221310	李红庆	男	1994-5-1	通信工程	44	三好生
221316	孙祥欣	男	1994-3-19	通信工程	42	
221318	孙研	男	1995-10-9	通信工程	42	
221320	吴薇华	女	1995-3-18	通信工程	42	
221321	刘燕敏	女	1994-11-12	通信工程	42	
221341	罗林琳	女	1995-1-30	通信工程	50	准备转专业学习

xsb 表结构

列名	数据类型	长度	是否可空	默认值	说明
学号	定长字符型（char）	6	×	无	主键，前 2 位表示班级，中间 2 位为年级号，后 2 位为序号
姓名	定长字符型（char）	8	×	无	
性别	位型（bit）	默认值	√	1	1: 男；0: 女
出生时间	日期型（date）	默认值	√	无	
专业	定长字符型（char）	12	√	无	
总学分	整数型（int）	默认值	√	0	
备注	不定长字符型（varchar）	500	√	无	

课程表 (kcb) 样本数据

课程号	课程名	开课学期	学时	学分
101	计算机基础	1	80	5
102	程序设计与语言	2	68	4
206	离散数学	4	68	4
208	数据结构	5	68	4
210	计算机原理	5	85	5
209	操作系统	6	68	4
212	数据库原理	7	68	4
301	计算机网络	7	51	3
302	软件工程	7	51	3

kcb 表结构

列名	数据类型	长度	是否可空	默认值	说明
课程号	定长字符型（char）	3	×	无	主键
课程名	定长字符型（char）	16	×	无	
开课学期	整数型（tinyint）	1	√	1	范围为 1 ～ 8
学时	整数型（tinyint）	1	√	0	
学分	整数型（tinyint）	1	×	0	范围为 1 ～ 6

成绩表 (cjb) 样本数据

学号	课程号	成绩	学号	课程号	成绩	学号	课程号	成绩
191301	101	80	191302	206	78	191309	101	66
191301	102	78	191306	101	65	191309	102	83
191301	206	76	191306	102	71	191309	206	70
191303	101	62	191306	206	80	191310	101	95
191303	102	70	191307	101	78	191310	102	90
191303	206	81	191307	102	80	191310	206	89
191304	101	90	191307	206	68	191311	101	91
191304	102	84	191308	101	85	191311	102	70
191304	206	65	191308	102	64	191311	206	76
191302	102	78	191308	206	87	191313	101	63

（续）

学号	课程号	成绩	学号	课程号	成绩	学号	课程号	成绩
191313	102	79	221303	101	87	221318	101	70
191313	206	60	221304	101	91	221320	101	82
221301	101	80	221310	101	76	221321	101	76
221302	101	65	221316	101	81	221341	101	90

cjb 表结构

列名	数据类型	长度	是否可为空	默认值	说明
学号	定长字符型（char）	6	×	无	主键
课程号	定长字符型（char）	3	×	无	主键
成绩	整数型（int）	默认值	√	0	范围为 0 ～ 100

推荐阅读

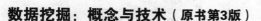

数据挖掘：概念与技术（原书第3版）

作者：（美）Jiawei Han 等 ISBN：978-7-111-39140-1 定价：79.00元

大数据管理：数据集成的技术、方法与最佳实践

作者：（美）April Reeve ISBN：978-7-111-45503-5 定价：59.00元

大规模分布式系统架构与设计实战

作者：彭渊 ISBN：978-7-111-45503-5 定价：59.00元

Spark快速数据处理

作者：（美）Holden Karau ISBN：978-7-111-46311-5 定价：29.00元

推荐阅读

算法导论（原书第3版）

作者：Thomas H. Cormen 等 译者：殷建平 等 ISBN：978-7-111-40701-0 定价：128.00元

机器学习

作者：Tom Mitchell 译者：曾华军 等 ISBN：978-7-111-10993-7 定价：35.00元

数据挖掘：概念与技术（原书第3版）

作者：Jiawei Han 等 译者：范明 等 ISBN：978-7-111-39140-1 定价：79.00元

数据挖掘：实用机器学习工具与技术（原书第3版）

作者：Ian H. Witten 等 译者：李川 等 ISBN：978-7-111-45381-9 定价：79.00元